国家科学技术学术著作出版基金资助出版

高性能膜材料与膜技术

邢卫红　顾学红　等编著

High Performance Membrane Materials
and Membrane Technology

U0248718

化学工业出版社
·北京·

本书顺应学科和产业发展的需要，以膜技术在水资源、环境、能源、民生等领域的应用为分类导向，系统介绍了水处理膜、气体分离膜、陶瓷膜、渗透汽化膜、电池用膜、民生膜等功能膜材料与膜过程，阐述了新型膜材料制备技术、膜集成技术，总结了高性能膜材料和膜技术的典型应用案例。

本书凝结了作者们在膜领域多年的研究经验以及国家自然科学基金、国家重大基础研究计划（973）、国家高技术研究计划（863）、国家支撑计划等项目成果，既提供了大量工程项目数据，也兼顾了理论前沿，可供化工、材料、环境、制药等领域从事膜材料与膜技术设计开发的研究人员，从事膜材料应用的技术人员，高等院校化学工程、材料化工等专业的师生，水处理、膜工业等行业的管理人员参考阅读。

图书在版编目（CIP）数据

高性能膜材料与膜技术/邢卫红，顾学红等编著．—北京：
化学工业出版社，2017.1（2020.1重印）
ISBN 978-7-122-28573-7

Ⅰ.①高…　Ⅱ.①邢…　②顾…　Ⅲ.①膜材料②薄膜技术
Ⅳ.①TB383②TB43

中国版本图书馆 CIP 数据核字（2016）第 287012 号

责任编辑：傅聪智　　　　　　　　　文字编辑：孙凤英
责任校对：宋　玮　　　　　　　　　装帧设计：刘丽华

出版发行：化学工业出版社（北京市东城区青年湖南街 13 号　邮政编码 100011）
印　　装：北京虎彩文化传播有限公司
710mm×1000mm　1/16　印张 23¾　字数 452 千字　2020 年 1 月北京第 1 版第 2 次印刷

购书咨询：010-64518888　　　售后服务：010-64518899
网　　址：http://www.cip.com.cn
凡购买本书，如有缺损质量问题，本社销售中心负责调换。

定　　价：128.00 元

膜技术是以高性能膜材料为核心的一种新型流体分离单元操作技术，与过滤、蒸发、精馏等分离技术相比，具有节能高效、设备紧凑、操作方便、易与其他技术集成等优点。近年来，我国膜技术发展迅速，已在水资源、能源、环境和传统产业改造等领域得到广泛应用，销售额保持 20% 以上的增长速度，销售规模已过千亿元，我国膜技术基础研究和人才队伍均已进入国际前列。本书旨在进一步推进膜材料的发展，总结了南京工业大学膜科学技术研究所的研究成果以及国内外相关膜技术的研究进展，系统介绍水处理膜、特种分离膜、气体分离膜与离子交换膜等功能膜材料与膜过程。

本书共分为 10 章：第 1 章概论由邢卫红研究员执笔，简要介绍了相关定义和基本原理，并分析了膜技术相关的知识产权、论文和市场状况；第 2 章水处理膜与膜过程由崔朝亮副教授执笔，主要介绍了水处理膜材料的制备方法、分离原理及其应用进展情况；第 3 章气体分离膜与膜过程主要由邢卫红研究员执笔，主要介绍了氢分离膜、氧分离膜、二氧化碳分离膜和高温气固分离膜材料的制备及其应用进展情况；第 4 章陶瓷分离膜与膜过程主要由范益群教授执笔，主要介绍了陶瓷膜的制备、膜组件的设计以及工业应用情况；第 5 章渗透汽化膜与膜过程主要由顾学红教授和金万勤教授执笔，介绍了渗透汽化膜分离原理及发展趋势，重点阐述了透水膜、透醇膜和透有机物膜的制备与应用情况；第 6 章电池用膜材料主要由景文珩研究员执笔，主要介绍了锂电池用膜、燃料电池隔膜材料等研究进展；第 7 章民生膜技术主要由金万勤教授执笔，介绍了膜技术在净水器、空气净化器、血液透析等方面的研究和应用进展；第 8 章新型膜材料及制备方法由汪勇教授执笔，介绍了新型金属有机骨架膜、纳米纤维膜和嵌段共聚物膜的制备方法以及纳米纤维堆叠法和原子层沉积等新的膜制备方法；第 9 章膜集成技术主要由陈日志研究员执笔，主要介绍了膜与催化反应、膜与分离技术以及不同膜过程等集成技术研究进展；第 10 章膜技术的典型应用案例由李卫星教授执笔，主要介绍了高性能膜材料在市政污水处理、饮用水净化、抗生素生产、溶剂回收、苯二酚生产和盐水精制等领域中应用的实际工程案例。

南京工业大学参与本书撰写工作的还有周荣飞教授、仲兆祥副教授、周浩力副教授、邱鸣慧副教授、姜红博士、储震宇博士、张春博士、刘公平博士、张峰博士等，对他们辛勤的付出在此表示衷心的感谢！同时也感谢高从堦院士、曹义鸣研究员、徐铜文教授等在本书编写过程中给予的支持！膜科学技术研究所二十余年的科研工作的积淀，从基础科学问题的深入研究到产业化技术的突破，是本书得以付梓的重要基础，在此对参与相关研究工作的教师和学生表示衷心的感谢！在本书的编辑过程中，引用了大量本领域科研工作者的相关研究工作，在此一并表示衷心的感谢！

本书的研究工作得到国家自然科学基金、国家重大基础研究计划（973）、国家高技术研究计划（863）、国家支撑计划等项目的支持，特此致谢！材料化学工程国家重点实验室、国家特种分离膜工程技术研究中心在本书的编写过程中给予了大力支持，在此一并表示感谢！

我们尽自己最大努力呈现近年来膜技术的最新研究进展，但限于时间和水平，书中难免存在一些不足和疏漏，敬请读者指正。

编著者

南京工业大学膜科学技术研究所

2016 年 12 月于南京

目录

3 第3章
气体分离膜与膜过程

4 **第4章** 95
陶瓷分离膜与膜过程

5 **第5章** 137
渗透汽化膜与膜过程

6

第6章
电池用膜材料 ———————————— **167**

7

第7章
民生膜技术 ———————————— **198**

8

第8章
新型膜材料及制备方法 ———————————— **216**

⑨　第9章
膜集成技术 ———————————————————————— **277**

⑩　第10章
膜技术的典型应用案例 ———————————————————— **309**

第1章

概论

　　高性能膜材料是高效分离技术的核心，以节约能耗和环境友好为特征，已成为解决人类面临的能源、水资源、环境、传统产业改造等领域重大问题的共性技术之一。膜分离技术推广应用的覆盖面在一定程度上反映一个国家过程工业、能源利用和环境保护的水平。目前膜材料的发展呈现以下几方面的特点：一是膜材料产业正向高性能、低成本及绿色化方向发展；二是膜材料市场快速发展，与上下游产业结合日趋紧密；三是膜技术对节能减排、产业结构升级的推动日趋明显；四是膜技术对保障人民饮水安全，减少环境污染的作用日趋显著。

　　膜材料不仅在传统水处理领域的应用增长迅速，随着高性能、高强度等特种分离膜材料的发展，高性能膜材料在非水体系的应用或与其他过程耦合中均展示了良好的市场前景，已呈现出水处理膜材料与特种分离膜并重的发展趋势。

1.1　定义与术语

1.1.1　定义

　　膜是一种具有一定物理和/或化学特性的屏障物，它可与一种或两种相邻的流体相之间构成不连续区间并影响流体中各组分的透过速度。简而言之，膜是一种具有选择性分离功能的新材料，它有两个特点：①膜必须有两个界面，分别与两侧的流体相接触；②膜必须有选择透过性，它可以使流体相中的一种或几种物质透过，而不允许其他物质透过。膜可以是均相的或非均相的，对称的或非对称的，中性的或荷电性的，固态的或液态的，甚至是气态的。膜是很薄的，一般从几纳米到几百微米，几何形状有平板、中空纤维、管式等，从材料上可分为无机膜、有机膜、有机无机复合膜等。高性能膜主要指具有高分离性能、高稳定性、低成本和长寿命等特征，满足工程化应用需求的分离膜。

膜过程是以膜为核心，在膜两侧给予某种推动力（压力梯度、浓度梯度、电位梯度、温度梯度等）时，原料侧的组分选择性透过膜，以实现料液中不同组分的分离、纯化及浓缩。膜过程可以在温和的条件下实现分子级别的分离，具有低能耗、低成本、分离效率高、环境友好等特点，已成为节能减排、环境治理的共性技术。典型膜过程有：微滤、超滤、纳滤、反渗透、电渗析、扩散渗析、气体分离、液膜分离、渗透汽化、膜生物反应器、膜反应器、膜蒸馏、膜萃取、正渗透、控制释放等过程[1]。

1.1.2 术语

1.1.2.1 渗透性能

（1）渗透通量（flux）

渗透通量（J）为给定操作条件下，单位时间、单位膜面积透过组分的量，单位为：$m^3 \cdot m^{-2} \cdot s^{-1}$、$kg \cdot m^{-2} \cdot s^{-1}$ 或 $mol \cdot m^{-2} \cdot s^{-1}$；常用单位有 $m^3 \cdot m^{-2} \cdot h^{-1}$ 或 $kg \cdot m^{-2} \cdot h^{-1}$。可用以下关系式表示：

$$J = \frac{M}{At} \tag{1-1}$$

式中，M 为渗透组分的量，m^3、kg 或 mol；A 为膜面积，m^2；t 为操作时间，s。

（2）渗透性（permeance）

渗透性（Q）为单位时间、单位膜面积、单位操作压力下透过组分的量，单位为：$m^3 \cdot m^{-2} \cdot s^{-1} \cdot Pa^{-1}$、$kg \cdot m^{-2} \cdot s^{-1} \cdot Pa^{-1}$ 或 $mol \cdot m^{-2} \cdot s^{-1} \cdot Pa^{-1}$。可用以下关系式表示：

$$Q = \frac{M}{At\Delta p} \tag{1-2}$$

式中，M 为渗透组分的量，m^3、kg 或 mol；A 为膜面积，m^2；t 为操作时间，s；Δp 为操作压力，Pa。

（3）渗透率（permeability）

渗透率（P）考虑了膜厚度的影响，单位一般为：$m^3 \cdot m^{-1} \cdot s^{-1} \cdot Pa^{-1}$、$kg \cdot m^{-1} \cdot s^{-1} \cdot Pa^{-1}$ 或 $mol \cdot m^{-1} \cdot s^{-1} \cdot Pa^{-1}$。可用以下关系式表示：

$$P = \frac{J\Delta L}{\Delta p} \tag{1-3}$$

式中，J 为渗透通量，$m^3 \cdot m^{-2} \cdot s^{-1}$、$kg \cdot m^{-2} \cdot s^{-1}$ 或 $mol \cdot m^{-2} \cdot s^{-1}$；$\Delta L$ 为膜厚，

m；Δp 为操作压力，Pa。

1.1.2.2　选择性

（1）截留率（rejection）

截留率一般用于液相膜分离过程中，表示截留特定组分的能力，其关系式如下：

$$R = \left(1 - \frac{C_p}{C_f}\right) \times 100 \tag{1-4}$$

式中，R 为截留率，%；C_f 为进料液中特定组分的浓度；C_p 为渗透液中特定组分的浓度。

（2）分离因子（separation factor）

分离因子表示选择透过组分的能力，一般用于气相、渗透汽化膜分离过程中。其关系式如下：

$$\alpha_{AB} = \frac{y_A / x_A}{y_B / x_B} \tag{1-5}$$

式中，α_{AB} 为 A 与 B 组分的分离因子；x_A、x_B 为膜进料侧组分 A 和组分 B 的摩尔浓度；y_A、y_B 为渗透侧组分 A 和组分 B 的摩尔浓度；α_{AB} 大于 1，表示膜对 A 物质的选择性大于 B 物质；等于 1，表示膜对这两个物质没有选择性，不能实现分离。

1.1.2.3　膜污染与浓差极化

膜污染（membrane fouling）：料液中的某些组分因物理、化学作用力在膜表面或膜孔中沉积，导致膜分离性能下降的现象。膜污染一般是不可逆的，需要通过物理或化学清洗等方法消除。

浓差极化（concentration polarization）：在推动力的作用下，流体中某些组分透过膜，使得剩余组分在膜面处的浓度高于流体本体浓度，流体本体与膜面间形成浓度梯度，导致膜分离性能下降的现象。浓差极化是可逆过程，膜分离过程进行时形成，膜分离过程停止时消失。

1.1.2.4　膜分离机理

膜分离过程的分离机理很多，通常可以归结为以下两类机理。

筛分机理（sieving mechanism）：膜孔径介于被分离物质大小之间时，小于膜孔的物质透过膜，反之被截留，从而达到筛分分离的目的。

溶解扩散机理（solution-diffusion theory）：利用流体中组分在膜中的溶解度和扩散速度的不同，被分离的物质分子吸附溶解在膜表面，从而在膜两侧产生浓度梯度，使被分离物质分子在膜内扩散到膜的另一侧面被解吸出来，从而达到分离的目的。

1.1.2.5　膜材料

有机膜（organic membrane）：以有机聚合物制成的具有分离功能的半透膜。其中高分子聚合物膜应用最为广泛。醋酸纤维素、磺化聚砜、聚醚砜、聚偏氟乙烯、聚丙烯、聚碳酸酯、聚酰胺、聚硅氧烷和聚磷腈等高分子聚合物均可用作膜材料[2,3]。

无机膜（inorganic membrane）：以无机材料制成的具有分离功能的半透膜。主要有金属膜、陶瓷膜和分子筛膜等[4]。

复合膜（composite membrane）：由两种不同的膜材料分别制成的具有分离功能的表面活性层和起支撑作用的多孔层组成的膜。主要有无机与有机的复合膜（如 PDMS/陶瓷复合膜）、有机与有机的复合膜（如聚酰胺/聚砜复合膜）以及无机与无机的复合膜（如 ZrO_2/Al_2O_3 复合膜）。

混合基质膜（mixed matrix membrane）：向有机聚合物基质中添加无机功能组分（如沸石分子筛、碳分子筛、二氧化硅、MOFs、碳纳米管等）制备而成的以无机物为分散相、聚合物为连续相的有机-无机复合型膜材料，广泛用于气体分离、渗透汽化、压差过滤、电池隔膜等领域。

1.2　膜的分类

膜材料的种类繁多、制备方法多种多样、用途十分广泛，因此膜的分类方法也有多种，许多著作中均已阐述。本书根据膜的应用对象将膜分为水处理膜、气体分离膜、特种分离膜和民生膜等。

1.2.1　水处理膜

水处理膜主要是指用于地表水和污水净化处理的膜，是全球膜市场份额最大的一类膜材料[5,6]，主要有用于脱盐的反渗透膜、用于除杂净化的超微滤膜、纳滤膜等。图 1-1 为水处理膜的分离示意图。

1.2.1.1　海水淡化膜

海水淡化主要采用反渗透膜，其技术趋向成熟，具有较大产业规模。如以色列的阿什克隆反渗透海水淡化厂，日产淡水 $330000m^3$；美国亚利桑那州尤马市的反渗透苦咸水淡化厂，日产淡水 $370000m^3$。膜法海水淡化和苦咸水淡化的大规模应用，推动了反渗透膜组件的大型化及反渗透膜材料的快速发展。目前国际上较常用的膜材料种类已达 50 余种，主要以商品化的醋酸纤维素、聚酰胺和聚酰亚胺为主，其中，聚酰胺材料由于其在使用过程中表现出长期的稳定性和可靠

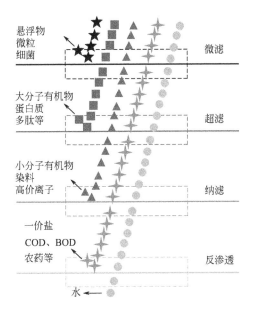

悬浮物
微粒
细菌

大分子有机物
蛋白质
多肽等

小分子有机物
染料
高价离子

一价盐
COD、BOD
农药等

水

微滤

超滤

纳滤

反渗透

图1-1　水处理膜分离示意图

性，应用最为广泛，被认为是世界反渗透膜材料产业化发展的里程碑。产水量和脱盐率是反渗透膜最重要的指标，通过开发新型制膜原材料和膜材料改性等方法来提高反渗透膜的抗氧化和耐污染能力，在保持高脱盐率的同时，提高膜通量，并通过卷制膜面积更大的膜元件提高产水量是海水淡化反渗透膜的发展趋势。

1.2.1.2　水质净化膜

国际上逐渐采用纳滤膜技术对自来水进行深度净化，使其与微滤、超滤技术一并成为水质净化的主流技术。微滤、超滤可以去除水中的悬浮物、细菌、胶体和病毒等，主要有聚氯乙烯（PVC）、聚偏氟乙烯（PVDF）等，已大规模应用于自来水的生产。纳滤技术可以去除水中小分子有机物、砷、硝酸盐和重金属等有害物质，同时保留大多数人体必需的无机盐离子，在水质深度净化方面得到更多关注。纳滤膜材料主要有醋酸纤维素、聚酰胺和聚酰亚胺等，对 TOC 的去除率一般在 90% 以上。提高纳滤膜的渗透通量、抗污染和耐氧化性能，改进膜制备技术和降低制造成本已成为纳滤膜的研究重点和发展趋势。

1.2.1.3　污水处理膜

超微滤膜常用于构建污水处理的膜生物反应器（MBR），高强度中空纤维膜在 MBR 系统中广泛应用，内衬增强型 MBR 组件的市场份额快速提高。经过近三十年的发展，膜生物反应器已成为城市污水、工业废水处理和回用方面的一种很有吸引力和竞争力的选择，并被视为"最可行技术"。全世界投入运行或在建的 MBR 系统已超过 6000 套。用于膜生物反应器的超微滤膜结构有多种类型，如管式、平板、中空纤维等，主要用的膜品种为中空纤维 PVDF 膜。由于污水成分复杂、曝气量大，需要高强度膜，热致相分离法制备的高强度 PVDF 微滤膜和内衬增强 PVDF 膜应用面最广。其中，内衬增强型 PVDF 膜在 MBR 的市场影响力不断提升，占市场份额约为 2/3，成为全球范围内的 MBR 工程专用膜。

1.2.2 气体分离膜

气体分离膜主要用于气体与气体分离、气体中杂质组分的脱除等[7]，其工业化研究应用始于 20 世纪 70 年代末，主要用于从合成氨驰放气、炼厂气中回收氢气。用于纯氧分离的高温混合导体透氧膜和专门用于分离二氧化碳的固定载体膜是近年来的研究开发热点，但尚未工业化。对用于气体分离的聚合物材料，突破选择性和渗透性的上限关系，成为研究重点。由于聚酰亚胺膜克服了聚合物材料不耐高温及化学腐蚀的弱点，可制成高通量自支撑型非对称中空纤维膜，已被用于天然气脱酸气（二氧化碳、硫化氢等）、氢气回收、有机蒸汽回收工艺中。对用于高温氢气分离与纯化等领域的透氢金属钯及其合金膜，在增加稳定性和降低成本方面也取得了突破性进展，但是用于高温氢气分离与纯化的担载钯及合金膜尚未实现工业化生产。近年来，耐硫化物和氮化物的适合 IGCC 发电系统的膜材料以及适合二氧化碳脱除和回收的膜材料也受到了高度重视。根据气体分离对象的不同，将气体分离膜分为氢分离膜、氧分离膜、二氧化碳分离膜和气固分离膜。

1.2.2.1 氢分离膜

随着燃料电池、半导体、石油化工等领域对高纯氢气需求的不断增长，氢能已经广为人们所重视。目前，可用于氢分离的无机膜有金属钯及其合金膜、质子电子混合导体膜、分子筛膜、纳米孔碳膜以及无定形氧化硅膜等。其中，钯复合膜由于其优异的热稳定性以及良好的透氢选择性而广泛应用于氢气分离与提纯。高温致密透氢钯复合膜的研究近年来发展迅速，已有工业化应用的案例，中国、美国、俄罗斯、日本等国家在此领域的研究最为突出。国际上钯复合膜的研究趋势主要集中在：减小膜的厚度，降低成本，增加通量；解决膜层之间的结合力，增强其长期稳定性；高性能金属钯复合膜的放大制备；基于反应分离耦合的金属钯复合膜分离器的设计与制造。

1.2.2.2 氧分离膜

空气中进行氧气分离富集的有机膜材料相对成熟，可以将空气中氧浓度提高到 30％以上，但膜材料的使用温度不高。高温致密透氧膜（OTM）的研究始于 20 世纪 80 年代，但经历了近 30 年的发展仍然没有实现大规模应用，其主要原因在于膜的氧渗透性能不够理想以及膜材料的稳定性不能满足工业化应用的要求。中国、美国、日本、荷兰等国家在此领域的研究最为突出。目前，国际上透氧膜的研究多数集中在 OTM 与过程联用上，如与甲烷部分氧化耦合的 BP 公司 Electropox 技术，与燃烧过程耦合的欧洲 Oxyfuel MemBrain 计划，这些计划对于工业界具有极大的吸引力，但是面临的技术瓶颈就是膜的规模化制备及长期稳定运行。因而，开发高稳定性膜材料，规模化制备高性能致密薄膜及基于透氧膜技术开发相应的膜反应过程是目前该技术领域的发展趋势。

1.2.2.3 CO_2 分离膜

CO_2 分离膜主要是指能将 CO_2 从气体混合物中分离出来的分离膜。膜分离法能够高效分离 CO_2，为 CO_2 减排提供了重要支撑，近年来发展十分迅速。燃煤电厂的烟道气和天然气是 CO_2 的两大主要来源，是 CO_2 减排的重点领域。目前，欧美等发达国家有 100 余套膜分离装置用于天然气矿藏中分离 CO_2，膜分离技术从烟道气中分离 CO_2 尚处于试验研究和中试评估阶段。将膜分离烟道气 CO_2 技术与碳封存或碳固定等技术耦合可实现温室气体减排。工业上用于 CO_2 分离的膜材质主要有：醋酸纤维素、乙基纤维素、聚苯醚及聚砜等。近年来一些新型膜材料不断涌现，如聚酰亚胺膜、聚苯氧改性膜、二氨基聚砜复合膜、含二胺的聚碳酸酯复合膜、丙烯酸酯等高分子膜等，表现出优异的 CO_2 渗透性。此外，不少研究者开发了 SiO_2、沸石、有机骨架结构和炭膜等无机膜材料和混合基质膜材料。目前，尽管膜法 CO_2 分离工艺成本较高，稳定性也有待提升，但因其高效节能、装置简单、操作方便等优点，使其成为未来 CO_2 减排技术的发展趋势。

1.2.2.4 气固分离膜

气固分离膜又称气体除尘膜，主要是指脱除气体中微小粉尘的膜材料。高性能气固分离膜主要指膜材料可以在 200℃ 以上直接脱除气体中的固相杂质，国际上自 20 世纪 80 年代即开展了相关研究。高温气固分离材料已实现工业化生产的主要有无机非金属材料和金属材料等。金属材料主要有铁铝合金、Hastelloy 合金、310S 不锈钢、Inconel601 合金等烧结金属粉末多孔材料；无机非金属材料主要有多孔碳化硅材料、PRD-66 氧化物纤维复合陶瓷过滤材料、氧化铝/莫来石纤维复合陶瓷过滤材料等。在耐高温有机膜材料方面，主要有采用拉伸方法制备的聚四氟乙烯（PTFE）微滤膜，主要应用于 200℃ 左右的气体除尘。在高温气体分离膜方面，开发高强度、耐腐蚀、抗热震性能的膜材料以及适合大工程的成套装备已成为研究重点和发展趋势。

1.2.3 特种分离膜

特种分离膜主要是指能够在高温、溶剂和化学反应等苛刻环境下，通过分离膜特殊的结构与性能，实现物质分离的薄膜材料，主要应用于苛刻环境下过程工业的物质分离，涉及陶瓷膜、渗透汽化膜、离子交换膜等。

1.2.3.1 陶瓷膜

陶瓷膜材料是由金属氧化物经过特殊工艺而形成的具有非对称结构的分离膜材料，具有耐高温、耐溶剂、机械强度高、过滤精度高等优异性能，近年来在石油化工、生物医药、食品工业、环境保护等领域展现出广泛的应用价值。就陶瓷膜材料而言，目前已工业化应用的有氧化锆、氧化铝、氧化钛等膜材料；主要的膜制备技术有粒子烧结法、溶胶凝胶法、化学气相沉积法等。根据膜孔径及截留效果的不同，陶瓷膜分为微滤、超滤、纳滤等，工程应用较成功的主要是微滤和超滤，陶瓷纳滤膜材料的开发还处于实验室研究阶段，仅有少量陶瓷纳滤膜产品得以工业化生产及应用。陶瓷膜存在的主要问题是膜成本过高，膜材料尤其是用于精密分离的纳滤膜材料尚处于研究和发展阶段，膜表面性质单一难以满足应用需求。因此，开发低成本高性能的超微滤膜材料，突破苛刻环境体系中性能稳定的纳滤膜材料产业化相关技术，研制具有特殊表面性质的抗污染膜材料是目前研究的重点。

1.2.3.2 渗透汽化膜

渗透汽化膜是指利用多元混合物中各组分在膜两侧组分分压差的推动下，利用其在膜材料中溶解扩散速率的不同，实现组分分离的膜材料，分为透水膜、透醇膜、有机物与有机物分离膜。主要的制膜材料包括聚乙烯醇（PVA）、聚二甲基硅氧烷（PDMS）和 NaA 型、T 型、MFI 型、CHA 型等分子筛，一些研究者也在此基础上制备获得有机-无机复合膜或混合基质膜用于渗透汽化分离。其中，透水型 PVA 膜和 NaA 分子筛膜均已实现产业化，广泛应用于乙醇、异丙醇、乙腈和四氢呋喃等有机溶剂脱水体系。透醇膜材料中的含硅有机-无机复合膜和全硅分子筛无机膜也展示出良好的产业化前景。目前研究热点集中在混合基质膜、有机-无机复合膜、分子筛膜，以及构造新型膜结构减小支撑体阻力，通过外力协同强化分子组装等新制膜方法，突破高性能渗透汽化膜的产业化相关技术。

1.2.3.3 离子交换膜

离子交换膜是指对离子具有选择透过性的聚合物制成的薄膜。带有正电荷的膜称为阴离子交换膜，一般由含有季铵根、膦基等的聚合物制备，可以从周围流体中吸引阴离子；带有负电荷的膜称为阳离子交换膜，一般由含磺酸根、羧酸根、磷酸根、亚磷酸根和硒酸根等的聚合物制备，可以从周围流体中吸引阳离子。由于碱性基团的稳定性一般不如酸性基团，因此阳离子交换膜要比阴离子交换膜稳定。以离子交换膜为核心，可以组装成电渗析、扩散渗析、双极膜电解等膜过程，主要应用于电解盐、电池隔膜、溶液脱盐和酸碱回收等领域。

1.2.4 民生膜

民生膜主要指与人民生活、健康保健密切相关的膜，如净水器用膜、空气净化器用膜、血液透析用膜。膜技术在药物控制释放和血液透析等方面也有很好的应用前景。

1.2.4.1 净水器用膜

净水器主要以家用为主，是对自来水进行深度处理的装置，其作用是降低或去除水中有害的各种无机物、有机物、金属和非金属离子、高硬度、臭味、色度、余氯等。膜分离技术可实现微生物、细菌等这些有害物质的高效去除，已成为净水器市场的中高端产品，主要的膜材料有聚砜、聚醚砜等有机超微滤膜，聚酰胺的纳滤和反渗透膜等，陶瓷膜净水器处于刚刚起步阶段。

1.2.4.2 空气净化器用膜

空气净化器主要用于室内的挥发性有机物、空气中的颗粒污染物、气味病菌等物质的去除。目前室内空气净化器的种类较多，按照去污功能分为物理型、化学型和离子化型。膜分离技术用于空气中的灰尘、细菌、微生物等固态颗粒物以及水分、油污等杂质脱除，主要膜材料是聚四氟乙烯（PTFE）的有机聚合膜，将催化、抗菌等材料与PTFE复合形成多功能化是发展方向。

1.2.4.3 血液透析膜

血液透析膜（人工肾膜）要求血液适应性好，不会发生溶血现象，有害物质透过率高，而血小板和血球等不能透过，可以采用化学试剂、γ射线或高压蒸汽消毒。透析膜常用的膜材料主要为醋酸纤维素及聚砜材料；此外也有研究者尝试开发再生纤维素、聚丙烯腈、氯乙烯、丙烯腈共聚体，聚甲基丙烯酸甲酯、聚乙烯醇、乙烯-醋酸乙烯共聚体，芳香聚酰胺及其与脂肪族酰胺的共聚体、无机陶瓷等膜材料。其构型主要有平板型和中空纤维型。随着制膜技术的进步，血液透析膜的性能得到了显著提高，越来越多地用于临床治疗中，但我国的血液透析膜的性能与国际先进水平尚有一定的差距，膜材料的生物相容性、对小分子和中分子毒素的选择透过性等还需进一步改善。

1.2.4.4 控制释放膜

控制释放是利用膜材料将活性生物或化学物质以恒速释放到特定作用部位或特定靶器官中，使有用物质控制在有效浓度范围内，并长期有效发挥作用的方法或技术。所用膜材料主要是与人体有较好相容性的天然高分子材料（如壳聚糖、海藻酸盐、丝素蛋白、环糊精、淀粉等）和人工合成高分子材料（聚乳酸、聚氨基酸、聚PEO-PPO-PEO体系、异丙基丙烯酰胺共聚物等），目前人体用药的控制释放技术主要用于局部癌症的治疗和眼科用药等方面。

另外，研究者正在探索以人造膜补充和替代生物体的功能，并对人造肺、人造皮肤等进行研究和应用，开发仿生和人造相调和的新功能。这些从人体安全性考虑的膜技术越来越受到研究者的高度关注，发展前景好。

1.3　膜技术的工业应用领域

膜技术被誉为 21 世纪在过程工业中具有战略地位的新技术，已广泛应用于水资源、能源、生态环境、传统产业改造等领域中，在节能降耗、清洁生产和循环经济等方面发挥着重要作用，其主要工业应用领域如图 1-2 所示。

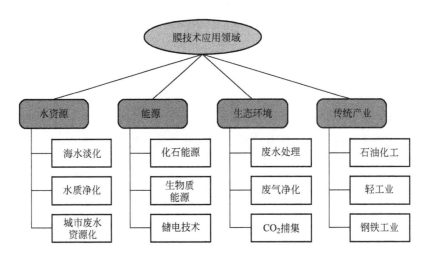

图 1-2　膜分离技术的主要应用领域

1.3.1　水资源领域

膜法海水淡化是解决沿海地区缺水的有效手段。全球海水淡化日产水数千万吨，其中采用膜技术进行海水淡化的已占 50%以上，其淡化水的成本已小于 5 元·t^{-1}，全球已有 1/50 的人依赖海水淡化生存。我国《国家中长期科学和技术发展规划纲要（2006～2020）》指出，"要重点研究开发海水预处理技术，核能耦合和电水联产热法、膜法低成本淡化技术及关键材料，浓盐水综合利用技术等。"目前，我国膜法海水淡化的日产水量数十万吨，仅占全球日产水量的百分之几，根据国家海水利用专项规划，到 2020 年我国海水淡化能力将达到 250 万～300 万吨/日，市场将达到数百亿元。但我国海水淡化用反渗透膜主要依赖进口，国产膜的渗透性能及抗污染性能与国际先进水平仍有差距。开发高性能反渗透膜材料,降低膜法海水处理的成本,可有效解决沿海地区缺水问题。

膜法净水技术是保障饮用水安全的先进技术。饮用水处理的混凝-沉淀-过滤-消毒工艺已有百年历史,随着人类对饮用水水质指标的提高,传统的饮用水净化工艺已不能满足水质要求,现有自来水厂将面临重大技术变革,膜技术将成为下一代自来水厂改造的支撑技术之一,在保障饮用水安全方面将发挥重要的作用。法国采用纳滤膜技术建立了 14 万立方米/日的饮用水净化装置,可为 50 万人提供生活用水;我国采用超滤膜技术已建立了万立方米/日的自来水净化装置。据测算,我国自来水供水量每年约 500 亿立方米,现有自来水生产线的改造升级将有 600 亿元的膜市场,随着我国城镇化的发展和农村饮用水工程的实施,这一市场正在不断增长。开发高性能水质净化膜材料,提高自来水水质,是保障人民身体健康的重要手段。

膜生物反应器技术可以实现市政污水的回用,有利于解决我国城市缺水问题。我国城市的缺水量与我国市政污水排放量基本相当。我国市政污水排放量为数百亿立方米,如果将这部分废水处理回用到工业过程,可极大缓解我国城市的缺水问题。膜生物反应器(MBR)是将超微滤膜与生物活性污泥相结合的一种新型水处理技术,可有效脱除废水中的污染物,实现城市污水回用,我国已建成百万吨/日的市政污水回用项目。市政废水的回用,可为膜技术带来千亿元的市场,需要进一步开发高强度、抗污染的聚偏氟乙烯膜材料,提高膜性能,实现废水回用。

1.3.2 能源领域

天然气资源的充分利用、煤的清洁利用、生物质能源是我国能源结构调整的重要方向。我国天然气资源丰富,其利用和输送要解决的核心问题是天然气的脱水、脱二氧化碳和硫化氢,传统的处理技术设备庞大,投资和运行费用高。将膜分离技术用于天然气脱二氧化碳,投资与操作费用只有传统氨吸收法的 50%,展现出良好的应用前景,主要膜材料有聚酰亚胺气体分离膜、炭膜、分子筛膜等。国际上已有 20 余家公司和科研院所投入大量资本研发膜法天然气分离技术,其中卷式醋酸纤维膜装置的日处理量已达 24 万立方米,达到商品气的标准。

利用耐高温气体分离膜,直接在高温条件下实现气体的反应和净化,成为煤清洁利用过程经济性的核心技术之一。鉴于其中高温分离要求,工业化应用的主要是碳化硅、不锈钢等无机膜。我国在煤化工领域引进了数十套高温气固分离膜装备,而自主开发的高温气固分离膜已进入工业侧线阶段。

生物质制燃料醇的研究较多,发酵生产的乙醇、丁醇等必须去除杂质,纯度达到 99.8% 以上才能满足燃料应用的需求,采用渗透汽化膜可使发酵效率提高 3

倍以上,分离能耗下降50%,成为低成本燃料醇生产的重要保障。

1.3.3 生态环境领域

膜分离技术在废水、废气处理等领域中发挥着关键的作用,如化工、冶金、电力、石油等行业均已采用该技术实现废水处理回用,主要工艺路线是物化处理-生化处理-超微滤膜-反渗透膜,得到60%左右的回用水,也有对浓水进一步处理后进行电渗析膜脱盐再蒸发结晶,实现近零排放。采用的超微滤主要是PVDF中空纤维膜、陶瓷膜,反渗透主要是聚酰胺抗污染膜。

我国每年有数百万吨的有机溶剂进入大气或水环境,仅原油加工、石化产品生产等行业每年向大气中排放的有机蒸气多达200多万吨,造成每年上百亿元的直接经济损失。疏水性的渗透汽化膜可以回收易挥发有机物达95%以上,将减少对化石资源的消耗,同时改善生态环境。

雾霾天气对人们的身体健康和生活环境造成了极大的伤害和影响,尾气的排放是引起雾霾天气最重要的原因之一。膜分离技术可使 $PM_{2.5}$ 的脱除率大于99.5%,膜材料成为工业尾气治理的核心材料,目前研究最多的膜材料主要包括含氟高聚物 PTFE 膜、陶瓷膜、金属膜等。

1.3.4 传统产业改造

我国过程工业用能占全国工业能源消耗总量的70%,单位产值的能耗是世界平均水平的2~4倍。膜分离技术是一种高效低能耗的分离技术,对过程工业的节能降耗起到关键的作用。过程工业中恒沸体系的分离和物料脱水是典型的高能耗过程,渗透汽化膜分离技术可节能50%以上。发酵工业采用纳滤或反渗透膜用于生产过程脱水,与多效蒸发技术相比较,可以降低能耗40%左右。

全世界范围内所有石化产品的60%与催化过程有关,采用反应-膜分离耦合的新技术可将催化反应与膜分离过程耦合在同一流程中进行,实现产物和催化剂的原位分离,将反应过程从间歇变为连续,从而获得创新的高效新流程。离子交换膜是氯碱工业中的核心材料,我国现有氯碱生产能力超过3500万吨,是全球第一氯碱生产大国,其中离子膜法氯碱产量超过65%,国产离子交换膜的开发将有助于国家进一步推动氯碱企业清洁技术的更新换代。发展膜集成应用技术,是传统产业技术改造的重要方向。

1.4 技术发展状况

我国从事高性能膜材料与膜过程研究的科研院所、高等院校近100家,膜材料生产企业 300 余家，与膜相关的工程公司超过 1000 家，已初步建立了较完整的高性能膜材料创新链和产业链。

1.4.1 知识产权情况

1.4.1.1 国际知识产权分析

本书对国际知识产权情况的检索主要以德温特专利数据库（Derwent Innovations Index）的专利文献为基础，采集的数据到 2015 年 10 月 1 日止，所检索的专利类型包括发明、实用新型和外观设计专利。本书采用主题词和国际专利分类号相结合的策略对 2004～2014 年申请的相关专利进行了检索，如图 1-3 所示。结果表明，近十年来国际技术专利申请呈现快速增长的趋势，这说明膜材料与膜分离技术正受到越来越多的关注，各国对分离膜技术的开发和应用研究投入均较大。经检索发现，国外的专利权利人主要是企业，专利技术的分布主要在膜材料、膜制备方法、膜组件、膜装备设计和工艺等几个方面。

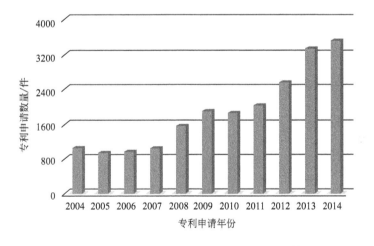

图 1-3　2004～2014 年国际申请相关知识产权情况

依据本书对膜分离技术的分类，对 2004～2014 年相关知识产权的技术领域分布情况进行了检索，结果如图 1-4 所示。其中水处理膜相关技术专利所占比例较大，申请量占总申请量的 25% 以上。水处理的相关技术专利主要集中在反渗透、纳滤、超滤、微滤等膜材料制备；膜生物反应器设计与控制、膜清洗；海水淡化、废水处理和污水治理等方面的应用。

另外，本书结合我国膜分离技术专利申请情况对全球相关知识产权的区域分布情况进行了分析，结果如图 1-5 所示。从全球专利区域发展状况来看，中国、日本和美国在该领域中专利申请量比较多，中国在气体分离膜、超滤膜和反渗透

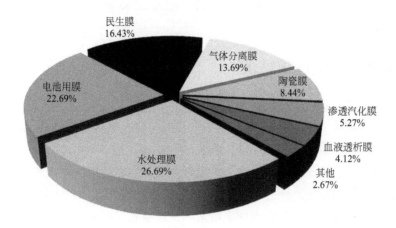

图 1-4 2004～2014 年国际相关知识产权技术领域分布情况

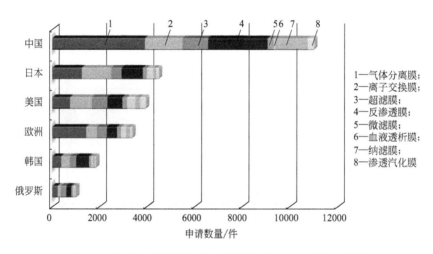

图 1-5 近十年全球膜分离技术相关知识产权区域分布情况

膜的专利申请量较多，而日本和美国则是在超滤膜、离子交换膜、反渗透膜和气体分离膜的研究上具有相对优势。

1.4.1.2 国内知识产权分析

本书对国内知识产权情况的检索主要以国家知识产权局的专利文献为基础，采集的数据到 2015 年 10 月 1 日止，所检索的专利类型包括发明、实用新型和外观设计专利。本书采用主题词和 IPC 分类号相结合的策略对 2004～2014 年申请的相关专利进行了检索，结果如图 1-6 所示。2004～2014 年，我国共申请专利11475 件，占全球的 30％左右，这说明我国越来越重视膜材料与膜分离技术。我国主要专利权利人是高校及研究机构，企业相对较少。专利技术的分布与国际基本一致，主要在膜材料、膜制备方法、膜组件、膜装备设计和工艺等几个方面。专利的年申请量大约在 1000 件（发明专利大约占 35％），围绕分离膜材料的应用工艺与过程开发的专利占据了最大比重，主要分布在水处理、化工与石油化工、食品与制药、资源与能源等领域。我国水处理相关膜技术专利申请量占总申请量的 35％以上，特种分离膜、高性能电池用膜等膜材料由于节能减排的需求和新能源产业的兴起而呈现了较快的增长趋势。

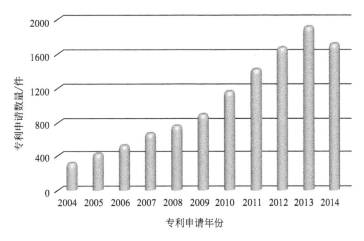

图 1-6　我国近十年膜分离技术的相关知识产权申请情况

1.4.2　科技论文

本书对 Web of Science 数据库中 2004～2014 年全球膜分离领域的相关科技论文发表情况进行了检索，结果如图 1-7 所示。可以明显地看出，膜分离技术领

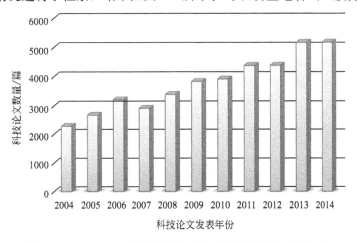

图 1-7　2004～2014 年膜分离技术的相关科技论文发表情况

域发表科技论文的数量呈现逐年上升的态势，2014 年发表相关科技论文 5169 篇，达到 2004 年发表科技论文数量的 2 倍以上。其中，研究最多的为水处理膜，约占文章总数的 30％。图 1-8 为 2004～2014 年膜分离技术相关科技论文的主要发表国家和技术领域分布情况。

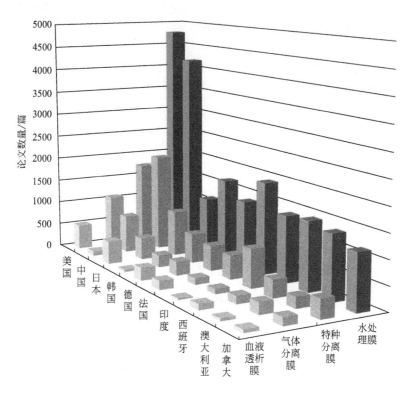

图 1-8　2004～2014 年膜分离技术相关科技论文的
主要发表国家和技术领域分布情况

另外，本书也对国际膜分离领域专业期刊 Journal of Membrane Science 中 2004～2014 年的文章发表数进行了统计分析，其收录的文章呈现增长的态势，2014 年文章的总数最多。我国在这一年也是历年在该期刊中发表文章最多的一年，占文章总数的 27.3％。同时，本书也对部分国家和地区在该期刊发表的文章数进行了分析，如图 1-9 所示。可以看出，中国、美国和日本等国家占据膜分离技术研究前列。

1.4.3　市场分析

近年来，全球膜市场产值以每年 9％的速度增长，呈现出较强劲的增长势头，2012 年全球膜制品的销售额超过 120 亿美元。我国膜工业在国家大力支持、

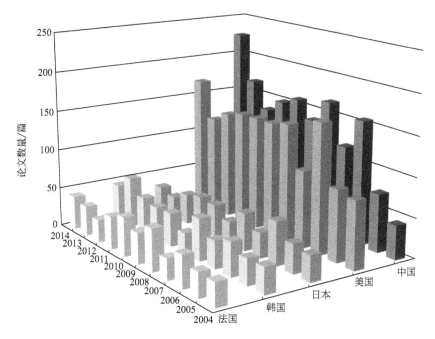

图 1-9　2004～2014 年 Journal of Membrane Science
中部分国家和地区的科技论文发表情况

市场需求激增的大好形势下迅速发展，其产值以年均 20% 以上的速度增长，远远超过了同期中国 GDP 的增长速度。2014 年我国膜行业产值突破 1000 亿元，提前一年实现"十二五"预期目标，预计"十三五"末我国膜产业产值将达 3000 亿元，膜产品出口产值每年超过 100 亿元。我国已成为世界膜技术发展最活跃、膜市场增长最快的地区之一，横跨节能环保、新能源、新材料和新一代信息技术四大产业领域的膜工业，迎来了发展的黄金时期[8]。就分离膜研究、生产和应用的总体规模而言，我国现已与北美、欧洲并驾齐驱，并很快将跃居世界首位。就从事分离膜制作和工程应用的研究机构数量、研究人员总数而言，已位居世界第一位。

膜技术在水处理领域中的占比由 4% 提高到 28%，已成为水处理市场中不可缺少的技术。"十二五"污水处理规划中约 1500 亿元将用于水处理设施的新建与升级，2015 年我国新建污水处理规模 4569 万立方米/日。在水处理产业链中，水处理设备将是增长较快、利润较高的环节，"十二五"期间膜处理设备仅在市政领域就有约 200 亿～500 亿元市场空间。国际厂商进入市场较早，但膜法水处理设备占其企业总体业务比例都较小。按照测算，当 2015 年市政污水处理能力达到 2.04 亿立方米/日时，需新增膜法水处理能力 0.0253 亿立方米/日，对膜处理工程的需求规模将达到 89 亿元。

不同分离功能的膜技术在国际市场占有率各有不同。2007 年全球以水处理为主的超微滤、纳滤、反渗透等占了市场的 95％左右,其中反渗透膜技术已成为应用需求最大的膜技术。全球反渗透膜及组件的销售额从 1990 年的 6 亿美元上升到 2010 年的 30 亿美元。国外品牌占领了绝大多数国内市场,目前国产反渗透膜市场占有率已增加至 13％以上。我国反渗透膜产业发展十分迅速,市场份额已从 2005 年的 3％增长至 2014 年的 35％,国产反渗透膜的出现,打破了长期以来反渗透膜被美国陶氏化学、GE、海德能,日本东丽、旭化成以及韩国世韩等少数国外公司垄断的局面[9]。

超微滤膜(UF/MF)是水与废水处理业务中非常重要的单元操作。2008 年全球超微滤膜产业总产值达到 80 亿美元。我国超微滤膜制造厂商达 100 多家,是我国膜企业数量最多、产量最大、能与国外产品抗衡的领域。纳滤膜市场占有率不高,仅占全球市场 2％,但其市场增速非常快。我国纳滤膜市场的规模大约是反渗透膜市场规模的 1/10,目前只有几家企业能够生产纳滤膜,产量和产品性能都显不足,应用领域与规模也有待拓展。超滤膜与微滤膜占美国、日本、欧洲整个膜市场份额的 50％～60％,它们广泛用于化工过程的分离与精制、废水净化处理并回收有用成分、工业废水零排放、活性污泥膜法废(污)水处理回用(MBR)等。2005 年 UF/MF 相关设备的销售额达到 13.67 亿美元,若加上相关工程则接近 50 亿美元,年增长率 9％,而在废水处理领域的增长率达到 11％[10]。

据不完全统计,UF/MF 的应用实施例多达 1500 余种,主要用于工业领域的废水处理、回用,作为反渗透的前处理已被认同。超滤反渗透(UF/RO)、微滤反渗透(MF/RO)组合的双膜法技术,国内在工业水处理特别是在电力、钢铁、化工、汽车等行业中应用较多。随着国家对水资源再利用投入的增加,UF/MF 技术作为城市安全供水、市政污水处理、再生水回用的重要手段将获得广阔的市场空间。UF(MF)/RO 双膜法工艺,膜生物反应器技术等得到了迅速发展。无机膜,特别是陶瓷膜、金属膜因其耐高温、耐有机溶剂、耐酸碱,也得到了快速的发展[11]。

气体分离膜的市场发展也较快。2010 年,全球气体分离膜市场的规模已达到 3.5 亿美元;2020 年预计可升至 7.6 亿美元,膜分离装置单套规模将达到 $10^4 \sim 10^7 \, m^3 \cdot d^{-1}$ 的水平。国内气体膜分离市场以每年 30％的速率递增,目前市场规模大约为 5 亿元,主要有富氧分离膜、氢分离膜、二氧化碳分离膜和有机蒸气分离膜等,其中富氧和氢分离膜性能与国外膜产品相比尚有距离[12]。

渗透汽化(蒸汽渗透)膜分离技术是近年来新兴的膜分离技术之一。目前,全世界约有近 400 套渗透汽化工业装置在运行,其应用主要集中在有机液脱水,少量用于水中脱除或回收有机物。我国有 4～5 家企业能生产有机渗透汽化膜、相关装置和建设处理工程（处理规模约在 1 万升/日以下）。值得注意的是，我国已有约 4 家企业开始生产和应用无机渗透汽化膜；中空纤维型渗透汽化膜和组器也已有实验室样品问世。国际上约有 420 套蒸汽渗透工业装置在运行，主要用于聚乙烯、聚丙烯、聚氯乙烯生产中的单体回收，天然气生产中的 C_3 及以上气体和酸性气体脱除，液化气的回收，炼油厂装车站台和加油站的油气回收等，我国市场规模在 5000 万元/年左右，年增长率 30%～40%[12]。

参考文献

[1] 王湛. 膜分离技术基础 [M]. 北京：化学工业出版社，2000.
[2] 杨座国. 膜科学技术过程与原理 [M]. 上海：华东理工大学出版社，2009.
[3] 朱长乐. 膜科学技术 [M]. 北京：高等教育出版社，2004.
[4] 徐南平，邢卫红，赵宜江. 无机膜分离技术与应用 [M]. 北京：化学工业出版社，2003.
[5] 张玉忠，郑领英，高从堦. 液体分离膜技术及应用 [M]. 北京：化学工业出版社，2004.
[6] 高从堦，陈国华. 海水淡化技术与工程手册 [M]. 北京：化学工业出版社，2004.
[7] Anil K，Syed S，Ana M. Handbook of membrane separations [M]. US：CRC，2009.
[8] http://www.askci.com/news/201401/23/2314484835733.shtml.
[9] http://www.membranes.com.cn/xingyedongtai/gongyexinwen/2015-02-05/20594.html.
[10] http://www.chinairn.com/news/20141209/143317683.shtml.
[11] http://www.goepe.com/news/detail-188514.html.
[12] http://www.ccin.com.cn/ccin/news/2011/07/19/189720.shtml.

第**2**章

水处理膜与膜过程

水处理膜主要是指在一定的驱动力作用下，去除水中不同杂质的膜材料，典型的水处理膜有脱除水中盐分的反渗透膜、脱除低分子有机物和多价盐的纳滤膜、脱除胶体等大分子和微粒的超/微滤膜。水处理膜主要应用于海水、苦咸水淡化，自来水生产，污水处理回用等过程，由于不需要添加大量化学物质，能耗低，且不产生废弃物，已获得了广泛的应用。近年来，在水处理领域，正渗透（forward osmosis）和膜蒸馏（membrane distillation）的研究也非常活跃。关于超/微滤、反渗透等水处理膜技术已有很多书籍介绍[1~7]，本章仅对近年来研究较多且有较大市场前景的水质净化膜、海水淡化膜和污水处理膜等进行简要介绍，并探讨新型水处理膜材料及膜过程的发展方向。

2.1 水质净化膜

水质净化膜主要是针对自来水水质提标升级提出的新型自来水生产工艺用膜。根据自来水水源水质状况和对自来水净化水质的要求，膜法水质净化主要采用微滤膜、超滤膜和纳滤膜。微滤膜和超滤膜主要用于去除水中的悬浮物、固体微粒、胶体、细菌和部分有机物等污染物；纳滤膜可以去除水中的小分子有机物、砷、硝酸盐和重金属等有害物质，同时保留大多数人体必需的无机盐离子。在我国，微滤膜和超滤膜发展相对成熟，而纳滤膜尚处于快速发展阶段。

2.1.1 水质净化膜的发展历程

用于水质净化的超微滤膜研究始于 19 世纪初，以天然或人工合成的聚合物制成的微滤膜最早出现于19世纪中叶，20世纪60年代超微滤膜进入快速发展阶段，先后研制出醋酸纤维素膜（CA）、聚砜膜（PSF）、聚醚砜膜（PES）、聚丙烯腈膜（PAN）、聚偏氟乙烯膜（PVDF）、聚氯乙烯膜（PVC）等，并相继开发了板式、管式、中空纤维、卷式等超微滤膜组件，大大促进了膜技术在水处理领域的应用。

纳滤是20世纪80年代后期发展起来的一种介于反渗透和超滤之间的膜分离技术，是为了适应软化水的需求及降低成本而发展起来的一种压力驱动膜过程，近年来，纳滤膜的研究与发展很快。法国巴黎已经采用纳滤膜技术建立了14万立方米/日的饮用水净化装置，为50万人提供高品质饮用水[8]。我国从20世纪80年代后期开始了纳滤膜的研制，在实验室相继开发了醋酸纤维素-三醋酸纤维素纳滤膜、磺化聚醚砜涂层纳滤膜和芳香聚酰胺复合纳滤膜等制备技术，在纳滤膜性能表征及污染机理等方面进行了试验研究，取得了一些初步的成果。

经过科学家和工程技术人员几十年的努力，微滤、超滤水质净化膜材料成本大幅下降，制膜技术逐步成熟，已经在饮用水处理、地表水和地下水净化等方面获得了大规模的应用。随着饮用水水源条件的恶化和水质标准的提高，纳滤膜对小分子量有害物质及重金属离子的高截留率越来越受到人们的重视，成为水质净化膜领域的重要发展方向。

2.1.2　水质净化膜的分离原理

在压力驱动下，原水进入膜组件并透过膜的部分称为渗透液，未透过膜的部分称为截留液。水中的颗粒、胶体、有机物及离子等根据所选择的水质净化膜，均可留在截留液中，从而使得渗透液满足净化水标准。此过程中，膜可以看成一个具有精密分离性能的屏障，能够保证高质量的渗透液。与传统水质净化过程不同，膜法水质净化技术的渗透液性质几乎不受进水水质变化的影响。膜物理结构和膜的截留机理对分离效果起决定性作用，其主要分离机理见表2-1。

表2-1　水质净化膜的分离机理

分离机理	解　释	膜过程
机械截留	筛分机理,膜可以截留比其孔径大或与孔径相当的微粒	微滤、超滤、纳滤
架桥作用	在微滤膜孔的入口处,微粒因架桥作用被截留	微滤
物理作用或吸附截留	除膜孔径外,膜表面的吸附和电性能对截留也起着重要的作用	微滤、超滤、纳滤
网络内部截留	网络型膜孔将微粒截留在膜的内部而不是在膜的表面	微滤、超滤
电荷效应	由于同性相斥作用而截留离子	纳滤

2.1.3　主要水质净化膜材料

水质净化膜材料应该具有以下特点：①较高的渗透通量和截留率；②良好的化学稳定性；③良好的机械稳定性；④良好的耐污染性能。此外，商品膜需要尽可能高的成品率和尽可能低的价格。一般来讲，材料无渗出物、加工简单、耐污染能力和化学及热稳定性是超微滤膜主要考虑的因素。表2-2列出了用于制备水质净化膜的常见高分子材料及无机材料。

表2-2　制备水质净化膜的常用材料

膜过程	膜材料	
	高分子材料	无机材料
微滤	聚砜、聚醚砜、聚丙烯腈、聚酯、聚醚酰亚胺、聚四氟乙烯、聚偏氟乙烯、聚乙烯、聚丙烯、聚氯乙烯等	陶瓷(氧化铝、氧化锆、氧化钛等)、金属(不锈钢、镍、钛等)、碳化硅等
超滤	聚砜、聚偏氟乙烯、聚酰胺、聚丙烯腈等	陶瓷(氧化铝、氧化锆、氧化钛等)
纳滤	聚酰胺类、聚乙烯醇类、磺化聚砜类等	陶瓷(氧化铝、氧化锆、氧化钛等)

2.1.4　水质净化膜的制备方法

2.1.4.1　微滤/超滤膜的制备方法

水质净化超/微滤膜的制备主要采用相转化法。相转化是最常用的高分子膜制备方法，它是以某种控制方式使聚合物从液态转变为固态的过程，这种固化过程通常是由一个均相液态转变为两个液态（液液相分离）或一个液态和一个固态（液固相分离）而引发的。通过控制相转化过程和条件，可以控制膜的形态，调节膜孔径，制备多孔膜或致密膜。根据相分离诱导方式的不同，相转化法又分为溶剂蒸发法、非溶剂诱导相分离法、热致相分离法和蒸汽致相分离法等。大部分水质净化微滤膜和超滤膜是通过相转化法制备的。

溶剂蒸发法和非溶剂诱导相分离法具有操作简单、制备成本低的优点，但制备的有机膜强度不高。从20世纪90年代开始，热致相分离法越来越受到人们的关注，该法使用的聚合物和稀释剂只有在温度较高时才能互溶而形成均相溶液，将此溶液刮涂成平板状或挤出成中空纤维状后冷却，当溶液温度下降到某一温度以下时，聚合物结晶或与溶剂发生相分离，进而，聚合物链相互作用凝胶固化，最后将凝胶浸入萃取液中除去稀释剂，即可制成水质净化膜。用此法制成的膜大多数是对称结构，属微滤膜范畴，强度较高[9]。

目前，绝大多数用于非溶剂诱导相分离法和热致相分离法制水质净化微滤膜和超滤膜的溶剂和稀释剂为有毒试剂，随着各国环保法律的日益严苛，这些试剂将逐渐被禁用。因此，开发新型环保溶剂、稀释剂成为了相转化法制备水质净化膜的重要研究方向[9]，受到了越来越多的重视。离子液体、乙酰柠檬酸三丁酯等试剂在实验室制备有机膜的过程中已获得应用[10]。

采用非溶剂诱导相分离法制备的有机膜孔径分布较宽，导致膜的渗透性能和截留性能之间不能很好地兼顾。制备具有均一孔径的高孔隙率微滤、超滤膜成为科研人员不断追求的目标。亲水性能够降低膜污染，并使膜清洗更容易，但目前的微滤、超滤膜的接触角一般在 $60°\sim80°$，亲水性还不够理想。制备高亲水性水质净化微滤膜和超滤膜也是当前重要的研究方向。

2.1.4.2 纳滤膜的制备方法

纳滤膜分为整体非对称纳滤膜和复合纳滤膜，其中整体非对称纳滤膜包括一层具有相同化学成分的致密皮层和一层多孔支撑层，采用相转化法同时成型制得；复合纳滤膜则包括一层超薄分离层和一层化学成分不同的多孔支撑层。分离层非常薄使得复合纳滤膜具有较高的分离性能，另外，还可以通过改变分离层和支撑层材料和结构来调节复合纳滤膜的分离特性。

复合纳滤膜分离层采用界面聚合物法制备，该法起源于 1965 年，其基本原理涉及两种单体之间的聚合或缩聚反应，这两种单体分别溶解在互不相溶的水相和有机相中。常用的单体配对是胺类和酰氯类，当水相和有机相在多孔支撑体表面接触时，水相中的胺类单体与有机相中的酰氯类单体在两相界面处发生酰化反应形成聚酰胺网络。薄层中的交联作用阻止两种单体的进一步接触，从而使反应终止，形成一层超薄聚酰胺分离层。单体浓度、单体比率、反应时间和后处理等制备参数对界面聚合纳滤膜的性能具有很大影响。

提高纳滤膜的渗透通量、抗污染和耐氧化性能，改进膜制备技术和降低制造成本是纳滤膜的研究重点。用纳米颗粒制备复合纳滤膜能够利用纳米材料的优点，通过在界面聚合过程中添加纳米颗粒或通过表面自组装制备一层纳米颗粒形成薄层纳米复合膜，有望提高膜的性能，降低膜污染，提高膜的抗细菌能力[11]。另外，支撑层材料，如聚砜的疏水性会降低复合纳滤膜的渗透通量和支撑层与分离层的结合力，近年来，聚多巴胺被用于增强聚砜底膜与分离层之间的结合力和亲水性，取得了不错的效果[12]。石墨烯/氧化石墨烯应用于膜分离领域成为了研究的热点，通过层层自组装的方法能够制备氧化石墨烯纳滤膜[13]。

2.1.5 水质净化的典型工艺

2.1.5.1 常规自来水生产工艺

20 世纪初，饮用水的常规处理工艺已经基本成形，主要分为四个部分，即"混凝-沉淀-过滤-消毒"，工艺流程如图 2-1 所示。该工艺主要是为了解决饮用水面临的生物安全性问题，去除了水中悬浮固体、胶体物质和病菌，以出水浊度、色度以及细菌总数为工艺控制的主要目标。该工艺的缺陷在于其对水中的溶解性有机污染物的去除效果有限，对天然有机物（NOM）的去除率仅为20%～30%，对人工合成的有机物如内分泌干扰物的去除效果更低。针对常规工艺面临的问题，强化常规工艺、常规工艺前加入生物预处理和开发新型深度净化工艺等是饮用水生产工艺研究的主要方向。

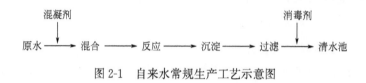

图 2-1　自来水常规生产工艺示意图

强化常规工艺包括强化混凝沉淀以及强化过滤。强化混凝的目的是：最大化去除颗粒物和浊度；最大化去除溶解有机碳（DOC）和消毒副产物（DBPs）前驱物；减小残余混凝剂的含量；减少污泥产量；最小化生产成本。强化混凝的方法主要包括优化混凝条件和制备更高效的混凝剂；强化沉淀的措施主要有优化斜板之间的间距、沉淀区流态、排泥或者采用斜管代替斜板的斜管沉淀以及拦截式沉淀等；强化过滤研究集中在采用微混凝强化过滤、采用改性滤料以及加入如表面活性剂等助滤剂和强化普通滤池生物作用等方法提高过滤效率。

生物预处理是指通过微生物的新陈代谢作用去除水中部分氨氮以及其他有机污染物，降低常规水处理工艺负荷，提高出水水质的方法。生物预处理工艺对原水中氨氮的去除率为60%～90%，对总有机碳（TOC）和 UV_{254} 以及锰等均有一定的去除效果，能进一步提高产水水质，已在微污染水源水净化制备饮用水领域开始得到应用。

臭氧耦合活性炭工艺是一种常用的饮用水深度净化工艺，该工艺一般设置在砂滤之后，原因是混凝沉淀和过滤能够去除部分需要消耗臭氧的物质，因此，可以利用臭氧的强氧化性来灭活过滤后水中残留的微生物，并发挥活性炭的吸附、截留作用，去除已死亡或活性降低的微生物，提高饮用水的水质，典型流程见图 2-2。

图 2-2　臭氧生物活性炭净水工艺流程图

2.1.5.2　有机膜法水质净化工艺

随着人们生活水平的提高，对饮用水的质量要求也越来越高，但另一方面，水源污染却日益严重，这就对饮用水的处理技术提出了更高的要求。如前所述，微滤、超滤对水中病原微生物、浊度、大分子有机物等截留率高，纳滤膜还可去除水中的部分小分子有机物和重金属离子，在饮用水净化中发挥重要作用。但是，单纯采用微滤、超滤或纳滤膜往往处理效果欠佳，且膜污染受原水水质的影响较大，因此，需要对进入膜系统的原水进行预处理。常用的预处理工艺有混凝、砂滤、颗粒活性炭过滤和投加粉末活性炭等。

混凝/微滤工艺按微滤膜的型式可分为混凝/浸没式微滤和混凝/分体式微滤。前者占地面积较小，多为小型净水厂所采用；后者占地面积较大，多为大、中型净水厂所采用。混凝工艺能够提高水中颗粒的粒径，从而减缓小颗粒所造成的膜孔堵塞等污染，并且能够在膜表面形成多孔的滤饼层，在一定程度上截留病毒和有机物，提高出水水质。采用微滤膜替代传统的沉淀池或澄清池，不仅能大幅提高水质，还能去除微生物、降低消毒副产物前驱物，与传统工艺相比具有较大的技术优势。

与微滤相比，超滤对污染物有更好的截留效果，近年来发展较为迅速，在饮用水制备中成为了一种更具竞争力的选择。超滤用于饮用水制备的显著优点是对悬浮物、胶体等有良好的分离能力，包括微生物如隐孢子虫、贾第虫、细菌和病毒等，且能去除部分有机物。但是，如果原水中有机物含量较高时，一般需要在超滤前加预处理工艺。典型的微滤或超滤法饮用水处理工艺流程见图 2-3。

图 2-3　超滤法饮用水处理工艺流程图

超滤技术用于饮用水生产在国外已经有近 20 年，在工艺选择、水厂建设、运行管理、维护等方面已相当成熟。1997 年法国 Vigneux 建成了一座日产水为 5.5 万立方米的水厂，采用的工艺是粉末活性炭（PAC）耦合超滤工艺。2007 年世界上最大的超滤耦合反渗透工艺的水厂在台湾高雄拷潭净水厂建成并通过验收，日产水能力为 30 万立方米。

我国第一座采用超滤工艺的水厂是 2005 年在江苏苏州木梭镇建成的日产 1 万立方米的超滤水厂。国内首个应用国产浸入式超滤膜建成的自来水厂（山东省东营市日产水量 10 万立方米的南郊水厂）于 2009 年 12 月顺利投产，该工程是旧水厂提标改造示范工程。

随着水源的恶化和人们对水质要求的提高，纳滤膜成为水质净化膜的发展趋势，能够用于饮用水的软化和有机物的脱除，降低 TDS 浓度、去除色度和有机物。为了获得高品质饮用水，巴黎于 1999 年建成了采用纳滤膜技术的梅里奥塞水处理厂，为大约 80 万居民供应饮用水。由于被处理的原水是受污染的河水，其有机物的含量随季节变化较大，采用纳滤膜能保证产水水质。与微滤、超滤相比，纳滤膜需要对原水进行更好的预处理，采用微滤或超滤对纳滤膜进水进行预处理具有很好的效果。

2.1.5.3 陶瓷膜法水质净化工艺

陶瓷膜具有孔径分布窄、较好的机械稳定性以及亲水性等特点，同时陶瓷膜也不易于受到有机物以及微生物的腐蚀，可以获得更高的过滤通量和更好的有机物去除率，化学清洗稳定性较好，没有潜在的危害，使用寿命较长，因此更适合用于地表水的净化过程。Hofs 等[14] 将四种材料（TiO_2、ZrO_2、Al_2O_3 和 SiC）的陶瓷膜和一种聚合物膜（聚醚砜－聚乙烯吡啶）应用于地表水净化。研究结果表明，四种陶瓷膜均比有机聚合物膜获得了更高的通量，通过表征 TOC 和 UV_{254} 两项指标，陶瓷膜对有机物的去除率也高于有机聚合物膜。Lee 等[15] 比较了截留分子量相近的有机膜和陶瓷膜过滤 NOM 溶液的性能。通过比较渗透液 NOM、DBPs 以及渗透通量，陶瓷膜与有机膜相比不仅能够获得更高的渗透通量，对 NOM 和 DBPs 的截留率也更高。Guerra 等[16] 采用孔径 10nm 的 85 通道和 208 通道的陶瓷膜过滤浊度为 3.1NTU 左右、TOC 值为 $1.6mg \cdot L^{-1}$ 的清溪河（Clear Creek）河水。研究结果表明，在较低的 TMP 下通量衰减较小，较高的 TMP 下获得较大的平均通量。

陶瓷膜用于饮用水生产的工业化运行装置主要集中在日本。NGK 公司自 1989 年开展小型陶瓷膜在市政给水行业中的应用研究工作。1995 年，陶瓷膜首次应用于水厂项目，1998～2008 年，在日本陶瓷膜净水工艺总产能达到 $158000m^3 \cdot d^{-1}$。2001 年开始，陶瓷膜开始在中、大规模的水厂进行应用。东京和静冈分别建成日产 $3400m^3$ 和 $10500m^3$ 的混凝耦合陶瓷膜工艺的饮用水生产工厂。2007 年，在日本福井设计建设了陶瓷膜净化工艺的水厂规模达到 $38000m^3 \cdot d^{-1}$。陶瓷膜工艺用于饮用水生产过程的特点主要有服务期限长、化学清洗较少、水利用率高等特点[16]。

我国也于 2013 年建成首套陶瓷膜自来水生产工艺，以淮河和洪泽湖为水源地，水源的水质属于三类以上标准，主要水质指标为：进水浊度为（100±10）NTU，电导率为（200±50）$\mu S \cdot cm^{-1}$，TOC 值为（10±3）$mg \cdot L^{-1}$。陶瓷膜处理能力为 $1500m^3 \cdot d^{-1}$，膜运行通量大于 $100L \cdot m^{-2} \cdot h^{-1}$，吨水运行成本为 0.29 元。

工艺流程示意如图 2-4 所示。主体装置照片如图 2-5 所示。

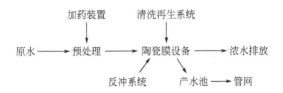

图 2-4　陶瓷膜法自来水生产工艺流程图

图 2-5　$1500m^3 \cdot d^{-1}$ 陶瓷膜自来水生产装置

2.2　海水淡化膜

　　用于海水淡化的分离过程很多，有蒸馏法（多级闪蒸、多效蒸馏、压汽蒸馏等）、膜法（反渗透、电渗析、膜蒸发等）、离子交换法、冷冻法等，其中适用于大规模淡化海水的方法主要是多级闪蒸、多效蒸馏和反渗透法。反渗透法是投资最省、成本最低的工业化海水淡化制备饮用水的方法，其发展也带动了其他膜分离技术的不断进步，在海水淡化中的作用越来越大，在扩大水资源方面的贡献越来越突出，对节能、降耗和减排工作也有很大促进作用。近些年，随着膜材料的发展及膜制备技术的进步，正渗透和膜蒸馏技术在海水淡化中的研究也越来越活跃。

2.2.1　反渗透膜的发展历程

从 1748 年 Nollet 发现渗透现象到 1953 年 Reid 首次制得醋酸纤维素均质对称反渗透膜，人们为此努力了 200 多年。此后，反渗透膜技术快速发展，1960 年，Loeb 和 Sourirajan 首次制成醋酸纤维素非对称反渗透膜。20 世纪 70 年代芳香族聚酰胺中空纤维反渗透膜和 80 年代全芳香族聚酰胺复合膜及其卷式元件的问世，使得反渗透膜的性能有了大幅提升。20 世纪 90 年代中压、低压及超低压高脱盐等商业化聚酰胺复合膜进入市场，为反渗透技术的发展和应用开辟了广阔前景。随着处理对象的不断增加和处理环境耐受性要求的提高，1998 年低污染膜研发成功，进一步扩大了反渗透膜的应用范围。

经过几十年的发展，我国的海水淡化技术取得了长足的进步，特别是反渗透海水淡化技术，现已进入工业化应用阶段，成为继美国、日本等少数国家之后掌握海水淡化技术的国家，但与美国、日本等发达国家相比仍有较大的差距，日产水量只有全球总产水量的 2%，年产值仅为全球总产值的 1.5% 左右，最大工程产水量只有 $100000 \mathrm{m}^3 \cdot \mathrm{d}^{-1}$，系统的国产化率仅为 40%。造成这种差距的主要原因是核心技术高性能反渗透膜组器及膜材料产业化关键技术尚未取得根本性突破。

2.2.2　反渗透膜的分离原理

当两种含有不同盐度的水，用一张半透膜隔开时，含盐量少的一边的水会通过半透膜渗透到含盐量高的水中，而所含的盐分并不渗透。但如果在含盐量高的水侧施加压力，当所施加的压力等于渗透压时可以使上述渗透停止，如果压力再加大，可以使水向相反方向渗透，而盐分剩下，此过程即为反渗透过程。因此，反渗透膜的原理，就是在有盐分的水中施加高于渗透压的压力，使渗透向相反方向进行，把盐水中的水分子压到膜的另一边，变成洁净的水，从而达到除去水中杂质、盐分的目的。

2.2.3　反渗透膜材料

反渗透膜材料是整个反渗透法海水淡化系统的核心，一般由高分子材料制成[6]。当前使用的膜材料主要为醋酸纤维素和芳香族聚酰胺类，其组件主要是卷式和中空纤维式。最初海水淡化使用的反渗透膜主要是芳香族聚酰胺中空纤维膜组件，由 Dupont 公司开发，后来日本东洋纺的三醋酸纤维素中空纤维组件也在海水淡化膜领域获得了应用，而目前使用最为广泛且最具发展潜力的是复合反渗透膜，自 20 世纪 80 年代商品化以来，性能不断提高，价格越来越便宜，使反渗透海水淡化成本不断下降，成为海水淡化的主要用膜。聚酰胺复合反渗透膜同时具有较高的盐截留率和较高的渗透通量，与醋酸纤维素膜相比，聚酰胺复合膜能够在较高的温度和 pH 值条件下工作。

考评反渗透膜性能的主要指标为脱盐率、水通量和回收率，在水源不同的情况下，其抗污染性能、抗氧化性能、耐化学性和单位能耗也会成为考评的指标。常规聚酰胺膜存在抗氧化性、耐污染性差等缺点，近年来，通过引入新功能单体、交联等方法对聚酰胺膜进行改性受到了越来越多的重视。另外，寻找新的膜材料来代替聚酰胺，或者是通过添加无机纳米材料来改善聚酰胺膜的分离性能、化学稳定性和耐污染性等也是研究的热点[17]。

2.2.4 反渗透膜的制备方法

复合反渗透膜是反渗透膜发展史上的一大突破，是当前采用的主要反渗透膜材料，包括一层在线聚合的超薄分离层和一层多孔聚合物支撑层。复合膜的思想产生于传统非对称膜，因此它与传统非对称膜有相似的结构，不过其分离层更薄，在 200nm 左右，并且分离层和支撑层为不同的材料。多孔支撑层一般采用相转化法制备，而致密层通常采用界面聚合或者表面涂敷并交联的方法制备[18,19]，其一大优点是表面皮层和底膜是分别制备的，可以根据需要设计不同的材料和结构，对反渗透膜的性能进行优化[20]。此外，一些较为昂贵的单体也可以用于制备分离层而不至于增加太多成本。

2.2.4.1 复合反渗透膜分离层的制备方法

复合反渗透膜的分离层通常采用界面聚合法制备，其步骤如下[21]（图 2-6）：首先将支撑膜浸入含有第一反应物（如二胺单体）的水溶液中，然后去除膜面上多余的溶液，再将此支撑膜放入带有第二反应物（如三酰甘油）的有机溶液中进行界面聚合反应。要求此有机溶剂与水不互溶，以保证聚合反应只在两种溶液的交界处发生。界面聚合在支撑层上生成的致密薄层阻止聚酰胺的进一步反应，因此制备的分离层非常薄，使复合膜具有很高的渗透通量；同时，通过交联能够大幅提高复合膜的盐截留率。

后处理对于提高反渗透膜的性能具有重要意义，通过改性能够降低复合反渗透膜表面污染倾向，一般可以通过等离子照射[22]、UV 光引发[23] 或氧化还原引发[21] 在复合反渗透膜表面进行接枝的方法来实现。掺杂纳米颗粒制备复合反渗透膜能够集成纳米材料的优点，通过在界面聚合过程中添加纳米颗粒或通过表面自组装制备一层纳米颗粒形成薄层复合膜，有望提高反渗透膜的性能，降低膜污染，提高膜的抗细菌能力及其他有用的功能[24,25]。

近年来，科研人员开始研究采用分子筛[26,27]、水通道蛋白[28,29]、碳纳米

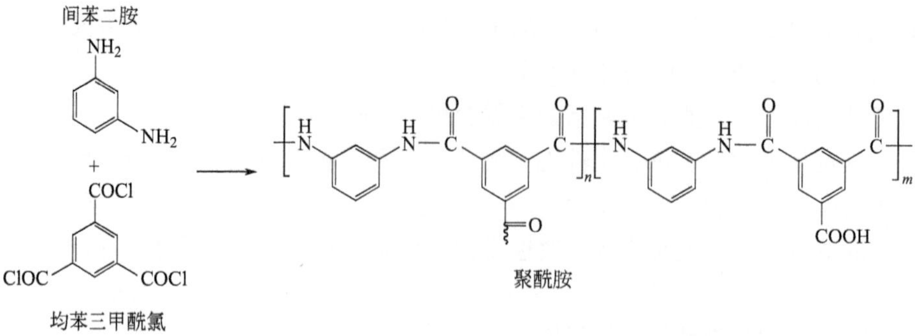

图 2-6　典型的界面聚合法制备商品聚酰胺膜路线图

管[30]和石墨烯等新材料制备反渗透膜。它们的高选择性和高渗透性对于水处理膜来说是一个很有意义的概念，拥有远高于所有商品反渗透膜的水渗透性及选择性。据预测，一个75％覆盖水通道蛋白的膜可能具有 2.5×10^{-11} m·Pa^{-1}·s^{-1} 的透水率，比商品海水淡化反渗透膜高一个数量级[28]。但目前这些新概念膜材料距离实际应用还有很长的路要走。

2.2.4.2　复合反渗透膜支撑层的制备方法

复合膜的多孔支撑层通常采用聚砜、聚醚砜、磺化聚砜/聚醚砜或聚丙烯腈等。聚砜是使用最多的反渗透膜支撑层材料，聚乙二醇和聚乙烯吡咯烷酮是最常用的制孔剂，用以增加支撑层的孔隙率，从而提高反渗透膜的渗透通量[31~33]。当前，主要的商业化复合反渗透膜就是以聚砜超滤膜为支撑层，此支撑层的截留分子量约为 60kDa。

长期以来，对反渗透支撑层材料缺乏系统研究。对于经相转化制备的聚砜超滤膜，由于相转化过程中成孔机理的限制，聚砜超滤膜的孔径分布较宽，界面聚合过程中单体溶液向不同孔径的支撑层孔道中的渗透行为存在差异，造成分离层厚度不匀，且在大孔处易形成缺陷，最终使得反渗透性能劣化。数值模拟工作表明，支撑层的孔道结构和表面性质直接影响反渗透膜的通量、截留率和污染特性，且分离层越薄，这种影响越明显[34]。在理想状况下，应使用孔径均一的多孔膜作为反渗透复合膜的支撑层，以确保获得均匀、无缺陷的分离层。这样的复合反渗透膜分离层可以更薄，从而具有更高的分离性能。

2.2.5　反渗透法海水淡化工艺

一个大型的反渗透海水淡化项目往往是一个非常复杂的系统工程，就主要工艺过程来说，包括海水预处理、反渗透脱盐、淡化水后处理等。其中预处理是指在海水进入反渗透装置之前对其所做的必要处理，如杀菌、降低浊度、除掉悬浮物、降低溶解污染指数等；脱盐则是通过反渗透过程除掉海水中的盐分，是整个淡化系统的核心部分，这一过程除要求高效脱盐外，往往还需要解决设备的防腐与防垢问题，以及采用相应的能量回收装置降低系统能耗；后处理则是对不同淡化方法制备的产品水，针对不同的用户要求所进行的水质调控和贮运等处理。一套高效的反渗透海水淡化装置，其核心是高性能反渗透膜系统，其优劣影响到整个反渗透法海水淡化系统的效益。此外，能量的优化利用与回收，设备的防垢和防腐以及浓盐水的正确排放等也是需要解决的问题。

2.2.6 反渗透法海水淡化预处理工艺

海水中的悬浮物颗粒、胶体、有机物等在膜面和膜孔内的堵塞和吸附，无机盐在膜面和膜孔内结垢，细菌在膜面的生长，都会降低反渗透膜的过滤性能，缩短反渗透膜的使用寿命，增加反渗透膜的更换频率，而反渗透膜投资占膜法海水淡化厂总投资的 20%～30%，反渗透膜更换费用占运行费用的 25%～30%，反渗透膜频繁更换将严重影响反渗透法海水淡化技术的经济性。通过对反渗透膜系统性能衰减的案例分析可知，反渗透膜的更换多数起因于膜污染。而膜污染和膜降解都与进水预处理效果不佳有密切关系，因此必须十分重视反渗透膜系统进水的预处理，严格控制反渗透膜装置的进水水质。浊度和 SDI_{15} 是预测海水对反渗透膜污染倾向高低的重要参数，常常被用于表征预处理工艺的优劣，反渗透系统一般要求进水浊度<1.0NTU，SDI_{15}<3.0。

2.2.6.1 有机膜法预处理工艺

传统的海水预处理工艺包括杀菌、沉降、过滤、软化、脱气等，已广泛应用于海水淡化和苦咸水淡化，但是传统预处理工艺存在工艺流程长、占地面积大、产水水质不稳定的缺陷。随着反渗透膜技术的日臻完善，传统预处理工艺的不稳定性已成为制约反渗透法海水淡化装置稳定性的主要因素之一。在进水水质较好的情况下，传统的预处理基本能够满足反渗透进水的要求，目前国外大型反渗透海水淡化工程主要在中东及海湾地区、欧洲、北美等地，水源为几乎无污染的优质海水，通常浊度<5.0NTU，SS<10mg·L^{-1}，预处理以传统方法为主。但对于水质变化较大的表层海水以及海水污染严重的发展中国家，采用传统预处理工艺后的出水水质不稳定，难以满足反渗透膜的要求。加上传统的预处理工艺存在占地面积大、药剂耗用量大等缺点，随着反渗透法在海水淡化中的广泛应用，人们开始寻找新的高效预处理工艺。

近年来，随着膜技术的快速发展，采用微滤、超滤、纳滤膜对原水进行预处理成为了新的发展方向。其具有工艺流程短、占地面积小、产水水质稳定等优点，可明显提高反渗透膜的过滤效率、延长反渗透膜的清洗周期、降低药剂消耗量、增加反渗透膜的使用寿命。与传统预处理工艺相比，微滤、超滤、纳滤工艺能够保证没有悬浮颗粒进入反渗透膜系统，能够使 SDI_{15} 值降低到 2.0 以下，并使浊度降低到 0.05NTU，尤其是对于那些由于海藻的生长和化学污染物的影响，有机物胶体及悬浮固体含量较高的表层海水来说，膜法预处理技术具有传统预处理工艺无可比拟的优势。

与传统预处理工艺相比，在去除悬浮固体、降低 SDI_{15} 上，微滤膜效果明显，较海滩井费用少，只需传统方法一半的费用；而超滤膜不但可截留悬浮固体和细菌，还可截留大分子、胶体等反渗透膜的潜在污染物；纳滤对于一价和二价离子的选择透过性在减少进料盐含量，防止结垢等方面有特殊作用，但通量较低[35]。到目前为止，有机超滤膜是膜法预处理中采用最多的技术。

2.2.6.2 陶瓷膜法预处理工艺

陶瓷膜具有机械强度高、化学稳定性好、通量大等优点，将其应用于海水淡化预处理领域，能够解决传统预处理工艺流程长、占地面积大、产水水质不稳定以及有机膜预处理工艺中有机膜易断丝等问题，其产水水质稳定，高于反渗透膜对进水水质的要求[36～39]。中试试验表明，陶瓷膜系统能够长时间稳定运行，而不需要进行化学清洗，产水水质达到反渗透膜的进水要求。

鉴于膜法预处理工艺对有机物及颗粒的较高去除率，反渗透膜系统能够设计较高的渗透通量；同时由于膜污染的减轻，能够降低化学清洗的次数；化学药剂用量的降低能够延长反渗透膜的使用寿命；反渗透膜渗透通量的提高能够降低反渗透膜的使用数量，减少反渗透膜装置的占地面积。综合来说，膜法预处理工艺能够降低反渗透法海水淡化系统的投资和运行成本，越来越具有竞争力。

2.3　污水处理膜

在城市污水的处理、回用中，膜技术常用于二级处理后的深度处理，多以微滤、超滤替代常规深度处理中的沉淀、过滤、吸附、除菌等预处理，以纳滤、反渗透进行水的软化和脱盐。膜技术应用于污水处理的优点是几乎可完全脱除悬浮物、细菌等，且有脱色效果，并能减少生成三氯甲烷的前驱物，出水水质好。同时，膜装置占用的空间小，特别适合于老厂升级改造或在建厂空间受限制的条件下采用。在污水处理及中水回用中，目前使用最多的是膜生物反应器技术。

2.3.1　主要污水处理膜材料及构型

与自来水生产中的水质净化过程相比，污水处理过程中需要处理的对象水质更加恶劣，处理难度更大，常常采用曝气抖动膜丝的方法避免污泥的沉积，控制膜污染，这就对分离膜的强度提出了更高的要求。目前应用于污水处理的膜材料有有机膜和无机膜两大类。有机膜大多为经过亲水改性的高分子材料，主要有聚偏氟乙烯、聚乙烯、聚丙烯、聚醚砜和聚酰胺等；无机膜材料主要有金属材料、金属氧化物材料以及陶瓷材料等，较高的投资成本限制了无机膜在污水处理领域的应用。由于具有良好的加工性能、机械强度和耐化学性能，聚偏氟乙烯是目前在污水处理中应用最为广泛的膜材料。

应用于膜生物反应器的膜构型主要有管式、板式和中空纤维式等，其中中空纤维膜组件和管式膜组件是膜生物反应器中应用最为广泛的两种膜组件。中空纤维膜组件主要应用于浸没式膜生物反应器中，其优势在于较高的装填密度、较低的成本和较高的抗压能力；管式膜组件主要应用在外置式膜生物反应器中，其特点是能在较好的流体力学条件下应用，膜组件不易发生堵塞，清洗较为方便。

2.3.2　污水处理膜的制备方法

由于非溶剂诱导相分离法制备的聚偏氟乙烯膜强度一般低于 5.0MPa，很难满足污水处理过程中对膜强度的要求，目前，提高污水处理膜强度的方法主要有热致相分离制膜法、多孔膜法和内衬增强法。

Castro[40] 于 1981 年发明了热致相分离制膜方法。在热致相分离法制备有机膜过程中，相分离仅由热交换引起，所得的膜缺陷较少，膜内不会出现大孔结构而影响膜强度；制膜时容易发生旋节分相，能够获得更窄的孔径分布。因此，制备的有机膜具有强度高、孔径分布窄的优点，经过 30 多年的研究和发展，此方法日臻成熟，逐渐被用于制备污水处理用聚偏氟乙烯膜，强度能够达到 10MPa 以上。但是，热致相分离法制备的聚偏氟乙烯膜孔径较大，一般在微滤范围内，限制了其在污水处理过程中的分离精度，近年来，将热致相分离和非溶剂诱导相分离相结合的复合热致相分离法受到了人们的关注。

多通道中空纤维超滤膜，提高了膜丝的强度，膜组件不易断丝，延长了膜丝的使用寿命，能为用户节省大量的投资、运行及维护成本。德国的滢格公司开发和研制的多孔膜丝（一个膜丝 7 孔），将 7 个毛细管汇集为一根膜丝，具有强度极高的支撑结构。这种结构增强了膜丝的稳定性，能有效防止断丝。中国的中水源生产的 PVC 合金七孔超滤膜具有物理机械强度高、抗拉强度高（可达到 14～15N，一般单孔膜为 3～6N）、柔韧性好（断裂伸长率达 65％ 左右，一般超滤膜产品为 30％～40％）的特点。

另外一种用于制备污水处理超滤膜的方法是内衬增强法。为克服非溶剂诱导相分离法膜丝强度低的问题，在中空纤维膜内部引入编织纤维管或纤维束作为支撑体，利用编织纤维管或纤维束来增加膜强度。其中编织纤维管或纤维束本身要具有良好的化学和热稳定性、良好的拉伸强度，能够被铸膜液所润湿但不能被铸膜液溶解，常用的编织管材料有锦纶、涤纶、丙纶等。内衬增强型聚偏氟乙烯膜强度可达几十兆帕，是目前采用较多的污水处理膜。

2.3.3 污水处理膜的典型工艺

2.3.3.1 常规污水处理方法

传统废水处理的基本方法有：物理法、化学法、生物处理方法等。对于生活污水，由于其水量大，水质相对稳定，含营养物质丰富，适合微生物生长，普遍而言，生物处理是生活污水处理最经济有效的方法。目前世界上已建成的城市污水处理厂90％以上是用生物处理法（典型工艺流程见图 2-7）。

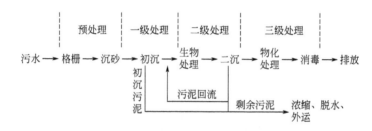

图 2-7　城市生活污水处理典型的工艺流程图

一级处理的主要功能是去除颗粒状有机物，减轻后续生物处理的负担，并调节水质、水量和水温，有利于后续生物处理。二级处理主要是通过各种形式的生物处理工艺，去除胶体状和溶解状的有机物，保证水达标排放。三级处理为根据需要处理二级出水中残存的 SS、有机物，或脱色、杀菌，为深度处理。

2.3.3.2 膜分离法

膜技术在国外主要用于地表水、受污染地下水处理，污水经二级处理后出水深度处理，海水淡化、苦咸水淡化前处理等，设备推广达数十亿美元。在北美，现有超滤水厂 250 座以上，总处理水量在 $3000000 m^3 \cdot d^{-1}$ 以上，其中美国 Olivenhain 自来水厂利用 GE ZeeWeed® 浸没式超滤膜设计处理量达 $129000 m^3 \cdot d^{-1}$，且处理厂用一套包括 3 个膜系列的二级处理系统处理一级处理中的浓水排放，整个处理厂的回收率达到 99％以上。国内 UF/MF 工程合同涉及生化制药、MBR、电厂水净化、钢厂冷却水净化等。清河再生水回用工程是北京市污水处理和资源化的重要工程项目，其核心处理单元为超滤膜池（ZeeWeed 1000 系列中空纤维，采用"由外至内"流动方式），出水满足城市污水再生利用景观用水水质标准（GB/T 18921—2002）。

MF/NF、UF/RO、MF/RO 等组合双膜法技术，在国内工业水处理特别是在电力、钢铁、化工、汽车等行业中应用较多。采用微滤膜微滤对印染行业废水进行预处理，COD 和浊度明显降低，达到纳滤进水水质要求；MF/RO 等组合双膜法技术大大减少设备占地面积，产水水质好且稳定，有利于延长反渗透系统的使用寿命，系统自动化控制程度高，能够降低劳动强度及运行成本。

2.3.3.3 膜生物反应器

生化法是使用最为广泛的传统污水处理技术，发展时间久，工艺成熟，投资运营成本低。但是随着水质标准的提高，传统的生化处理已不能完全满足要求。膜生物反应器（MBR）是超/微滤与生物反应器相结合的技术，它能使产物或副产物从反应区连续地分离出来，打破反应的平衡，从而大大提高反应转化率和转化速度，具有过程能耗低、效率高，设计、操作简单等优点。膜生物反应器最早用于微生物发酵工业，其在废水处理领域中的研究始于 20 世纪 60 年代，最初主要用于处理生活污水，用一个超滤膜装置从生化处理污水中分离活性污泥，并将其循环注入曝气池中[41]。20 世纪 90 年代以来，处理对象已从生活污水扩展到高浓度的有机废水和难降解的工业废水，如制药废水、化工废水、食品废水、烟草废水、造纸废水、印染废水等。在水资源日益紧张的今天，膜生物反应器作为一种新型、高效的水处理技术已受到各国水处理工作者的重视。

膜生物反应器一般分为分置式和一体式两种。分置式 MBR 是将传统的膜过滤装置直接置于反应器外进行循环操作，膜组件与生物反应器之间相互影响小，单位膜面积通量大，运行稳定可靠，操作管理简单，易于膜的清洗、更换和增设，但污水/泥循环能耗较高，并且循环泵内高剪切力会引起生物絮体的破坏，导致生物活性的降低。一体式 MBR 采用抽吸泵将液体从膜组件内抽出，污泥则保留在反应器内，这种 MBR 体积小，整体性强，运行动力费用低，膜表面的错流靠空气搅动产生，故不需循环泵而降低了能耗，但要定期将膜组件取出清洗，管理方面不及分置式，产水量较低。近年来，外置式膜生物反应器中的气升式膜生物反应器研究报道较多，在膜生物反应器工程应用过程中还出现了一些新的膜过程与生物处理相结合的技术，如膜接触（萃取）生物反应器、膜-酶（生物）反应器等，这些工艺在不同的领域均得到一定的应用。

（1）膜生物反应器在市政及生活污水处理方面的应用

在膜生物反应器中，多数有机物被微生物降解，膜过滤强化了有机物的去除效果。一般情况下，化学需氧量（COD）、生物需氧量（BOD）、固体悬浮物（SS）、UV_{254} 的去除率均高于 90%，其中，固体悬浮物几乎可以被完全去除。同时，由于重金属及其他微污染物会附着在固体悬浮物上，也提高了对它们的去除效果。

膜生物反应器过程强化了氮的去除。在好氧和厌氧阶段都能去除污水中的一部分氮元素。通过对连续进料的膜生物反应器进行循环通风可以进行同步硝化作用和反硝化作用。相对于传统的氮去除过程，同步硝化和反硝化作用具有可以在较短的路径中完成的优势。影响同步硝化和反硝化过程的因素主要有溶解氧浓度和絮体尺寸两个方面，膜生物反应器中絮体的尺寸要低于传统活性污泥法中絮体的尺寸。一些新型的膜生物反应器如萃取膜生物反应器对总氮有更高的去除率。

磷的去除通常是通过加入一定剂量的金属絮凝剂或者石灰形成难溶解沉淀物来完成。但是，生物法被认为是一种更为环境友好和节能的除磷方法。多数生物处理废水过程仅碳得到了利用，而磷的去除很少被关注。膜过滤对磷的去除效果影响较小，通常在活性污泥前加入厌氧区等方法用于强化磷的去除。

（2）膜生物反应器在工业废水处理方面的应用

20 世纪 80 年代，膜生物反应器开始应用于工业废水处理，主要用于处理食品工业废水、医疗废水、石化工业废水和印染废水等。与市政废水相比，工业废水具有一些特殊的性质，包含一些难治理的污染物如重金属和微小污染物等，膜生物反应器对上述污染物的去除效果要远远高于传统的活性污泥法。为了便于清洗和拆解，应用于工业废水处理的膜生物反应器一般为外置式，在石化废水处理中，膜生物反应器对总有机碳（TOC）和 COD 的去除率能达到 80％以上。对于重金属铬、锌和铅的去除率也较高。

（3）膜生物反应器在饮用水处理方面的应用

膜生物反应器可以与传统的净水工艺相结合，对污染水源进行处理获得合格的饮用水，还可以与高级氧化法和生物活性炭等工艺结合来提高出水的水质。在经济发展过程中，由于缺乏有效监管，导致工业废水、农药等无序排放，使得地表水受到严重污染，有机物及氨氮含量大幅超标。氮是水溶性的且不易于附着在土壤上，因此会迁移到饮用水中，几乎所有的水质标准均对氮类污染物设定了上限。膜生物反应器技术应用于饮用水生产的运行过程中存在稳定性问题，导致对TOC 和 COD 的去除率波动较大，因此需要与其他技术耦合提高运行的稳定性。如膜生物反应器和高级氧化法结合就是一种有效的净水方法，能够去除微小的污染物。特别是膜生物反应器和臭氧氧化相结合，不仅可以有效地去除可降解有机物，而且能去除消毒副产物的前驱体。

2.3.3.4　膜生物反应器的发展趋势

随着膜生物反应器运行经验的积累，越来越多的影响因素得到认识和理解，比如水力停留时间、污泥年龄、生物质浓度、膜通量、跨膜压差和曝气量等，一些新型膜生物反应器工艺受到了越来越多的关注。

（1）组合膜生物反应器（hybrid MBRs）

为了进一步改进膜生物反应器的处理能力，科学家开发了组合膜生物反应器技术，典型的有：①生物膜膜生物反应器（biofilm MBR，BF-MBR），在此工艺中，生物膜在流动的支撑体上生长[42,43]，由于生物膜的同步反硝化作用，此过程能够提高氮的去除率；②好氧颗粒污泥膜生物反应器（aerobic granular sludge MBR，AGMBR)[44]；③膜蒸馏生物反应器（membrane distillation bioreactor，MDBR），此方法处理后的污水能够达到回用的标准[45]；④渗透膜生物反应器（osmotic membrane bioreactor，OMBR），此方法采用浸没式正渗透膜[46]。

（2）厌氧膜生物反应器（anaerobic MBR）

当前，99%的膜生物反应器为好氧浸没式膜生物反应器[47]。然而，厌氧膜生物反应器在处理高浓度污水时有很大的优势。

（3）抗污染膜（antifouling membranes）

膜孔径、膜表面形貌及亲/疏水性都是影响膜污染的重要因素。一般地，疏水膜更易污染，因为疏水膜与污染物之间有更强的作用力，因此，通过改进膜的亲水性从而提高其抗污染能力是膜生物反应器用膜研究的一个热点[48,49]。

2.3.3.5 MBR膜集成深度处理及水回用工艺

城市居民生活用水量与生活污水排放量基本相当，城市生活污水的回用，将极大缓解我国城市的缺水问题，膜技术为污水、废水深度处理回用与资源化提供了重要技术保证。北京清河再生水厂污水回用项目采用超滤膜，每天可以处理8万吨污水，相当于每天提供50万人的用水量。我国目前正在大力推进新型城镇化，2014年3月国务院发布《国家新型城镇化规划（2014～2020)》，提出到2020年城镇公共供水普及率提高到90%，城市污水处理率提高到95%，并列为主要指标。城镇生活用水的需求逐年增加，与之对应的城镇生活污水排放量也不断增加，因此对城镇生活污水进行膜法处理，实现回用对于缓解城市缺水、推进新型城镇化建设具有重要意义。

水处理技术的目标是从污水中直接得到可利用水甚至是可饮用水，以上分析表明，MBR技术为此目标提供了应用可能。MBR出水可达到一般农业灌溉和工业用水要求，如果加上RO工艺和紫外消毒工艺，则出水完全可达到饮用水标准。考虑到RO膜污染问题，在MBR中应采用较小孔径的超滤膜，降低RO膜进水的污染指数，有利于提高RO膜的产水能力，延长RO膜的寿命。

基于超滤、微滤、纳滤膜的水质净化技术，基于反渗透膜的脱盐技术和基于膜生物反应器的污水处理技术已经获得了广泛应用，但仍然需要对膜技术进行深入研究，以进一步改进水处理膜的分离性能、降低能量消耗和成本。伴随着水资源短缺问题日益严重，以及降低能耗的需要，水处理膜技术将继续快速发展，新的膜材料与膜过程将为膜法水处理技术不断注入新的活力。

参考文献

[1] 王湛. 膜分离技术基础 [M]. 北京：化学工业出版社，2000.

[2] 杨座国. 膜科学技术过程与原理 [M]. 上海：华东理工大学出版社，2009.

[3] 朱长乐. 膜科学技术 [M]. 北京：高等教育出版社，2004.

[4] 徐南平，邢卫红，赵宜江. 无机膜分离技术与应用 [M]. 北京：化学工业出版社，2003.

[5] 张玉忠，郑领英，高从堦. 液体分离膜技术与应用 [M]. 北京：化学工业出版社，2004.

[6] 高从堦，陈国华. 海水淡化技术与工程手册 [M]. 北京：化学工业出版社，2004.

[7] Anil K Pabby, Syed S H Rizvi, Requena A M S. Handbook of Membrane Separations: Chemical, Pharmaceutical, Food, and Biotechnological Applications [M]. CRC Press, 2008.

[8] Ventresque C, Bablon G. The integrated nanofiltration system of the Mery-sur-Oise surface water treatment plant (37mg·d^{-1}) [J]. Desalination, 1997, 113 (2-3): 263-266.

[9] Cui Z, Drioli E, Lee YM. Recent progress in fluoropolymers for membranes [J]. Prog Polym Sci, 2014, 39 (1): 164-198.

[10] Figoli A, Marino T, Simone S, et al. Towards non-toxic solvents for membrane preparation: a review [J]. Green Chem, 2014, 16 (9): 4034-4059.

[11] Lee H S, Im S J, Kim J H, et al. Polyamide thin-film nanofiltration membranes containing TiO$_2$ nanoparticles [J]. Desalination, 2008, 219 (1-3): 48-56.

[12] Li Y, Su Y, Li J, et al. Preparation of thin film composite nanofiltration membrane with improved structural stability through the mediation of polydopamine [J]. J Membr Sci, 2015, 476 (15): 10-19.

[13] 高学理，魏怡，王剑，等. 层层自组装氧化石墨烯纳滤膜及其制备方法：CN, 201410015796.8 [P]. 2014.

[14] Hofs B, Ogier J, Vries D, et al. Comparison of ceramic and polymeric membrane permeability and fouling using surface water [J]. Sep Purif Technol, 2011, 79: 365-374.

[15] Lee S, Cho J. Comparison of ceramic and polymeric membranes for natural organic matter (NOM) removal [J]. Desalination, 2004, 160: 223-232.

[16] Guerra K, Pellegrino J, Drewes J E. Impact of operating conditions on permeate flux and process economics for cross flow ceramic membrane ultrafiltration of surface water [J]. Sep Purif Technol, 2012, 87: 47-53.

[17] Kang GD, Cao YM. Development of antifouling reverse osmosis membranes for water treatment: A review [J]. Water Res, 2012, 46: 584-600.

[18] Mulder M. 膜技术基本原理 [M]. 北京：清华大学出版社，1999.

[19] Cadotte J, Petersen R, Larson R, et al. A new thin-film composite seawater reverse osmosis membrane [J]. Desalination, 1980, 32 (1-3): 25-31.

[20] Prakash Rao A, Desai N, Rangarajan R. Interfacially synthesized thin film composite RO membranes for seawater desalination [J]. J Membr Sci, 1997, 124 (2): 263-272.

[21] Freger V. Nanoscale heterogeneity of polyamide membranes formed by interfacial polymerization [J]. Langmuir, 2003, 19 (11): 4791-4797.

[22] Kim M M, Lin N H, Lewis G T. Surface nano-structuring of reverse osmosis membranes via atmospheric pressure plasma-induced graft polymerization for reduction of mineral scaling propensity [J]. J Membr Sci, 2010, 354 (1-2): 142-149.

[23] Kang G, Cao Y, Zhao H, et al. Preparation and characterization of crosslinked poly (ethylene glycol) diacrylate membranes with excellent antifouling and solvent-resistant properties [J]. J Membr Sci, 2008, 318 (1-2): 227-232.

[24] Jeong B H, Hoek E, Yan Y, et al. Interfacial polymerization of thin film nanocomposites: a new concept for reverse osmosis membranes [J]. J Membr Sci, 2007, 294 (1-2): 1-7.

[25] Lind M L, Ghosh A K, Jawor A, et al. Influence of zeolite crystal size on zeolite-polyamide thin film

nanocomposite membranes [J]. Langmuir, 2009, 25: 10139-10145.

[26] Li L, Liu N, McPherson B, et al. Enhanced water permeation of reverse osmosis through MFI-type zeolite membranes with high aluminum contents [J]. Ind Eng Chem Res, 2007, 46: 1584-1589.

[27] Liu N, Li L, McPherson B, et al. Removal of organics from produced water by reverse osmosis using MFI-type zeolite membranes [J]. J Membr Sci, 2008, 325: 357-361.

[28] Kaufman Y, Berman A, Freger V. Supported lipid bilayer membranes for water purification by reverse osmosis [J]. Langmuir, 2010, 26: 7388-7395.

[29] Agre P. Aquaporin water channels (Nobel lecture) [J]. Angew Chem Int Edit, 2004, 43: 4278-4290.

[30] Hummer G, Rasaiah J C, Noworyta J P. Water conduction through the hydrophobic channel of a carbon nanotube [J]. Nature, 2001, 414: 188-190.

[31] Ahmad A, Sarif M, Ismail S. Development of an integrally skinned ultrafiltration membrane for wastewater treatment: effect of different formulations of PSf/NMP/PVP on flux and rejection [J]. Desalination, 2005, 179: 257-263.

[32] Han M J, Nam S T. Thermodynamic and rheological variation in polysulfone solution by PVP and its effect in the preparation of phase inversion membrane [J]. J Membr Sci, 2002, 202: 55-61.

[33] Lee K W, Seo B K, Nam S T, et al. Trade-off between thermodynamic enhancement and kinetic hindrance during phase inversion in the preparation of polysulfone membranes [J]. Desalination, 2003, 159: 289-296.

[34] Ramon G Z, Wong M C, Hoek E M. Transport through composite membrane, part 1: Is there an optimal support membrane? [J]. J Membr Sci, 2012, 415: 298-305.

[35] Vedavyasan C. Pretreatment trends—an overview [J]. Desalination, 2007, 203: 296-299.

[36] Cui Z, Peng W, Fan Y, et al. Effect of cross-flow velocity on the critical flux of ceramic membrane filtration as a pre-treatment for seawater desalination [J]. Chinese J of Chem Eng, 2013, 21: 341-347.

[37] Cui Z, Xing W, Fan Y, et al. Pilot study on the ceramic membrane pre-treatment for seawater desalination with reverse osmosis in Tianjin Bohai Bay [J]. Desalination, 2011, 279: 190-194.

[38] Cui Z, Peng W, Fan Y, et al. Ceramic membrane filtration as seawater RO pre-treatment: influencing factors on the ceramic membrane flux and quality [J]. Desalin Water Treat, 2013, 51: 2575-2583.

[39] Xu J, Chang CY, Gao CJ. Performance of a ceramic ultrafiltration membrane system in pretreatment to seawater desalination [J]. Sep Purif Technol, 2010, 75: 165-173.

[40] Castro AJ, Park O. Methods for making microporous products: [P]. US, 4247498, 1981.

[41] Kraume M, Drews A. Membranebioreactors in waste water treatment-status and trends [J]. Chem Eng Technol, 2010, 33: 1251-1259.

[42] Artiga P, Oyanedel V, Garrido J M, et al. An innovative biofilm-suspended biomass hybrid membrane bioreactor for wastewater treatment [J]. Desalination, 2005, 179: 171-179.

[43] Ivanovie I, Leiknes T, Odegaard H. Influence of loading rates on production and characteristics of retentate from a biofilm membrane bioreactor (BF-MBR) [J]. Desalination, 2006, 199: 490-492.

[44] Tay J H, Yang P, Zhuang W Q, et al. Reactor performance and membrane filtration in aerobic granular sludge membrane bioreactor [J]. J Membr Sci, 2007, 304: 24-32.

[45] Phattaranawik J, Fane A G, Pasquier A C S, et al. A novel membrane bioreactor based on membrane distillation [J]. Desalination, 2008, 223 (1-3): 386-395.

[46] Cornelissen E R, Harmsen D, De Korte K F, et al. Membrane fouling and process performance of forward osmosis membranes on activated sludge [J]. J Membr Sci, 2008, 319: 158-168.

[47] Lesjean B, Huisjes E H. Survey of the European MBR market: trends and perspectives [J]. Desalination, 2008, 231: 71-81.

[48] Meng F G, Chae S R, Drews A, et al. Recent advances in membrane bioreactors (MBRs): Membrane fouling and membrane material [J]. Water Res, 2009, 43: 1489-1512.

[49] Bae T H, Tak T M. Effect of TiO$_2$ nanoparticles on fouling mitigation of ultrafiltration membranes for activated sludge filtration [J]. J Membr Sci, 2005, 249: 1-8.

第3章

气体分离膜与膜过程

　　膜法气体分离技术依靠压力驱动实现气体分离，不需要相变，具有分离效率高、能耗低、操作简单等优点，与传统分离技术（吸附、吸收、深冷分离等）相比具有明显优势，在环保、能源、化工与石油化工等过程中发挥着越来越重要的作用。按材料来分，气体分离膜材料可分为高分子材料、无机材料和有机-无机杂化材料。基于气体分子的透过率和选择性不同，气体分离膜可以从气体混合物中选择分离某种气体，如空气中收集氧、合成氨尾气回收氢、石油裂解的混合气中分离氢、一氧化碳等。另外，气体分离膜用于气体中超细粉尘的分离、减少大气污染也受到越来越多的重视。无机膜材料具有优良的物理和化学稳定性，在高温气体分离方面具有独特优势，典型的膜材料如金属钯膜、钙钛矿膜和氧化硅膜等。目前，该领域的研究主要集中在开发高透气性、高渗透选择性、高化学稳定性以及热稳定性等新型膜材料和制膜工艺。本章根据不同的应用领域，介绍了几种主要的气体分离膜与膜过程，包括：氢分离膜、氧分离膜、二氧化碳分离膜和高温气固分离膜。

3.1 氢分离膜

　　随着化石能源的日渐枯竭及其带来的环境污染及气候问题日益严峻，开发和利用清洁高效的新型能源、优化能源结构已经成为政府和科技界的战略重点[1]。氢（H_2）能是地球上储量最丰富、分布最广泛的能源，是当前最具发展潜力的替代能源之一[1,2]，在航天工业、电子工业、环保、新能源汽车等领域具有广阔的应用前景[3~6]。然而，作为二次能源，H_2 不能直接从自然界得到，只能通过断裂 C—H 键或水、醇类的 O—H 键等途径获得，其中，烃类水蒸气重整（WGS）是目前工业生产 H₂ 的主要方法[2,6]。用于 H₂ 分离的方法主要有：变压吸附法[7,8]、深冷分离法[9]、膜分离法[10] 等。与变压吸附法和深冷分离法相比，膜分离技术提纯氢气具有投资少、设备简单、能耗低、使用方便和易于操作、安全、环境友好等特点。此外，将膜分离技术应用于膜反应器中，可实现反应和分离一体化，膜反应器能及时地把产物氢气移出，打破平衡限制，提高反应转化率。

金属钯（Pd）及其合金膜由于具有非常高的 H₂ 渗透选择性、良好的机械和热稳定性，是最早研究用于高纯氢气分离的无机膜。与常规的 H₂ 分离技术相比，Pd 膜氢分离具有投资小、占地少、能耗低、易操作等优点；与聚合物膜分离技术相比，Pd 膜能够胜任更高的工作温度且具有较好的稳定性能[3,11]。

Pd 膜的氢渗透通量与膜厚成反比，所以前期 Pd 膜的研究重点在于超薄 Pd 膜的制备。现阶段，多孔支撑体表面修饰技术的发展使得致密 Pd 膜的厚度降到 5μm 以下，因此，出于膜层力学性能等方面的考虑，Pd 膜研究重点转而集中在了增强高温下 Pd 及其合金膜的稳定性以及大面积无缺陷超薄金属钯膜的制备，即制备能够承受更为宽广的温度调节，具有更高 H₂ 通量的 Pd 及其合金膜[12,13]。

3.1.1 钯膜透氢机理

H₂ 可以通过溶解扩散方式透过致密 Pd 膜，而其他气体均不可透过。正是这一特性，使 Pd 膜成为优良的 H₂ 分离器和纯化器，可以制备得到超纯 H₂，完全致密的 Pd 膜对 H₂ 的选择性是无穷大的[14,15]。H₂ 在 Pd 表面的吸附溶解是放热过程[16,17]，一个 H₂ 分子在 Pd 表面化学吸附时，被相邻的两个 Pd 原子解离为 H 原子，进而溶解在 Pd 体相内。如果膜两侧存在 H₂ 压差，那么膜两侧就存在着 H₂ 浓度梯度，由 H₂ 浓度梯度引起的化学势梯度促使 H 原子从高化学势侧向低化学势侧扩散。H₂ 经过 Pd 膜的渗透过程遵循"溶解-扩散"模型，可以分为七个可逆过程[18,19]，如图 3-1 所示：H₂ 向 Pd 膜表面扩散；H₂ 在 Pd 表面的吸附；H₂ 在 Pd 表面进行解离溶解；溶解在 Pd 中的 H 进行体相扩散；H 在膜低压侧表面析出并聚合成 H₂；H₂ 在 Pd 表面的脱附；H₂ 向低压侧气体体相扩散。

H₂ 经过 Pd 膜的渗透过程遵循 Fick 第一定律[20]，即 H₂ 在致密钯膜中的渗透率通常可用下式表述：

$$J = F(P_h^n - P_l^n) \tag{3-1}$$

式中，J 表示 H₂ 通量，$mol \cdot m^{-2} \cdot s^{-1}$；$F$ 表示渗透系数，$mol \cdot m^{-2} \cdot s^{-1} \cdot Pa^{-n}$；$P_h$ 和 P_l 分别是进气侧和渗透侧的 H₂ 压力，Pa；n 是压力指数。需注意的是，当膜的两侧不是纯 H₂ 时，P_h 和 P_l 分别指 H₂ 的分压。由于 H₂ 渗透的驱动力是膜两侧 H₂ 的压力差，压力差越大，H₂ 渗透率越高。因此，要提高 H₂ 透过

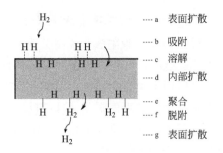

···· a	表面扩散
···· b	吸附
···· c	溶解
···· d	内部扩散
···· e	聚合
···· f	脱附
···· g	表面扩散

图 3-1　Pd 膜透氢示意图[18]

率，一方面，可以增大进气侧的压力以提高 P_h；另一方面，可以通过真空泵降低渗透侧压力以降低 P_l[21,22]，或者在渗透侧用其他气体吹扫，吹扫气可以是惰性气体，如 N_2、Ar 等。

氢在膜表面吸附、在膜体相中的扩散和脱附等都有可能影响其渗透率，究竟哪个才是速率控制步骤，要根据膜的具体情况来定。大多数情况下，氢原子在 Pd 膜体相中的扩散速率最慢，被认定为速率控制步骤[23]。此时，氢的渗透率完全由氢原子在 Pd 膜中的扩散速率决定，氢的渗透速率遵循 Sivert's 定律，压力指数 $n=0.5$；当 Pd 膜较薄时，氢在钯膜表面的吸附、溶解、脱附、析出等过程同时影响其渗透率，n 将介于 $0.5\sim1$ 之间；当 Pd 膜足够薄时，氢的渗透率完全由表面过程控制时，$n=1$。绝大多数情况下，人们把 n 值是否大于 0.5 作为判断表面过程是否开始影响钯膜透氢速率的依据。

温度是影响氢气渗透率的主要因素，高温有利于钯膜中氢的渗透，但是过高的温度显然会降低膜的长期稳定性。假设膜的压力指数不随温度变化，那么温度 T 与 Pd 膜的渗透系数 Q 的关系符合阿伦尼乌斯方程 [式(3-2)]：

$$Q=Q_0 e^{-\frac{E_a}{RT}} \tag{3-2}$$

式中，Q_0 代表指前因子，E_a 代表渗透活化能，R 代表气体常数，8.31 $J\cdot mol^{-1}\cdot K^{-1}$；$T$ 代表热力学温度。Pd 及其 Pd 合金膜的透氢活化能在好多文献中都有报道，尽管制备方法、厚度、组成、测定条件都有很大的区别，但是大多数情况下，活化能都在 $10\sim20 kJ\cdot mol^{-1}$ 范围内。

3.1.2　钯膜制备技术

Pd 复合膜的制备方法主要有化学镀法（electroless plating）、电镀法（electroplating deposition）、物理气相沉积法（physical vapor deposition）、化学气相沉积法（chemical vapor deposition）以及光催化沉积法（photocatalytic deposition）等。

在选择 Pd 复合膜的制备方法时，往往需要考虑很多因素，包括 Pd 及其合金材料的性质，制备的难易程度，要求的厚度、几何形状、纯度等。物理气相沉积法过程简单，沉积速度快，膜厚易于控制，但是该方法成本较高，并且较难控制所制备钯膜的气密性。电镀法设备简单，可以通过控制电镀时间和电流强度来控制膜厚，并且制备的钯膜具有较好的延展性，但是该方法更多适合于金属载体，并且容易出现膜厚分布不均的情况。化学气相沉积法制备的钯膜膜厚较容易控制，但化学气相沉积法反应条件苛刻，对 Pd 前驱体的纯度要求较高，并且 Pd 前驱体要具有良好的挥发性和稳定性。光催化沉积法具有操作时间短、反应条件简单、设备造价低以及膜层超薄等优点，但是该方法所制备的 Pd 膜致密程度较低，有待进一步改进。化学镀法制备钯膜具有工艺简单，适用范围广等优点，但是其膜厚不易控制。因此，制备方法的选择必须综合考虑。

3.1.2.1　化学镀法

化学镀法亦称为无电法，是在无外加电流的情形下，利用自催化反应还原金属钯盐成膜。Uemiya 等[24] 最早使用该方法在多孔玻璃上制备了 Pd 复合膜。该法能够在任何形状复杂的表面形成厚度均匀的钯膜，且操作简单，在 Pd 复合膜制备中应用最为广泛，被公认为制备致密 Pd 膜的方法之一。制备 Pd 复合膜的化学镀工艺如下：

① 载体清洗，除去其表面的油污及灰尘。

② 将载体浸入 $SnCl_2/HCl$ 溶液中进行敏化，然后冲洗。载体上的 $SnCl_2$ 会水解成复杂组成的胶体，如 $Sn(OH)_{1.5}Cl_{0.5}$，这些胶体将有利于钯膜的附着。

③ 将载体浸入 $PdCl_2/HCl$ 溶液中进行活化。此时，载体表面的胶体的 Sn^{2+} 会还原 Pd^{2+}，使载体表面产生钯粒：$Sn^{2+} + Pd^{2+} \longrightarrow Sn^{4+} + Pd$。用纯净水冲洗。

④ 重复②、③操作 5～10 次，可得到更多的钯粒。

⑤ 将活化后的载体浸入镀液中，并保持一定的温度，加入还原剂后，化学镀钯开始。镀钯液一般含有 $[Pd(NH_3)_4]^{2+}$、EDTA、高浓度氨水，pH 值在 10 以上。

⑥ 还原剂肼（又称为联氨）N_2H_4。化学镀钯反应式为：

$$2[Pd(NH_3)_4]^{2+} + N_2H_4 + 4OH^- \longrightarrow 2Pd\downarrow + 8NH_3 + N_2\uparrow + 4H_2O$$

化学镀法广泛应用于钯膜及其钯合金膜的制备，但是传统化学镀技术一个很大的缺点就是活化敏化过程烦琐耗时，而且极有可能在 Pd 膜层中引入低沸点 Sn，导致钯膜在高温下工作不稳定。因此，研究者对种核手段进行了改进。①采用非 Sn 活化溶液：如采用水合肼还原醋酸钯的方法能够获得纳米级的 Pd 核，不仅避免了 Sn 的危害，而且有利于自催化反应的进行[25]。日本 Okuno 公司的

Inducer 50 系列活化液利用硼氢化钠还原 $PdSO_4$ 已经商业化。②采用 H_2 气相还原活化：如利用 H_2 还原醋酸钯的方法播晶种[26]。③结合载体预处理和种核过程：如将被 Pd 源物质改性的胶体直接涂敷在载体表面[27]；或将 $PdCl_2$ 钯源分散在氧化锆胶体中涂覆基体表面，在达到修饰载体的同时，也为后续自催化反应提供了 Pd 核[28]。④利用光催化反应来传播晶种：以光催化方法替代传统的活化敏化播晶种，在播晶种的同时，能够增加膜层之间的结合情况[29]。

3.1.2.2 电镀法

电镀法是用直流电电解镀液，在阴极载体上沉积金属或金属合金（图 3-2）。该方法设备简单，仅需直流电源、可控温的电镀槽和电机。膜厚度可通过电镀时间和电流强度加以控制，制备的钯膜具有良好的延展性。但该方法仅限于金属载体，并且在制备合金时，往往会出现组分分布不均的问题。Nam 等[30] 将真空系统引入到制膜装置中，改进后有部分钯沉积在载体孔内，钯膜致密程度高，厚度不足 $1\mu m$。制备的 Pd-Ni 合金膜在 550℃时的透氢率为 $8.46\times10^{-8}\,mol\cdot m^{-2}\cdot s^{-1}\cdot Pa^{-1}$，选择性达到 4700。Chen 等[31] 通过控制载体的旋转速度以及低的电流密度来减小膜表面的 H_2 吸附，制备了无缺陷的钯复合膜，该膜具有良好的选择性（$H_2/He>$ 100000），并且在温度低于 280℃时具有良好的抗氢脆性能。

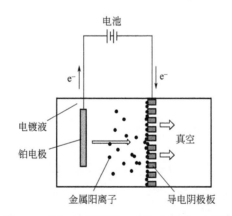

图 3-2 真空电镀法制备 Pd 复合膜示意图[30]

3.1.2.3 化学气相沉积法

化学气相沉积法制备金属 Pd 复合膜是一个相当成熟和有效的方法，是将挥发性的金属化合物、羟基化合物或有机金属络合物加热汽化后，通过分解或还原反应将生产的金属沉积在底膜上，经晶核长大而形成薄膜。CVD 法制备的钯膜厚度容易控制，一般为 $2\sim6\mu m$，但 CVD 法反应条件苛刻，对 Pd 前驱体纯度要求较高，并且 Pd 前驱体应具有良好的挥发性以及高温稳定性。因此，该方法的应用受到了限制。Li 等[27] 以中孔 γ-Al_2O_3 为载体（孔径为 $4\sim6\mu m$）分别在孔内和表面制备了 Pd 膜，发现其透氢率随钯晶粒的增大而增大，沉积在表面的 Pd 膜比沉积在孔内的钯膜对氢有更高的选择性。Itoh 等[32] 开发了化学气相沉积法制备管式 Pd 复合膜的工艺，如图 3-3 所示，所制备的钯复合膜厚度为 2～4μm，H_2/N_2 选择性超过 5000。

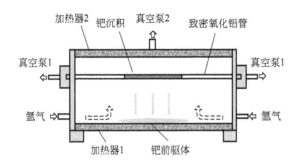

图 3-3　化学气相沉积法制备管式 Pd 复合膜示意图[32]

3.1.2.4　物理气相沉积法

物理气相沉积法是指在真空条件下用物理的方法，将材料气化成原子、分子或使其电离成粒子，并通过气相过程，在材料或工件表面沉积一层具有特殊性能的薄膜。磁控溅射法是物理气相沉积法的一个典型代表（图 3-4）[33]。这种方法简单，沉积速度快，膜厚易控制。但是物理气相沉积法成本较高（要求高真空以及蒸发金属材料）[34]。

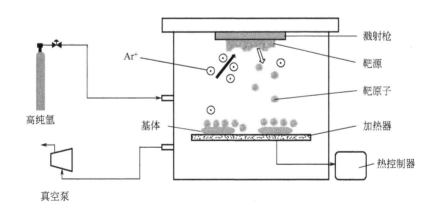

图 3-4　磁控溅射法制备 Pd 复合膜示意图[33]

3.1.2.5　光催化沉积法

南京工业大学膜科学技术研究所首创了光催化沉积法制备金属 Pd 膜，简称 PCD（photocatalytic deposition）[35]。通过对光催化条件的研究，如光照时间、

反应液中的 Pd^{2+} 浓度，对有机添加剂进行优化，首次采用光催化沉积法在大面积无缺陷的 TiO_2 超滤膜上成功制备了超薄金属 Pd 膜[36]，并且通过进一步对超薄 Pd 膜的修饰，制备得到了具有高渗透性能和分离性能的致密 Pd 膜[28]。通过掺杂银，制备出 Pd-Ag 合金膜是对光催化制备钯膜改进的重要方向（如图 3-5 所示）[37]；使光催化反应在外表面覆有半导体 TiO_2 的管状支撑体表面 Pd^{2+} 液膜中进行，取代在反应槽中进行，结果提高了所制得钯膜的性能，提高了紫外灯光照效率，简化了膜的制备过程，同时节省了原料和投资。但是，光催化沉积法制备 Pd 复合膜的致密程度较低，有待进一步的改进[38]。

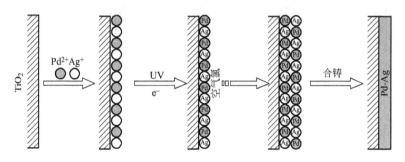

图 3-5　光催化沉积法制备 Pd-Ag 合金复合膜示意图[38]

3.1.3　钯膜产业化现状

目前，氢气的生产、分离和纯化设备主要市场是炼油和化工行业。未来，太阳能光伏发电材料多晶硅的生产以及氢能产业，将使得氢气的生产、分离和纯化设备的市场逐渐增加并迅速扩张。目前，在高端超纯氢气应用上，几乎全部采用无支撑体的 Pd 膜和 Pd 合金膜材料，在超纯氢气纯化上几乎全部被国外产品垄断。

英国 Johnson Matthey 公司下属的气体净化技术部开发了以金属 Pd 膜为核心膜组件的产品，可为晶片制造工艺提供纯度为 99.9999999% 的超纯氢气，因而成为众多中国以及世界各地硅半导体和化合物半导体产业的选择。该公司具有成熟的 Pd 膜气体净化技术，已经在全球销售了超过 5000 套气体纯化装置，发展方向主要是超纯氢的分离。美国 P&E 公司开发的以金属 Pd 膜为核心膜组件的产品主要为 LED、半导体产业提供 99.9999999% 的超纯氢气。另外，采用该公司技术，可以将液体燃料如汽油、柴油、丙烷和乙醇等转化为可供质子交换膜燃料电池使用的高纯氢（CO 含量 100×10^{-9} 以下）。荷兰能源中心（ECN）开发出以金属 Pd 复合膜材料为核心的氢气分离器，正在开展中试，氢气处理规模为 $20 m^3 \cdot h^{-1}$。主要目标是为炼油和化工企业提供廉价氢和降低 CO_2 排放量。

近年来，我国大连化学物理研究所在 Pd 复合膜研发和应用上取得了重要的突破性进展。研制出厚度为 $6\mu m$ 的多通道 Pd 复合膜，膜材料透氢量 $>20m^3 \cdot m^{-2} \cdot h^{-1} \cdot bar^{-1}$（$1bar = 10^5 Pa$，下同），氢氮理想分离因子 >50000。开发了钯复合膜应用成套技术，包括 Pd 及 Pd 合金复合膜化学镀技术、Pd 膜厚度有效控制技术、多孔支撑体表面和缺陷修饰技术、Pd 膜补镀技术、Pd 膜缺陷修复技术、Pd/陶瓷复合膜与金属膜组件连接密封技术、Pd 膜氢气纯化器技术。同时，还开发了一系列 Pd 复合膜应用成套技术，率先在全球实现了 Pd 复合膜材料规模化制备及其氢气分离纯化技术示范，总体水平处于国际领先地位。但是，国内超纯氢气纯化器的核心材料都是 Pd 膜或 Pd 合金膜，装置规模较小，与国外厂商相比，仍存在差距，市场占有率低。表 3-1 中列出了国内外主要的 Pd 膜生产企业。

表 3-1　国内外主要的 Pd 膜生产企业

供应商	产品型号	核心膜材料	处理量/$m^3 \cdot h^{-1}$	氢纯度
英国 Johnson Matthey	PSH	Pd 合金膜	60	9N
美国 P&E	PE9000MZ	Pd 膜	88	9N
加拿大 MRT	HydRec	Pd 膜	50	5N
荷兰能源中心（ECN）	—	Pd 复合膜	20	4N
四川普瑞公司	ZJH	Pd 膜	4～10	5N
山东聊城科威公司	BG-5	Pd 膜	0.3	6N
大连华海制氢设备有限公司	HH	Pd 复合膜	10	8N

3.2　氧分离膜

混合导体（mixed ionic electronic conductor，MIEC）透氧膜是一类同时具有氧离子及电子导电性能的致密陶瓷膜，其在高温条件下对氧具有绝对的选择性，可直接用于氧气分离[39,40]。作为一种重要的气体分离膜，自 20 世纪 80 年代中期开始，经过多年的研究，涌现出大量优秀的混合导体透氧膜材料，尤其是针对不同应用体系，开发出多种具有较高稳定性的新型混合导体材料。使得此类材料的应用从最初的氧分离进一步扩展到膜反应器、化工产品合成及污染物控制当中，更是在固体氧化物燃料电池中发挥重要作用[40~45]。混合导体透氧膜在能源、环境等领域中具有重要的应用前景。

3.2.1　混合导体透氧膜材料及氧传输机理

混合导体透氧膜的氧传输机理主要基于其材料内部的可移动氧空位，其通过膜两侧不同氧浓度梯度来提供氧渗透的驱动力，从而实现氧离子的定向传输。针对此类材料可按照离子电子传导方式、膜材料结构、膜组成相结构的不同来加以具体分类[45]。其中，按照材料的离子电子传导方式的不同可以分为氧离子导体透氧膜及离子-电子混合导体透氧膜材料。按照膜的相结构组成可分为单相膜及双相膜，而按照材料晶体基本结构又可以分为萤石型、钙钛矿型及类钙钛矿型等。致密透氧膜材料分为萤石型离子导体透氧膜材料、钙钛矿型混合导体透氧膜材料及复合双相透氧膜材料三大类，具体请参见《混合导体氧渗透膜——设计、制备与应用》[46]一书。

当钙钛矿型氧化物 $ABO_{3-\delta}$ 中的 A 或 B 位离子被其他低价阳离子取代后，晶体中会产生一定的氧离子空位以维持晶体的电中性。在混合导体中，氧离子的传输是通过其中的氧离子缺陷即氧空位来实现的。它对钙钛矿材料的离子电导起着决定性作用。其浓度大小直接影响钙钛矿材料的透氧性能。对于材料本身，其结构因素如容限因子、关口尺寸及 M—O 键能等直接影响材料的离子迁移性能。而在实际使用过程中，膜两侧氧分压以及温度、气氛等也直接影响膜的主体扩散及表面交换过程。这些因素都可以作用于膜氧传递过程，以致影响最终的氧渗透性能。缺陷理论、氧传输机理、离子迁移性能及影响氧传输的结构因素请参见《混合导体氧渗透膜——设计、制备与应用》[46]一书，在此不再赘述。

3.2.2　混合导体透氧膜材料及膜优化设计

3.2.2.1　膜材料稳定性

众多钙钛矿混合导体材料中，含钴材料如 $SrCo_{0.8}Fe_{0.2}O_{3-\delta}$（SCF）由于其高电导率及氧渗透性能在材料开发研究中占有举足轻重的地位。然而由于易变价钴元素的存在而导致其在低氧分压或还原性气氛下的结构及热化学稳定性较差，材料易由高温相的无序结构转变为低温相的有序结构并导致氧离子活性的降低（perovskite to brownmillerite）[47~50]，从而影响氧渗透性能。另外当 SCF 膜用于氧渗透及膜催化反应时，高氧化穴位梯度将导致膜材料晶格之间不匹配，从而在材料内部产生应力导致膜的断裂。鉴于钴元素对于材料结构及化学稳定性的影响，近年来开发了许多无钴混合导体材料，如 $(BaSr)(FeM)O_{3-\delta}$（M：Mn、Cu、Zn、Mo）[51~54]、$AE(FeM)O_{3-\delta}$（AE：Ba、Sr；M：Ce、Zr、Al、Ti）[55~58]、$La_{0.6}Sr_{0.4}Fe_{0.4}Ga_{0.6}O_{3-\delta}$[59]、$La_{0.8}Sr_{0.2}(Ga_{0.8}Mg_{0.2})_{0.6}Cr_{0.4}O_{3-\delta}$[60]、$La_{0.85}Ce_{0.1}Ga_{0.3}Fe_{0.65}Al_{0.05}O_{3-\delta}$[61]等。这些材料在稳定性方面尤其是在还原气氛中的稳定性有了大幅度提升，但是降低了氧渗透性能。在催化膜反应器中，反应气氛中较高浓度的 H_2O、CO_2、H_2 及 CO 等气体对膜材料的耐还原、耐腐蚀及稳定性提出了非常苛刻的要求。膜两侧较大的氧分压梯度（为 $10^{14} \sim 10^{16}$ 数量级，氧分离过程氧分压梯度仅为 10 左右），对膜材料的氧渗透性能要求则相对较低。因此使得无钴混合导体材料成为膜反应器用膜材料的较为合适的选择。

另一种较为可行的方法是使用稳定的固定价态的元素（如用 Al、Zr、Ti、Ce 或 Nb 等）离子，来部分取代 SCF 中的钴离子[62~66]，又或者使用这些元素的稳定氧化物掺杂到 SCF 体相当中形成固溶体[67~71]。这两种方法，尤其是体相掺杂的方式，可以有效提高材料在低氧分压条件下的稳定性，抑制材料的化学和热膨胀以及有序无序相转变，但同时又在一定程度上保留了含钴材料本身具有的对电子及氧离子较高的传递性能。因此，这类材料非常适合于氧分离过程，同时通过表面修饰等技术手段使得此类材料的应用可以扩展到膜催化反应器当中。但是，在实际的材料设计中仍然要注意的是，体相掺杂的过程中应避免掺杂氧化物与主体相间发生固相反应生成其他非固溶杂相而严重影响材料氧渗透性能。

3.2.2.2 膜构型设计选择

到目前为止，较多采用片式膜来进行研究，这类膜通常使用单轴静压法制得，膜面积非常有限，因此也仅仅局限于实验室研究用途。在实际的使用中通常使用的是平板式、卷式、管式和中空纤维等膜构型[72,73]。平板式膜，尤其是堆式多层平板膜，可以提供满足要求的膜面积，同时其制备过程简单方便（如流延法）。但在具体的工程化过程中却面临着装填面积低、连接部分复杂、高温密封以及较大的压力降等问题，在一定程度上制约了其发展。管式膜的膜管外径为 2~20mm，相应的膜管壁厚可以到 0.5~3mm，目前使用较多的管式膜包括外径 2mm 左右、壁厚 0.5mm 左右的细管式膜，及外径 10mm 左右、壁厚在 1mm 左右的粗管式膜。很显然，细管式膜在填充面积上要优于平板式膜及粗管式膜，同时也避免了复杂的连接部分及高温密封要求，此类膜的制备方法可以采用等静压或塑性挤出等方法，且工艺成熟可靠。近年来开发的陶瓷中空纤维膜制备技术使得混合导体膜构型有了新的突破。这种膜结构类似于管式膜，膜管直径为 1~2mm，因此膜的填充密度比管式膜组件高。同时鉴于其特殊的膜结构（指状孔及海绵孔的多孔层和超薄致密分离层）使得其具有非常高的氧渗透通量。但同时正是由于这种膜结构的存在，使得中空纤维膜在机械强度、沿管程的压力降、致密层完整性等方面处于劣势地位。而其制备方法，如熔融纺丝法及干湿法纺丝工艺仍有许多技术上的细节问题亟待解决，仍需开展大量的基础研究工作来优化工艺过程。

在制备中空纤维膜方面，采用一步共挤压和共烧技术制备双层中空纤维膜（如图 3-6 所示），薄的致密分离层和具有催化效果的多孔支撑层能够大大提高反应性能[74]，同时也可以将不同的材料分别用作分离层和支撑层。在一根中空纤维中引入四个通道（如图 3-7 所示），在不影响氧渗透通量的前提下能够克服通道中空纤维膜机械强度不够的问题，从而进一步扩大中空纤维膜的工业化应用的前景[75]。

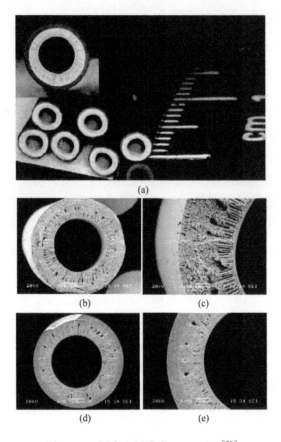

图 3-6　双层中空纤维膜 SEM 照片[78]

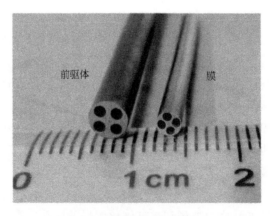

图 3-7　多通道中空纤维膜[79]

在实际的应用过程中，混合导体透氧膜不但需要具有较高的力学性能，而且能利用组件大幅提高其氧渗透性能，同时更需要其制备方法成熟简单。综合这些要求以及各个膜构型的优缺点，可以看出，多通道中空纤维膜具有较高的综合性能及工程优势，是未来开发透氧膜组件的首选膜构型之一。

3.2.3 混合导体透氧膜的应用

3.2.3.1 空分制氧

空分制氧在环保及工业生产中都有十分重要的意义，相比于深冷分离机、变压吸附及有机膜分离方法而言，混合导体透氧膜以其高氧气选择性、操作简单、能耗低以及易与高温过程耦合等特点，具有广阔的应用前景。但是关于此类膜的研究多集中于膜的制备、表征及传质机理方面，大多数尚处于实验室研究阶段。经过多年的发展，混合导体透氧膜无论在材料开发或者是在膜制备及膜成型技术方面都有了长足的进步，为膜过程及膜反应器的放大提供了坚实的技术保证。目前，已有德国的 Aachen University、Fraunhofer IKTS 研究院，以及几个较大的气体公司 Air Products、Praxair 及 Linde 开始开展混合导体透氧膜氧分离装置的开发设计研究。Aachen University 使用 570 根 $Ba_{0.5}Sr_{0.5}Co_{0.8}Fe_{0.2}O_{3-\delta}$ 粗管式构建的氧分离器达到 $0.42t \cdot d^{-1}$ 的纯氧产量。而 Air Products 公司则使用平板式膜构建氧分离装置，达到 $5t \cdot d^{-1}$ 的产量。尽管高温透氧膜氧分离装置的开发取得了阶段性的进展，但是目前在此方面的研究仍然较少。同时现有分离装置的进一步工程化应用也面临着许多亟待解决的问题，例如膜本身的稳定性和强度、装置的密封、与下游过程的匹配关系以及与相关辅助系统设计等问题。可以说，高温透氧膜的工业化应用是一个严密的系统工程，涉及的方面庞大而复杂，因此在具体的设计时必须全盘考虑，以达到实际生产工艺的要求。

3.2.3.2 天然气转化

混合导体透氧膜的关键技术研究，将在天然气转化利用中发挥关键作用。随着人类社会的发展，近几十年来世界能源格局尤其是中国已经发生了深刻的变化。根据国际能源署公布的数据[80]，2010 年中国天然气消费量达 1072 亿立方米，同比增长 22.73%，增速超过了中国的实际 GDP 增速，预计至 2030 年，中国的天然气消费量将占全球消费总量的 7%。届时，中国将超过日本，成为亚太地区最大的天然气消费国。天然气作为高热值的清洁能源，同时也是发展 C_1 化学工业的基本原料。天然气转化利用的关键问题在于如何低成本地将其转变为液体化学品（甲醇等）和燃料（氢气、汽油、柴油等），而其核心在于如何低成本地由天然气（主要成分为甲烷）制备合成气（$H_2 + CO$）。以合成气为基础的间接转化路线的转化率和目标产物选择性都很高，因而成为天然气化工应用方面最广泛的技术路线。然而，该过程操作工序多、能耗高、设备投资大。因此，开发出具有明显技术、经济优势的甲烷转化路线是该领域研究需要解决的关键问题。

近年来，利用混合导体材料对氧的绝对选择性，采用混合导体透氧膜反应器实现甲烷转化过程也受到人们广泛关注[76,77]。以甲烷部分氧化制合成气（POM）反应为例，在混合导体透氧膜反应器中可以直接以空气作为氧源向POM反应动态提供所需的纯氧［如图 3-8(a) 所示］。此过程可以显著降低氧气分离的投资和操作成本，还将纯氧分离与 POM 反应集成在一个反应器中进行，预计比传统的氧分离设备降低操作成本 30% 以上，并且能够控制反应进程，防止放热反应引起的飞温失控[78]。因此，该技术的成功开发对天然气资源的优化利用具有重要的战略意义。

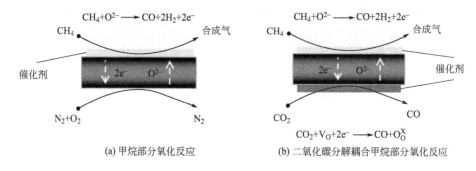

(a) 甲烷部分氧化反应   (b) 二氧化碳分解耦合甲烷部分氧化反应

图 3-8 混合导体透氧膜反应器中的反应

3.2.3.3 CO_2 等温室气体的资源化利用

混合导体透氧膜的关键技术研究，为 CO_2 等温室气体的资源化利用提供了新的思路。以化石燃料为基础的世界能源体系是造成当前愈加严重的能源问题的根源，同时，也带来了由于化石燃料燃烧所引发的环境问题。由于二氧化碳及氮氧化物等温室气体的过量排放引发的温室效应及大气污染已经引起了世界各国的普遍关注[79]。二氧化碳的捕集利用技术包括能直接减少排放量的二氧化碳捕集和储存技术（CCS）以及能够提高有效利用率的二氧化碳捕集和利用技术（CCU）。很显然，相对于 CCS 技术中将大量二氧化碳储存起来对生态环境带来的影响危害的不可知性，CCU 技术具有更高的安全性，并可以进一步产生实质的经济及社会效应。

二氧化碳的利用方式包括生物转化（利用植物的光合作用）以及化学转化法[80~83]。化学转化主要是以二氧化碳为原料合成甲醇、甲酸甲酯、碳酸二甲酯、聚碳酸酯等化工产品，达到循环利用的目的。或者将 CO_2 直接分解为 CO 和 O_2[84~86]。分解产生的 CO 可作为合成多种化工产品的重要原料，而 O_2 又可作为大宗化学品。然而该反应是一个强吸热过程，必须在高温下才能实现。且受热力学平衡的限制（在 900℃ 时二氧化碳的平衡转化率仅为 0.00052%），因此该反应在传统反应器中是难以实现的。利用混合导体透氧膜与反应过程相集成，可以将二氧化碳分解的氧气移出反应区而打破化学反应平衡的限制。Jin 等[87,88]

提出了将二氧化碳热分解与甲烷部分氧化制合成气耦合在一个反应器中的新的膜反应过程［如图3-8(b) 所示］，实现了900℃下二氧化碳的热分解，转化率达到15.8%[40]，这是一个有可能取得重大创新突破的新领域。同时，此方法理论上适用于一切含氧化合物（一般为气相或可汽化液相化合物）的分解。因此这也为作为大气重要污染物及温室气体之一的NO_x的资源化利用提供了新的途径[89]，这也是目前国际上的研究热点之一。

3.2.3.4 无氮燃烧技术

混合导体透氧膜的关键技术研究，为先进燃烧技术应用提供了重要技术保障。除了开发二氧化碳及氮氧化物捕集利用技术方法外，仍需寻找一种能从根源上解决此问题的方法。根据环境部最新环境统计年报显示，氮氧化物排放量位于排名前3位的行业依次为电力及热力的生产和供应业、非金属矿物制品业、黑色金属冶炼及压延加工业。这3类行业占统计行业氮氧化物排放量的81.4%，其中电力业占64.8%。这些行业的共同特点是使用空气作为燃料高温燃烧的助燃介质，而空气中的氮气则成为氮氧化物的主要氮源。解决这一问题的关键技术为无氮燃烧[90,91]，即燃料在循环烟气稀释后的纯氧中（O_2/CO_2混合气）燃烧（如图3-9所示）。该技术一方面能够大幅度降低氮氧化物的排放，同时使烟气中二氧化碳浓度提升到95%左右，便于后续的二氧化碳捕集利用；另一方面可以提高燃烧过程的火焰温度，提高燃烧效率，降低燃料的使用量[92,93]。这项技术的研究与发展符合国家在工业过程节能减排中的重大需求。而目前，限制无氮燃烧技术大规模工业化应用的关键问题之一就是纯氧制备。传统的深冷空分技术设备投资大，能耗高。而大多数的多孔膜分离技术只适合制备富氧气体，无法获得纯氧。混合导体透氧膜可以与这些高温过程实现耦合，并提供高纯度氧气。因此其具有明显的技术与经济优势，是真正实现无氮燃烧技术的核心所在。

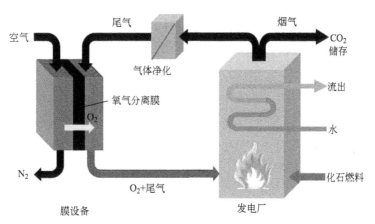

图3-9　透氧膜在无氮燃烧（O_2/CO_2）技术中的应用及流程示意图[96]

3.2.3.5 燃料电池技术

混合导体透氧膜的关键技术研究，在新型替代能源技术中发挥重要作用。传统化石燃料等一次能源的使用以及其日渐减少的储量对于目前全球能源及环境带来了与日俱增的压力。而氢能作为一种清洁、安全、高效的二次能源受到了越来越多的关注。随着制氢及贮氢等技术的日趋成熟，燃料电池作为把氢能直接连续转化为电能的高效洁净发电装置日渐受到世界范围的广泛关注。其中混合导体材料以其所具有的高电子-离子导电性及优秀的氧催化活性，在燃料电池领域尤其是固体氧化物燃料电池（solid oxide fuel cell，SOFC）领域发挥着至关重要的作用[94~98]。作为SOFC重要组成部分的阴极，其对所选材料具有较为苛刻的要求[99]：①电极材料具有较大的电子导电能力；②较强的电化学催化活性；③较高的氧离子导电能力；④与电池其他材料具有良好的热匹配性；⑤与电解质材料和连接材料具有好的化学相容性。而具有离子-电子混合导电性的钙钛矿氧化物材料则完全满足以上要求，更可以极大地提高阴极的催化活性，降低极化电阻，因此已成为目前此领域研究的重点方向。

综上所述，混合导体材料在氧分离、天然气转化、污染物控制及资源化利用，以及新能源开发利用等方面发挥着重要的作用。而具有优良的氧渗透性能和稳定性的膜材料是将混合导体致密透氧膜用于反应器以及工业化实际应用的关键。因此，迫切需要开发出性能优良，特别是在高温、低氧、还原性气氛环境下性质稳定的致密透氧膜材料，其研究开发不仅会对相关的化工过程产生重大影响，对能源、环保等领域内高新材料的发展亦会产生积极的推动作用。

3.3 二氧化碳分离膜

IEA指出，到2035年煤炭需求将占全球能源需求总量的65%，尤其是在中国，未来近半个世纪内煤炭仍是我国的主要能源[100]。燃煤发电仍是今后20年全球获取电能的主要途径，也仍是温室气体的主要来源。高效的燃煤电厂和CO_2捕集与封存（CCS）[101,102]技术是有效减少CO_2排放、并能在经济开发与环境保护上实现双赢的有效办法。分离富集CO_2是整个技术的核心，能耗大，费用高（约占整个过程的60%~80%），成为CO_2减排面临的主要问题。燃煤电厂烟道气脱除CO_2的应用体系要求膜材料具有耐高温的特性。除燃煤电厂高炉气外，天然气是CO_2的另一主要来源。天然气作为一种清洁能源备受欧美等发达国家青睐，我国天然气在能源结构比例中也呈现大幅上升趋势。天然气中含有的CO_2具有腐蚀运输管道和降低燃气热值的缺点，我国的天然气质量标准中规定CO_2

的含量低于 4.0％（体积分数）。膜分离技术用于天然气中的 CO_2 捕集具有高效、节能和对环境友好等优势。

3.3.1 CO_2 的捕集与封存

目前 CCS 技术仍然面临管理和技术等壁垒，针对这一问题国际社会给予了越来越多的关注[103]。实现 CCS 主要有两大步骤——"碳捕集"和"碳封存"。目前，正在大力开发的碳捕集途径主要有三种[104,105]：燃烧前捕集、燃烧后捕集和富氧燃烧捕集。其具体过程如图 3-10 所示。

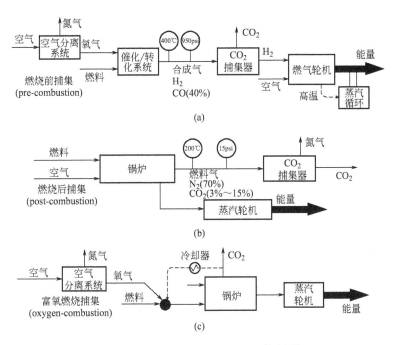

图 3-10 CO_2 的捕集途径示意图[104,105]

(1psi＝6894.76Pa，下同)

（1）燃烧前捕集（pre-combustion）

燃烧前捕集[106,107] 主要应用于以气化炉为基础的发电厂。首先，化石燃料与氧气或空气发生反应，产生由 H_2 和 CO 组成的混合气。混合气冷却后，在催化转化器中与蒸汽发生反应，使混合气体中的 CO 转化为 CO_2，并产生更多的氢气。将 CO_2 从混合气中分离并被捕集和储存，H_2 被用作燃气联合循环的燃料送入燃气轮机，进行燃气轮机与蒸汽轮机联合循环发电，因此燃烧前捕集所涉及的分离过程主要是 H_2/CO_2 分离。

（2）燃烧后捕集（post-combustion）

燃烧后捕集[108,109]是指燃料在空气中燃烧产生蒸汽，产生的蒸汽带动涡轮机转动发电。燃料燃烧从锅炉中排放出的废气主要是 CO_2 和 N_2 的混合气体，而废气中的 CO_2 浓度稀（3%～15%）、分压低，从废气中回收 CO_2 的难度较大。目前超过98%的电厂使用的都是燃料在空气中燃烧发电，所以对废气中 CO_2 的捕集回收技术的研究非常迫切。

（3）富氧燃烧捕集（oxygen-combustion）

富氧燃烧捕集[105,110]是指燃料在 O_2 和 CO_2 的混合气体中燃烧，燃烧产物主要是 CO_2、水蒸气以及少量的其他成分，经过冷却 CO_2 含量在80%～98%。少部分烟气再循环与 O_2 按一定比例进入燃烧室。在富氧燃烧系统中，由于 CO_2 浓度较高，因此捕集分离的成本较低，但是供给的富氧成本较高。目前，富氧燃烧发电尚未能进入工业化进程。

CO_2 的捕集方法主要有溶剂吸收法、变压吸附法和膜分离法。溶剂吸收法[111,112]所采用的溶剂一般为乙醇胺类的水溶液。CO_2 被碱性胺吸收剂吸收，当达到吸收饱和或接近饱和后给溶剂加热解吸获得溶剂和高纯度的 CO_2。这种方法比较适合于从低浓度废气中回收 CO_2，但是在目前的工艺条件下，溶剂再生以及为便于运输而压缩 CO_2，都需要消耗大量的能量，操作成本较高。变压吸附法[113,114]是利用固体吸附剂在高压下吸附 CO_2，低压下脱附 CO_2 的方法来实现 CO_2 的捕集。常见的固体吸附剂有天然沸石、分子筛、活性氧化铝、硅胶和活性炭等。吸附法工艺过程简单、能耗低，但吸附剂容量有限，需大量吸附剂才能满足分离要求，且吸附解吸频繁，要求自动化程度高。溶剂吸收法和变压吸附法用来捕集 CO_2 具有一定的优势，但都存在各自的不足。

膜分离法[115,116]作为当今世界迅速发展的一项节能型 CO_2 分离回收技术，与传统的分离技术相比，具有投资少、设备简单、能耗低、易于操作、安全、环境污染少等特点，因此其具有广阔的应用前景和较高的经济价值。CO_2 膜分离技术已在实际工业中（如天然气净化等）得到一定的应用，但仍处在发展阶段，许多技术仍需完善。高性能 CO_2 分离膜的缺乏仍是制约该技术进一步发展的重要因素之一。目前，应用于 CO_2 分离的分离膜包括促进传递膜、聚合物膜、炭膜和分子筛膜等膜材料。

与燃煤电厂脱碳不同，用于天然气脱碳的膜材料需要在较高的压力下操作。这对膜材料的机械强度和在高 CO_2 分压下的抗塑性提出了更高要求。天然气中膜分离 CO_2 示意图如图 3-11 所示。现有可工业应用膜材料的 CO_2/CH_4 分离选择性通常为10～30，为了避免甲烷过量损失，通常采用如图 3-11 所示的标准二级膜过程[117]。第一级膜分离单元的膜使用量通常数倍于第二级膜单元。将 CO_2 渗透速率为 100GPU，CO_2/CH_4 选择性为20的膜用于 $1.12 \times 10^4 \, m^3 \cdot h^{-1}$、$CO_2$ 体积含量为

10%的天然气混合物分离中，在5.5MPa下操作并保证甲烷损失率小于1.5%前提下，需要第一级膜面积为2000m²，第二级膜面积为300m²。由于第二级膜组件的进料为第一级膜组件的低压渗透气，需要进行加压。然而这部分气体的体量较小，消耗的功率约为107.5kJ·m⁻³，能耗比氨吸收工艺（600～900kJ·m⁻³）小很多。

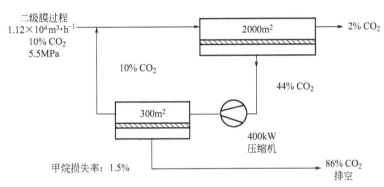

图 3-11　膜工艺设计用于实现将 CO_2 从天然气中分离出来

（该膜具有 100 GPU 的 CO_2 渗透性和 5GPU 的甲烷渗透率）

3.3.2　促进传递膜

人们在研究生物膜内传递过程时得到启示，在膜内引入载体可以促进某种物质通过膜的传递，改善膜的分离性能，这就是促进传递膜。在促进传递膜中，载体能与待分离组分发生特异性的可逆反应形成中间化合物，在膜相内中间化合物从高化学势侧向低化学势侧扩散，在低化学势侧中间化合物分解为原组分及原载体，原载体在膜内继续发挥促进传递作用[118,119]。载体与透过组分的特异性可逆结合以及中间化合物在膜内的高速扩散性能使得促进传递膜具有较高的选择性和透过性，突破了"Robeson上限"的限制[120]。一般采用促进因子 F（facilitated factor）来表征载体的促进作用，定义如下：

$$F = \frac{\text{引入载体后组分 A 通过膜的传递通量}}{\text{未引入载体时组分 A 溶解-扩散过程的传递通量}} = \frac{J_A}{J_{A,D}} \qquad (3-3)$$

对 CO_2 起促进传递作用的载体有 HCO_3^-/CO_3^{2-}，无机氟离子 F^-，有机羧酸根离子 COO^-、乙二胺、乙醇胺及其他有机胺化合物，磷酸根离子 PO_4^{3-}。根据所引入载体在膜相中的迁移性（mobility），促进传递膜可分为移动载体（mobile carrier）膜和固定载体（chained carrier or fixed carrier）膜两种。

3.3.2.1　移动载体膜

作为促进传递的移动载体膜主要是液膜，按其成膜方式，液膜分为乳化液膜和支撑液膜。分离 CO_2 的移动载体膜主要为支撑液膜。支撑液膜是以多孔膜为骨架，液膜固定于多孔膜之内构成，膜液内含有很多载体可与 CO_2 发生可逆反应而促进 CO_2 的渗透[121]。这种制备方法简单，即将微孔支撑膜浸渍在溶剂-载体溶液中，利用毛细管力使载体溶液停留在膜微孔内。最早利用支撑液膜进行 CO_2 分离的是 Ward[122]。Ward 使用饱和的碳酸氢铯溶液浸泡醋酸纤维素多孔膜，制得 CO_2 促进传递液膜，载体为 HCO_3^-/CO_3^{2-}。其分离过程如图 3-12 所示。

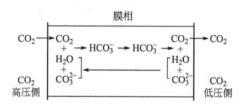

图 3-12　支撑液膜促进传递 CO_2 过程示意图[122]

促进传递机理反应如下：

$$CO_2 + H_2O \Longleftrightarrow H^+ + HCO_3^-$$

$$CO_2 + OH^- \Longleftrightarrow HCO_3^-$$

$$HCO_3^- \Longleftrightarrow H^+ + CO_3^{2-}$$

前两步反应为慢反应，最后一步反应为瞬间反应，这样的液膜 CO_2/O_2 的分离因子可以达到 1500。

离子液体四水合氟化四甲基胺（$[(CH_3)_4N]F \cdot 4H_2O$）、四水合四乙基胺乙酸盐（$[(C_2H_5)_4N]CH_3COO \cdot 4H_2O$）可以用于制备支撑液膜，其促进传递过程如图 3-13 所示[124]。此膜表现出良好的 CO_2 和 H_2S 渗透选择性，但成膜性较差，且价格昂贵。采用聚电解质聚苯乙烯三甲基氟化胺制备的离子交换气体分离膜具有较好的 CO_2 选择透过性能[129]。CO_2 与氟离子水合物的可逆反应为：

$$CO_2 + F^- \cdot 4H_2O + 4H_2O \Longleftrightarrow HF \cdot 7H_2O + HCO_3^-$$

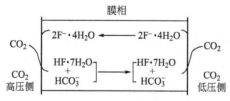

图 3-13　含有 $[(CH_3)_4N]F \cdot 4H_2O$ 液膜中的促进传递过程[123]

可逆反应形成的 HCO_3^- 沿着浓度梯度扩散到膜另一侧，分解释放出 CO_2，而分解后的氟离子水合物逆向扩散到膜进料侧，重新与 CO_2 结合。

支撑液膜性能优异，但以下缺点限制了其工业化应用：载体溶液蒸发和压差导致载体流失，造成膜的不稳定性；难以制备高稳定性的薄膜，渗透速率低；进料气中某些组分与载体发生不可逆化学降解反应，使得载体寿命一般较短。

3.3.2.2　离子交换膜

液膜因载体易流失而限制了其工业化应用，因此，学者们尝试着采用适当的方法使活性载体固定化。方法之一就是以离子交换膜作为基膜，采用离子交换的方法使活性组分交换到膜内，并依靠载体与基膜之间的静电力使载体固定下来，采用这种制膜方法制备的膜具有较长的寿命。

Leblanc 等[125] 首次使用离子交换膜用于 CO_2 气体的促进传递分离（如图 3-14 所示）。结果表明，阴离子交换膜（含有碳酸盐和离子化的甘氨酸）对于 CO_2 的分离是有效的。含有单质子化的乙二胺阳离子交换膜对于 CO_2/O_2 有高选择性。Matsuyama 等人[126] 用等离子技术将丙烯酸接枝在聚乙烯多孔基膜上，得到高度溶胀的亲水性弱酸离子交换膜并结合乙二胺作载体，用于 CO_2/N_2 的分离（如图 3-15 所示），低压下（0.047atm，1atm＝101325Pa）表现出极高的 CO_2 透过性（1.0×10^{-4} $cm^3 \cdot cm^{-2} \cdot s^{-1} \cdot cmHg^{-1}$，1cmHg＝1333.22Pa）和 CO_2/N_2 分离因子（4700）。

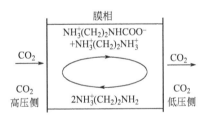

图 3-14　离子交换膜促进传递过程示意图[125]

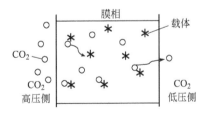

图 3-15　含氨基载体膜的促进传递过程示意图[126]

虽然载体与离子交换膜之间的静电引力能在一定的程度上阻止载体流失，但是在有其他离子存在时，载体仍会流失，离子交换膜不是真正意义上的固定载体膜。

3.3.2.3　固定载体膜

另外一种使载体固定化的方法是利用接枝或共聚等手段使活性组分固定在膜

内。载体通常以共价键的形式被固定在基质膜上，只能在一定的范围内摆动，而不能在膜内自由扩散，从根本上阻止了使用过程中的载体流失现象，这种固定载体膜是一类具有发展前途的气体分离膜[127]。

用于分离CO_2的含氨基固定载体膜的研究始于 20 世纪 90 年代初期，是目前研究较多的固定载体膜之一，多是利用伯胺、仲胺或叔胺同CO_2之间的弱酸碱作用实现CO_2的透过分离。含氨基的功能单体和酸性气体之间具有酸碱亲和作用，通过聚合、共聚合、共混、接枝改性或者静电力等方式将胺基固载于高分子膜中制成固定载体促进传递膜。

Matsuyama 等[128]利用等离子聚合的方法将二异丙烷基胺在基膜（聚硅氧烷涂覆的多孔聚酰亚胺膜）的表层上形成超薄的沉积层。利用CO_2与氨基的酸碱反应，在较低压力下，CO_2/CH_4的分离因子可以达到 17，CO_2的渗透速率为$4.5 \times 10^{-4} cm^3$（STP）$\cdot cm^{-2} \cdot s^{-1} \cdot cmHg^{-1}$。Matsuyama 等[129]认为$CO_2$在相邻的载体间跳跃，完成从高压侧向低压侧的传递。

固定载体膜在透过和分离性能方面优于普通高分子膜，虽然分离性能低于流动载体膜，但是固定载体膜内的载体具有良好的稳定性，是气体膜分离领域重要的研究方向。固定载体膜促进传递过程机理的研究认为，固定载体膜中的溶质（A）和载体（C）发生可逆反应：

$$A+C \Longleftrightarrow AC$$

由于载体被固定在基膜骨架上，形成的络合物（AC）只能在平衡位置附近振动。这一振动使得络合状态的待分离组分被转移给第二个未发生络合的载体，形成新的络合物，这样依次传递，直至组分在膜的另一侧分离出来。

固定载体膜内的促进传递实验结果的解释，起初采用双吸附双迁移模型[130]，该模型假设膜分为两个区域，待分离组分在一个区域内溶解满足 Henry 定律，而在另一个区域吸附符合 Langmuir 等温式。并假设每个区域内的平衡很快达到，整个传递过程为扩散控制。该模型做了大量数学简化，且没有考虑化学作用的引入所带来的动力学效应，因而限制了其应用范围。

Noble 模型[131]在考虑相邻位置间络合物相互作用的基础上，假定膜中未反应的载体浓度保持不变，即膜中载体大量过剩，溶质分子能够沿着高分子链在配合物分子之间迁移。当溶质的分压较低时，该模型等价于双方式吸附模型。Noble 模型引入络合物 AC 的有效扩散系数，有效扩散系数可以通过实验测定。然而，当进料侧 A 的浓度升高时，模型的预测值与实验值差别较大。

Cussler 摆动模型[132]认为在固定载体膜内，载体以某种方式固定在高分子链上，不能自由地在膜内扩散，只能在平衡位置上振动。气体分子是通过载体的摆动而传递到低压侧，只有当载体之间距离小于载体摆动的距离时才有气体分子的传递，过程示意图如图 3-16 所示。

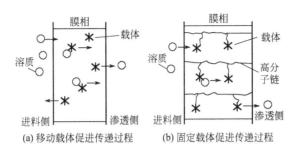

图 3-16　Cussler 摆动模型示意图[132]

Cussler 摆动模型预测活性载体浓度存在临界值,低于此值则不发生促进传递现象,而许多体系并未存在这一浓度阈值,如 Tsuchida 等[133] 报道载体浓度很低时存在促进传递现象。且该模型没有考虑到气体分子在膜内的溶解和扩散作用,因此不能用于所有的促进传递膜。

氨基的固定载体膜,膜内载体的传递机理存在两种不同的情况。干态固定载体膜内 CO_2 的传递主要是基于 CO_2 和载体氨基之间的弱酸碱作用。Matsuyama 等[129] 认为,湿态固定载体膜内 CO_2 在固定载体膜内的主要传递模式是 HCO_3^-,活性载体在膜内不直接参与 CO_2 的传递,只是对 CO_2 与水之间的反应起了催化作用。张颖等[134,135] 证明了此观点,在加湿膜中载体、CO_2 与水的相互作用加速 CO_2 与水的反应,即增大了 CO_2 在膜内的溶解度。

3.3.3　聚合物膜与混合基质膜

3.3.3.1　醋酸纤维素膜

醋酸纤维素膜是最早应用于 CO_2 分离的工业膜材料。早在 20 世纪 80 年代中期,用于反渗透过程的醋酸纤维素经过改进后可直接用于天然气分离用膜材料。醋酸纤维素膜由于工业适应性强,已占据天然气膜分离 80% 以上的市场,成为其他膜材料是否达到工业应用水平的比较标准。已有两个大的膜供应商:Cameron 公司和 Honeywell UOP 公司生产销售醋酸纤维素膜组件。前者使用的是非对称中空纤维膜组件,而后者使用卷式膜组件。当天然气中含有的 CO_2 组分高于 10%~20%(体积分数,取决于井口压力)时,醋酸纤维素膜分离技术才比溶剂吸收更有优势。

尽管醋酸纤维素膜主导着天然气分离市场,但这种材料本身的一些缺陷影响着它的市场地位。其中最主要的是在二氧化碳和烃类化合物下的塑化问题。塑化作用降低膜材料的力学性能、加速老化和降低膜的分离性能,最终导致膜分离功能的丧失。一般来说,非对称膜的塑化压力低于致密膜,厚度为 76 μm 的致密醋

酸纤维素膜的 CO_2 塑化压力为 10atm[136]（1atm＝101325Pa），而非对称醋酸纤维素膜的塑化压力小于 5atm[137]。对于聚合物膜特别是非对称聚合物膜，更薄的膜材料具有更低的塑化压力已成为一个普遍规律。因此，在提高 CO_2 塑化压力和提高渗透速率时，醋酸纤维素膜为代表的聚合物膜在 CO_2 捕集应用中难以同时解决这两大关键难题。

为了取得更好的分离性能和稳定性，在醋酸纤维素衍生聚合物材料方向的研发吸引了很多研究者的关注。一些文献已报道将过渡金属化合物或硅化合物加入膜内[138]，或将醋酸纤维素与聚甲基丙烯酸甲酯或聚乙烯醇共混[139]。除此之外，还可使用纤维素衍生物[140] 如纤维素酯、醋酸丁酸纤维素、硝酸纤维素、丙酸纤维素、甲基纤维素、乙基纤维素、丙羟基甲基纤维素和氟化纤维素等。一些膜的性能列入表 3-2。交联化纤维素[141] 是另一种增加抗塑化结构的方法。

表 3-2 醋酸纤维素基气体分离膜的分离性能[141,143]

膜材料	CO_2 渗透能力 /bar	CH_4 渗透能力 /bar	CO_2/CH_4 选择性	压差 /kPa	文献
醋酸纤维素（CA）	6.0	0.21	29	27	[142]
醋酸纤维素＋10% PEG200	4.9	1.1	4.3	27	[142]
醋酸纤维素＋10%PEG600	5.7	0.83	6.9	27	[142]
醋酸纤维素＋10%PEG2000	6.3	0.55	11	27	[142]
醋酸纤维素＋10%PEG6000	6.2	0.25	25	27	[142]
醋酸纤维素＋10%PEG20000	7.5	0.25	30	27	[142]
乙基纤维素	120	11	11	205	[143]
乙基纤维素＋30% $Si—(OC_2H_5)_4$	225	29	7.7	205	[143]
乙基纤维素＋25% $(CH_3)_2—Si—(OC_2H_5)_2$	160	21	7.6	205	[143]
三醋酸纤维素	13	0.37	36	205	[143]
三醋酸纤维素＋20%甲基硅油	31	0.95	32	205	[143]
三醋酸纤维素＋$(Cl)_2—Si—(CH_3)_2$	45	1.8	25	205	[143]
三醋酸纤维素＋甘油乙酸酯	2.4	0.076	32	305	[141]

3.3.3.2 聚酰亚胺膜

由于具有较高的热稳定性、化学稳定性和机械强度，聚酰亚胺被认为是一类理想的气体分离用膜材料。它们通常是由二酸酐和二胺通过热或化学作用进行亚胺化而制备形成。一般而言，聚合物链的刚性决定扩散系数（也就是选择性），而链内体积和链的流动性决定扩散速率。影响气体在聚酰亚胺膜的传输属性的主要因素包括空间链合结构、桥联基团类型和主链、支链基团结构。

然而，在 CO_2 混合气体分离时，CO_2 溶胀和塑化聚酰亚胺问题限制了它们在 CO_2 气体分离方面的应用。吸附 CO_2 引起的溶胀增加了混合组分中其他"慢"组分（CH_4 和 N_2）的渗透速率，从而导致分离选择性的降低。由于塑化和物理老化总是源于玻璃态聚合物链的柔韧性和非平衡状态，增加链的刚性和交联度能够在一定程度上降低这些负面影响。例如，通过交联将 $C_2 \sim C_4$ 脂肪族二胺或丙二醇与含羧基聚酰亚胺发生交联反应可提高膜的抗塑化能力。交联化不仅提高了膜的力学性能和热属性，而且提高了膜的气体传输属性。除此之外，二酸酐和四胺单体聚合成的聚吡咯啉与聚酰亚胺结构非常相近，且含有更为刚性的阶梯结构，导致膜材料具有更高的抗热和抗化学腐蚀的能力，并具有有机分子筛分的分离功能。表 3-3 列出了近年来开发的高渗透能力和 CO_2 选择性聚酰亚胺膜的单气体渗透性能[144]。

表 3-3　典型聚酰亚胺膜材料及其单气体分离性能[145~149]

聚酰亚胺单体		ΔP /atm	$P(CO_2)$ /bar	α_{CO_2/N_2}	α_{CO_2/CH_4}	文献
胺	酸酐					
（四甲基苯二胺结构）	（联苯二酸酐结构）	10	137	16.3	17	[145]
（六甲基苯二胺结构）	（醚键四甲基苯二酸酐结构）	1	200	24.7	26.3	[146]
（四甲基苯二胺结构）	（醚键三甲基苯二酸酐结构）	1	110	28.9	27.5	[146]
（六氟异丙基二苯胺结构）	（叔丁基间苯二酸酐结构）	3	114	19.6	22.9	[147]
（四甲基苯二胺结构）	（叔丁基间苯二酸酐结构）	3	600	17.1	12.6	[147]

聚酰亚胺单体		ΔP /atm	$P(CO_2)$ /bar	α_{CO_2} /N_2	α_{CO_2} /CH_4	文献
胺	酸酐					
(二胺结构：H_3C、CH_3、H_2C、H_2N、NH_2)	(二酐结构)	3	196	18.1	13.4	[147]
(H_2N、CH_3、H_3C、NH_2)	(F_3C、CF_3，二酐)	10	440	12.4	15.6	[145]
(H_3C、CH_3、H_2N、H_3C、NH_2)	(F_3C、CF_3，二酐)	1	360	21.8	24.0	[148]
(H_2N、CH_3、H_3C、NH_2)	(F_3C、CF_3，二酐)	1	190	26.0	33.9	[148]
(H_2N、NH_2，螺环结构)	(F_3C、CF_3，二酐)	1	189	23.3	30.5	[149]

3.3.3.3 混合基质膜

混合基质膜是由无机粒子分散在聚合物膜中形成的一种膜材料，它同时具有聚合物和无机材料的优势，在 CO_2 分离中展现出潜在应用前景。用于混合基质膜制备的聚合物包括聚砜、聚碳酸酯、聚芳基、聚芳基酮、聚芳基酯和聚酰亚胺等聚合物。用于混合基质膜制备的无机粒子类型包括沸石分子筛、碳分子筛、活性炭、介孔材料、无孔氧化硅、石墨烯、碳纳米管和最近报道的金属有机框架。聚合物和无机材料互补性的结合对最终膜的分离属性起到关键作用。例如，如果扩散选择性占主导（体系中颗粒充当分子筛的角色根据尺寸差别分离气体分子），需要寻找具有分子筛分属性的颗粒（颗粒具有气体分子动力学直径大小的孔道）。聚合物材料的选择应该符合与所选粒子匹配的原则，来达到混合基质膜具有基于扩散速率差别分离的特性。

聚合物与粒子界面形貌是一个决定膜气体分离属性的非常重要的参数。聚合物与颗粒之间较差的结合作用会损害膜的分离性能，主要包括以下三种情况[150]：粒子与聚合物的较低的结合力、聚合物部分堵塞颗粒的孔道和聚合物链失去弹性。聚合物与无机粒子之间低的黏合力导致在界面间非选择性空位的形成，使用介孔材料和硅烷偶联剂可以显著提高黏合力。添加无机粒子到聚合物材料颗粒中通常会部分堵塞无机粒子的孔道，从而降低颗粒的渗透能力。添加硅烷偶联剂（氨基丙基甲基二乙氧基硅烷和氨基丙基三乙氧基硅烷）同样还能避免颗粒与聚合物的直接接触，并能构建纳米级的空穴[151,152]。将氨基丙基三乙氧基硅烷添加到硅沸石分子筛与聚合物的混合基质膜中，CO_2分离性能明显提高[152]。

考虑到天然气分离需要在高压下进行操作，刚性玻璃态聚合物如聚砜更适合应用于天然气体系脱CO_2。而对于高炉气脱CO_2体系，尽管压力不高，但处理量巨大，柔性与刚性平衡和具有高CO_2透过速率的聚合物材料如PEBAX®更适合高炉气脱CO_2。PEBAX®是一种亲CO_2的共聚物，在纯膜和与硅纳米粒子形成混合基质膜的测试中表现出了高CO_2渗透速率。同时，它独特的刚性-柔性平衡的结构非常适合增强聚合物与颗粒之间的结合力[153]。一些对CO_2具有优先选择性的微孔材料如沸石、金属有机骨架和碳纳米管等无机粒子添加到聚合物基质中可显著提高膜的渗透性能。一些高性能混合基质膜用于CO_2分离的结果如表3-4所示。

表3-4 典型混合基质膜材料的CO_2分离性能[153~157]

膜材料	P_{CO_2}/bar	P_{N_2}/bar	α_{CO_2/N_2}	文献
纯聚醚酰胺	122	1.71	71.35	[153]
聚醚酰胺＋二氧化硅	277	3.52	78.69	[153]
纯Matrimid	6.50	0.25	25.60	[154]
Matrimid＋MOF-5	20.20	0.52	38.85	[154]
Matrimid＋CMS	12.60	0.38	33.16	[155]
Matrimid＋沸石-13X	33.40	1.35	24.74	[156]
纯聚砜	6.30	0.24	26.25	[157]
聚砜＋MCM-41	20.50	0.75	27.22	[157]

3.3.4 沸石分子筛膜

相比于聚合物膜，沸石分子筛膜具有更高的热稳定性、化学稳定性和分离性能，是分离二氧化碳的理想膜材料。一般来说，气体分子透过膜主要经历五个步骤：①分子在分子筛外表面吸附；②从分子筛外表面扩散到分子筛孔道；③在孔道内扩散；④从孔道中向外表面扩散；⑤从外表面解吸附。对于一些在分子筛表面不吸附的气体，可直接从气相主体进入分子筛孔道，小分子气体比大分子气体具有更高的迁移能力，因而表现出选择性。

分子筛膜通常是在多孔载体上通过晶体生长方法形成的连续致密的分子筛晶体层，晶体层的厚度为几十纳米至几十微米。典型的几种沸石分子筛膜如SAPO-34、AlPO-18 和 SSZ-13 等膜的晶体形貌如图 3-17 所示。SAPO-34 晶体和 AlPO-18 晶体的形貌为立方体，SSZ-13 晶体形貌呈钻石形。这些具有 CO_2 选

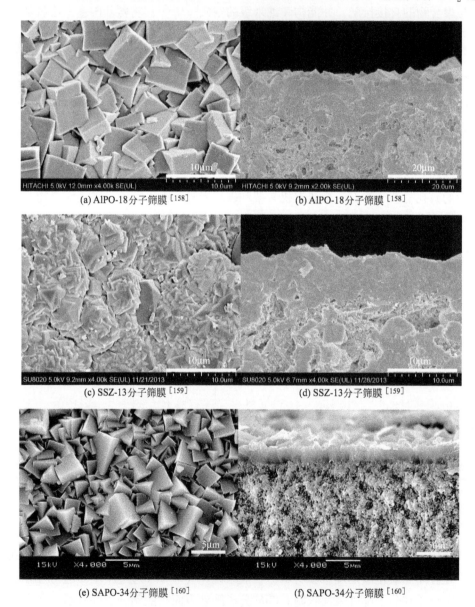

(a) AlPO-18分子筛膜[158] (b) AlPO-18分子筛膜[158]

(c) SSZ-13分子筛膜[159] (d) SSZ-13分子筛膜[159]

(e) SAPO-34分子筛膜[160] (f) SAPO-34分子筛膜[160]

图 3-17　典型的几种分子筛膜 SEM 形貌

择分离性能的分子筛膜均具有连续、致密和呈孪晶生长的晶体层，膜层厚度为 $2\sim10\mu m$。在非对称氧化铝支撑体上（表层平均孔径约为 200nm）形成的 SAPO-34 分子筛膜的厚度约为 $3\mu m$，而在对称氧化铝或莫来石支撑体上（表层平均孔径约为 $1\mu m$）形成的膜层厚度为 $8\sim10\mu m$。具有更薄的晶体层的膜层通常具有更高的渗透速率。

    MFI、SAPO-34、FAU、T、DDR、AlPO-18 和 SSZ-13 等沸石分子筛膜都具有较好的 CO_2/CH_4 和 CO_2/N_2 分离性能。分子筛晶体的孔道结构和表面性能对气体吸附和分离性能有较大影响。对于 CO_2 选择透过的高性能微孔膜材料应具有合适的孔径大小、较窄的孔径分布和 CO_2 优先吸附的表面性能。相对于 N_2 和 CH_4 气体分子，上述类型的分子筛均具有对 CO_2 分子优先吸附选择性。其中，SAPO-34、AlPO-18 和 SSZ-13 沸石分子筛晶体具有较高的 CO_2/CH_4 吸附选择性（大于 3.5）。吸附选择性对提高分子筛膜 CO_2/CH_4 和 CO_2/N_2 分离性能起到积极作用。分子筛膜的孔道具有分子筛分功能，因此，合适的孔道结构对膜的分离性能起重要作用。MFI 型和 FAU 型分子筛晶体具有十元环和十二元环的孔道，孔径（0.65nm 和 0.74nm）大于分离体系中的分子动力学直径（CO_2 0.33nm、N_2 0.364nm 和 CH_4 0.38nm），在 CO_2/CH_4 和 CO_2/N_2 体系中分子筛分功能不明显。一些具有八元环孔道的分子筛膜如 CHA 型（SAPO-34 和 SSZ-13）、AEI 型（AlPO-18）和 DDR 型的孔道大小为 $0.36\sim0.38nm$，比 CO_2 分子动力学直径小而与 N_2 和 CH_4 分子动力学直径相当，在 CO_2/CH_4 和 CO_2/N_2 体系中具有明显分子筛分功能。此外，晶体的微孔体积、孔道维度和晶体层取向等属性也影响分子筛膜的分离性能。CHA 型和 AEI 型分子筛晶体具有三维孔道网络，而 DDR 型分子筛晶体仅有二维孔道网络，后者的微孔体积明显小于前者。综合吸附和分子筛分能力分析，SAPO-34、AlPO-18 和 SSZ-13 分子筛膜为 CO_2 分离的理想膜材料。典型的几种分子筛膜应用于 CO_2/CH_4 体系中的分离性能如表 3-5 所示。具有较大孔径的 MFI 和 FAU 型分子筛膜的 CO_2/CH_4 分离选择性相对较低，而八元环的其他类型分子筛膜的 CO_2/CH_4 分离选择性普遍高于 100。在非对称氧化铝支撑体上合成的 SAPO-34 分子筛膜具有目前报道最高的渗透速率，在分离等摩尔比的 CO_2/CH_4 气体混合物时的渗透速率高达 $1.8\times10^{-6}mol\cdot m^{-2}\cdot s^{-1}\cdot Pa^{-1}$，且 CO_2/CH_4 分离因子为 171。同时 SAPO-34 分子筛膜在 4.6MPa 高压下（天然气储藏的压力为 $3\sim10MPa$）仍具有较高的分离性能。与前述的聚合物膜相比，以 SAPO-34 分子筛膜为代表的沸石分子筛膜具有高 CO_2 渗透速率和 CO_2/CH_4 分离选择性，且在高 CO_2 分压压差下仍保持较高的分离性能，避免碳脆形成而降低膜的分离性能。尽管无机分子筛膜具有高稳定性和高气体渗透性能的优点，然而如何提高膜的填充密度、降低膜的制备成本和提高应用过程的稳定性仍然是分子筛膜在工业应用过程中亟待解决的问题。

表 3-5　典型分子筛膜在 CO_2/CH_4 体系中的分离性能

膜种类	晶体类型与孔道特性	支撑体	CO_2 渗透量/mol·m^{-2}·s^{-1}·Pa^{-1}	CO_2/CH_4 选择性	文献
AlPO-18	AEI 型、0.38nm 和三维孔道	对称管状氧化铝,孔径约为 1.3μm	$2.0×10^{-7}$	120	[158]
SSZ-13	CHA 型、0.38nm 和三维孔道	对称管状莫来石,孔径约为 1.3μm	$2.0×10^{-7}$	300	[159]
NaY	FAU 型、0.74nm 和三维孔道	非对称管状氧化铝,孔径约为 0.2μm	$9.0×10^{-7}$	40	[161]
Silicalite	MFI 型、0.56nm 和二维孔道	非对称片状氧化铝,孔径约为 0.1μm	$1.2×10^{-6}$	4	[162]
AlPO-18	AEI 型、0.38nm 和三维孔道	非对称不锈钢支撑体,孔径约为 0.27μm	$6.6×10^{-8}$	60	[163]
DDR	DDR 型、0.36nm 和二维孔道	对称管状氧化铝,孔径约为 0.6μm	$7×10^{-8}$	220	[164]
T 型	ERI 型、0.36nm 和三维孔道	对称管状莫来石,孔径约为 1.3μm	$4.6×10^{-8}$	400	[165]
SAPO-34	CHA、0.38nm 和三维孔道	非对称不锈钢支撑体,孔径约为 0.27μm	$4.0×10^{-7}$	115	[166]

3.3.5　炭膜

炭膜是由含碳物质在惰性气体或者真空保护条件下,经过高温热解制备而成的一种新型炭基膜材料。炭膜具有较高的分离选择性、热稳定性和良好的化学稳定性。由于其优异的气体分离性能,近二十年来得到科学家们的广泛关注,已成为当前研究的热点。但是,炭膜还存在柔韧性差、易碎、孔道曲折冗长、容易对气体分子的扩散产生较大的阻力等缺点,仍需科研工作者对其进行深入的研究。

3.3.5.1　炭膜的分类、制备方法及分离原理

目前用作炭膜前驱体的材料可分为天然高分子和合成聚合物两类。合成聚合物的组成稳定且成分单一,常作为炭膜的前驱体。聚合物前驱体主要有聚酰亚胺、聚糠醇、酚醛树脂、聚偏二氯乙烯、聚丙烯腈、中间相沥青,纤维素衍生物等。其中,芳香族聚酰亚胺(PI)具有良好的耐热、耐压、耐化学介质及理想的气体分离等性能,是目前研究较多、性能较好的炭膜的前驱体,由 PI 制得的炭膜 O_2/N_2 选择性一般均达到 10 以上,是一类理想的炭膜前驱体。

根据炭膜结构的不同,可分为非支撑炭膜和支撑炭膜。非支撑炭膜主要分为

平板状非支撑炭膜和中空纤维炭膜；支撑炭膜又可分为平板状支撑炭膜和管状支撑炭膜。

平板状非支撑炭膜的制备方法主要为流延法，该法是指在一定的温度和湿度下，将一定浓度的制膜溶液直接浇铸在平板上流延成膜，经过干燥、炭化等步骤制备而成。平板状非支撑炭膜制备方法简单，但其机械强度较差，适用于对材料基本性能的研究。

中空纤维炭膜的制备方法主要为纺丝法，该法是指将制膜溶液由内插式喷丝头挤出，经短时间的蒸发后，浸入凝胶浴，凝胶后的中空纤维膜经洗涤干燥制成中空纤维，然后经炭化炉炭化制备而成。该法所制备的炭膜比表面积较高，但机械强度较差。

支撑炭膜的制备方法主要有浸渍法、相转化法、原位合成法、气相沉积法、喷涂法及超声波沉积法等。采用上述方法将制膜溶液复合到陶瓷、石墨、不锈钢和炭等多孔支撑体上，再经炭化炉炭化制备出具有分离层与支撑层的复合型支撑炭膜。支撑炭膜的最大优点在于其具有较高的机械强度，在分离性能较好的条件下可以实现大规模应用。

炭膜属于多孔膜，其传递机理可以分为努森扩散、表面扩散、毛细管冷凝及分子筛分等。大多数无缺陷炭膜孔径介于 $0.3 \sim 0.7$ nm，其气体分离机理主要是毛细管冷凝及分子筛分。当炭膜的孔径在 $0.3 \sim 0.5$ nm，可以将分子大小和形状仅有微小差异的不同气体分离，要求被分离气体的分子直径小于 $0.4 \sim 0.45$ nm；依据气体混合物中各组分吸附特性的不同进行气体分离，强吸附性组分在炭膜微孔中的吸附限制了弱吸附组分和非吸附组分在微孔中的扩散，进而强吸附组分得以通过，而弱吸附组分和非吸附组分被截留。

3.3.5.2 炭膜的改性方法

对炭膜进行修饰改性可以很好地改善炭膜对气体的渗透分离性能。Kita 等[167] 考察溶解选择膜是根据不同组分在膜中溶解度的差异而达到分离目的的，这类膜适用于极性相差较大的气体分离。对 CO_2/N_2 混合气的分离性能，在 CO_2 进料分压为 0.02 MPa，CO_2 渗透速率仅为 34 GPU，CO_2/N_2 分离因子为 45，尽管 CO_2/N_2 分离因子刚好能够满足二级分离过程对实现分离目标（CO_2 纯度＞95％和 CO_2 回收率＞90％）所需要的最低分离因子为 40 的要求，但 CO_2 渗透速率较低，用此膜捕集 CO_2 需要较高的成本。

目前改性的方法主要有以下三种：

① 通过"接枝"或共混的方法在有机前驱体中添加功能基团或聚合物，利用功能基团或聚合物在高温（$500 \sim 1000$℃）炭化过程中的热分解，在膜中形成较高的微孔体积来提高膜的渗透系数。这是一种十分有效的增加炭膜孔隙率的方

法，这些功能基团或聚合物被称为"造孔剂"，亦称微孔空隙形成的模板剂。将磺酸基团引入酚醛树脂中，用磺酸基酚醛树脂能够制备出高通量的炭膜[168]。磺酸基团高温分解出气体分子产生丰富的微孔，提高了炭膜对气体分子的渗透量。该膜在500℃炭化后 H_2、CO_2 和 O_2 渗透通量分别为1950GPU、500GPU 和240GPU，H_2/CH_4 和 CO_2/CH_4 理想分离系数达到65和27。

② 在有机前驱体中"掺杂"金属、金属盐（如 Pt、Pd、Ag 等）或其他无机粒子，利用粒子对不同气体的特殊作用、粒子及粒子与炭基体间的界面效应来提高气体的渗透性能。大连理工大学炭素材料研究室以聚酰胺酸为前驱体，通过溶胶-凝胶、原位聚合及共混等合成技术在前驱体中有机地融合 TiO_2、SiO_2、纳米分子筛（4A、T 型、ZSM-5、MCM-48、SBA-15）和碳纳米管等功能粒子，制备出一系列的功能炭膜，其气体渗透性能如表3-6所示，在提高气体渗透性能方面取得卓有成效的研究成果。

表3-6 功能炭膜气体渗透性能[169,170]

膜	渗透通量 P/bar					分离因子 α			
	H_2	CO_2	O_2	N_2	CH_4	H_2/N_2	CO_2/N_2	O_2/N_2	CO_2/CH_4
SiO_2/C	3530	1107	293	54	—	65	21	5.4	—
TiO_2/C	5263	3039	520	62	23	85	49	8.4	132
4A/C	2700	1968	646	75	—	36	26	8.6	—
ZSM-5/C	5399	3020	671	59	—	92	51	11.4	—
T/C	2112	880	144	17	5	120	50	8.2	162
SBA-15/C	1388	760	180	28	—	49	27	6.3	—
MCM-48/C	3838	2508	527	62	25	62	39	8.0	100
MCNTs/C	4461	3465	718	101	—	44	34	7.1	—
CMK-3/C	4319	2224	548	63	—	68	35	8.6	—

③ 在前驱体炭化成膜后，采用后氧化法、涂覆和化学蒸汽沉积法等后处理方法来修饰膜表面。一般认为，炭表面是憎水性的，但水蒸气可利用炭表面的含氧官能团作为初始吸附点进行吸附，吸附的水蒸气分子再通过氢键作用吸附其他水分子，最终形成体积较大的水簇，而发生大孔内填充，降低炭膜中渗透气体分子透过的孔容积。因此，对炭膜进行后处理也是提高膜性能的一个行之有效的方法。

Hayashi 等[171] 在氧气和氮气的混合气体氛围中300℃或者 CO_2 气体氛围中800～900℃后氧化处理炭膜，同时提高了炭膜的渗透性和选择性。Kusakabe[172] 通过在氧氮混合气体或者纯氧中 100～300℃后氧化炭膜来调孔，其 CO_2/N_2 混合气选择性达51，CO_2 渗透通量达 2.1×10^{-8} mol·m^{-2}·s^{-1}·Pa^{-1}。Hayashi 等[173] 用化学蒸汽沉积法减小炭膜的平均孔径和孔径分布，使得 O_2/N_2 和 CO_2/N_2 的选择性分别从 10 和 47 增加到 14 和 73。

对炭膜进行功能化对于改善其分离性能，提高其性能价格比具有重要意义。目前对炭膜的各种功能化改性仍处于实验阶段，还不能满足工业上的要求。在对炭膜的各种功能化方法中，以掺杂无机粒子的方法最为简单有效。但以无机粒子作为掺杂物所制备的复合炭膜机械强度较差，因此，选择适宜的无机粒子种类，控制无机粒子含量及分散方式对于制备高性能的功能炭膜至关重要。

3.3.5.3　CO_2 分离功能炭膜的设计

目前制备的气体分离炭膜主要是以分子筛分为机理的分子筛炭膜[174,175]，尽管它对气体的渗透能力和分离选择性已突破了"Robeson 上限"，可实现 CO_2/CH_4、CO_2/N_2 等体系中 CO_2 的有效分离，但目前制备的炭膜对 CO_2 气体的渗透通量较小，无法满足工业应用的需要。因此，提高炭膜的 CO_2 气体渗透能力，已成为制备高性能炭膜，实现气体分离炭膜产业化必须解决的关键问题。

由于 CO_2 是一个高极化率、高四极矩的强吸附性气体，利用它的强吸附特性，根据气体的表面选择吸附扩散机理制备表面选择吸附炭膜是提高 CO_2 渗透能力的有效方法。美国 Sircar 和 Rao[176,177] 首先提出并开发了被称之为选择表面流的纳米多孔炭膜（SSFM），以吸附-表面扩散-脱附机理分离具有吸附性能的气体，实现吸附性气体（如 CO_2、H_2S）在膜层内的优先渗透。西班牙 Fuertes 等[178,179] 也制备出类似的表面选择吸附炭膜，可从含有机烃废气体系中分离有机烃类气体。这种表面选择吸附炭膜虽然提高了 CO_2 等吸附性气体在膜内的渗透能力，但却明显地降低了 CO_2 气体的分离选择性。因此，如何在保持选择性不变的条件下，提高 CO_2 气体的渗透能力，是制备高性能（高渗透、高分离选择性）分离 CO_2 气体的表面选择吸附炭膜的关键。炭膜属多孔膜，其气体渗透能力和分离选择性取决于炭膜的孔结构，要提高炭膜的气体渗透能力就必须重新构建炭膜的孔结构，改变现有孔结构的存在状态，变封闭孔和死端孔为通孔，提高孔隙率，减少气体在膜孔内的渗透扩散阻力。炭膜的孔结构及气体渗透特性完全取决于前驱体的分子结构和炭化工艺条件的选择，研究开发新型的炭膜制备技术方法，在介观和微观层面上对炭膜超微孔结构和尺度进行调控和重新构建，实现炭膜的可控制备，是改善炭膜的超微孔结构，提高炭膜的气体渗透能力，制备高渗透和高选择性气体分离炭膜的有效途径。

3.4　高温气固分离膜

现代工业生产过程中，涉及高温含尘气体净化除尘的领域十分广泛，如能源工业煤的整体煤气化燃气蒸汽联合循环发电技术（IGCC 工艺流程），石化和化工工业中高温烟气的过滤以及催化剂的回收，玻璃工业的高温尾气，锅炉、焚烧炉的高温废气，冶金工业高炉与转炉高温煤气等[180,181]。高温工业气体含有大量的物理热、化学潜热、动力能及可利用的物质，如固体催化剂，它的合理利用有十分巨大的经济价值。美、德、日等国在 20 世纪 70 年代开展了大量高温气体除尘研究。20 世纪 90 年代中期，国外在高温气体过滤除尘技术方面取得了较大的进展[182,183]。首先是一批高性能无机膜过滤材料被开发出来，陶瓷过滤材料抗热、抗震性的改善，金属过滤材料耐高温腐蚀性的提高为高温气体介质过滤除尘技术的工业化应用奠定了基础；其次，高温除尘工艺技术的提高，如系统高温密封、过滤元件自保护密封及再生技术，气体在线检测技术以及系统自动控制技术等，也都大大推动了高温气体过滤除尘技术的工业化应用。我国一些科研院所在高温过滤材料的研制、过滤介质再生技术的研究等方面做了大量的工作，取得了富有成效的研究成果[184~186]。但我国的高温气体过滤除尘技术与先进国家相比还有较大差距，尤其是在高温过滤介质的制作技术方面。

高温气体介质过滤净化除尘技术的核心是高性能过滤材料，由于其在高温、高腐蚀性气体中工作，因此对过滤材料的要求很高。要除去高温气体中的尘粒，必须要求所选材料能承受高温（500～1000℃）、高压（1.0～3.0MPa），具有良好的气体渗透性，孔隙率高且孔隙分布均匀；具有较高的强度、韧性、耐热性和抗热震性；具有优良的耐高温气体腐蚀能力和化学相对稳定性以及脉冲反吹时因温度差突变而引起的热应力变化。因此，选择一种具有优异性能的高温过滤材料尤为重要。目前，高温介质除尘过滤器的滤芯一般采用多孔陶瓷膜和多孔金属膜。

3.4.1 气固分离与过滤再生原理

3.4.1.1 气固分离原理

对于气固体系的过滤与分离，膜过滤除尘机理主要为惯性碰撞、扩散、筛分截留以及重力截留。通常，粒径较大的粉尘由于粒径大于膜孔径而被捕集；中等大小的粉尘在通过膜微孔孔道时由于惯性碰撞与微孔孔壁接触而被捕集；粒径较小的颗粒由于布朗运动与微孔孔壁接触而被捕集。

（1）惯性碰撞

当流动的气体流过圆柱状（或圆球状）捕集物时，气流中的粉尘颗粒将随气流流线绕流捕集物。如果粉尘的质量比气流微团大得多，气流转折时，它们将有足够的动量继续对着捕集物前进而偏离流线，由于惯性与捕集物接触而被捕捉，如图 3-18 所示。这种捕集效应称为惯性碰撞，是各种捕集机理中最重要的，尤其是对于直径≥1μm 的颗粒，在这种效应中，起主导作用的是颗粒的惯性。

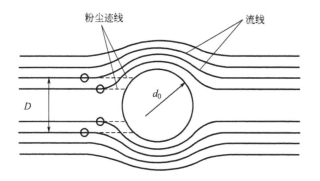

图 3-18　惯性碰撞示意图[175]

惯性碰撞用参数 D 表征，称为极限轨迹间的距离，球形捕集物直径为 d_0，则捕集效率 $\eta = (D/d_0)^2$。惯性冲撞与捕集物直径的平方成反比，与 D 的平方成正比。这个效率也是雷诺数的函数，它与气流在何处转折有关。

（2）扩散

当含尘气体中粉尘颗粒的直径小于 $1\mu m$ 时，在随气流运动时这些小颗粒就不再沿着气体流线绕流捕集物，不再遵循惯性截留或碰撞的机理被捕集物捕集分离，而是扩散在起作用。由于气体分子做无规则的热运动，粉尘颗粒在气体分子的随机撞击下脱离流线，像气体分子一样做布朗运动。气流中的热粒子由于布朗运动而偏离气流运动方向和微孔孔道壁接触，从而被捕捉。颗粒越小，效果越明显。扩散捕捉与流速及流体黏度成反比。在运动的气流中，这种捕集时间非常短，这就限制了扩散捕集仅发生在紧贴于捕集物周围的流线附近。

对于含尘气体绕流捕集物时，扩散的捕集效应可以这样估算：先计算在一定的时间内颗粒布朗扩散的平均距离，找出由扩散净化的气体体积，将这些净化体积与流经捕集物的气体总体积进行比较，得到捕集分离效率。

（3）筛分截留

部分粉尘颗粒粒径大于过滤器孔道孔径，不能通过，而被截留在表面，属于表面过滤。筛分效应只与颗粒的大小有关，而与流速、流体黏度无关。因此，不同大小的粉尘颗粒都跟着气体的流线绕流捕集物。如果流线与捕集物间垂直距离小于或等于粉尘粒径的一半，则粉尘颗粒将接触捕集物而被拦截。

（4）重力效应

根据斯托克斯定律，粒子在气流中因自身重量而沉降时，颗粒越重，沉降效果越显著。大颗粒的粉尘随气流通过过滤器时，会沉降在通道内。粒径小于 $1\mu m$ 时可忽略。

3.4.1.2　过滤再生原理

膜过滤过程主要分为三个阶段：第一阶段，含尘气体进入分离膜，粉尘颗粒被膜层阻滞，此时起主要作用的是滤膜表面的膜层；随着过滤过程的进行，膜表面的粉尘不断增加，在膜表面形成滤饼，这一过程中，滤饼对含尘气体起主要的过滤作用，使得捕集效率显著提升，这是第二阶段，也是过滤的主要阶段；第三阶段，运行一定周期后，由于滤饼层不断增厚，过滤阻力不断加大，过滤速度降低，压降增大。此时，必须及时清除滤管表面附着的灰尘，通过气体反吹的方式对膜过滤器进行再生，从而恢复其过滤能力，如图 3-19 所示。

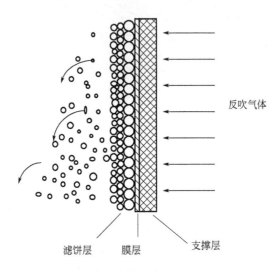

图 3-19　膜过滤的反吹再生原理示意图

在过滤过程中，阻力上升的速率与粉尘的堆积速度、形成粉尘层的密实程度（即孔隙率）以及粉尘自身的粒径大小有一定的关系。厚度为 1mm 的粉尘层在过滤速度为 $1m \cdot min^{-1}$ 时，过滤阻力随粒径的变化而急剧变化。粉尘粒径大于 $6\mu m$ 时，阻力很小，约为 200Pa 以下；而当粒径小于 $1\mu m$ 时，分离膜的阻力迅速上升。因此，过滤元件反吹清洗时，清除堆积在膜表面的细微粉尘显得十分重要[187]。

滤膜的清灰再生，是对在过滤阶段堆积于膜表面上的粉尘层进行破坏并将其中一部分粉尘从滤膜内或膜表面清除，从而恢复滤膜正常过滤功能的过程。清灰可以周期性地进行，也可以连续不断地进行。清灰作用的好坏与滤膜和粉尘的性质、过滤条件及反吹条件等许多因素有关。堆积在分离膜表面的粉尘颗粒主要受到两种力的作用而黏附在滤料上，其一是粉尘颗粒与分离膜表面之间的附着力；其二是粉尘颗粒之间的内聚力。一般情况下，附着力比颗粒之间的内聚力大，反吹清洗时附着力很难被破坏。粒径为 $10\mu m$ 的粉尘脱离滤膜表面，其反吹速度至少要达到 $15m \cdot s^{-1}$ 以上[188]。没有压密实的粉尘层，其脱落阻力不大。然而，反吹清洗气流的压力并不是均匀地作用在粉尘层的整个表面上，而只是作用在有开孔的地方。因此，为使粉尘脱离，就需要在过滤元件上施加高的反吹风速。过滤元件的孔隙率越高，粉尘脱离所需的反吹风速越低，清灰后阻力下降程度越高。不同过滤元件对应的最大反吹风速也不同，超越该数值并不能很明显地增加粉尘的脱落，而只能引起多余的能耗。过滤元件过滤清灰过程主要是靠滤管上形成的滤饼层，在清灰再生过程中，过度清灰会降低过滤效率。

3.4.2 典型高温气固分离膜材料

3.4.2.1 多孔陶瓷膜

高温陶瓷过滤技术是 20 世纪 80 年代发展起来的一种先进的热气体净化技术，该技术最早被瑞典、芬兰和美国等国家应用于集成气化联合循环发电厂中的除尘系统[189,190]。目前，多孔陶瓷膜已在煤气化、贵重金属回收等多个领域得到应用[191,192]，其中陶瓷膜过滤器的研究和开发应用更是走在前面。高温陶瓷热气体过滤器一般都在各种苛刻的环境条件下工作。目前，高温陶瓷膜的开发主要集中在碳化硅[193~198]、堇青石[199] 和陶瓷纤维材料[200] 方面，其中碳化硅是共价键性极强的化合物，除尘的分离效果相当好，是其他过滤材质所不可替代的。

陶瓷膜材料的优点是耐高温、耐腐蚀性能佳，孔径范围宽，应用范围广，但是缺点是抗热震性、压力冲击强度不及金属。用于制备陶瓷膜的原料主要有：①氧化物陶瓷材料（氧化铝、莫来石、堇青石等）；②非氧化物陶瓷材料（反应结合碳化硅、黏土结合碳化硅、热压烧结氮化硅、硅酸铝等）。表 3-7 是各种高温陶瓷过滤材料的基本性能。

表 3-7　高温陶瓷过滤材料的基本性能[201]

材料组成	化学组成	线胀系数 /$\times 10^{-6} \cdot {}^{\circ}C^{-1}$	抗热震性	适宜操作温度/℃	抗氧化能力	机械强度
刚玉质	Al_2O_3	8.8	低	≤500	低	较高
莫来石	$3Al_2O_3 \cdot 2SiO_2$	3.5	较好	≤1100	较好	较高
堇青石	$2Al_2O_3 \cdot 5SiO_2 \cdot 2MgO$	1.8	较好	≤1100	较好	一般
硅酸铝纤维	$3Al_2O_3 \cdot 2SiO_2$		好	≤1100	较好	差
碳化硅	SiC	4.7	较好	≤950	差	高

过滤元件按照结构形式，可分为挂烛式、直管式和板块式三种。

（1）挂烛式

挂烛式过滤元件为一端封闭、一端开口的圆筒形结构。这是目前的主流构型，大部分现有工业应用产品都是挂烛式。过滤气体穿过微孔滤膜壁由外向内流动而实现过滤，在滤膜外表面形成粉尘层。通过由内而外的高压气体反吹，可以使滤饼脱除。早期的陶瓷滤管为单层结构，目前采用双层结构，内层为平均孔径较大的支撑体以保证滤膜的强度，在支撑体的外表面加一层平均孔径较小的薄陶瓷滤膜，以实现表面过滤。对于过滤膜，除了平均孔径和孔隙率方面的要求外，膜厚度的均匀性也非常重要。Pall 公司 Dia-Schumalith® 系列产品为圆柱形、有边缘轮廓并且一端封死；外径范围一般为 $60\sim150\text{mm}$，长度范围为 $350\sim2500\text{mm}$。图 3-20 是 Pall 公司挂烛式产品[182]。

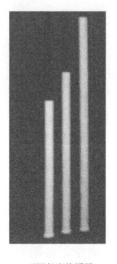 

(a) 不同长度的膜管   (b) 新膜外观

图 3-20   Pall 公司挂烛式陶瓷膜外观结构图[182]

表 3-8 为 Pall 公司 Dia-Schumalith® 系列的四种滤管的性能。降低基体平均孔径，一方面可以提高滤管强度，使滤管壁厚变薄；另一方面使得基体外表面光滑，膜厚度均匀。TF-20 滤管的膜为陶瓷烧结碳化硅晶粒和氧化铝纤维，而 T10-20 的膜仅由陶瓷烧结莫来石晶粒组成。T10-20 系列滤管的膜孔径由 $15\mu\text{m}$ 变为 $10\mu\text{m}$，且孔径分布窄，使得这种滤管的残留粉尘层的压降小。T 系列滤管采用了新型黏结剂，因而具有更高的高温蠕变性能。

表 3-8   典型高温过滤陶瓷膜性能参数

项 目	F-40	10-20	TF-20	T10-20
膜平均孔径/μm	15	10	15	10
支撑体平均孔径/μm	85	50	50	50
膜层材料	Al_2O_3 纤维/SiC 颗粒	莫来石颗粒	Al_2O_3 纤维/SiC 颗粒	莫来石颗粒
孔隙率/%	38	38	36	36
抗折强度/MPa	>20	>20	>20	>20
最高使用温度/℃	1000	1000	1000	1000
氧化性氛围使用温度/℃	750	750	750	750

项　目	F-40	10-20	TF-20	T10-20
还原性氛围使用温度/℃	600	600	600	600
比渗透率/$10^{-13}\,m^2$	15	55	85	63
外径/内径/(mm/mm)	60/30	60/40	60/40	60/40
质量/kg	6.2	4.9	4.9	4.9

采用压汞法测定膜层孔径（图 3-21），陶瓷膜管可分为平均孔径为 $60\mu m$ 的支撑层和孔径分布在 $10\sim20\mu m$ 的膜层，膜层孔径出现的峰在 $10\sim20\mu m$，平均孔径约在 $15\mu m$。

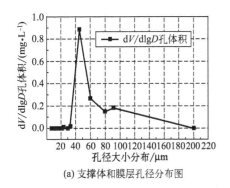
(a) 支撑体和膜层孔径分布图

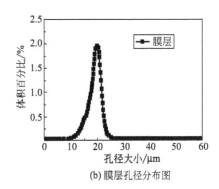
(b) 膜层孔径分布图

图 3-21　膜孔径分布图

挂烛式碳化硅膜的制备工艺主要有：支撑体的挤出[202~204]和冷等静压工艺[205,206]，凝胶注模工艺[207,208]，膜层的喷涂和化学气相沉积工艺[209,210]等。例如，以平均粒径为 $180\mu m$ 的碳化硅颗粒作骨料，以黏土为结合剂，高温烧结后用作支撑体层；采用平均粒径为 $22\mu m$ 的碳化硅细粒作过滤膜层，采用旋转喷涂工艺成型（膜的厚度至少应为晶粒直径的 $10\sim20$ 倍）。支撑体的成型压力（CPI）为 392MPa，支撑体的孔隙率达到 37%，抗弯强度达到 30MPa 以上，膜层孔径 $10\sim20\mu m$，使用温度可以达到 1000℃以上。

挂烛式产品还有由陶瓷纤维构成的陶瓷纤维过滤材料，陶瓷纤维高温过滤材料具有过滤阻力小、高温热稳定性好等优点，也被广泛应用于高温气体的净化，其缺点是强度低。陶瓷纤维过滤元件的制备方法主要有真空抽滤法和缠绕法。一般的真空抽滤法只适合于均质（单层）滤管的成型，可以获得价廉和抗热冲击性好的陶瓷过滤元件。如德国 BWF 公司的 Pyrotex KE85 型滤管就是采用硅酸铝纤维和无机黏结剂经过真空抽滤成型工艺制成，这种滤管孔隙率可以达到 90%以上，使用温度可以保持在 800℃以上。而美国 3M 公司则是采用纤维编织技术，通过在不锈钢骨架上缠绕各种纤维，如刚玉-莫来石结晶纤维等生产出 Nextel 系列陶瓷纤维过滤元件,该元件用于煤飞灰过滤,在滤速为 $0.04\text{m} \cdot \text{s}^{-1}$ 时,基准压降仅在 1.8kPa 左右,过滤效率可达 99.5% 以上。

(2) 直管式

直管式过滤元件的特点是滤管两端皆为开口端,滤管的内表面是过滤面。滤管内的含尘气体在由上向下的流动过程中,同时穿过滤管壁由内向外流动而实现过滤。滤管外为净化气体,粉尘沉积在滤管内形成粉尘层,脉冲喷吹气体由管外向管内反吹而实现滤管的循环再生。目前只有日本的 Asahi 玻璃公司生产直管式滤管。直管式过滤元件也采用双层结构,外层为平均孔径为 $40 \sim 65\mu\text{m}$ 的支撑体,内表面为陶瓷滤膜,以实现表面过滤。支撑体由 β-堇青石粉末加少量烧结助剂直接烧结而成。滤管内径为 140mm,外径约为 170mm,长 3106mm,孔隙率为 39%。

(3) 板块式

美国 Westinghouse 公司研制出错流式片状陶瓷(150mm×150mm×50mm、300mm×300mm×50mm)[182]。图 3-22 所示的蜂窝式过滤元件的结构的优点在于其净化气体通道和含尘气体通道平行,组装方便。蜂窝式过滤元件的结构最为紧凑,其材料为氧化铝/莫来石,与管式相比其清灰过程比较复杂。常用的有美国 CeraMem 公司生产的圆柱形蜂窝式陶瓷过滤元件,直径为 305mm,长度为 381mm,通道为 4mm×4mm,每平方英寸有 25 个通道,孔隙率为 30%～50%,平均孔径为 $4 \sim 50\mu\text{m}$。在氧化条件下,耐温 1000℃,且抗热冲击。为了提高脉冲反吹性能,通道表面覆盖了一层膜,膜孔径为 $0.2 \sim 0.5\mu\text{m}$,比支撑体孔径小100 倍,可以实现对小粒径粉尘的截留。

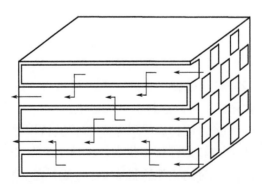

图 3-22　美国 CeraMem 公司蜂窝式过滤元件的结构示意图[182]

3.4.2.2　多孔金属膜

金属膜具有较高的机械强度、优良的热传导性能、良好的韧性,且易于密封,克服了陶瓷膜脆且组件高温密封和连接困难的缺点。这些优异性能使得金属膜在高温气体除尘应用方面具有很好的优越性和适应性[211~214]。

多孔金属膜因其过滤面积大、过滤精度高、压力损失低、密封性能好、耗材少等优点而备受关注，成为取代金属丝网、毡、烧结粉末等材料的新型多孔金属过滤材料。多孔金属膜通常为孔径梯度复合结构，主要由基体和膜层组成。基体是金属多孔材料，膜层一般选用与基体易于复合的金属材料，也有在多孔金属基体上复合陶瓷的多孔金属膜。多孔膜在烧结时，以颗粒表面质点的扩散来进行传质。经烧结后，晶界能取代表面能，这就是多孔金属膜机械强度大、耐高压的原因。

多孔金属膜有以下优点。①机械强度高，耐压性能好（耐压高达 7MPa），在常温下，金属多孔材料的强度是陶瓷材料的 10 倍，即使在 700℃高温条件下其强度仍高于陶瓷材料数倍。膜组件不易损坏，增大过滤压差可提高渗透率，增大膜的分离能力。②具有良好的热传导性和散热能力，因此可减小膜组件的热应力，适于连续的反向脉冲清洗，具有良好的再生性能，使用寿命长，非常适合高温领域的应用。③耐高温、耐低温、抗热震，适宜在较高或超低的工作温度和热冲击环境下长期工作。④密封性能好，具有良好的焊接性能，因而膜组件易于连接密封。⑤具有很强的应用价值，在过滤过程中，多孔金属膜吸附量大，支撑性好，过滤面积大，可在线清洗，适应范围宽。⑥金属微孔孔径、孔隙率、渗透性能可通过反吹、高温热处理、化学溶剂、燃烧和超声波振动等多种途径进行清洗再生，洗涤性能好，从而延长了使用寿命。

多孔金属膜主要的制备方法有铸造法[215]、烧结法[216,217]、沉积法、反应合成法[218] 等。铸造法是目前比较成熟的工业化生产多孔金属材料的方法，适用于材料熔点相对较低的金属材质，主要有铝合金、钢、铜、青铜、黄铜等，所制备的多孔金属孔隙率可达 90%以上。已经投入工程实际应用的多孔金属主要有泡沫铝、泡沫镍及其泡沫合金。烧结法是以金属纤维、金属丝网或者金属粉末作为原材料，在一定的成型工艺条件下预成型，然后在高温保护性气氛条件下烧结而获得具有较高孔隙率的多孔材料。金属沉积法是采用化学或物理的方法将金属沉积在具有一定孔隙率、结构易分解的有机高分子材料表面上，经后续焙烧或其他工艺除去高分子材料，得到多孔金属。沉积法有电沉积法、气相沉积法、反应沉积法等。反应合成法是一种新型的多孔金属材料合成方法。人们在研究自蔓延高温合成过程中发现，自蔓延过程产生较高的反应速率和较高的温度梯度，产物具有多孔骨架结构。反应合成法是制备 FeAl、TiAl 等金属化合物多孔材料的可行工艺。

目前多孔金属膜还存在一定的问题：在常温下其延展性较差，在超过 600℃时会出现随着温度升高强度下降的现象，因此它在使用过程中存在着最高温度的限制；在高温下，其强度和耐蚀性低于陶瓷材料；金属容易氧化，使用中稳定性不高。

3.4.3　高温过滤系统

虽然过滤单元的种类和布置多样，但目前所有的过滤器设计都基于单层花板或多层花板排列布置。这两种设计都可用于不同的过滤器，而且在多数情况下，能够为处理大烟气量提供模块化组合。因此，下面仅介绍几种较典型的陶瓷过滤器。

3.4.3.1　单层花板式

单层花板式是高温过滤应用最为广泛的一种结构形式。通常一端开口，一端封闭的蜡烛状过滤元件平行悬挂在一个花板上，通过花板将原料气和净化气体分隔开（图 3-23）[182]。过滤气体从过滤元件外表面进入，洁净气体由元件内表面排出。过滤元件可以组合成多个单元。过滤单元固定在共用气室的花板上，用卡套和高温密封垫连接。在脉冲清灰过程中，脉冲气体从上到下导入过滤元件内部，与气体过滤相反方向反吹，常用反吹系统有基于文丘里管的喷射式脉冲系统和 CPP（couple pressure pulse）系统。采用的气体有压缩空气和氮气。有时为了避免不必要的凝结，反冲气体需要进行预热。过滤器外壳可以是圆形的（用于高压）或者四方形的（用于常压）。在四方形过滤器里，过滤元件同样是垂直悬挂于花板上。

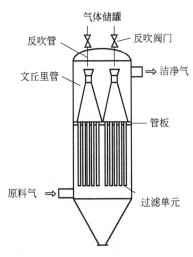

图 3-23　单层花板式设计图[170]

单层花板式的优点是安装和维护比较方便，主要缺点是当圆形过滤器外壳尺寸一定时，过滤元件的数量（装填面积）受到限制。尽管如此，单花板式仍然是高温过滤的首选[219]。

3.4.3.2　多层花板式

为了增加装填面积，发展了多层花板式过滤器，主要有西屋（Westinghouse）

陶瓷过滤器与鲁奇（Lurgi Lentjies Babcock）陶瓷过滤器两种[220]。

鲁奇过滤器的主要特征是过滤元件不是悬挂而是直立着，如图 3-24(a) 所示。管状过滤单元从底部支撑，由水平管定位。管状过滤单元呈组垂直叠放，这样在器体中可放置多层。来自压缩储气罐的脉冲压缩空气通过水平管，再进入垂直管，使每一组过滤单元同时得到清灰。鲁奇陶瓷过滤器的过滤单元的排列更紧凑、制作大过滤器更灵活。倒置的重物定位块产生收缩应力有利于接头密封，并增加陶瓷过滤单元的结构稳定性[221]。

西屋陶瓷过滤系统是过滤单元平行排列，用花板吊挂而成的，如图 3-24(b) 所示。单元组合由很多烛状陶瓷膜组成，每个组合共用一个气室，可装 30～60 根陶瓷膜，每个气室有自己的文氏管和脉冲喷吹管。每个组合吊装在相同的支撑骨架上，形成过滤串。蜡烛状过滤单元固定在共用气室的花板上，用卡套和高温密封垫连接。在脉冲清灰过程中，脉冲气体从上到下导入共用气室。然而，由于受花板结构等因素的限制，器体的直径是有限的。较大的烟气处理量需要多个陶瓷过滤除尘器并联。西屋陶瓷过滤器的组装形式同样适用于块状过滤单元[222]，每组有 30～60 根陶瓷管，其在美国许多的示范工程上有应用[223]。

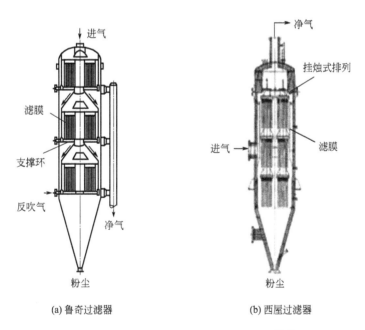

(a) 鲁奇过滤器　　　　　(b) 西屋过滤器

图 3-24　多层花板式高温陶瓷过滤系统[182]

3.4.3.3　直管式过滤器

直管式陶瓷过滤器如图 3-25 所示。陶瓷管原料为堇青石，长 3m，外径为 168mm、内径为 140mm。管状过滤单元靠花板固定，花板把除尘器分成几个过滤室。过滤为内滤式,陶瓷管两端敞开。清灰由外向内逆气脉冲喷吹。这种设计的优点是避免了由于管外积灰架桥导致的膜管破裂,同时增加了装填面积。

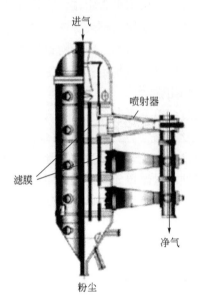

图 3-25 朝日公司直管式过滤器结构图[182]

3.4.3.4 错流式过滤器

错流过滤是目前液体过滤领域的主流过滤形式,在高温气体除尘领域,错流过滤尚未进入工业化阶段[223],图 3-26 是两种错流过滤系统设计。图 3-26(a) 的设计中,原料气进入膜管内部,部分气体垂直通过管壁被净化,其余气体顺着管

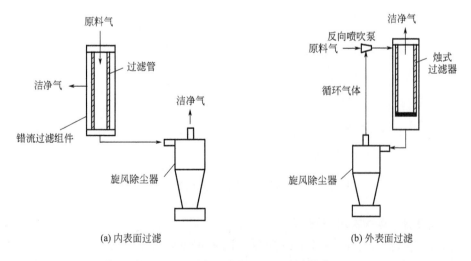

(a) 内表面过滤　　　　　　　　　　(b) 外表面过滤

图 3-26 错流式过滤系统设计图[170]

道进入旋风分离器。超细颗粒在膜面因浓度增加，而形成团聚体，然后被带入旋风分离器除去。有实验证明，用该错流系统可以获得99％的去除效率，而单独采用旋风分离器因颗粒粒径较小，只能获得90％的分离效率。图3-26（b）的设计中，原料气从膜外管壁进入，洁净气体从管内出来，浓尘气体经过旋风分离器分离后再与原料气混合，进行多次分离。膜管外壁与壳体间间距较小，以提供较高的错流速率。只有当颗粒可以发生团聚时，错流过滤系统才可以发挥作用，而当粉尘尺寸小于旋风分离器的分离尺寸时，粉尘将会在系统中反复浓缩，而不能被分离出来。

3.4.4 工程应用

高温气体过滤技术已经应用于各种过程，仅高温气体过滤领域三大龙头企业（Pall Corporation、Clear Edge Ltd.、Glosfume Ltd.）就已经销售了数百套装置。

3.4.4.1 洁净煤工业

洁净煤工业包括煤化工多联产过程、煤气化联合循环发电（IGCC）过程及煤液化过程等。煤气化是一种最洁净的煤炭利用技术，能够避免煤直接燃烧的污染。以壳牌煤气化技术为例，其采用干燥方式，用氮气将煤粉送到气化炉，最后生成合成气，即一氧化碳和氢的混合物。目前用于热气体净化的过滤元件90％是陶瓷膜元件，主要是碳化硅，另外10％是金属元件，运行时间最长的是荷兰Nuon电厂的膜过滤设备，建于1994年。该套过滤设备在2003年被报道时，已经成功运行7年，总工作时间超过35000h，在清洁的气体一侧灰尘较少，也没有陶瓷过滤芯发生堵塞。西班牙Puertollano的300MW的IGCC装置上的陶瓷膜过滤设备，操作温度为870 ℃，操作压力为3.0MPa，过滤速度在5cm•s^{-1}以上，过滤效率为99.9％，净化气体含尘浓度可降到3mg•m^{-3}[224]。

3.4.4.2 生物质气化

生物质气化是指生物质原料（薪柴、锯末、麦秸、稻草等）压制成型或经简单的破碎加工处理后，在缺氧条件下，送入气化炉中进行气化裂解，得到可燃气体并进行净化处理而获得产品气的过程。生物质在经气化器处理后转化为气体燃料，气化出来的燃气都带有一定的杂质，包括灰分、焦炭和焦油等，要经过气体净化设备把杂质去掉，在保证燃气设备正常运行的同时也保护了大气环境。从20世纪90年代开始，全世界范围里已经有很多陶瓷膜过滤器用于生物质气化领域，该领域将会成为陶瓷膜高温过滤技术最有前景的市场领域之一。Glosfume的陶瓷膜过滤器用于生物质气化过程，寿命在5年以上，净化气中悬浮物含量低于3mg•m^{-3}。Pall孔径为10μm的陶瓷膜用于生物质气化过程，操作温度为

$600\sim800℃$，过滤速度为 $3\sim5cm\cdot s^{-1}$，截留粉尘粒径范围为 $0.2\sim30\mu m^{[224]}$。

3.4.4.3　化工与石油化工行业

将陶瓷膜用于化工与石油化工领域的流化床反应器，利用膜材料的选择筛分与渗透性能，在高温下能够实现气相产物与催化剂的原位分离，从而提高催化剂的使用效率与反应的转化率及产品选择性，同时可有效去除反应产物中的热粒子与焦油等杂质，减少 $PM_{2.5}$ 等超细颗粒物排放，实现产物净化与大气环境保护，在化工与石油化工领域显示出巨大的应用前景。在化工领域，流化床反应器与陶瓷膜耦合被用于邻苯二甲酸酐、氯乙烯、丙烯腈以及苯胺等化工产品的制备研究，催化剂的回收率从旋风分离技术的 99% 提高到99.999%，大量微纳米级催化剂的回收利用能够有效维持催化剂活性，提高反应效率。

在石油炼制领域，在流化催化裂化、连续催化重整以及 S-zorb 脱硫技术等开发过程中，陶瓷膜分离器在 $300\sim700℃$ 高温下运行，催化剂的回收率从 75% 提高到99.999%，不仅有效保护了下游的透平膨胀机和热交换器免受催化剂侵蚀，同时满足了大气排放标准。陶瓷膜一般用于第四级过滤，一般有 3%～5% 的气体会通过这级过滤器，采用最多 100 根陶瓷膜，过滤速度为 $90\sim150m\cdot h^{-1}$。有时该过滤液采用金属过滤器。典型的流化催化裂化单元有两个内部旋风分离器和一个第三级旋风分离器。由于日益严格的排放要求，现在第三级分离器也采用多孔金属过滤器。

3.4.4.4　废弃物燃烧与裂解

高温过滤技术广泛用于废弃物燃烧尾气处理过程，包括有毒废弃物、工业废弃物、医用废弃物、城市垃圾和污泥、塑料废弃物以及核辐射污染物的裂解。陶瓷过滤技术首先应用在核电厂的低辐射污染废弃物的燃烧过程。从 20 世纪 70 年代开始，陶瓷过滤系统已经用于德国 Karlsruhe 前核研究中心。过滤温度在 $650\sim900℃$。采用的双层过滤系统，每层安装了 85 根碳化硅陶瓷元件。Glosfume 将陶瓷过滤器用于法国低辐射污染废弃物的燃烧，操作温度为 $700\sim800℃$，出口粉尘含量小于 $0.0017mg\cdot m^{-3}$，从 1996 年安装运行至 2012 年，膜管仍然完好。从 1978 年开始，日本开始规模化将高温过滤技术用于核电站废弃物的燃烧过程，已经安装了约 30 套过滤装置。典型过滤装置采用的是双层过滤系统，每一层装有 100 个陶瓷烛式过滤元件，第一层工作温度为 $600\sim800℃$，第二层工作温度为 $500\sim600℃^{[225]}$。

废弃物燃烧过程的过滤温度通常在 $200\sim300℃$，过滤面积最大为 $1000m^2$，过滤速率一般在 $60\sim70m\cdot h^{-1}$。热解的温度通常在 $350\sim500℃$。在日本已经有超过 30 个陶瓷膜过滤装置用于废弃物燃烧，最大的废弃物燃烧过滤装置之一启用于 2002 年。

3.4.4.5 多晶硅生产

多晶硅生产过程涉及的反应主要有氢氯化、多晶硅沉积等，并涉及多个气固分离过程。世界上最大的多孔金属生产商美国的 Mott 公司，在 2008 年宣布将市场重点放在日益发展的光伏与多晶硅市场，其过滤系统越来越多地用于：①氢气与硅烷混合气中硅粉的去除；②拉晶炉中进气的过滤；③太阳能薄膜电池片生产中气体的过滤；④气体分布器以提供均一气流和改善薄膜形成与 CVD 过程。据称，国内多晶硅企业山东东岳采用了陶瓷膜过滤气固分离技术，还有企业用了金属粉末烧结滤芯。

3.4.4.6 其他工业过程

高温过滤技术也经常用于矿物冶炼、金属氧化物粉体、催化剂、颜料生产等传统工业过程。例如，将陶瓷膜过滤技术用于塑料上废铝膜回收。传统袋式过滤器用于废铝回收过程，由于在低温下操作，废铝膜烟气由于有一定浓度的 PVC 导致 HCl 浓度较高，会使滤袋受到严重的腐蚀。同时石灰喷射对 HCl 去除率低，并且有 $CaCl_2$ 沉积在滤袋里。而在高温下采用陶瓷膜过滤技术结合碳酸氢钠喷射干洗则可以完全解决上述问题，显著提高塑料脱铝膜过程性能。陶瓷膜高温过滤技术用于矿物冶炼过程的主要优点有：①高效回收有价值粉体；②辐射性或易燃性物料的低排放，例如铝粉；③在高温下过滤，不需要像传统的袋式过滤或电除尘进行预降温，提高了热回收效率。

参考文献

[1] National Hydrogen Energy Roadmap Workshop [C]. National Hydrogen Energy Roadmap, Washiongton DC, United States Department of Energy, 2002.
[2] Barreto L, Makihira A, Riahi K. The hydrogen economy in the 21st century: a sustainable development scenario [J]. Int J Hydrogen Energy, 2003, 28: 267-284.
[3] Paglieri S N, Way J D. Innovations in Pd membrane research [J]. Sep Purif Methods, 2002, 31 (1): 1-169.
[4] Han J, Kim I S, Choi K S. High purity hydrogen generator for on-site hydrogen production [J]. Int J Hydrogen Energy, 2002, 27: 1043-1047.
[5] Foley R, Snuttjer O. Generator hydrogen purge gas economizer with membrane filter: US, 6126726 [P]. 2000.
[6] Ramachandran R, Menon R. An overview of industrial uses of hydrogen [J]. Int J Hydrogen Energy, 1998, 23 (7): 593.
[7] 王宝珠, 王贤清. 关于催化干膜法分离氢气-柴油加氢精制方案的探讨 [J]. 石油与天然气化工, 1997, 1: 22-36.
[8] Uemiya S, Kude Y, Sugino K. A palladium/porous-glass composite membrane for hydrogen separation [J]. Chem Lett, 1988, 10: 1687-1690.
[9] Kluiter S C A. Status review on membrane system for hydrogen separation [M]. Intermediate Report EU project MIGREYD NNE5-2001-670. Petten, The Netherland: ECN, 2004.

［10］ Gabitto J, Tsouris C. Hydrogen transport in composite inorganic membranes ［J］. J Membr Sci, 2008, 312: 132-142.

［11］ Nair B K R, Harold M P. Pd encapsulated and nanopore hollow fiber membranes: Synthesis and permeation studies ［J］. J Membr. Sci. , 2007, 290: 182-195.

［12］ Phair J W, Donelson R. Developments and design of novel (non-palladium-based) metal membranes for hydrogen separation ［J］. Ind Eng Chem Res, 2006, 45: 5657-5674.

［13］ Phair J W, Badwal S P S. Materials for separation membranes in hydrogen and oxygen production and future powder generation ［J］. Sci Technol Adv Mater, 2006, 7: 792-805.

［14］ 黄彦，李雪，范益群，等. 透氢钯复合膜的原理、制备及表征 ［J］. 化学进展, 2006, 18: 230-238.

［15］ Paglieri S. Pd and Pd-Cu composite membranes for hydrogen separation ［D］. Golden, Colorado, US: Colorado School of Mines, 1999.

［16］ Cabrera A, Morales E, Armor J. Kinetics of hydrogen desorption from palladium and ruthenium-palladium foils ［J］. J Mater Res, 1995, 10 (3): 779.

［17］ Ward T, Dao T. Model of hydrogen permeation behavior in palladium membranes ［J］. J Membr Sci, 1999, 153 (2): 211-231.

［18］ Gabitto J, Tsouris C. Hydrogen transport in composite inorganic membranes ［J］. J Membr Sci, 2008, 312: 132-142.

［19］ Shu J, Grandjean B, Neste A, et al. Catalytic palladium-based membrane reactors: A review ［J］. Can J Chem Eng, 1991, 69: 1036-1060.

［20］ Hurlbert R C, Konecny J Q. Diffusion of hydrogen through palladium ［J］. J Chem Phys, 1961, 34 (2): 655.

［21］ Katsuta H, Farraro R J, McLellan R B. The diffusivity of hydrogen in palladium ［J］. Acta Metall, 1979, 27: 1111-1114.

［22］ Yun S, Oyama S T. Correlations in palladium membranes for hydrogen separation: A review ［J］. J Membr Sci, 2011, 375 (1-2): 28-45.

［23］ Roa F, Blockl M J, Way J D. The influence of alloy composition on the H_2 flux of composite Pd-Cu membranes ［J］. Desalination, 2002, 147: 411-416.

［24］ Uemiya S, Kude Y, Sugino K. A palladium/porous-glass composite membrane for hydrogen separation ［J］. Chem Lett, 1988, 10: 1687-1690.

［25］ Tanaka D AP, Tanco M A L, Niwa S, et al. Preparation of palladium and silver alloy membrane on a porous α-alumina tube via simultaneous electroless plating ［J］. J Membr Sci, 2005, 247 (1-2): 21-27.

［26］ Paglieri S N, Foo K Y, Way J D, et al. A new preparation technique for Pd/alumina membranes with enhanced high-temperature stability ［J］. Ind Eng Chem Res, 1999, 38 (5): 1925-1936.

［27］ Li A W, Xiong G X, Gu J H, et al. Preparation of Pd/ceramic composite membrane ［J］. J Membr Sci, 1996, 110 (2): 257-260.

［28］ Wu L Q, Xu N P, Shi J. Preparation of a palladium composite membrane by an improved electroless plating technique ［J］. Ind Eng Chem Res, 2000, 39: 342-348.

［29］ Nam S E, Lee S H, Lee K H. Preparation of a palladium alloy composite membrane supported in a porous stainless steel by vacuum electrodeposition ［J］. J Membr Sci, 1999, 153: 163-173.

［30］ Chen S C, Tu G C, Hung C C Y, et al. Preparation of palladium membrane by electroplating on AISI 316L porous stainless steel supports and its use for methanol steam reformer ［J］. J Membr Sci, 2008, 314: 5-14.

［31］ Xomeritakis G, Lin Y S. CVD synthesis and gas permeation properties of thin palladium/alumina membranes ［J］. AlChE J, 1998, 44: 174-183.

［32］ Itoh N, Akiha T, Sato T. Preparation of thin palladium composite membrane tube by a CVD technique and its hydrogen permselectivity ［J］. Catal Today, 2005, 104: 231-237.

［33］ Basile A, Drioli E, Santell F, et al. A study on catalytic membrane reactors for water gas shift reaction ［J］. Gas Sep Purif, 1996, 10: 53-61.

［34］ Xiong L, Liu S, Rong L. Fabrication and characterization of $Pd/Nb_{40}Ti_{30}Ni_{30}/Pd$/porous nickel support composite membrane for hydrogen separation and purification ［J］. Int J Hydrogen Energy, 2010, 35: 1643-1649.

［35］ Wu L Q, Huang P, Xu N P, et al. Effects of sol properties and calcination on the performance of titania tubular membranes [J]. J Membr Sci, 2000, 173: 263-273.

[36]   Wu L Q, Xu N P, Shi J. Novel method for preparing palladium membranes by photocatalyytic deposition [J]. AIChE J, 2000, 46: 1075-1083.

[37]   Li X, Fan Y Q, Jin W Q, et al. Improved photocatalytic deposition of palladium membranes [J]. J Membr Sci, 2006, 282: 1-6.

[38]   Li X, Liu T M, Fan Y Q, et al. Preparation of composite palladium-silver alloy membranes by photocatalytic deposition [J]. Thin Solid Films, 2008, 516: 7282-7285.

[39]   Pena M A, Fierro J L G. Chemical structures and performance of perovskite oxides [J]. Chem Rev, 2001, 101: 1981-2017.

[40]   Burgraff A J. Fundamentals of inorganic memebrane scienence and techmology [M]. Amsterdam: Elsevier, 1996.

[41]   Shao Z P, Haile S M. A high-performance cathode for the next generation of solid-oxide fuel cells [J]. Nature, 2004, 431: 170-173.

[42]   Jin W, Zhang C, Chang X, et al. Efficient catalytic decomposition of CO_2 to CO and O_2 over Pd/ mixed-conducting oxide catalyst in an oxygen-permeable membrane reactor [J]. Environ Sci Technol, 2008, 42 (8): 3064-3068.

[43]   Bouwmeester H J M. Dense ceramic membranes for methane conversion [J]. Catal Today, 2003, 82: 141-150.

[44]   Kharton V V, Marques F M B, Atkinson A. Transport properties of solid oxide electrolyte ceramics: a brief review [J]. Solid State Ionics, 2004, 174: 135-149.

[45]   Yang W S, Wang H H, Zhu X F, et al. Development and application of oxygen permeable membrane in selective oxidation of light alkanes [J]. Topics in Catalysis, 2005, 35: 155-167.

[46]   金万勤, 徐南平. 混合导体氧渗透膜——设计、制备与应用 [M]. 北京: 科学出版社, 2013.

[47]   Intosh S M, Vente J F, Haije W G, et al. Structure and oxygen stoichiometry of $SrCo_{0.8}Fe_{0.2}O_3$ and $Ba_{0.5}Sr_{0.5}Co_{0.8}Fe_{0.2}O_3$ [J]. Solid State Ionics, 2006, 177: 1737-1742.

[48]   Li Y P, Maxey E R, Richardson J W. Structural behavior of oxygen permeable $SrFe_{0.2}Co_{0.8}O_x$ ceramic membranes with and without p_{O_2} gradients [J]. J Am Ceram Soc, 2005, 88 (5): 1244-1252.

[49]   Kruidhof H, Bouwmeester H J M, Doorn R H Ev, et al. Influence of order-disorder transitions on oxygen permeability through selected nonstoichiometric perovskite-type oxides [J]. Solid State Ionics, 1993, 63-65: 816-822.

[50]   Grunbaum N, Mogni L, Prado M F, et al. Phase equilibrium and electrical conductivity of $SrCo_{0.8}Fe_{0.2}O_{3-\delta}$ [J]. J Solid State Chem, 2004, 177: 2350-2357.

[51]   Wang H H, Tablet C, Feldhoff A, et al. A cobalt-free oxygen-permeable membrane based on the perovskite-type oxide $Ba_{0.5}Sr_{0.5}Zn_{0.2}Fe_{0.8}O_{3-\delta}$ [J]. Adv Mater, 2005, 17: 1785.

[52]   Teraoka Y, Shimokawa H, Kang C Y, et al. Fe-based perovskite-type oxides as excellent oxygen-permeable and reduction-tolerant materials [J]. Solid State Ionics, 2006, 177: 2245-2248.

[53]   Efimov K, Halfer T, Kuhn A, et al. Novel cobalt-free oxygen-permeable perovskite-type membrane [J]. Chem Mater, 2010, 22: 1540-1544.

[54]   Dong X L, Jin W Q, Xu N P. Reduction-tolerant oxygen-permeable perovskite-type Oxide $Sr_{0.7}Ba_{0.3}Fe_{0.9}Mo_{0.1}O_3$ [J]. Chem Mater, 2010, 22: 3610-3618.

[55]   Zhu X F, Wang H H, Yang W S. Novel cobalt-free oxygen permeable membrane [J]. Chemical Communications, 2004, (9): 1130-1131.

[56]   Watanabe K, Takauchi D, Yuasa M, et al. Oxygen permeation properties of Co-free perovskite-type oxide membranes based on $BaFe_{1-y}ZryO_{3-\delta}$ [J]. J Electrochem Soc, 2009, 156: 81-85.

[57]   Kharton V V, Viskup A P, Kovalevsky A V, et al. Oxygen ionic conductivity of Ti-containing strontium ferrite [J]. Solid State Ionics, 2000, 133: 57-65.

[58]   Kharton V V, Shaula A L, Snijkers F M M, et al. Processing, stability and oxygen permeability of Sr (Fe, Al) O_3-based ceramic membranes [J]. J Membr Sci, 2005, 252: 215-225.

[59]   Ishihara T, Yamada T, Arikawa H, et al. Mixed electronic-oxide ionic conductivity and oxygen permeating property of Fe-, Co- or Ni-doped $LaGaO_3$ perovskite oxide [J]. Solid State Ionics, 2000, 135 (1-4): 631-636.

[60]   Ishida J, Murata K, Ichikawa T, et al. An oxygen permeable membrane $La_{0.8}Sr_{0.2}$ $(Ga_{0.8}Mg_{0.2})_{1-x}$ $Cr_xO_{3-\delta}$ for a reduced atmosphere [J]. Solid State Ionics, 2009, 180: 1045-1049.

[61]   Dong X, Zhang G, Liu Z, et al. CO_2-tolerant mixed conducting oxide for catalytic membrane reactor

[J]. J Membr Sci, 2009, 340: 141-147.

[62] Chen W, Zuo Y B, Chen C S, et al. Effect of Zr^{4+} doping on the oxygen stoichiometry and phase stability of $SrCo_{0.8}Fe_{0.2}O_{3-\delta}$ oxygen separation membrane [J]. Solid State Ionics, 2010, 181: 971-975.

[63] Dong X, Xu Z, Chang X, et al. Chemical expansion crystal structural stability and oxygen permeability of $SrCo_{0.6-x}Al_xO_{3-\delta}$ Oxides [J]. J Am Ceram Soc, 2007, 90 (12): 3923-3929.

[64] Podyacheva O Y, Ismagilov Z R, Shmakov A N, et al. Properties of Nb-doped $SrCo_{0.8}Fe_{0.2}O_{3-\delta}$ perovskites in oxidizing and reducing environments [J]. Catal Today, 2009, 147: 270-274.

[65] Yang L, Tan L, Gu X, et al. A new series of Sr (Co, Fe, Zr) $O_{3-\delta}$ perovskite-type membrane materials for oxygen permeation [J]. Ind Eng Chem Res, 2003, 42: 2299-2305.

[66] Zeng Q, Zuo Y B, Fan C G, et al. CO_2-tolerant oxygen separation membranes targeting CO_2 capture application [J]. J Membr Sci, 2009, 335: 140-144.

[67] Tan L, Yang L, Gu X, et al. Influence of the size of doping ion on phase stability and oxygen permeability of $SrCo_{0.8}Fe_{0.2}O_{3-\delta}$ oxide [J]. J Membr Sci, 2004, 230 (1-2): 21-27.

[68] Wu Z, Jin W, Xu N. Oxygen permeability and stability of Al_2O_3-doped $SrCo_{0.8}Fe_{0.2}O_{3-\delta}$ mixed conducting oxides [J]. J Membr Sci, 2006, 279 (1-2): 320-327.

[69] Yang L, Tan L, Gu X, et al. Effect of the size and amount of ZrO_2 addition on properties of $SrCo_{0.4}Fe_{0.6}O_{3-\delta}$ [J]. AIChE J, 2003, 49 (9): 2374-2382.

[70] Yaremchenko A A, Kharton V V, Avdeev M, et al. Oxygen permeability, thermal expansion and stability of $SrCo_{0.8}Fe_{0.2}O_3$-$SrAl_2O_4$ composites [J]. Solid State Ionics, 2007, 178: 1205-1217.

[71] Zhang G, Liu Z, Zhu N, et al. A novel Nb_2O_5-doped $SrCo_{0.8}Fe_{0.2}O_3$-oxide with high permeability and stability for oxygen separation [J]. J Membr Sci, 2012, 405: 300-309.

[72] Dong X, Jin W, Xu N, et al. Dense ceramic catalytic membranes and membrane reactors for energy and environmental applications [J]. Chem Commun, 2011, 47: 10886-10902.

[73] Liao C, Xu N, Jun S. Design of oxygen perm eation through inorganic membrane facing procedure [J]. Petro-Chemical Equipment, 2003, 32: 34-37.

[74] Wu Z, Wang B, Li K. A novel dual-layer ceramic hollow fibre membrane reactor for methane conversion [J]. J Membr Sci, 2010, 352 (1): 63-70.

[75] Zhu J, Dong Z, Liu Z, et al. Multichannel mixed-conducting hollow fiber membranes for oxygen separation [J]. AIChE J, 2014, 60 (6): 1969-1976.

[76] Liu Y Y, Tan X Y, Li K. Mixed conducting ceramics for catalytic membrane processing [J]. Cat Rev Sci Eng, 2006, 48: 145-198.

[77] Jin W, Gu X, Li S, et al. Experimental and simulation study on a catalyst packed tubular dense membrane reactor for partial oxidation of methane to syngas [J]. Chem Eng Sci, 2000, 55: 2617-2625.

[78] Wilhelm D J, Simbeck D R, Karp A D, et al. Syngas production for gas-to-liquids applications: technologies, issues and outlook [J]. Fuel Process Technol, 2001, 71: 139-148.

[79] Rodhe H. A comparison of the contribution of various gases to the greenhouse-effect [J]. Science, 1990, 248: 1217-1219.

[80] Xiao L F, Li F W, Xia C G. An easily recoverable and efficient natural biopolymer-supported zinc chloride catalyst system for the chemical fixation of carbon dioxide to cyclic carbonate [J]. Appl Catal, A, 2005, 279: 125-129.

[81] Safont V S, Oliva M, Andres J, et al. Transition structures of carbon dioxide fixation, hydration and C_2 inversion for a model of Rubisco catalyzed reaction [J]. Appl Catal, A, 1997, 278: 291-296.

[82] Dong Q L, Zhao X M. In situ carbon dioxide fixation in the process of natural astaxanthin production by a mixed culture of Haematococcus pluvialis and Phaffia rhodozyma [J]. Catal Today, 2004, 98: 537-544.

[83] Mikkelsen M, Jorgensen M, Krebs F C. The teraton challenge: A review of fixation and transformation of carbon dioxide [J]. Energy Environ Sci, 2010, 3: 43-81.

[84] Ida J, Lin Y S. Mechanism of high-temperature CO_2 sorption on lithium zirconate [J]. Environ Sci Technol, 2003, 37: 1999-2004.

[85] Sievers M R, Armentrout P B. Activation of carbon dioxide: Gas-phase reactions of Y^+, YO^+, and YO_2^+ with CO and CO_2 [J]. Inorg Chem, 1999, 38 (2): 397-402.

[86] Shin G C, Choi S C, Jung K D, et al. Mechanism of M ferrites (M = Cu and Ni) in the CO_2 decomposition

reaction [J]. Chem Mater, 2001, 13: 1238-1242.

[87] Zhang C, Jin W, Yang C, et al. Decomposition of CO_2 coupled with POM in a thin tubular oxygen-permeable membrane reactor [J]. Catal Today, 2009, 148: 298-302.

[88] Jin W, Zhang C, Zhang P, et al. Thermal decomposition of carbon dioxide coupled with POM in a membrane reactor [J]. AlChE J, 2006, 52 (7): 2545-2550.

[89] Jiang H Q, Wang H H, Liang F Y, et al. Direct decomposition of nitrous oxide to nitrogen by in situ oxygen removal with a perovskite membrane [J]. Angew Chem Int Edit, 2009, 48: 2983-2986.

[90] Tan X, Li K, Thursfield A, et al. Oxyfuel combustion using a catalytic ceramic membrane reactor [J]. Catal Today, 2008, 131: 292-304.

[91] Kneer R, Toporov D, Foerster M, et al. Oxycoal-ac: Towards an integrated coal-fired power plant process with ion transport membrane-based oxygen supply [J]. Energy Environ Sci, 2010, 3: 198-207.

[92] Hashim S S, Mohamed A R, Bhatia S. Oxygen separation from air using ceramic-based membrane technology for sustainable fuel production and power generation [J]. Renew Sust Energ Rev, 2011, 15: 1284-1293.

[93] Scheffknecht G, Al-Makhadmeh L, Schnell U, et al. Oxy-fuel coal combustion-A review of the current state-of-the-art [J]. Int J Greenh Gas Con, 2011, 5: 16-35.

[94] Steele B C H, Heinzel A. Materials for fuel-cell technologies [J]. Nature, 2001, 414: 345-352.

[95] Steele B C H. Survey of materials selection for ceramic fuel cells [A]. 10th International Conference on Solid State Ionics (SSI-10) [C], Singapore: Elsevier Science Bv, 1995: 1223-1234.

[96] Jacobson A J. Materials for solid oxide fuel cells [J]. Chem Mater, 2010, 22: 660-674.

[97] Skinner S J. Recent advances in perovskite-type materials for solid oxide fuel cell cathodes [J]. Int J Inorg Mater, 2001, 3: 113-121.

[98] Ullmann H, Trofimenko N, Tietz F, et al. Correlation between thermal expansion and oxide ion transport in mixed conducting perovskite-type oxides for SOFC cathodes [J]. Solid State Ionics, 2000, 138: 79-90.

[99] Beckel D. Thin film cathodes for micro solid oxide fuel cells [D]. Zurich: University of Karlsruhe, 2007.

[100] Olejarnik P. World energy outlook. International Energy Agency, 2010.

[101] Scholes C A, Smith K H, Kentish S E, et al. CO_2 capture from pre-combustion processes-strategies for membrane gas separation [J]. Int J Greenh Gas Con, 2010, 4 (5): 739-755.

[102] Litynski J T, Plasynski S, McIlvried H G, et al. The united states department of energy's regional carbon sequestration partnerships program validation phase [J]. Environ Int, 2008, 34 (1): 127-138.

[103] Terwel B W, Harinck F, Ellemers N, et al. Going beyond the properties of CO_2 capture and storage (CCS) technology: How trust in stakeholders affects public acceptance of CCS [J]. Int J Greenh Gas Con, 2011, 5 (2): 181-188.

[104] Kanniche M, Gros-Bonnivard R, Jaud P, et al. Pre-combustion, post-combustion and oxy-combustion in thermal power plant for CO_2 capture [J]. Appl Therm Eng, 2010, 30 (1): 53-62.

[105] Figueroa J D, Fout T, Plasynski S, et al. Advances in CO_2 capture technology—The U. S. department of energy's carbon sequestration program [J]. Int J Greenh Gas Con, 2008, 2 (1): 9-20.

[106] Carbo M C, Boon J, Jansen D, et al. Steam demand reduction of water-gas shift reaction in IGCC power plants with pre-combustion CO_2 capture [J]. Int J Greenh Gas Con, 2009, 3 (6): 712-719.

[107] Favre E. Carbon dioxide recovery from post-combustion processes: Can gas permeation membranes compete with absorption [J]. J Membr Sci, 2007, 294 (1-2): 50-59.

[108] Bounaceur R, Lape N, Roizard D, et al. Membrane processes for post-combustion carbon dioxide capture: A parametric study [J]. Energy, 2006, 31 (14): 2556-2570.

[109] Pak P S, Hatikawa T, Suzuki Y. A hybrid power generation system utilizing solar thermal energy with CO_2 recovery based on oxygen combustion method [J]. Energy Convers Manage, 1995, 36 (6-9): 823-826.

[110] Mangalapally H P, Notz R, Hoch S, et al. Pilot plant experimental studies of post combustion CO_2 capture by reactive absorption with MEA and new solvents [J]. Energy Procedia, 2009, 1 (1): 963-970.

[111] Yeh J T, Resnik K P, Rygle K, et al. Semi-batch absorption and regeneration studies for CO_2 capture by aqueous ammonia [J]. Fuel Process Technol, 2005, 86 (14-15): 1533-1546.

[112] Ho M T, Allinson G W, Wiley D E. Reducing the cost of CO_2 capture from flue gases using pressure swing adsorption [J]. Ind Eng Chem Res, 2008, 47: 4883-4890.

[113] Reynolds S P, Ebner A D, Ritter J A. New pressure swing adsorption cycles for carbon dioxide sequestration [J]. Adsorption, 2005, 11: 531-536.

[114] Bernardo P, Drioli E, Golemme G. Membrane gas separation: A review/state of the art [J]. Ind Eng Chem Res, 2009, 48 (10): 4638-4663.

[115] Yang H Q, Xu Z H, Fan M H, et al. Progress in carbon dioxide separation and capture: A review [J]. J Environ Sci, 2008, 20 (1): 14-27.

[116] Ho M T, Allinson G W, Wiley D E. Reducing the cost of CO_2 capture from flue gases using membrane technology [J]. Ind Eng Chem Res, 2008, 47: 1562-1568.

[117] Bhide B, Stern S. Membrane processes for the removal of acid gases from natural gas. I. Process configurations and optimization of operating conditions [J]. J Membr Sci, 1993, 81: 209-237.

[118] Zhang Y, Wang Z, Wang S C. Novel fixed-carrier membranes for CO_2 separation [J]. J Appl Polym Sci, 2002, 86 (9): 2222-2226.

[119] El-Azzami L A, Grulke E A. Carbon dioxide separation from hydrogen and nitrogen: Facilitated transport in arginine salt-chitosan membranes [J]. J Membr Sci, 2009, 328 (1-2): 15-22.

[120] Mun S H, Kang S W, Cho J S, et al. Enhanced olefin carrier activity of clean surface silver nanoparticles for facilitated transport membranes [J]. J Membr Sci, 2009, 332 (1-2): 1-5.

[121] Mitiche L, Tingry S, Seta P, et al. Facilitated transport of copper (Ⅱ) across supported liquid membrane and polymeric plasticized membrane containing 3-phenyl-4-benzoylisoxazol-5-one as carrier [J]. J Membr Sci, 2008, 325 (2): 605-611.

[122] Ward W J, Robb W L. Carbon dioxide-oxygen separation: Facilitated transport of carbon dioxide across a liquid film [J]. Science, 1967, 156: 1481-1484.

[123] Quinn R, Appleby J B, Pez G P. New facilitated transport membranes for the separation of carbon dioxide from hydrogen and methane [J]. J Membr Sci, 1995, 104: 139-146.

[124] Quinn R, Laciak D V. Polyelectrolyte membranes for acid gas separations [J]. J Membr Sci, 1997, 131: 49-60.

[125] Leblanc O H, Ward W J, Matson S L, et al. Facilitated transport in ion-exchange membranes [J]. J Membr Sci, 1980, 6: 339-343.

[126] Matsuyama H, Teramoto M, Sakakura H, et al. Facilitated transport of CO_2 through various ion exchange membranes prepared by plasma graft polymerization [J]. J Membr Sci, 1996, 117: 251-260.

[127] 王志, 袁芳, 王明, 等. 分离 CO_2 膜技术 [J]. 膜科学与技术, 2011, 31 (3): 11-17.

[128] Matsuyama H, Hirai K, Teramoto M. Selective permeation of carbon dioxide through plasma polymerized membrane from diisopropylamine [J]. J Membr Sci, 1994, 92: 257-265.

[129] Matsuyama H, Terada A, Nakagawara T, et al. Facilitated transport of CO_2 through polyethylenimine/poly (vinyl alcohol) blend membrane [J]. J Membr Sci, 1999, 163: 221-227.

[130] Barrier R M. Diffusivities in glassy polymers for the dual model sorption model [J]. J Membr Sci, 1984, 18: 25-35.

[131] Noble R D. Analysis of facilitated transport mechanism in fixed site carrier membranes [J]. J Membr Sci, 1990, 50: 207-214.

[132] Cussler E L, Aris R, Brown A. On the limits of facilitated diffusion [J]. J Membr Sci, 1989, 43: 149-164.

[133] Tsuchida E, Nishide H, Ohyanagi M, et al. Facilitated transport of molecular oxygen in the membranes of polymer-coordinated cobalt schiff base complexes [J]. Macromol, 1987, 20: 1907-1912.

[134] 王志, 张莉莉, 张颖, 等. 分离 CO_2 的促进传递膜 [J]. 膜科学与技术, 2003, 23 (4): 166-171.

[135] 张颖, 王志, 王世昌. CO_2 固定载体膜过程中物质间相互作用及其影响 [J]. 化工学报, 2003, 54 (8): 1122-1127.

[136] Houde A, Krishnakumar B, Charati S, et al. Permeability of dense (homogeneous) cellulose acetate membranes to methane, carbon dioxide, and their mixtures at elevated pressures [J]. J Appl Poly Sci, 1996, 62: 2181-2192.

[137] Donohue M, Minhas B, Lee S. Permeation behavior of carbon dioxide-methane mixtures in cellulose acetate membranes [J]. J Membr Sci, 1989, 42 (1): 97-214.

[138] Li G S. Cellulosic semipermeable membranes containing silicon compounds: US, 4428776 [P]. 1984.

[139] Liu C, Wilson S T, Kulprathipanja S. Crosslinked organic-inorganic hybrid membranes and their use in gas separation: US, 2010288122 [P]. 2010.

[140] Houde A Y, Stern S A. Solubility and diffusivity of light gases in ethyl cellulose at elevated pressures. Effects of ethoxy content [J]. J Membr Sci, 1997, 127: 171-183.

[141] Liu C, Wilson S T, Chiou J J, et al. Plasticization resistant membranes: US, 2010326273 [P]. 2010.

[142] Li G. Cellulosic semipermeable membranes containing silicon compounds: US, 4428776 [P]. 1984.

[143] Overman D, Kau J, Mahoney R. Preparing cellulose ester membranes for gas separation: US, 5011637 [P]. 1991.

[144] Liu C, Wilson S, Chiou J, et al. Advances in high permeability polymeric membrane materials for CO_2 Separations [J]. Energy Environ Sci, 2012, 5: 7306-7322.

[145] Tanaka K, Okano M, Toshino H, et al. Effect of methyl substituents on permeability and permselectivity of gases in polyimides prepared from methyl-substituted phenylenediamines [J]. Polym Sci, 1992, 30 (8): 907-914.

[146] Al-Masri M, Fritsch D, Kricheldorf H. New polyimides for gas separation. 2. Polyimides derived from substituted catechol bis (etherphthalic anhydride) [J]. Macromolecules, 2000, 33 (19): 7127-7135.

[147] de Abajo J, de la Campa J, Lozano A. Designing aromatic polyamides and polyimides for gas separation membranes [J]. Macromol Symp, 2003, 199, 293-305.

[148] Al-Masri M, Kricheldorf H R, Fritsch D. New polyimides for gas separation. 1. Polyimides derived from substituted terphenylenes and 4, 4′- (hexafluoroisopropylidene) diphthalic anhydride [J]. Macromolecules, 1999, 32 (23): 7853-7858.

[149] Cho Y, Park H. High performance polyimide with high internal free volume elements [J]. Macromol Rapid Commun, 2011, 32 (7): 579-586.

[150] Dong G, Li H, Chen V. Challenges and opportunities for mixed-matrix membranes for gas separation [J]. J Mater Chem A, 2013, 1: 4610-4630.

[151] Li Y, Guan H, Chung T, et al. Effects of novel silane modification of zeolite surface on polymer chain rigidification and partial pore blockage in polyethersulfone (PES) -zeolite A mixed matrix membranes [J]. J Membr Sci, 2006, 275 (1): 17-28.

[152] Frycova M, Sysel P, Kocirik M, et al. Mixed matrix membranes based on 3-aminopropyltriethoxysilane endcapped polyimides and silicalite-1 [J]. J Appl Polym Sci, 2012, 124 (S1): 233-240.

[153] Kim J, Lee Y. Gas permeation properties of poly (amide-6-b-ethylene oxide) -silica hybrid membranes [J]. J Membr Sci, 2001, 193 (2): 209-225.

[154] Perez E, Balkus K, Ferraris J, et al. Mixed-matrix membranes containing MOF-5 for gas separations [J]. J Membr Sci, 2009, 328 (1): 165-173.

[155] Vu D, Koros W, Miller S. Mixed matrix membranes using carbon molecular sieves: I. Preparation and experimental results [J]. J Membr Sci, 2003, 211 (2): 311-334.

[156] Yong H, Park H, Kang Y, et al. Zeolite-filled polyimide membrane containing 2, 4, 6-triaminopyrimidine [J]. J Membr Sci, 2001, 188 (2): 151-163.

[157] Reid B, Ruiz-Trevino F, Musselman I, et al. Gas permeability properties of polysulfone membranes containing the mesoporous molecular sieve MCM-41 [J]. Chem Mater, 2001, 13 (7): 2366-2373.

[158] Wu T, Wang B, Lu Z H, et al. Alumina-supported AlPO-18 membranes for CO_2/CH_4 separation [J]. J Membr Sci, 2014, 471: 338-346.

[159] Zheng Y H, Hu N, Wang H M, et al. Preparation of steam-stable high-silica CHA (SSZ-13) membranes for CO_2/CH_4 and C_2H_4/C_2H_6 separation [J]. J Membr Sci, 2015, 475: 303-310.

[160] Zhou R, Ping E, Funke H, et al. Improving SAPO-34 membranes synthesis [J]. J Membr Sci, 2013, 444: 384-393.

[161] Hasegawa Y, Tanaka T, Watanabe K, et al. Separation of CO_2-CH_4 and CO_2-N_2 systems using ion-exchanged FAU-type zeolite membranes with different Si/Al ratios [J]. Korean J Chem Eng, 2002, 19 (2): 309-313.

[162] Sandström L, Sjöberg E, Hedlund J. Very high flux MFI membrane for CO_2 separation [J]. J Membr Sci, 2011, 380 (1-2): 232-240.

[163] Carreon M L, Li S G, Carreon M A. AlPO-18 membranes for CO_2/CH_4 separation [J]. Chem Comm, 2012, 48 (17): 2310-2312.

[164] Tomita T, Nakayama K, Sakai H. Gas separation characteristics of DDR type zeolite membrane

---

[J]. Micropor Mesopor Mater, 2004, 68 (1): 71-75.

[165] Cui Y, Kita H, Okamoto K I, et al. Preparation and gas separation performance of zeolite T membrane [J]. J Mater Chem, 2004, 14: 924-932

[166] Li S G, Falconer J L, Noble R D. Improved SAPO-34 membranes for CO_2/CH_4 separations [J]. Adv Mater, 2006, 18: 2601-2603.

[167] Kita H, Nanbu K, Hamano T, et al. Carbon molecular sieving membranes derived from lignin-based materials [J]. J Polym Environ, 2002, 10 (3): 69-74.

[168] Zhou W L, Yoshino M, Kita H, et al. Carbon molecular sieve membranes derived from phenolic resin with a pendant sulfonic acid group [J]. Ind Eng Chem Res, 2001, 40: 4801-4807.

[169] Liu Q L, Wang T H, Liang C H, et al. Zeolite married to carbon: A new family of membrane materials with excellent gas separation performance [J]. Chem Mater, 2006, 18: 6283-6288.

[170] Liu Q L, Wang T H, Guo H C, et al. Controlled synthesis of high performance carbon/zeolite T composite membrane materials for gas separation [J]. Microporous Mesoporous Mater, 2009, 120 (3): 460-466.

[171] Hayashi J, Yamamoto M, Kusakabe K, et al. Effect of oxidation on gas permeation of carbon molecular sieving membranes based on BPDA-pp' ODA polyimide [J]. Ind Eng Chem Res, 1997, 36: 2134-2140.

[172] Kusakabe K, Yamamoto M, Morooka S. Gas permeation and micropore structure of carbon molecular sieving membranes modified by oxidation [J]. J Membr Sci, 1998, 149 (1): 59-67.

[173] Hayashi J, Mizuta H, Yamamoto M, et al. Pore size control of carbonized BPDA-pp' ODA polyimide membrane by chemical vapor deposition of carbon [J]. J Membr Sci, 1997, 124 (2): 243-251.

[174] Xiao Y C, Dai Y, Chung T S, et al. Effects of brominating matrimid polyimide on the physical and gastransport properties of derived carbon membranes [J]. Macromol, 2005, 38: 10042-10049.

[175] Zhang B, Wang T H, Zhang S H, et al. Preparation and characterization of carbon membranes made from poly (phthalazinone ether sulfone ketone) [J]. Carbon, 2006, 44 (13): 2764-2769.

[176] Anand M, Langsam M, Rao M B, et al. Multicomponent gas separation by selective surface flow (SSF) and poly-trimethylsilylpropyne (PTMSP) membranes [J]. J Membr Sci, 1997, 123 (1): 17-25.

[177] Sirear S, Rao M B, Thaeron C M A. Selective surface flow membrane for gas separation [J]. Sep Sci Technol, 1999, 34 (10): 2081-2093.

[178] Fuertes A B. Preparation and characterization of adsorption-selective carbon membranes for gas separation [J]. Adsorption, 2001, 7: 117-129.

[179] Centeno T A, Fuertes A B. Influence of separation temperature on the performance of adsorption-selective carbon membranes [J]. Carbon, 2002, 41 (10): 2016-2019.

[180] 姬忠礼, 时铭显. 高温陶瓷过滤技术的进展 [J]. 动力工程, 1997, 17 (3): 59-65.

[181] Heidenreich S. Catalytic filter elements for combined particle separation and nitrogen oxides removal from gas streams [J]. Powder Technol, 2008, 180 (1-2): 86-90.

[182] Heidenreich S. Hot gas filtration-A review [J]. Fuel, 2013, 104: 83-94.

[183] Lupion M, Rodriguez-Galan M, Alonso-Fariñas B, et al. Investigation into the influence on dust cake porosity in hot gas filtration [J]. Powder Technol, 2014, 264: 592-598.

[184] Aravind P V, Jong W. Evaluation of high temperature gas cleaning options for biomass gasification product gas for solid oxide fuel cells [J]. Prog Energy Combust Sci, 2012, 38 (6): 737-764.

[185] Simeone E, Nacken M, Haag W. Filtration performance at high temperatures and analysis of ceramic filter elements during biomass gasification [J]. Biomass Bioenerg, 2011, 35: 87-104.

[186] 任祥军. 多孔陶瓷膜材料的研制及在气固分离中的应用研究 [D]. 合肥: 中国科学技术大学, 2005.

[187] 吴诚, 张勇林, 税安泽, 等. 高温烟气过滤陶瓷的制备与性能研究 [J]. 人工晶体学报, 2013, 42 (9): 1930-1935.

[188] 洪海波, 徐超, 徐泽丰, 等. 一种新型超高温气固分离陶瓷材料的制备研究 [J]. 硅酸盐通报, 2014, 33 (8): 2027-2031.

[189] 姬宏杰, 杨家宽, 肖波. 陶瓷高温除尘技术的研究进展 [J]. 工业安全与环保, 2003, 29 (2): 17-19.

[190] 胡鹏睿. 陶瓷过滤器除尘机理研究 [D]. 南京: 东南大学, 2005.

[191] 邱继峰. 高温陶瓷过滤器本体设计及反向脉冲清洗瞬态流动模型分析 [D]. 西安: 西安交通大

学，2003.

[192] Mónica L，Francisco J，Gutiérrez O，et al. Assessment performance of high-temperature filtering elements [J]. Fuel，2010，89：848-854.

[193] Antonio G，Matteo C R，Giovanni L. Efficiency enhancement in IGCC power plants with air-blown gasification and hot gas clean-up [J]. Energy，2013，53：221-229.

[194] Smolders K，Baeyens J. Cleaning of hot calciner exhaust gas by low-density ceramic filters [J]. Powder Technol，2000，11：240-244.

[195] Heidenreich S. Ceramic membranes：High filtration area packing densities improve membrane performance [J]. Filtr Sep，2011，48（3）：25-27.

[196] Heidenreich S，Walter H，Manfred S. Next generation of ceramic hot gas filter with safety fuses integrated in venturi ejectors [J]. Fuel，2013，18：19-23.

[197] Pastila P J，Helanti V，Nikkila A P，et al. Environmental effects on microstructure and strength of clay-bonded SiC filters [J]. J Eur Ceram Soc，2001，21：1261-1268.

[198] Chaea S H，Kim Y W，Song I H，et al. Porosity control of porous silicon carbide ceramics [J]. J Eur Ceram Soc，2009，29：2867-2872.

[199] Jin Y J，Kim Y W. Low temperature processing of highly porous silicon carbide ceramics with improved flexural strength [J]. J Mater Sci，2010，45：282-285.

[200] Lim K Y，Kim Y W，Song I H. Low-temperature processing of porous SiC ceramics [J]. J Mater Sci，2013，48：1973-1979.

[201] Chen W W，Miyamoto Y. Fabrication of porous silicon carbide ceramics with high porosity and high strength [J]. J Eur Ceram Soc，2014，34：837-840.

[202] 吴庆祝，薛友祥，孟宪谦. 堇青石质高温陶瓷过滤材料的研究 [J]. 现代技术陶瓷，2003，24：9-12.

[203] 薛友祥，李征，王耀明. 陶瓷纤维复合膜材料的制备工艺及性能表征 [J]. 硅酸盐通报，2004，24：10-13.

[204] 薛友祥，孟宪谦，李宪景，等. 热气体净化用的高温陶瓷过滤材料 [J]. 现代技术陶瓷，2005，3：18-21.

[205] 戴亚辉，折原胜男，仓本宪幸. 利用挤出成型法制备具有夹芯结构的三层特殊梯度材料 [J]. 中国塑料，2005，8：56-62.

[206] 江培秋. 影响多孔陶瓷挤出成型工艺因素探讨 [J]. 现代技术陶瓷，2004，1：6-9.

[207] 李媛，高积强. 陶瓷材料挤出成型工艺与理论研究进展 [J]. 耐火材料，2004，38（4）：277-280.

[208] Fukushima M，Zhou Y，Yoshizawa Y I. Fabrication and microstructural characterization of porous silicon carbide with nano-sized powders [J]. Mater Sci Eng，B，2008，148：211-214.

[209] Liu S F，Zeng Y P，Jiang D L. Fabrication and properties of porous silicon carbide ceramics by an in-situ oxidizing reaction [J]. J Chin Chem Soc，2008，36：597-601.

[210] Xu H，Liu J，Guo A，et al. Porous silica ceramics with relatively high strength and novel bi-modal pore structure prepared by a TBA-based gelcasting method [J]. Ceram Int，2012，38：1725-1729.

[211] Wu H B，Li Y S，Yan Y J. Processing，microstructures and mechanical properties of aqueous gelcasted and solid-state-sintered porous SiC ceramics [J]. J Eur Ceram Soc，2014，34（15）：3469-3478.

[212] 蒋兵，王勇军，李正民. 多孔碳化硅陶瓷制备工艺研究进展 [J]. 中国陶瓷，2012，48：1-3.

[213] Streitwieser D A，Popovska N，Gerhard H，et al. Application of the chemical vapor infiltration and reaction（CVI-R）technique for the preparation of highly porous biomorphic SiC ceramics derived from paper [J]. J Eur Ceram Soc，2005，25（6）：817-828.

[214] 汪强兵，汤慧萍，奚正平. 多孔金属膜研究进展 [J]. 材料导报，2004，18（6）：26-28.

[215] Smith B H，Szyniszewski S，Hajjar J F. Steel Foam for structrue：A review of applications manufacturing and material properties [J]. J Constr Steel Res，2012，71：1-6.

[216] 刘雪雷，叶先勇，何元章，等. 多孔金属材料制备方法的研究进展 [J]. 材料导报 A：综述篇，2013，27（7）：90-93.

[217] Liu W，Canfield N. Development of thin porous metal sheet as micro-filtration membrane and inorganic membrane support [J]. J Membr Sci，2012，409：113-126.

[218] Heaney D F，Gurosik J D，Binet C. Isotropic forming of porous structures via metal injection molding [J]. J Mater Sci，2005，40（4）：973-978.

[219] 何元章. FeAl 基多孔材料的制备及其性能的研究 [D]. 上海：华东理工大学，2012.

[220] Gao H Y, He Y H, Shen P Z, et al. Porous FeAl intermetallic fabricated by elemental powder reactive synthesis [J]. Intermetellics, 2009, 17: 1041-1045.

[221] Dehn G, Möllenhoff H, Wegelin R, et al. Apparatus for cleaning dust-laden hot gas: US, 5769915 [P]. 1998.

[222] Haldipur G B, Dilmore W J. Filtering apparatus: US, 5143530 [P]. 1992.

[223] Ahmadi G, Smith D H. Gas flow and particle deposition in the hot gas filter vessel at the Tidd 70 MWE PFBC demonstration power plant [J]. Aerosol Sci Technol, 1998, 29 (3): 206-223.

[224] Heidenreich S, Schumacher P, Wolters C, Hot gas filter contributes to IGCC power plant's reliable operation [J]. Filtr Sep, 2004, 41 (5): 22-24.

[225] Torii A. Ceramic filter for radioactive waste treatment system. Advanced gas cleaning technology. Tokyo: Jugei Shobo, 2005: 58-64.

第4章
陶瓷分离膜与膜过程

陶瓷膜作为无机膜的一种，自 20 世纪 70 年代末开始以一种精密的分离材料与技术进入民用领域，用以取代离心、蒸发、板框过滤等传统分离技术[1]。陶瓷膜因其具有优良的热稳定性和化学稳定性等突出优点而成为高效节能、对环境友好的分离材料，被称为"21 世纪绿色技术"。就材料性能而言，陶瓷膜的高性能主要体现在高渗透性和高选择性两个方面，这与陶瓷膜材料的多层结构、孔径大小及其分布、表面性质等有着密切关系。研制的陶瓷膜孔径范围也越来越宽，从初期的大孔和介孔膜，到当前发展迅速的微孔膜，拓展了陶瓷膜在过程工业精密分离中的应用。表面与界面科学的发展推动了陶瓷膜改性技术的更新，赋予了单一表面性质的氧化物陶瓷膜新的特性，推动了陶瓷膜在油品净化、溶剂回收等领域的应用。

近年来，在"面向应用过程的陶瓷膜材料设计、制备与应用"理论的指导下，陶瓷膜从材质到构型，从传质理论到制备技术，从产业化发展到应用领域开拓，都得到了迅速发展。有关陶瓷膜的材料微结构设计、规模化制备和工业应用等内容，在《面向应用过程的陶瓷膜材料设计、制备与应用》一书中已有系统介绍[1]。本章针对近十年来陶瓷膜领域的众多研究热点，围绕如何降低陶瓷膜成本，提高分离性能及丰富膜表面性质等问题，分析多孔陶瓷膜的发展趋势，介绍低成本陶瓷膜材料的合成与制备、高通量膜元件与膜组件的研制、精密分离的陶瓷纳滤膜开发、膜材料表面与界面性质调控等相关基础研究工作，并结合陶瓷膜应用领域相关工程案例，对陶瓷膜应用过程的关键技术进行探讨。

4.1 多孔陶瓷膜的发展趋势

美国、法国等国家最初将多孔陶瓷膜应用于核燃料 U^{235} 的富集与纯化。20

世纪 80 年代初，以陶瓷膜为代表的无机膜分离技术开始转为民用，凭借其机械强度高、化学稳定性好、耐高温等特性以及在清洗、消毒和再生处理上的独特优点，作为一个新型分支迅速发展起来。多孔陶瓷膜按其孔径尺寸可分为大孔膜（＞50nm）、介孔膜（2～50nm）和微孔膜（＜2nm）三种；而从应用的角度，一般可分为大孔支撑体膜（＞1000nm）、微滤膜（＞50nm）、超滤膜（2～50nm）和纳滤膜（＜2nm）。它们具有各自的特点，在应用中相辅相成，适用于不同的应用环境。

4.1.1　发展历程

多孔陶瓷微滤膜是最早实现产业化和形成规模化市场的无机膜。目前，在市场上陶瓷微滤膜商品多为在多孔 α-Al_2O_3 支撑体上制备一层或者多层细孔膜层的非对称复合结构，起分离功能的是其顶层活性分离层。常用的顶层膜材质有 Al_2O_3、ZrO_2 和 TiO_2 等。膜元件的构型有片状、管状以及多通道状等[2]。当前世界上有数十家厂商提供此类陶瓷膜元件，主要集中在美国、法国、德国、日本和中国。从 20 世纪 80 年代起，商品化的陶瓷膜开始进入分离市场。如：1980 年法国 SFEC 公司推出了商品名为 Carbosep^{TM} 的以多孔炭为支撑体的氧化锆膜，之后美国 Pall 公司、美国 Norton 公司分别推出了商品名为 Membralox^{TM} 和 Ceraflo^{TM} 的以氧化铝为支撑体的氧化铝膜。商品化陶瓷膜及膜设备的成功开发，使得陶瓷膜在液体超滤和微滤分离中得到广泛应用，首先在法国的奶业、葡萄酒业获得成功应用，并逐渐拓展到食品工业、环境工程、生物工程、电子行业净化等领域。青岛啤酒厂、北京燕京啤酒厂等引进德国、日本的微滤膜设备，均取得较好的经济效益。国产陶瓷微滤膜在食品、发酵行业亦有较好的应用。"九五"期间，在国家科技攻关项目的支持下，我国自主研发了多通道陶瓷微滤膜制备技术，并进行了产业化，生产出高质量的陶瓷微滤膜产品，在纳米材料、中药制备、发酵液处理、含油废水分离等多个领域取得了成功应用。

超滤膜的孔径一般为 2～50nm，截留分子量为 1000～1000000Da。关于陶瓷超滤膜的制备方法，报道和研究较多的是溶胶-凝胶法。20 世纪 80 年代中期，荷兰 Twente 大学的 Leenaars 等人首次应用此技术成功地制备出 Al_2O_3 膜，并在后续一系列论文中详细探讨了由勃姆石溶胶制备超滤膜的过程以及制得的膜的渗透和截留性能。随后，美国、日本、德国、法国及中国等国家的研究者相继开展此项技术的研究工作。溶胶-凝胶法理论上可以控制溶胶粒子到纳米级大小，而且粒径分布较窄，容易在支撑体上成膜，不需要特殊的化学处理，并且热处理温度较低。目前，商品化的 γ-Al_2O_3、TiO_2 和 ZrO_2 超滤膜基本都是用此方法制备的。可以说，溶胶-凝胶技术在多孔陶瓷制备过程中的成功引入，大幅推动了多孔陶瓷膜向高品质化的发展，加速了陶瓷超滤膜的产业化进程。经过多年的努力，我国在超滤膜领域也已经具有较好的基础，多个超滤膜品种已经在多个工业过程中试用，取得了一批有广阔前景的工业实用基础技术。

陶瓷纳滤膜的孔径一般小于2nm，截留分子量为$200\sim1000$Da。目前，陶瓷纳滤膜材料的开发大多集中在实验室研究阶段，仅有少量陶瓷纳滤膜产品得以工业化生产及应用。在陶瓷纳滤膜材料的研究方面，国际上始于20世纪90年代，根据顶层膜材料的种类划分，主要包括γ-氧化铝（γ-Al_2O_3）[3~5]、氧化钛（TiO_2）[6~14]、氧化锆（ZrO_2）[15,16]、氧化铪（HfO_2）[17~19]等单组分材料的陶瓷纳滤膜及SiO_2-ZrO_2[20,21]、TiO_2-ZrO_2[22]、Y_2O_3-ZrO_2[23]等复合材料的陶瓷纳滤膜。国内则在21世纪初刚起步，开发了γ-Al_2O_3、TiO_2及ZrO_2纳滤膜材料，但其渗透性能尚有待提高。

4.1.2 研究趋势

陶瓷膜材料的研究和开发一直受到政府的支持和一些大型公司的关注，在研究方面取得了突破性进展和多方面成果，但其市场应用却未达到预期的成绩。陶瓷膜的应用仍受到膜品种有限、成本过高等因素限制，尤其是用于精密分离的纳滤膜材料尚处于研究和发展阶段（图4-1）。因此，以应用市场为牵引，开发低成本高性能的超微滤膜材料和在苛刻环境体系中性能稳定的纳滤膜材料是高性能陶瓷膜材料的研究重点，而通过表面性质调控满足膜材料多方面需求也是提高陶瓷膜核心竞争力的关键。具体包括以下几个方面：

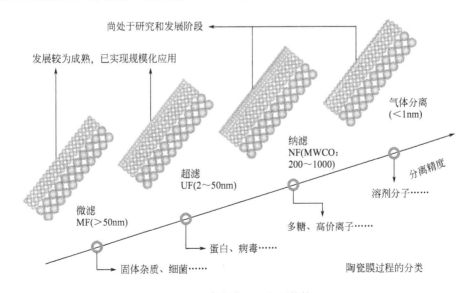

图 4-1 陶瓷膜过程发展趋势

① 开发低成本高性能陶瓷膜元件。陶瓷膜以其优异的材料性能在很多苛刻的应用体系中（高温、酸碱环境和有机溶剂）表现出有机膜无可比拟的优势，但陶瓷膜原材料价格昂贵，工艺复杂，导致成本居高不下，成为限制其应用的主要因素。如何实现陶瓷膜的低成本化生产，结合构建面向应用过程的膜材料设计与制备方法，解决陶瓷膜推广应用的瓶颈问题成为当前陶瓷膜领域关注的核心问题之一。

② 研制面向过程工业精密分离的纳滤膜材料。陶瓷微滤膜和超滤膜的制备与应用技术已趋于成熟，提升了陶瓷膜在节能减排应用中的核心竞争力。但是对过程工业分离和反应过程来说，需要更精密的耐溶剂膜材料，进一步推进生产工艺的革新，减少废弃物的排放。相对而言，具有精密分离能力的陶瓷纳滤膜的研究大多还集中在实验室研究阶段。因此，开发苛刻环境体系中稳定运行的陶瓷纳滤膜材料的工业化制备技术，实现陶瓷纳滤膜在精细化工、食品工业、生物制药等行业中的大规模应用是膜领域的研究重点之一。

③ 丰富膜表面性质，提高陶瓷膜的抗污染性能。陶瓷膜材料通常由氧化物制备而成，由于氧化物本身的性质以及陶瓷膜表面的多孔结构，使得陶瓷膜表面呈现出较强的亲水性，在水性体系中具有良好的抗污染性能。但是单一的金属氧化物表面通常难以满足膜材料的多方面要求，膜的表面性质如表面润湿性和表面荷电性质会影响分离物料与表面相互作用而导致膜污染问题，不仅使过滤通量严重衰减，还可能劣化分离性能，直接影响到膜分离过程的经济性。面向应用体系的需求，对膜材料表面性质进行优化设计，可以从制备源头上实现对膜污染的有效控制，提高膜渗透性和分离效率，是实现膜技术扩大应用的关键之一。

4.2　低成本陶瓷膜的设计与制备

影响陶瓷膜发展的因素主要包括以下三个方面：一是膜材料的制备成本过高，很多实际体系从技术上是完全可行的，但是性价比不占优势；二是陶瓷膜的面积/体积比低，导致膜使用过程中单位膜元件和膜组件的处理能力有限；三是应用体系的复杂性和处理要求的苛刻性，导致单一膜过程难以达到要求，也限制了其进一步的推广和应用。目前研究主要集中在开发低成本的膜制备技术以及设计高效的膜元件和膜组件以提高处理能力。

4.2.1　低成本陶瓷膜材料制备技术

多孔陶瓷膜是一种具有非对称结构的材料，由支撑体、过渡层和分离层构成。这类结构可以使陶瓷膜具有大孔支撑体赋予的机械强度，同时由于各层孔径及厚度逐渐减小，从而解决陶瓷膜在工业应用中存在的膜过滤通量和分离选择性之间的矛盾。就制备而言，陶瓷膜成本主要集中在原材料及烧结能耗上，通过添加烧结助剂以降低烧结温度、采用低成本易烧结原料以降低原料成本以及利用先进的烧结工艺以达到低成本控制成为陶瓷膜的研究热点。

4.2.1.1 低成本易烧结原料的选择

目前已商品化的陶瓷膜中，支撑体多采用平均粒径为 $30\sim40\mu m$ 的高纯 Al_2O_3，通过 $1700℃$ 以上的高温烧结过程制得，支撑体过高的烧成温度是造成目前陶瓷膜高成本的主要原因之一。

为实现支撑体低温烧结以降低制备成本，通常采用的方法是在骨料中加入一些液相型或者固相型烧结助剂。前者如高岭土、钾长石等天然硅酸盐黏土矿物，在较低的温度熔融形成液相，在颗粒间毛细管力的作用下润湿并包裹骨料粉体颗粒，将颗粒黏结起来，提高多孔陶瓷的机械强度；后者如氧化钛、氧化锆、氧化钇等金属氧化物，能与氧化铝形成多元氧化物固熔物而使烧结温度下降[24]。胡锦猛等[25] 等以平均粒径为 $22\mu m$ 的 $\alpha\text{-}Al_2O_3$ 粉体为骨料，粒径为 $0.5\mu m$ 的 $\alpha\text{-}Al_2O_3$ 粉体为烧结助剂，采用聚甲基丙烯酸铵和聚乙烯亚胺将烧结助剂均匀包覆在骨料表面，从而在 $1550℃$ 温度下实现烧结，低于常规烧结温度（$1700℃$）。多孔陶瓷的机械强度为 $34.2MPa$，孔隙率为 34%，平均孔径为 $2.34\mu m$，纯水通量为 $205m^3 \cdot m^{-2} \cdot h^{-1}$（$1MPa$）。Falamaki 等[26] 采用 $CaCO_3$ 作为造孔剂混入烧结助剂制备片式氧化铝多孔支撑体，工业氧化铝粉体平均粒径为 $160\mu m$，当 $CaCO_3$ 含量为 5% 时，在 $1350℃$ 下烧结制得的支撑体孔隙率为 41%，抗弯强度为 $25MPa$，此时渗透性最大，这是由于液相烧结使得陶瓷孔道趋于圆柱形，曲折度降低。Wang 等[27] 以 $D_{50}=17.5\mu m$ 的大颗粒高纯氧化铝粉体为原料，加入 5% 亚微米级的金红石型钛白粉作为烧结助剂，在 $1400℃$ 保温 $4h$ 烧结，支撑体平均孔径为 $2.2\mu m$，抗弯强度为 $55MPa$，经过 $NaOH$ 溶液处理后强度仍能维持在 $50MPa$。

廉价的天然非金属矿物高岭土、工业用的莫来石、工业废弃物粉煤灰等也被用作膜材料，以实现陶瓷膜的低成本化制备[28~30]。Almandoz 等[31] 以高岭土、石英、氧化铝和碳酸钙为原料在 $1300℃$ 烧结后制备出无支撑的板状微滤膜。Majouli 等[32] 用珍珠岩（主要成分为 SiO_2 和 Al_2O_3）制备平板膜支撑体，当烧结温度为 $1000℃$ 时，支撑体孔径为 $6.64\mu m$，孔隙率为 41.8%，纯水渗透通量为 $1.797m^3 \cdot m^{-2} \cdot h^{-1}$（$0.1MPa$），支撑体在 $1mol \cdot L^{-1}$ 的 HNO_3 和 $NaOH$（$80℃$）溶液中静置 7 天后质量损失分别为 0.2% 和 6%，说明支撑体有较好的耐酸腐蚀性能。Dong 等[33] 以粉煤灰为膜层材料，采用喷涂法在堇青石管式支撑体上制备微滤膜，烧结后膜层主要为董青石和莫来石相，随烧结温度的提高，膜层平均孔径增大且分布变宽，主要是因为在较高温度时，在液相烧结的作用下，颗粒尺寸增大使得大孔形成，小孔消失，在 1150℃ 下烧结，支撑体的平均孔径为 $5\mu m$，孔隙率达 54%。

4.2.1.2　烧结工艺的优化

从实际应用角度出发，陶瓷膜制备技术必须在保证强度的基础上，提高渗透性能和分离选择性这两大性能指标。采用多层不对称结构[34,35]，不仅使陶瓷膜具有多孔支撑体赋予的机械强度，还可以通过适当增加过渡层数来制备满足分离精度的小孔径分离层，从而解决陶瓷膜在工业应用中存在的膜过滤通量和分离选择性之间的矛盾。通常情况下，制备这种具有多层结构的陶瓷膜时，要多次重复"涂膜-干燥-焙烧-涂膜"这一循环，然而，多次的干燥、烧结过程必然导致陶瓷膜制备成本大幅增加[36]。

对于烧结工艺带来的高成本，一些研究者借鉴低温共烧陶瓷技术（LTCC）在多层结构陶瓷元器件封装领域的成功应用[37~40]，提出采用共烧结技术来减少烧结次数，制备多层陶瓷膜。早期研究希望通过对材料的设计和温度的优化实现支撑体和膜层的共烧结，但是由于支撑体和膜层的收缩差异过大，使烧结温度难以确定，温度过高造成膜层开裂等缺陷的产生，温度过低则牺牲支撑体强度，无法实现工业应用。通过材料间的互相掺杂可以缩小两层材料在热性能上的差异，减小因共烧结应力作用产生的形变、开裂等缺陷[41,42]，是解决上述问题的方法之一。还有一些研究者采用相同材料制备致密层和支撑体，通过在支撑层中加入造孔剂，使其在共烧结后具有多孔结构，而膜层则在相应的温度下达到致密[43]。Feng 等[44,45] 提出在刚性支撑体上将过渡层和分离层共烧结，实现了双层 Al_2O_3 微滤膜和 ZrO_2/Al_2O_3 微滤膜的共烧结制备，其中特别强调了膜层间收缩差异产生的应力作用及对共烧结过程的影响，并通过理论和实验优化了共烧结温度和膜层厚度。通常情况下，收缩较慢的过渡层会受到收缩较快的分离层对它的压应力作用，从而促进其烧结，这被认为是促进双层膜在较低的共烧结温度下烧结的原因。双层 α-Al_2O_3 微滤膜对 $CaCO_3$ 悬浮液中的 $CaCO_3$ 颗粒的截留性能曲线见图 4-2，1350℃ 共烧结制备的双层 Al_2O_3 陶瓷膜见图 4-3。Qiu 等[46] 以 TiO_2 陶瓷纤维作为过渡层材料、TiO_2 溶胶作为分离层材料，通过将分离层材料掺杂入过渡层以实现共烧结，从而制备出具有高通量、高分离选择性的 TiO_2 超滤膜，同时解决了 TiO_2 陶瓷纤维成膜结合强度较差的缺点。Dong 等[47] 以两种低成本的、具有较小的烧结收缩差异的工业级董青石粉体为原料，采用共烧结技术制备出双层高质量董青石微滤膜，平均孔径分别为 $1.55\mu m$ 和 $2.17\mu m$。

与采用常规方法制备的具有相同孔径的双层微滤膜相比，通过共烧结方法制备的双层微滤膜表现出较高的纯水通量。例如，双层 Al_2O_3 微滤膜对碳酸钙粉体的过滤稳定通量为 $500L \cdot m^{-2} \cdot h^{-1} \cdot bar^{-1}$，比两次烧结膜稳定通量增加 10%[44]；双层 $ZrO_2/\alpha\text{-}Al_2O_3$ 在油水体系的分离中也表现出更高的稳定通量，对油的截留率与两次烧结的双层膜相当。从微结构表征来看，共烧结制备的双层陶瓷膜具有明显的三层结构[45]，孔径分布较窄，层与层间结合良好，具有足够的强度，经过超声、反冲等破坏性实验后，平均孔径和纯水通量不发生变化。

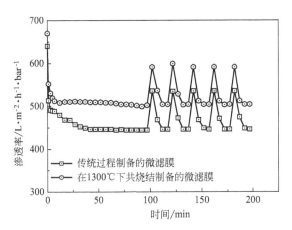

图 4-2　双层 $\alpha\text{-}Al_2O_3$ 微滤膜对 $CaCO_3$ 悬浮液中的 $CaCO_3$ 颗粒的截留性能曲线[44]

(a) 断面形貌　　　　　　(b) 孔径及孔径分布

图 4-3　1350℃共烧结制备的双层 Al_2O_3 陶瓷膜[44]

　　近年来，优化烧结工艺降低制备成本还体现在减少烧结时间方面。一些研究者采用快速烧结技术降低烧结成本。其中，微波烧结技术是较常采用的方法，该技术是一种非接触技术，热通过电磁波的形式传递，可直达材料内部，最大限度地减少了烧结的不均匀性。微波技术大多用于制备致密陶瓷复合物，但亦可用于多孔陶瓷复合物的制备。Oh 等[48] 采用微波烧结技术制备多孔 Al_2O_3-ZrO_2 陶瓷，结果显示，相比于传统烧结技术，其具有更高的弹性模量及断裂强度，机械强度也显著增强。此外，一些研究者将采用辐射热源的 RTP（rapid thermal process）系统引入陶瓷膜的制备工艺，该技术可以 $10℃·s^{-1}$ 以上的升（降）温速率，快速升至工艺要求的温度（200~1300℃），并快速冷却，不仅可以完成复杂的多阶段热处理工艺，还可以控制工艺气氛，成为先进半导体制造的重要技术之一。van Gestel 等[49] 采用 RTP 技术在多孔不锈钢支撑体上制备出用于气体分离的 SiO_2 膜，所制备的膜用于 H_2/CO_2 的分离，具有良好的气体分离性能（α_{H_2/CO_2} 约为 50）。Tsuru 等[50] 采用 RTP 技术制备了 Co-SiO_2 微孔膜，用于渗透汽化过程，所制备膜具有良好的 H_2 分离性能。Schillo 等[51] 采用 RTP 技术在多孔 α-Al_2O_3 支撑体上制备出厚度为 400nm 的 γ-Al_2O_3 膜，与传统烧结工艺相比，RTP 技术制备的膜层具有更均匀的孔径分布和更高的截留性能。

4.2.1.3　制备路线的简化

与粒子烧结法制备陶瓷微滤膜相比，溶胶-凝胶法制备陶瓷超滤膜所需要的工艺条件更加苛刻，而且由于溶胶浓度相对较低，为获得一层完整的溶胶膜往往都需要经过多次重复的"涂膜-干燥-烧结"，极大地增加了成本。近年来随着纳米技术的发展，美国 Rice 大学的 Wiesner 等[52~54] 提出以纳米颗粒为原料，采用粒子烧结法制备陶瓷超滤膜的工艺路线，该工艺降低了成膜过程对支撑体的依赖度，只需浸涂一次即可形成完整的超滤膜。另一些研究者，将湿化学法制备纳米颗粒路线中干燥前的纳米晶粒悬浮液作为粒子烧结法制备陶瓷膜路线中的原料，再经过制膜液的配制、涂膜、干燥以及烧结过程，制备出 TiO_2 和 ZrO_2 陶瓷超滤膜[55~57]。其基本制备路线如图 4-4 所示。该技术结合了粒子烧结法成熟的制备工艺和控制条件，省去纳米颗粒的干燥和煅烧过程，缩短了工艺步骤，同时避免了纳米粒子制备过程中干燥和煅烧阶段易发生团聚的问题，降低了制备难度，从而降低了成本。并且由于煅烧前的纳米晶粒烧结活性高于已煅烧的纳米颗粒的烧结活性，使得在陶瓷膜的烧结过程中，纳米晶粒更容易烧结成膜，烧结温度降低，烧结成本也因此下降[55]。

目前，通过该路线已经成功地制备出 TiO_2 超滤膜和 ZrO_2 超滤膜，并成功地实现了工业化生产。以 TiO_2 超滤膜为例，从图 4-5 中的 SEM 照片可见膜表面完整无缺陷，断面三层结构明显，厚度在 $5\mu m$ 左右。膜纯水通量达到 $860L·m^{-2}·h^{-1}·bar^{-1}$（单管）、$430L·m^{-2}·h^{-1}·bar^{-1}$（19 通道），对牛血清蛋白体系的截留率达到 90% 以上。

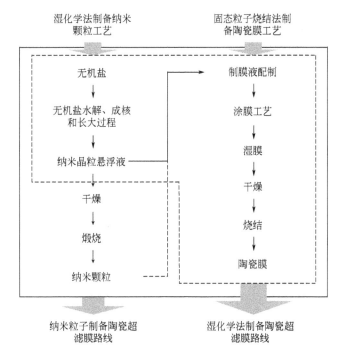

湿化学法制备纳米   固态粒子烧结法制
颗粒工艺   备陶瓷膜工艺

无机盐   制膜液配制

无机盐水解、成核   涂膜工艺
和长大过程

纳米晶粒悬浮液   湿膜

干燥   干燥

煅烧   烧结

纳米颗粒   陶瓷膜

纳米粒子制备陶瓷超   湿化学法制备陶瓷超
滤膜路线   滤膜路线

图 4-4　湿化学法制备陶瓷超滤膜路线示意图[55]

(a) 膜面   (b) 断面

图 4-5　湿化学 TiO_2 陶瓷超滤膜微结构 SEM 照片[55]

4.2.2　高面积/体积比膜元件及膜组件设计

陶瓷膜装备的成本不但与制备成本、渗透通量有关，还与膜元件装填面积
（面积/体积）密切相关。考虑到市场的应用，可以从两个方面提高膜元件的装填
密度：一是开发大型陶瓷膜元件，通过提高单个大型膜元件的装填膜面积提高膜

组件的装填密度；二是开发小管径的中空纤维陶瓷膜，以构成具有高装填面积的膜组件。

4.2.2.1 大型陶瓷膜元件开发

从微观结构来看，陶瓷膜元件有对称和非对称两种结构，非对称膜元件具有较好的机械强度和较高的渗透通量，是目前工业化应用的主要结构。从几何构型来看，商品化的多孔陶瓷膜的构型主要有平板、管式和多通道三种。多通道陶瓷膜具有安装方便、易于维护、单位体积的膜过滤面积大、机械强度高等优点，适合大规模的工业应用，已经成为工业应用的主要品种（见图4-6）。

图 4-6　商品化的多孔陶瓷膜外形

由于多通道构型在流体渗透过程中，通道与通道之间相互影响，因此当处于非边缘通道中的流体渗透到陶瓷膜管的外侧（渗透侧）所经过的路程将远大于处于边缘通道中流体渗透经过的路程。这将导致流体的渗透阻力增加，从而降低多通道膜管的整体渗透性能。因此，陶瓷膜的膜面积/体积比与膜渗透通量之间相互制约，提高膜面积/体积比可能导致膜渗透通量的下降。为解决上述矛盾，近年来在陶瓷膜构型设计方面研究者开展了大量工作。如：美国 CeraMem^{TM} 公司，开发了一种多通道陶瓷膜元件（见图4-7），其多通道构型呈蜂窝状，有效地增加膜的面积/体积比，最大的单根膜面积为 $38m^2$，在膜元件上沿支撑体的轴线方向等间距开有导流槽，使得处于非边缘通道中的流体只需经过较短的渗透路程即可到达支撑体的渗透侧，提高了支撑体的整体渗透性能，从而降低了蜂窝状构型对膜渗透性能的影响。目前，该公司针对该类产品已经获得了一系列授权发明专利，产品表现出很好的应用前景。

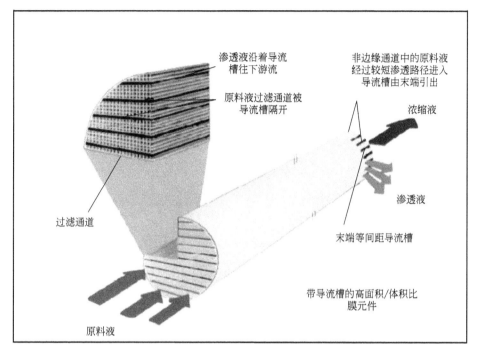

渗透液沿着导流槽往下游流

原料液过滤通道被导流槽隔开

非边缘通道中的原料液经过较短渗透路径进入导流槽由末端引出

浓缩液

渗透液

过滤通道

末端等间距导流槽

带导流槽的高面积/体积比膜元件

原料液

图 4-7　CeraMem^{TM} 公司陶瓷膜元件示意图

（图片来源：http://www.ceparation.com/home.html）

　　此外，一些研究者采用计算流体力学（CFD）的方法对多通道陶瓷膜的渗透性能进行模拟计算，并对膜组件进行了优化设计。彭文博等[58,59] 采用 CFD 对多通道陶瓷膜的纯水渗透过程进行模拟，提出陶瓷膜过滤时通道中存在三种效应，即外围通道对中心通道的"遮挡效应"、周边一个通道处理量大于中心通道处理量的"壁厚效应"和因为通道排布位置不一样，造成处理量差异的"干扰效应"。根据 Darcy 定律，采用 CFD 定量计算出不同堵塞通道方式下 7 通道陶瓷膜（平均孔径 $3\mu m$）元件沿渗透方向上的压力分布（见图 4-8）。

　　图 4-8(a) 表示通道全打开时截面上的压力分布，根据等压线的分布可以看出通道与通道之间的相互干扰，并且中间区域压力梯度很小，因此对于以压力为驱动的膜过滤过程，中心通道对整个通量的贡献几乎为 0。图 4-8(b) 表示封闭一个通道时，截面上的压力分布，在封闭通道的周围，压力梯度很小，这个区域的渗透速度也会很小。

　　综合考虑了三种效应的影响，利用 CFD 对 7 通道构型进行优化设计。固定膜元件外径为 $\phi 32mm$，改变通道直径与壁厚的比例关系，来考察通量的变化，固定外径为 a，认为通道与通道，通道与壁面的距离相等为 a_w，通道直径为 a_c，如图 4-9 所示。设定两参数的比值为 α，如式(4-1) 所示。

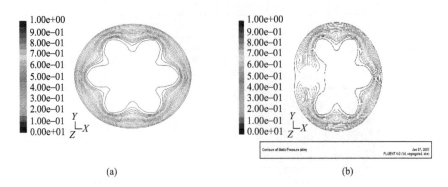

(a)   (b)

图 4-8　不同构型陶瓷膜截面上的压力分布和速度分布（平均孔径 3 μm）[59]

$$\alpha = \frac{a_c}{a_w} \tag{4-1}$$

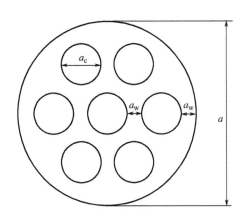

图 4-9　7 通道陶瓷膜断面示意图[59]

图 4-10 表示不同 α 值下，五种孔径的 7 通道陶瓷膜的渗透通量的计算值。

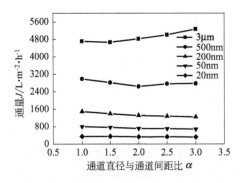

图 4-10　不同 α 值下 7 通道陶瓷膜的渗透通量的计算值[59]

图4-11表示不同α值下，五种孔径的7通道陶瓷膜的处理量的计算值。α值对孔径大于500nm的膜影响很大，随着孔径的减小，α值的影响减小。α值增大，表示通道直径增大，膜面积也增大，故处理量会增大，但通道直径增大意味着过滤时进料的增多，因此泵的能耗会增大，同样提高了成本，因此综合考虑膜的渗透通量和单位体积处理量，在设计时，对于3μm孔径的膜，α值在加工的限制下，选的越大越好。对于500nm孔径的膜，α值取3；对于200nm孔径的膜，α值取2.5；对于50nm、20nm孔径的膜，α值取2为宜。

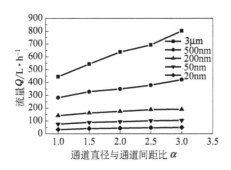

图4-11　不同α值下7通道陶瓷膜的处理量的计算值[59]

4.2.2.2　中空纤维陶瓷膜

将单管陶瓷膜的通道直径降低，以一束单管式陶瓷膜组成单个膜元件构成中空纤维状陶瓷膜，膜的装填密度可大于$1000m^2 \cdot m^{-3}$，远高于管式或多通道构型的陶瓷膜装填密度。图4-12所示为CEPAration公司目前已经商品化的陶瓷膜元件及组件，单根膜的外形尺寸为外径3mm，内径2mm。这样所组成的膜元件不仅具有管束状中空纤维膜的装填面积，同时避开了结构效应对膜渗透性能的影响，分离效率比传统构型的陶瓷膜有显著提高。

与中空纤维陶瓷膜相比，薄壁毛细管膜具有更高的机械强度，也保持了较高的装填密度。针对在薄壁毛细管支撑体上不易形成足够厚度的连续无裂纹（crack-free）膜层的特点，通过研究制膜液性质、膜制备工艺条件和支撑体性质对膜厚的影响，采用浸浆法在毛细管支撑体上制备出连续无裂纹的氧化铝微滤膜。研究结果表明，提高制膜液的固含量和黏度以及制膜液的脱离速度有利于增加膜厚。对于壁厚为0.75mm的毛细管支撑体，当膜厚不小于14μm时才能在支撑体表面形成连续无裂纹的膜层，此时膜层的平均孔径约为0.6μm，且孔径分布较窄，毛细管膜的纯水通量在$5000 \sim 9000 L \cdot m^{-2} \cdot h^{-1} \cdot bar^{-1}$[60]。在膜厚相同的条件下，毛细管膜和单管膜的纯水渗透通量分别为$8600 L \cdot m^{-2} \cdot h^{-1} \cdot bar^{-1}$和$4800 L \cdot m^{-2} \cdot h^{-1} \cdot bar^{-1}$，毛细管膜和单管膜在碳酸钙颗粒过滤系统中的稳定渗透通量分别为$3300 L \cdot m^{-2} \cdot h^{-1} \cdot bar^{-1}$和$2400 L \cdot m^{-2} \cdot h^{-1} \cdot bar^{-1}$。由于支撑体壁厚薄、液体渗透阻力小，毛细管膜的渗透性

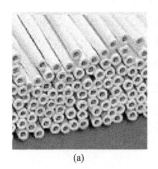  

(a)   (b)   (c)

图 4-12　CEPAration 公司陶瓷膜产品的元件及组件

(图片来源：http://www.ceparation.com/home.html)

能明显优于单管膜，因此其在液体分离领域中具有良好的应用前景。

4.3　高渗透性陶瓷膜的设计与制备

陶瓷膜的渗透性主要取决于其孔隙率、孔曲折因子及孔形态等，多孔陶瓷膜的分离层孔结构是颗粒以任意堆积方式形成的，孔隙率通常为 30%～35%[61]，且曲折因子调控较为困难，这使得陶瓷膜渗透性能受到限制。造孔剂法和纤维搭建法是制备高渗透性陶瓷膜的新方法。造孔剂法通过加入造孔剂以使孔数量扩大，从而提高陶瓷膜孔隙率。模板剂法是一类特殊的造孔剂法，其造孔剂具有特定大小及形状，可以使孔道有序化，亦可提高其孔隙率。纤维搭建法则采用陶瓷纤维作为制膜原料，通过纤维层层搭建孔道以使孔形态多样化，实现孔隙率的提高。

4.3.1　造孔剂法

造孔剂法是一种提高多孔陶瓷孔隙率的简单又经济的方法，造孔剂可分为无机物和有机物两类。无机造孔剂有碳酸铵、碳酸氢铵和氯化铵等高温可分解的盐类或者无机碳如石墨、煤粉等；有机造孔剂主要包括天然纤维、高分子聚合物，如锯末、淀粉、聚苯乙烯（PS）、聚甲基丙烯酸甲酯（PMMA）等[62~64]。

姚爱华等[65] 采用高岭土和氧化铝为原料，原位反应烧结莫来石-刚玉多孔陶瓷。研究表明：当加入 20% 的石墨，多孔陶瓷的孔隙率达 50.64%，而未添加石墨制得的孔隙率仅为 29.67%，当石墨加入量超过 20% 后，孔隙率增加量降低，主要是因为过多造孔剂的加入使得样品在烧结过程中收缩量显著增大，部分抵消了由于造孔剂脱除所增加的孔隙率。Liu 等[66] 研究了不同粒径的石墨及其含量对多孔堇青石结合 SiC 陶瓷性能的影响，结果表明：采用平均粒径为 $10\mu m$ 的石墨为造孔剂，添加量为 25% 时，多孔 SiC 的孔隙率由未添加造孔剂时的 28.07% 增大到 44.51%；当石墨粒径从 $5\mu m$ 增大至 $20\mu m$，孔隙率有所增加，但增幅不明显。董国祥等[67] 考察了活性炭的添加量对多孔 Al_2O_3 陶瓷孔径的影响，研究发现：在 1450℃ 烧结时，当活性炭含量从 0 增加至 17%，孔隙率从 36% 增大至 45%，而抗弯强度基本保持在 50MPa；当活性炭含量一定时，多孔陶瓷的平均孔径随烧结温度的增加而略有增大，主要是因为活性炭在高温烧结过程中会产生"架桥"现象，促进了孔与孔之间的连接，从而导致这一趋势的发生[68]。She 等[69] 采用石墨作为造孔剂，研究制备多孔 SiC 陶瓷，当石墨的加入量从 25% 提高到 60%，多孔陶瓷孔隙率从 36.4% 线性增大至 75.4%。

Collier 等[70] 以 Al_2O_3（$D_{50}=20\mu m$）为骨料，加入 15% 淀粉后，在 1600℃ 下烧结制得多孔陶瓷的孔隙率高达 64.6%，平均孔径为 $10.1\mu m$，纯水渗透通率达 $122m^3 \cdot m^{-2} \cdot h^{-1} \cdot bar^{-1}$。Yang 等[71] 以 Al_2O_3 为骨料（$D_{50}=4\mu m$），加入膨润土为烧结助剂，以玉米淀粉作为造孔剂（$D_{50}=53\mu m$），发现随着淀粉含量的增加，Al_2O_3 支撑体的最大孔径和平均孔径均有所增大，当淀粉含量为 10% 时，支撑体的孔隙率和气体渗透系数分别由未添加造孔剂时的 24% 和 $1.68m^2$ 提高至 38% 和 $6.86m^2$。

研究者采用造孔剂法可以定量控制多孔陶瓷的孔隙率，在不改变平均孔径及其分布的前提下，通过提高孔隙率可以达到制备具有高渗透性能多孔陶瓷膜的目的。

4.3.2 模板剂法

采用规整均一的造孔剂，以有效控制所合成材料的形貌、结构和大小，并制备出孔结构有序、孔径均一、孔隙率大的一系列微孔、介孔和大孔材料的方法称为模板剂法。模板剂法具有丰富的选材和灵活的调节手段，采用模板剂法制备陶瓷膜可以很好地控制陶瓷膜的微结构。

4.3.2.1 有机微球作为模板剂

Velev 等[72] 采用胶体晶体作为模板，制备出了三维有序的大孔 SiO_2 材料，通过改变模板剂的粒径，可以制备出孔径范围在 $0.15\sim1\mu m$ 的有序大孔 SiO_2 材料，孔隙率达到 78%。Xia 等[73] 以有机 PS 微球为模板剂，将前驱体充入模板的孔隙中，当聚合物前驱体固化后，通过合适溶剂将 PS 模板去除后可制备出孔径为 100nm 的三维有序聚氨酯大孔材料。Sadakane 等[74] 以 PMMA 为模板剂制备出具有三维有序大孔的金属氧化物材料，其孔隙率范围为 66%～81%。

Zhao 等[75,76] 以 PMMA 为模板成孔，采用共沉积法制备了三维有序大孔 ZrO₂、SiO₂ 和 Al₂O₃ 对称陶瓷膜，并采用浸浆法制备了非对称 α-Al₂O₃ 膜[77]，其中 ZrO_2 膜的孔隙率达到 60%，SiO_2 膜的孔隙率达到 48.1%。由电镜照片（见图 4-13、图 4-14）可以看出，孔道之间相互连通，而从高倍数的电镜照片可以看出，纳米粉体分布均匀，并且颗粒在高温作用下已经形成了部分烧结。徐键等[78] 以 PS 微球或其自制胶体为模板剂，采用 TiO_2-SiO_2 溶胶与 PS 球混合旋涂制备出了多孔 TiO_2-SiO_2 膜，孔径大小为 200~300nm。

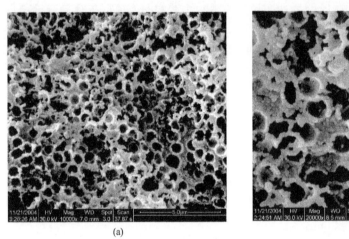 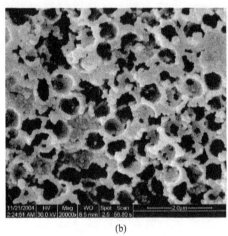

(a)   (b)

图 4-13　自组装制备的陶瓷膜的 10000 倍和 20000 倍表面 SEM 照片[77]

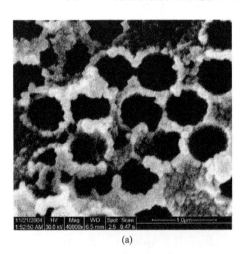 

(a)   (b)

图 4-14　自组装制备的陶瓷膜的 40000 倍和 60000 倍表面 SEM 照片[77]

4.3.2.2　表面活性剂作为模板剂

由于表面活性剂在溶液中可以形成胶束、微乳、液晶、囊泡等自组装结构，因此常被用作自组装技术中的有机物模板剂。1992 年 Mobil 公司的研究者利用表面活性剂十六烷基三甲基溴化铵（CTAB）为有机大分子模板剂，制备出了有序的介孔分子筛 MCM-41[79]。这种介孔材料具有多种对称性能的孔道，孔径在 2～50nm 的范围内。

Kumar 等[80] 以溴化铵作为模板剂，采用水热合成法分别在孔径为 200 和 300nm 的支撑体上制备介孔 MCM-48 分离膜。通过研究发现，该分离膜的膜孔径为 2.6nm，孔隙率约为 40%，并且孔道呈现高度有序化分布，这种结构更有利于膜层分离性能的提高。Choi 等[81] 以 Tween80 为模板剂，采用模板剂法制备具有梯度孔径结构的 TiO_2-Al_2O_3 陶瓷膜，孔径梯度分别为 2～6nm、3～8nm、5～11nm，对应孔隙率分别为 46.2%、56.7%、69.3%，膜层的渗透性能大大提高。Zhang 等[82] 以正硅酸乙酯（TEOS）为无机前驱物、十六烷基三甲基氯化铵（CTAC）为有机模板剂制备了介孔有序的无支撑 SiO_2 薄膜（膜孔径在 2～3nm 之间）和以 Al_2O_3 为支撑体的 SiO_2 分离膜。王丽[83] 通过旋涂法在 Al_2O_3 支撑体上制备介孔 SiO_2 分离膜，SiO_2 分离膜对 N_2 的渗透率约为 $1.0 \times 10^{-6}\,mol \cdot m^{-2} \cdot s^{-1} \cdot Pa^{-1}$。Ji 等[84] 在多孔载体上制备介孔有序的 MCM-48 膜，通过溶剂萃取去除有机模板剂避免煅烧过程对结构的破坏。Xu 等[85] 对支撑体进行预处理，通过液体饱和孔道防止溶胶内渗，并采用二次合成工艺制备得到无缺陷 MCM-48 膜，0.5MPa 条件下，对 N_2 的渗透率为 $5.77 \times 10^{-7}\,mol \cdot m^{-2} \cdot s^{-1} \cdot Pa^{-1}$，$H_2/N_2$ 选择性为 3.47。

4.3.3　纤维搭建技术

陶瓷纤维材料由于其纤细的构型，在成膜过程中纤维可以迅速在支撑体表面搭桥，显著减少了膜层的内渗[86]，并且容易得到较高的孔隙率和比表面积，对膜材料渗透性能的提高具有显著作用[87]。

王耀明等[88] 采用堇青石陶瓷纤维为原料，通过真空抽滤的方法制备了具有孔梯度的陶瓷微滤膜，其分离层气孔率达到 60%～70%，孔径为 5～10μm。雷玮等[89] 以 TiO_2 纤维为原料，通过浸浆法制备了平均膜孔径为 2.6μm 的陶瓷微滤膜，其纯水通量是普通颗粒堆积相同孔径膜的两倍。Ke 等[90,91] 以大尺寸的 TiO_2 纤维和小尺寸的勃姆石纤维为原料，通过旋涂法制备了平均孔径在 50nm 的陶瓷纤维膜，对 60nm 的球形粒子截留率超过 95%，同时膜的渗透通量在 900L·m^{-2}·h^{-1} 以上。

纤维搭建的膜层通过高孔隙率提高了渗透通量，但却降低了膜层的强度。因此，研究者通过加强纤维间颈部连接以提高纤维膜的强度。Fernando 等[92] 在制备对称结构 Al_2O_3 纤维膜的过程中，通过加入黏结剂磷酸盐，促进纤维接触点的颈部连接，提高了膜层的强度。Qiu 等[46] 在制备 TiO_2 纤维超滤膜的过程中，采用 TiO_2 溶胶实现纤维间的颈部连接，使其在较低的温度下烧结就具有较好的强度，避免了在高温烧结过程中纤维断裂和团聚现象的发生。

4.4　陶瓷纳滤膜的设计与制备

纳滤是介于超滤与反渗透之间的一种新型压力驱动型分离技术，不仅能通过筛分作用有效分离分子量在 $200\sim1000Da$ 的物质，同时也可通过静电作用产生 Donnan 效应，对二价及高价离子有较高的去除率，从而实现不同价态离子的有效分离。陶瓷纳滤膜的微结构性能要求其制备工艺具有可精确控制孔径大小及孔径分布、过程操作相对简单等特点[93]。溶胶-凝胶法可有效调节陶瓷膜孔径在 $1\sim50nm$，且具有反应均匀、精确可控且操作相对简单等优点，是制备陶瓷纳滤膜的常用技术。近年来，利用陶瓷膜的修饰技术，如薄膜沉积技术（包括化学气相沉积技术、原子层沉积技术等）及表面接枝技术等，亦可实现陶瓷纳滤膜的制备，为陶瓷纳滤膜的制备提供了新的途径。

4.4.1　溶胶-凝胶技术

溶胶-凝胶法以醇盐或金属无机盐为前驱体，通过水解获得粒径小于 $10nm$、分布窄且稳定的溶胶，将其配制成制膜液后，在多孔支撑体上浸渍涂膜，经干燥、烧结等热处理过程制备得到陶瓷纳滤膜。根据水解工艺的不同，溶胶-凝胶技术可分为聚合溶胶路线（polymerization of molecular units，简称 PMU 路线）和颗粒溶胶路线（destabilization of colloidal solutions，简称 DCS 路线）[94]，具体制备工艺如图 4-15 所示。制备路线最终影响陶瓷膜材料的多孔结构。

4.4.1.1　聚合溶胶路线

聚合溶胶（PMU）路线是目前制备陶瓷纳滤膜最常用的技术路线。对于采用溶胶-凝胶技术制备的陶瓷膜而言，其分离孔通常是由稳定溶胶体系中的颗粒堆积形成的。孔径在 $1\sim2nm$ 的陶瓷纳滤膜，对相应的溶胶的颗粒尺寸有很高的要求。根据颗粒堆积模型，对于任意紧密堆积体系，为获得孔径小于 2nm 的膜层材料，其颗粒尺寸必须小于 $10nm$[95]，而这一尺寸的溶胶体系是很难制备的。PMU 路线的溶胶是通过加入少量水并严格控制醇盐的水解及缩聚反应相对速率来制备的，体系中具有大量部分水解及缩聚的低支簇状聚合物，这些聚合物经过进一步水解、缩聚后，高度枝化的簇枝间相互堆叠所形成的网络结构的尺寸将决定采用 PMU 路线制备的陶瓷膜的分离孔径。因此，采用 PMU 路线可以实现孔

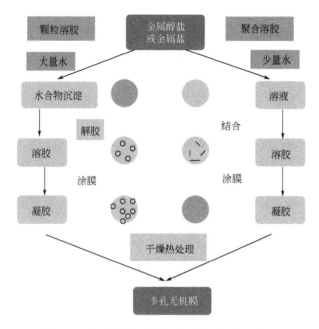

图 4-15　溶胶-凝胶法制备陶瓷膜的工艺示意图

径小于 2nm 的陶瓷微孔膜的制备，这是目前最常用的陶瓷纳滤膜的制备方法。采用聚合溶胶路线已实现多种材料陶瓷纳滤膜的制备，包括 SiO_2、γ-Al_2O_3、TiO_2、ZrO_2 等单组分材料及 Y_2O_3-ZrO_2、TiO_2-ZrO_2 等复合材料，截留分子量可在 200~1000Da，甚至可用于渗透汽化及气体分离领域。

　　Tsuru 等[96] 通过聚合溶胶路线制备出平均孔径为 0.7~2.5nm 的可调控的 TiO_2 纳滤膜，对 PEG 的截留分子量为 500~2000Da，其中截留分子量为 800Da 的纳滤膜对 Mg^{2+} 的截留率为 88％，对棉籽糖（$M_W=504g \cdot mol^{-1}$）的截留率达 99％。并且在平均孔径约 1μm 的 α-Al_2O_3 支撑体上经多次涂覆制备出平均孔径为 1.2nm 的 TiO_2 膜层，其截留分子量为 600Da，对 NaCl 的截留率达 60％[97]。Benfer 等[98] 以正丙醇锆为前驱体，采用聚合溶胶路线制备出 ZrO_2 纳滤膜，其对染料"直接红"（$M_W=990.8g \cdot mol^{-1}$）的截留率达 99.2％。漆虹等[99] 通过聚合溶胶路线制备出平均粒径为 1.2nm 的 TiO_2 溶胶，所制备的 TiO_2 纳滤膜对 PEG 的截留分子量为 890Da，对 $0.025mol \cdot L^{-1}$ 的 Ca^{2+} 和 Mg^{2+} 溶液的离子截留率分别达到 96.5％和 92.8％。Aust 等[100] 通过聚合溶胶路线制备 TiO_2-ZrO_2 复合纳滤膜，通过调整钛锆前驱体的比例，制备出不同分离精度的纳滤膜，对染料"直接红"（$M_W=990.8g \cdot mol^{-1}$）的截留率均大于 95％，并且较纯 TiO_2 和 ZrO_2 纳滤膜具有较高的相转化温度和热稳定性。

4.4.1.2 颗粒溶胶路线

颗粒溶胶（DCS）路线是通过对水解沉淀物进行物理解胶，最终形成具有稳定分散颗粒溶胶的一种路线。其难点在于颗粒尺寸小于 10nm 的颗粒溶胶的制备，因而该方法较多用于超滤膜的制备。Das 等[101] 采用平均粒径 30～40nm 的颗粒溶胶在孔径范围为 0.1～0.7μm 的支撑体上制备出平均孔径为 10nm 的 Al_2O_3 超滤膜，可 100%去除水体中的大肠杆菌。Manjumol 等[102] 采用颗粒溶胶路线制备出平均孔径为 5nm 的 TiO_2 超滤膜，对 BSA（$M_W = 67000g \cdot mol^{-1}$）的截留率高达 98%。范苏等[103] 利用颗粒溶胶路线在平均孔径为 200nm 的多通道 α-Al_2O_3 支撑体上制备出了 TiO_2 超滤膜，其对葡聚糖的截留分子量为 9000Da，对染料"直接黑"（$M_W = 909g \cdot mol^{-1}$）及退浆废水中聚乙烯醇（$M_W = 70000g \cdot mol^{-1}$）的截留率均达到 99%以上。琚行松[104] 采用颗粒溶胶路线制备出 ZrO_2 超滤膜，膜的烧结温度从 1100℃降低到 500℃，膜的最概然孔径由 50nm 减小到 20nm，随着温度的降低分离精度提高。

目前已报道的文献中，实现颗粒溶胶路线制备陶瓷纳滤膜的报道较少。法国 CNRS 膜材料与膜过程实验室采用颗粒溶胶路线，以聚乙烯醇作为有机络合剂，在 450℃下得到单斜结构的 HfO_2 纳滤膜[105]，孔径为 1.4nm，截留分子量约为 420Da，水通量为 2.5L$\cdot$m^{-2}$\cdot$h^{-1}$\cdot$MPa^{-1}。对含有 Na_2SO_4 和 $CaCl_2$ 溶液的纳滤性能研究表明，pH 值为 3～4 时，膜对 $CaCl_2$ 的截留率达到了 85%～90%，而对 Na_2SO_4 的截留率不足 5%，当把溶液的 pH 值调至 10～12 时，结果则刚好相反。日本 Tsuru 课题组[96] 制备出一系列 SiO_2-ZrO_2、ZrO_2 及 TiO_2 纳滤膜，截留分子量在 200～1000 Da，并考察温度、离子浓度及种类、溶剂种类等对陶瓷纳滤膜截留性能及流动机理的影响。

南京工业大学膜科学技术研究所在小颗粒溶胶的研究及开发方面开展了大量工作，目前已取得了一定的进展。其中螯合剂的加入可适度降低金属醇盐的水解活性，有效控制金属醇盐与水的反应速率，并通过酸的控制获得粒径小于 10nm 的稳定颗粒溶胶。常用的螯合剂种类包括：有机酸或酸酐（如乙酸等）、二元醇（如乙二醇等）、β-二羰基化合物（如乙酰丙酮等）、醇胺类化合物（如乙二醇胺等）。在不同酸钛比（NA）及螯合剂之比（DA）下制备的 TiO_2 颗粒溶胶，初始平均粒径值及 pH 值结果如图 4-16 所示，从图中可以看出，NA 及 DA 对 TiO_2 溶胶粒径尺寸及 pH 的影响是交互的。由于酸的增加提高了颗粒表面的电荷密度，使得颗粒间的静电排斥力增大，从而减小了溶胶的粒径尺寸；随着螯合剂之比的增加，TiO_2 溶胶的 pH 值及溶胶粒径均呈现先减小后增加的趋势。总体而言，在制备 TiO_2 方面，选用 TTIP 为前驱体，HNO_3 为解胶剂，控制过程中的反应参数，可制备平均粒径为 5nm，粒径范围小于 10nm 的氧化钛颗粒溶胶[106]；在制备 ZrO_2 方面，通过控制反应温度、反应物比例以及前驱体浓度来制备氧化锆溶胶，平均粒径为 5nm；在制备 TiO_2-ZrO_2 溶胶方面，优化工艺参数，可以制备出粒径分布小于 10nm 的 TiO_2-ZrO_2 溶胶。

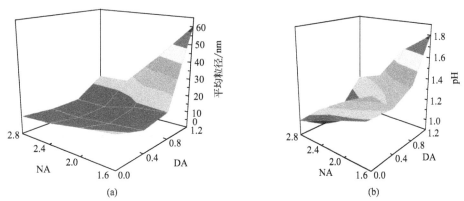

图 4-16 不同酸钛比（NA）及螯合剂之比（DA）对 TiO_2 颗粒溶胶平均粒径及 pH 的影响

溶胶-凝胶法烧结成膜的热处理过程中，晶粒长大将使得晶型转变，带来的应力变化会导致膜层开裂，因此需控制整个烧结过程中粒子的生长。两种方法可有效控制热处理过程中溶胶粒子的生长。一是在制备颗粒溶胶过程中，加入酸进行解胶之前，即向前驱体溶液中加入少量有机溶剂，使得初始生成的粒子被有机溶剂所包覆，可以稳定分散于体系中，有效降低粒子之间的相互碰撞概率，从而避免粒子的进一步长大（图 4-17）。在热处理作用下，有机物存在于晶体颗粒之间，使得晶体颗粒间的传质效应被阻断，阻碍了颗粒间的相互作用。如图 4-18 所示，热处理后晶粒尺寸大约为 5nm，证实了添加有机物的颗粒溶胶路线对晶粒生长具有抑制作用，为无缺陷陶瓷纳滤膜的制备提供了思路。二是在制备好的溶胶中加入晶型控制剂，晶界是烧结时的主要扩散通道，它提供致密化和晶粒生长的推动力。合适的第二相可降低烧结温度，阻止晶型转变，抑制晶粒生长。如在

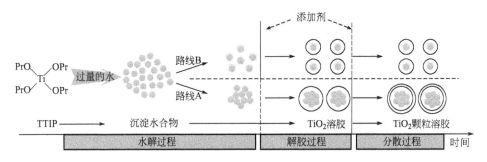

图 4-17 采用有机添加剂分别以路线 A 及路线 B 制备的 TiO_2
颗粒溶胶及溶胶制膜液的可能的形成机理图[106]

稳定的氧化锆溶胶中加入硝酸钇或者加入氧化钛，在稳定的氧化钛溶胶中加入氯化钯[107]。这样在烧结过程中，掺杂的金属元素使晶界受钉扎，可有效抑制晶粒的生长。采用以上两种方法可以制备出粒径约为 5nm 的稳定 ZrO_2 溶胶、YSZ 溶胶、TiO_2 溶胶、Pd-TiO_2 溶胶以及 TiO_2-ZrO_2 溶胶 5 种类型的颗粒溶胶。最终经过涂膜、干燥、烧结等过程，制备出高性能陶瓷纳滤膜，截留分子量在 500～1000Da，纯水渗透率介于 10～40L•m^{-2}•h^{-1}•bar^{-1}。

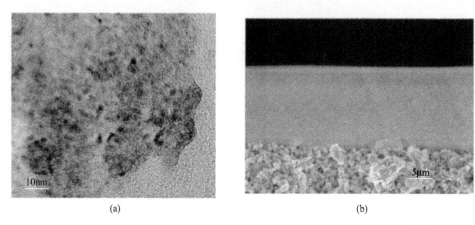

图 4-18　煅烧处理后 TiO_2 样品的 TEM 照片和膜断面结构 SEM 照片[106]

4.4.2　修饰技术

在陶瓷超滤膜基础上，通过修饰技术减小膜孔径和改善孔径分布，实现纳滤尺度的精密分离是陶瓷纳滤膜研究的一个重要方向。常用的陶瓷膜孔径修饰技术包括化学气相沉积法、超临界流体沉积技术、原子层沉积技术和表面接枝技术等，这些孔径调控的手段不仅可以修复大孔缺陷，提高膜稳定性[108]，还可以进一步减小膜的孔径，提高分离精度。

4.4.2.1　化学气相沉积法

化学气相沉积法（CVD）是在多孔基底表面沉积硅氧化物或金属氧化物来改善陶瓷膜孔结构以及渗透性能，是一项非常有效的手段[109]。Labropoulos 等[110] 在 573 K 温度下，采用循环 CVD 的方法，成功地将 SiO_2 膜平均孔径由初始的 1nm 减小至 0.56nm。Lin 等[111] 采用 CVD 法对平均孔径为 4nm 的 γ-Al_2O_3 陶瓷膜进行修饰，制备出厚约为 1.5μm，孔径范围为 0.4～0.6nm 的 SiO_2 膜。Fernandes 等[112] 在多孔石英玻璃上通过 CVD 沉积硅烷化的四氯化硅溶液，结果表明修饰后的多孔玻璃孔径由初始的 4.4nm 减小至 2nm。CVD 法一般需要在高温、真空的环境中进行，并且要求前驱物具有一定的挥发性，多应用于实验室研究。

4.4.2.2　超临界流体沉积技术

超临界流体沉积（SCFD）技术是以超临界流体为溶剂（典型的如 SC-CO$_2$），携带陶瓷前驱体沉积在多孔陶瓷的孔隙中的一种技术[113~117]。通过降低压力，超临界流体中陶瓷前驱体的溶解度减小并在孔中沉积下来，从而使陶瓷基体孔径减小。汪朝晖等[113,114]基于孔径变化的动力学方程、超临界溶液相平衡模型和经典成核理论建立了一套用于描述超临界流体渗透过程的数学模型，并通过实验使 α-Al$_2$O$_3$ 的孔径分布范围变窄，并将平均孔径由 110nm 减小至 80nm。Tatsuda 等[116] 采用四异丙醇钛（TTIP）为前驱体，在介孔氧化硅材料中修饰 TiO$_2$ 颗粒，结果表明采用 SC-CO$_2$ 作溶剂时，TTIP 能够渗入平均孔径为 2.3~2.7nm 的介孔氧化硅材料中，使孔道减小。Brasseur 等[117] 提出采用超临界异丙醇为溶剂，在氧化铝基底上沉积钛醇盐前驱体，氧化铝基的孔径由 110nm 减小至 5nm。

4.4.2.3　其他孔道修饰技术

原子层沉积技术（ALD）是一种可以将物质以单原子膜形式一层一层地沉积在基底表面的方法。Li 等[118] 在平均孔径为 50nm 的基底上通过原子层沉积氧化铝层，通过控制原子层沉积次数来调控膜的平均孔径，在沉积 600 次后，对 BSA 的截留率由 2.9% 升至 97.1%。

陶瓷膜表面一般会吸附水形成羟基团，可以通过接枝有机硅烷的方法在介孔膜表面修饰一层有机分子层。表面接枝技术较多地用来调节膜材料的表面性质[119~124]，对于具有较小孔径的膜，接枝过程也将改变膜的孔结构，达到减小孔径的效果。通过改变接枝分子的链长与官能团等特性调控孔径，同时可以获得特殊的表面性质以适应不同需要[119,120]。Sah 等[121] 研究发现接枝三甲基氯硅烷可以使多孔基底材料的孔径由 2.3nm 降低至 2nm。Faibish 等[123] 通过两步反应将 PVP 接枝在陶瓷超滤膜上，改性后的膜孔径减小了 25%~28%，膜的截留性能提高。关于陶瓷膜表面改性的相关进展在下一节中重点介绍。

4.5　陶瓷膜材料的表面性质研究

近年来，以膜材料结构和表面性质协同调控实现膜污染的源头控制成为研究热点之一，具体包括通过掺杂理论的多组分复合调控表面荷电性和基于官能团改性的表面亲疏水化设计。

4.5.1　陶瓷膜表面荷电研究

陶瓷膜主要由金属氧化物（Al$_2$O$_3$、ZrO$_2$、TiO$_2$）等材料制备而成，膜表面的结构和组成都与体相不同，处于表面的原子或离子表现为配位上的不饱和性。对于金属氧化物表面，由于其表面被切断的化学键为离子键或强极性键，故易与极性很强的水分子结合，产生如图 4-19 所示的金属氧化物表面的水合作用和羟基化作用。水在金属氧化物表面解离吸附生成 OH^- 及 H^+，其吸附中心分别为表面金属离子及氧离子[125～127]。

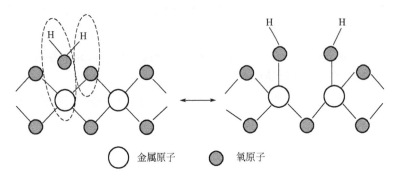

○ 金属原子 ● 氧原子

图 4-19　水合羟基化机理

陶瓷膜本身并不带电，在接触水溶液介质后，由于表面羟基基团的两性性质，随 pH 值变化，可以发生质子化而带正电或去质子化而带负电荷。如式 (4-2) 和式 (4-3) 所示[128,129]：

$$MOH_{surf} + H^+(aq) \Longrightarrow MOH_{2surf}^+ \tag{4-2}$$

$$MOH_{surf} \Longrightarrow MO_{surf}^- + H^+(aq) \tag{4-3}$$

膜表面在溶液中荷电后，使得溶液中与膜接触界面附近的离子分布受到影响，为了补偿膜表面的电荷以保持溶液体系的电荷平衡，在静电场作用下，溶液中一部分带相反电荷的离子会趋向于膜表面，并集聚在距两相界面一定距离的溶液一侧界面区内，从而形成双电层结构[130,131]。在膜表面和溶液界面处的双电层中正负离子分布的状况有许多描述模型，这些模型经历了 Helmholtz 平板双电层模型、Gouy-Chapman 扩散双电层模型、Stern 双电层模型、Grahame 双电层模型的发展过程，目前被普遍接受的是 Grahame 双电层模型[132]。

膜表面的 ζ 电位是衡量膜表面荷电性质的重要参数，其与膜材质、溶液体系密切相关[133]。Ricq 等[134] 采用电泳的方法测定膜的 ζ 电位，并与流动电位法测定结果进行比较，结果发现电泳法测得的 ζ 电位与材料的表面状态有关，制膜前后材料的 ζ 电位及等电点均发生了变化，认为制膜过程会使材料的表面状态发生变化。目前，采用流动电位法测定多孔膜的 ζ 电位已被公认为是最方便、最实用、最可靠的方法[135,136]。膜表面所带电荷的性质及其电性的强弱会对膜和流体之间的作用本质和大小产生影响，从而影响溶剂和溶质（或大分子/颗粒）通过膜的渗透通量，也是影响膜污染的重要因素。

当膜表面的 ζ 电位等于零时，所对应的 pH 值即为膜的等电点（isoelectric point，IEP），膜表面的 ζ 电位和等电点是衡量膜动电现象的重要参数。Zhang 等[137] 设计并建立了一套流动电位测定装置（见图 4-20），定量考察不同膜材质对膜表面性质的影响。测定了一系列 Al_2O_3-TiO_2 复合膜在不同 pH 值下 ζ 电位的变化。氧化铝膜的等电点为 8，掺杂少量氧化钛可以改变膜材料的等电点，如图 4-21 所示。当 TiO_2 含量为 5%、10%、15%、40%、60% 时复合膜的等电点分别为 6.1、5.7、4.8、4.3、4.1。这表明少许 TiO_2 的加入对复合膜的等电点有较大影响，然而随着 TiO_2 含量的逐渐增多复合膜的等电点变化趋向缓慢，逐渐接近 TiO_2 的特性，说明 TiO_2 的加入对复合膜的表面性质有重要影响。

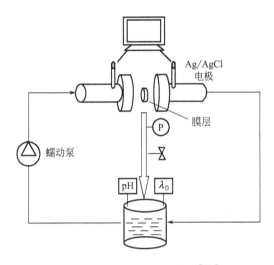

图 4-20　流动电位测定装置[137]

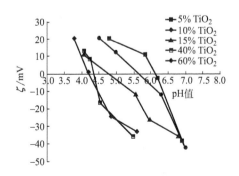

图 4-21　复合膜材料的 ζ 电位变化[138]

考察 Al_2O_3-TiO_2 复合膜和平均孔径为 $0.2\mu m$ 的 Al_2O_3 膜在含油废水处理过程中膜材质对过滤性能的影响，结果发现：在相同操作条件下，Al_2O_3-10%

TiO_2 膜稳定通量较大，Al_2O_3 膜最小（如图 4-22 所示）。渗透通量的变化取决于膜表面荷电和溶液中非连续相的带电情况，如果膜和原料液带相同的电荷，静电斥力的作用可以减少膜面污染层的形成，提高过滤性能。对于含油乳化液，在 pH 值为 7 的条件下，乳液中油滴的 ζ 电位为负值，油滴表面带负电，$10\%TiO_2$ 复合膜和 $5\%TiO_2$ 复合膜均带负电，因此 $10\%TiO_2$ 复合膜与油滴的静电斥力最大，减少了油滴在膜面的沉积，故通量最大。而由于 Al_2O_3 膜的 ζ 电位为正值，膜带正电荷，与油滴有很强的静电吸引力，油滴较易吸附在膜表面，加重了膜污染，故通量较低[138]。可见，膜表面的荷电性质是影响膜污染的重要因素，通过改变膜表面的荷电性以及膜与被截留物质之间的相互作用，能有效控制膜污染的形成和提高膜的渗透性能。

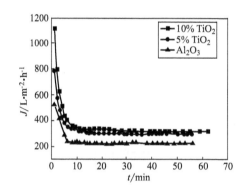

图 4-22　不同膜材料的通量随时间的变化[138]

4.5.2　陶瓷膜表面亲疏水改性研究

陶瓷膜材料是亲水的，在陶瓷膜表面和孔道内表面的羟基是造成其亲水性的主要原因[139]。采用合适的方法对膜表面进行改性，可以使膜的亲水性增强，提高膜的渗透性能；也可以在膜表面引入一些疏水性基团或聚合物链，增强陶瓷膜表面的疏水性，拓展其在油性体系中的应用。

4.5.2.1　陶瓷膜表面亲水改性研究

由于陶瓷膜本身具备较好的亲水特性，对陶瓷膜进行亲水改性的报道较少。Mendret 等[140] 和 Goei 等[141] 证明了在紫外线照射下，引发膜表面的羟基化，使 TiO_2 膜的亲水性增强，水通量增加。Zhou 等[142] 在氧化铝陶瓷微滤膜原位涂覆氧化锆溶胶，在膜表面和膜通道形成 100nm 厚的氧化锆层。涂覆在微滤膜上的纳米层不会影响膜的微结构，接触角由 33°降至 20°，改性后膜的亲水性增强。在分离油水乳化液时，经亲水化改性后，稳定通量比改性前有显著提高。因此，增强陶瓷膜表面亲水性提高了膜的渗透性能。

通常认为亲水性强的膜能够减少膜污染的形成[143~146]。Mittal 等[147] 基于亲水性的膜具有更好的抗污染性能，在陶瓷膜支撑体表面以浸渍法制备出醋酸纤维素聚合物膜层，得到亲水的有机-陶瓷复合膜，并将制备的亲水膜用于分离低浓度水包油（O/W）乳化液。结果显示：在不同初始油浓度下，膜对油截留率随着时间的增加而增大，且油的浓度越高，截留率越大。实验中浓度为 $200mg \cdot L^{-1}$ 的油在过滤 40min 后得到的截留率最大，为 92.54%。Faibish 等[148] 通过乙烯吡咯烷酮在陶瓷膜表面的接枝聚合得到了亲水性的抗污染超滤膜。研究发现，未改性的 ZrO_2 膜在处理 O/W 微乳液后形成的膜污染是不可逆的，而改性后的膜经过清洗可恢复原来的渗透性能，表面改性有效地防止了不可逆的膜污染，同时，改性膜对实验范围内的油滴（尺寸在 $18 \sim 66nm$）的截留率增加了两倍多。Xue 等[149] 在不锈钢网格上制备出超亲水和水中超疏油的水凝胶涂层，水凝胶涂层有效地增加了表面的亲水性，减小了表面对油滴的亲和力，从而减小了油滴对表面的污染，在 O/W 乳液分离过程中易清洗循环再生，且对汽油、柴油、植物油、正己烷和石油醚的截留率都在 99% 以上。由此可知，提高陶瓷膜表面的亲水疏油性能将提高其在 O/W 乳液分离中的抗油液污染能力。

He 等[150] 以陶瓷膜为研究对象，以乙二醇甲基丙烯酸酯（OEGMA）为功能性单体，通过表面引发原子转移自由基聚合法在 $\alpha\text{-}Al_2O_3$ 膜的表面及孔道内表面进行接枝改性，均匀地接枝 POEGMA 分子刷。通过牛血清白蛋白（BSA）溶液的过滤实验考察接枝后陶瓷膜的抗蛋白污染行为，结果表明：由于 POEGMA 分子刷的亲水性，膜表面接枝的 POEGMA 分子刷能有效抑制 BSA 分子在膜表面的"架桥"作用，分子刷上的蛋白质沉积层容易清洗去除，改性后的陶瓷膜具有更好的抗蛋白污染能力。Rovira-Bru 等[151] 研究了用 PVP 接枝改性的 ZrO_2 陶瓷颗粒表面对溶菌酶的吸附情况，PVP 成为防止水溶液中蛋白质吸附的有力屏障，减小了蛋白质对 ZrO_2 陶瓷颗粒表面的污染，实验结论为采用聚合物改性的陶瓷膜实现抗蛋白污染提供了理论依据。

综上所述，陶瓷膜表面的亲水改性可以提高含水体系中膜对水的渗透性能，更重要的是，在水包油乳液、蛋白质溶液等体系的分离中能够增强膜的抗污染能力。

4.5.2.2　陶瓷膜表面疏水改性研究

陶瓷膜的表面疏水化是指通过在膜表面引入疏水性基团或聚合物链，增强陶瓷膜表面疏水性。陶瓷膜表面的疏水化方法有化学气相沉积法（CVD）[152]、溶胶-凝胶法[153,154]、有机物表面接枝[155]、自组装[156,157] 等。其中，有机物接枝改性法由于其工艺简单、易于操作等优点而成为制备疏水陶瓷膜的主要方法[158]。目前疏水陶瓷膜主要应用在有机溶剂分离[159,160]、含水油液分离[161]、膜蒸馏[162] 和气体分离[163~165] 等领域，尤其是含水油液分离和膜蒸馏方向近年来备受关注。

Gao 等[161] 利用硅烷在孔径为 $0.2\mu m$ 的 ZrO_2 陶瓷膜表面自组装形成单分子层，实现对陶瓷膜表面的疏水改性。对改性的膜进行 FTIR、TGA、SEM、接触角和气体渗透性能的表征，结果表明：硅烷成功连接到陶瓷膜表面，且改性对膜表面形貌和孔径影响很小。采用改性的疏水膜处理油包水（W/O）乳液时，在相同的操作条件下，疏水改性陶瓷膜具有更高的油液通量（改性后膜的油液通量为 $572.9L\cdot m^{-2}\cdot h^{-1}$，未改性膜的油液通量为 $286.4L\cdot m^{-2}\cdot h^{-1}$）和对水的截留率（改性后膜对水的截留率为 98%，未改性膜对水的截留率约为 88%），说明疏水改性陶瓷膜在含水油液分离过程中具有更好的分离性能和抗污染性能。李梅等[166] 以含少量水的异辛烷为研究体系，探究了疏水陶瓷膜脱除油中水分的过程，并考察了跨膜压差、膜面流速、原料液水含量对膜渗透性能及水截留率的影响。研究表明，用经硅烷接枝疏水改性的孔径为 50nm 的 ZrO_2 陶瓷膜脱除异辛烷中的水分可得到较好的分离效果。基于陶瓷膜稳定的亲油疏水表面，渗透侧水含量在不同操作条件下几乎不变。实验过程中的分离选择性主要是由疏水陶瓷膜表面的疏水亲油性决定的，而不是由膜本身的孔径大小决定的。柯威等[167] 考察了在不同环境下疏水 Al_2O_3 膜的化学稳定性。测试出改性膜的接触角为 142°，疏水 Al_2O_3 膜在室温下的浓 H_2SO_4 和 NaOH 溶液中能够保持表面的疏水性，具有良好的稳定性；疏水 Al_2O_3 膜在多种有机溶剂（正己烷、丙酮、乙醇、乙酸乙酯、甲苯、煤油、液状石蜡）中浸泡 20 天仍保持良好的稳定性，具有良好的耐有机溶剂性能。

Su 等[168] 在多孔陶瓷膜上接枝聚氨酯-聚二甲基硅氧烷得到接触角为 161.2°的超疏水和超亲油材料，并通过考察煤油和水体系的分离过程证明其适用于从油水体系中再生油，分离过程中膜的疏水亲油性不会被破坏。Meng 等[169] 将三甲基氯硅烷接枝在具有纳米结构的膜上获得接触角为 130°的疏水亲油膜。实验发现：未改性的膜没有油水分离功能。改性膜在 20℃下分离煤油和水体系时，煤油能快速透过膜而水被完全截留，多次实验后膜也未被污染。结果表明：增加膜表面疏水性，油水分离性能得到提高。Ahmad 等[170] 发现用不同浓度氟烷基硅氧烷直接接枝改性后的 Al_2O_3 疏水膜在过滤煤油-水体系时对水都有很高的截留，截留率均＞99%。

膜蒸馏是疏水性陶瓷膜的另一类重要应用。与疏水的聚四氟乙烯、聚丙烯和聚偏氟乙烯等有机膜材料[171,172] 相比，陶瓷膜具有更好的热稳定性、化学稳定性和溶剂稳定性，开发适合于膜蒸馏过程的疏水陶瓷膜为膜蒸馏提供了更多可选择的膜材料。Larbot 等[162] 采用疏水陶瓷膜进行膜蒸馏实验，证实了疏水陶瓷膜应用于膜蒸馏过程的可行性。该研究以不同链长氟烷基硅氧烷为改性试剂对孔径为 200nm 的 Al_2O_3 膜、孔径为 50nm 和 200nm 的 ZrO_2 膜进行疏水改性，接触角测试结果表明：改性后的接触角与孔径无关，但与改性剂的链长有关，短链 C_1 改性后的接触角小于长链 C_6、C_8 改性后的接触角，最大接触角为 145°。将改性后的疏水膜用于膜蒸馏实验，由于膜表面疏水，水以蒸汽形式透过膜，盐的截留率接近 100%，温差越大，水的通量越大，在盐浓度 $\leqslant 0.1mol \cdot L^{-1}$ 时，水通量与盐浓度无关。Gazagnes 等[173] 采用不同种类膜（50nm ZrO_2 膜、200nm 和 800nm Al_2O_3 膜、400nm 硅酸铝膜）进行接枝改性得到疏水陶瓷膜，并比较了这些疏水膜的膜蒸馏实验结果。结果表明，孔径最小的 50nm ZrO_2 膜有最大的水通量 $[(126\pm5)L \cdot d^{-1} \cdot m^{-2}]$ 和截留率（95%～100%）。

膜蒸馏脱盐方面，Krajewski 等[174] 制备出氟烷基硅氧烷接枝的陶瓷膜并用其进行膜蒸馏脱盐实验，将 $1H,1H,2H,2H$-全氟癸基三乙氧基硅烷接枝到 $ZrO_2/$ Al_2O_3 膜上得到疏水性陶瓷膜，并对其进行接触角、热重分析、液体入口压力（LEP）的测试表征。在 NaCl 溶液的膜蒸馏过程中，水通量在 $0.7\sim7.0L \cdot m^{-2} \cdot h^{-1}$，NaCl 截留率随着盐浓度的增高而增大，接近 100%。Khenmakhem 等[175] 开发出一种新型疏水多孔陶瓷膜，并成功将其用于膜蒸馏过程，脱盐率大于 99%。这种新型膜是通过在 Tunisian 黏土陶瓷膜上接枝 $1H,1H,2H,2H$-全氟癸基三乙氧基硅烷制备而成的，测试接触角接近 180°，是表面不润湿的疏水材料。Kujawa 等[176] 采用全氟烷基硅氧烷制备了管式和平板 TiO_2 疏水膜，考察了接枝参数对 NaCl 溶液膜蒸馏过程的影响。板式膜的表征结果表明，$1H,1H,2H,2H$-全氟十四烷基三乙氧基硅烷（C_{12}）改性膜的接触角（140°）大于 $1H,1H,2H,$ $2H$-全氟辛基三乙氧基硅烷（C_6）改性膜的接触角（130°），这是由于 C_{12} 分子具有更长的疏水性链，在膜表面有更高的覆盖率。

综上分析，在特定分离过程中，如膜蒸馏、含水油液体系分离，陶瓷膜表面性质对膜的渗透性能、分离性能和抗污染性能具有重要影响，通过不同的改性方法可以实现对陶瓷膜表面性质的调控，制备出具有丰富表面性质的陶瓷膜。面向应用过程，针对特定应用体系，赋予陶瓷膜特殊的荷电性、亲疏水性等表面性质，是实现陶瓷膜品种多样化和多元化的重要途径。

4.6　陶瓷膜的应用

陶瓷膜的应用主要涉及液体分离与净化、气体分离与净化和膜反应器三个方面。在气体分离领域应用主要包括气体的净化和气体组分的分离，气体膜分离较之已工业化的深冷分离和变压吸附（PSA）分离而言，具有操作简单、节省能耗、成本低廉等优点（详见第 3 章）。膜反应器主要是基于陶瓷膜的筛分效应实现超细催化剂与产品的分离，使生产过程连续化，节能降耗（详见第9章）。陶瓷膜在液相分离领域，例如化工与石油化工、制药工业和含油废水处理等领域已有众多应用工程案例，详见《面向应用过程的陶瓷膜材料设计、制备与应用》一书[1]。本节主要对陶瓷膜在废水处理、产品脱色、溶剂回收、废油再生、碱液处理等领域的最新研究进展进行介绍。

4.6.1　陶瓷膜在水处理中的应用

近十年来，我国工业化和城市化进程加快。城市垃圾总量以每年 10% 以上的速度增长，城市生活垃圾的渗滤液每年超过 3000 万吨。生活垃圾渗滤液成分复杂，有机物浓度高，处理难度大。以陶瓷膜为核心的 MBR 处理技术具有较强的抗冲击负荷能力，适合处理高 COD、高氨氮的有机废水，并能解决重金属离子和盐分含量高等问题。出水符合 GB 16889—2008 排放限值标准，可作为回用水。图 4-23 是膜法垃圾渗滤液处理工艺流程图。

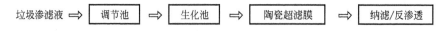

图 4-23　陶瓷膜法垃圾渗滤液处理工艺

以膜技术为核心，采用管式陶瓷膜 MBR+纳滤/反渗透工艺，对垃圾填埋场进行垃圾渗滤液处理研究，设计运行通量为 $100 \sim 150 L \cdot m^{-2} \cdot h^{-1}$，废水处理效果如图 4-24 所示。出水水质：COD $46 mg \cdot L^{-1}$，氨氮 $15 mg \cdot L^{-1}$，P $0 mg \cdot L^{-1}$。采用纳滤膜可以稳定达到国家生活垃圾填埋污染控制标准（GB 16889—2008）中排放限制，采用反渗透膜可以稳定达到国家标准中的特别排放限值。

4.6.2　陶瓷膜在油品净化中的应用

润滑油的主要作用是润滑、冷却、防锈、减震，属高价值油品。我国每年润滑油消耗量 600 万吨以上，每年产生约 500 万吨的废润滑油。废润滑油属于国家规定的危险固体废弃物，直接抛弃进入水体或土壤不仅造成严重的生态污染，焚烧产生的重金属氧化物和多环芳烃氧化物污染大气，而且还浪费大量资源。从环境保护、资源利用、经济以及技术的角度，对废油进行回收和再生是必要的，具有重要的意义。

采用疏水改性的陶瓷膜对废火车内燃机油和轧制油进行净化处理。在长时间运行中，再生内燃机油的稳定渗透通量可达到 $3 L \cdot m^{-2} \cdot h^{-1}$。从外观来看，能够得到深棕色透明的再生油液，且无沉淀杂质，废油的回收率达到 75%。通过检测发现，陶瓷膜过滤可以使废火车润滑油中不溶物含量从 0.32% 下降到 0.02%

(a) 垃圾渗滤液原液

(b) 好氧池出水

(c) 陶瓷膜处理后

(d) 纳滤膜处理后

图 4-24　陶瓷膜法垃圾渗滤液处理工艺

（测量精度 0.01%），水分含量从 1.32% 下降到 0.02%。由于废火车润滑油黏度大，采用孔径为 $0.05\mu m$ 的陶瓷膜在 0.15MPa 的压力下，最大渗透通量达到 $5L\cdot m^{-2}\cdot h^{-1}$。对于黏度较低的废轧制润滑油，在相同实验条件下，油样的最大渗透通量达到 $20L\cdot m^{-2}\cdot h^{-1}$，废轧制油净化过程的渗透通量如图 4-25 所示，稳定通量达 $12L\cdot m^{-2}\cdot h^{-1}$，再生油清洁度达 NAS5 级，水分含量降至 $50\times10^{-6}\sim70\times10^{-6}$，各项指标均达到或超过相关要求。

　　液压油是液压传动与控制系统中用来传递能量的工作介质，广泛用于机床、工程机械、交通运输机械、航空航天等方面，占润滑油总量的 15% 左右。由于液压系统通常在密闭系统下使用，混入的杂质含量相对较少，采用膜分离的方法具有技术优势。图 4-26 是对某塑料制品企业内注塑机中使用过的液压油进行再生、净化前后废液压油的对比照片，从图中可以观察到，废液压油呈现乳化状态，含有大量水分，底部还有部分机械杂质。对该液压油进行净化、再生后，乳化状态消失，颜色变得透明、澄清，且无肉眼可见的杂质，说明水分和机械杂质都被除去。

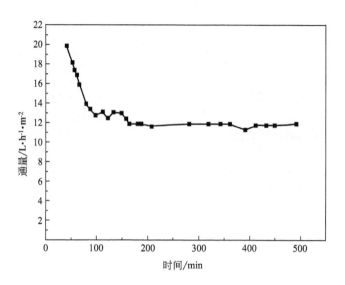

图 4-25　陶瓷膜对废轧制油的净化

图 4-26　废液压油净化前后对比图

　　黏度、水分、洁净度等级是液压油在使用过程中最重要的三个指标,对处理前后的液压油样品依照国家标准进行了测试,并且将结果与新油的标准进行了对比,结果如表 4-1 所示。从测试结果可以看出,净化后的液压油黏度、水分和洁净度等级均能够达到新油的标准,净化后液压油的洁净度等级能够达到精密仪器的使用要求。

表 4-1　废液压油净化前后测试结果

测试项目	测试标准	测试结果		L-HM 46 新油指标
		处理前	处理后	
运动黏度(40℃)/mm²•s⁻¹	GB/T 265	50.6	46.3	41.4~50.6
水分/10⁻⁶	GB/T 260	15166	69.1	低于300
洁净度等级	ISO 4406	—	13/10	15/(9~12)

4.6.3　陶瓷膜在脱溶剂方面的应用

植物油生产过程中通常采用正己烷作为萃取溶剂，在传统的植物油生产工艺中，通常采用二级蒸发工艺进行萃取溶剂回收，即首先通过一级蒸发单元回收绝大多数萃取溶剂，将植物油浓缩至 70%~90%，再通过二级蒸发单元将植物油浓缩至 99% 以上。而采用纳滤技术可用于替代一级蒸发单元，使萃取溶剂在常温下实现与植物油的分离并回流至萃取单元，实现萃取溶剂的回用。因此，通过集成纳滤技术可节约大量能耗，对于植物与生产工艺的绿色化具有重要意义，在溶剂回收领域具有良好的应用前景。

TiO_2 纳滤膜的正己烷渗透性能结果显示：随着跨膜压差的增加，正己烷渗透通量呈线性增加，遵循 Darcy 定律，正己烷渗透率为 $20L•m^{-2}•h^{-1}•bar^{-1}$。在跨膜压差为 1MPa、操作温度为 30℃ 的条件下，考察了大豆油/正己烷质量比 1∶9 体系中（即大豆油为 10%），TiO_2 纳滤膜的渗透及分离性能，其结果如图 4-27 所示。随着操作时间延长，渗透通量略有下降，截留率有所上升，这可能是由大豆油在 TiO_2 纳滤膜表面产生的浓差极化现象造成的。当操作时间为 120min 时，可获得稳定的体积通量为 $10L•m^{-2}•h^{-1}$、对大豆油

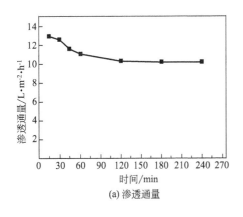

(a) 渗透通量

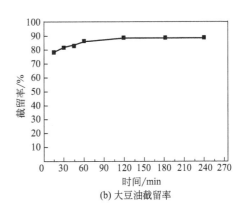

(b) 大豆油截留率

图 4-27　TiO_2 纳滤膜在不同时间下的渗透通量及大豆油截留率

（30℃，1MPa，大豆油/己烷质量比 1∶9）

的截留率可高达88%。

4.6.4　陶瓷膜在产品脱色中的应用

脱氢醋酸钠是联合国粮农组织和世界卫生组织所认可的一种新型食品防霉防腐保鲜剂，它能有效地抑制细菌的生长，从而大大延长食品的保存期，因此被广泛应用于日常生活中。在工业生产过程中，脱氢醋酸钠物料常含有大量色素，采用纳滤分离技术可以有效地脱除脱氢醋酸钠物料中的色素以及杂质。采用61通道陶瓷纳滤膜对脱氢醋酸钠原料液进行脱色纯化，考察了操作温度、跨膜压差和膜面流速操作参数以及物料浓缩倍数对陶瓷纳滤膜过滤性能的影响。如图4-28和图4-29所示，物料在温度为80℃，膜面流速为3m·s^{-1}，操作压力为1MPa，浓缩倍数为8的条件下，陶瓷纳滤膜对脱氢醋酸钠的渗透通量与脱色效果最佳，这为陶瓷纳滤膜净化脱氢醋酸钠的工业应用提供了依据[177]。

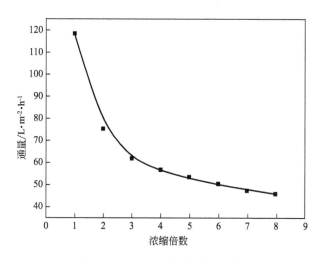

图 4-28　通量随浓缩倍数的变化

4.6.5　陶瓷膜在废碱液回收中的应用

工业生产过程中产生大量废碱液，如黏胶纤维生产工艺中产生大量含半纤维素的废碱液。半纤废碱回收工艺是将黏胶纤维生产过程中压榨出来的含大量半纤维素的碱液，经过前处理后进入纳滤工艺，见图4-30。经过前处理的碱液中含半纤维素36g·L^{-1}左右，氢氧化钠在4～5.5mol·L^{-1}（折合成质量分数为14%～18%），半纤维素分子量为200～500Da，碱液回用的要求是半纤含量在5g·L^{-1}以下。

采用有机纳滤膜进行碱液回收，最大跨膜压差为25bar，温度为49℃，浓缩

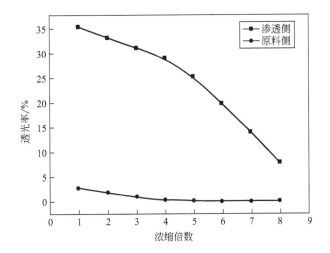

图 4-29　渗透侧和原料测透光率随浓缩倍数的变化

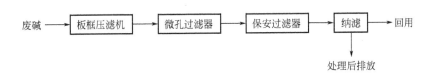

图 4-30　半纤废碱回收工艺

倍数为 1.54，膜使用寿命为 1 年，运行及膜维护成本较高。采用陶瓷纳滤膜对废碱回收体系进行处理，考察不同操作温度、运行压力和膜面流速对陶瓷纳滤膜处理废碱液的影响。结果表明，在操作条件为跨膜压力为 16bar（1.6MPa），膜面流速为 $4m \cdot s^{-1}$，温度为 45℃，原料碱液为 $160g \cdot L^{-1}$，半纤含量约为 $33g \cdot L^{-1}$ 的情况下，膜渗透通量约为 $40L \cdot m^{-2} \cdot h^{-1}$，对半纤的截留率为 84.3%，渗透液半纤维素含量达到碱液回用标准。经过陶瓷纳滤膜过滤后渗透液在浊度和色度上均比原液有较大改善，因此采用陶瓷纳滤膜处理化纤碱液是经济可行的。

参考文献

［1］　徐南平.面向应用过程的陶瓷膜材料设计、制备与应用［M］.北京：科学出版社，2005.
［2］　Burggraaf A J. Fundamentals of inorganic membrane science and technology［M］. Elsevier Science B V，1996.
［3］　Larbot A，Alami-Younssi S，Persin M，et al. Preparation of a γ-alumina nanofiltration membrane［J］. J Membr Sci，1994，97（27）：167-173.
［4］　Kuzniatsova T，Mottern M L，Shqau K，et al. Micro-structural optimization of supported gamma-alumina membranes［J］. J Membr Sci，2008，316（1-2）：80-88.

［5］ Topuz B, Ciftcioglu M. Sol-gel derived mesoporous and microporous alumina membranes ［J］. J Sol-Gel Sci Technol, 2010, 56 (3): 287-299.

［6］ Xu Q, Anderson M A. Sol-gel route to synthesis of microporous ceramic membranes: Preparation and characterization of microporous TiO_2 and ZrO_2 xerogels ［J］. J Am Chem Soc, 1994, 77 (7): 1939-1945.

［7］ Sekulic J, ten Elshof J E, Blank D H A. A microporous titania membrane for nanofiltration and pervaporation ［J］. Adv Mater, 2004, 16 (17): 1546-1550.

［8］ Tsuru T, Hironaka D, Yoshioka T, et al. Titania membranes for liquid phase separation: Effect of surface charge on flux ［J］. Sep Purif Technol, 2001, 25 (1-3): 307-314.

［9］ Tsuru T, Narita M, Shinagawa R, et al. Nanoporous titania membranes for permeation and filtration of organic solutions ［J］. Desalination, 2008, 233 (1-3): 1-9.

［10］ van Gestel T, Vandecasteele C, Buekenhoudt A, et al. Alumina and titania multilayer membranes for nanofiltration: preparation, characterization and chemical stability ［J］. J Membr Sci, 2002, 207 (1): 73-89.

［11］ van Gestel T, Vandecasteele C, Buekenhoudt A, et al. Salt retention in nanofiltration with multilayer ceramic TiO_2 membranes ［J］. J Membr Sci, 2002, 209 (2): 379-389.

［12］ 漆虹, 李世大, 江晓骆, 等. TiO_2 纳滤膜的制备及其离子截留性能 ［J］. 无机材料学报, 2011, 26 (3): 305-310.

［13］ Kreiter R, Rietkerk M D A, Bonekamp B C, et al. Sol-gel routes for microporous zirconia and titania membranes ［J］. J Sol-Gel Sci Technol, 2008, 48 (1-2): 203-211.

［14］ Puhlfurss P, Voigt A, Weber R, et al. Microporous TiO_2 membranes with a cut off ＜500 Da ［J］. J Membr Sci, 2000, 174: 123-133.

［15］ Baticle P, Kiefer C, Lakhchaf N, et al. Salt filtration on gamma alumina nanofiltration membranes fired at two different temperatures ［J］. J Membr Sci, 1997, 135 (1): 1-8.

［16］ van G T, Kruidhof H, Blank D H A, et al. ZrO_2 and TiO_2 membranes for nanofiltration and per-vaporation. Part 1: Preparation and characterization of a corrosion-resistant ZrO_2 nanofiltration membrane with a MWCO 300 ［J］. J Membr Sci, 2006, 284 (1-2): 128-136.

［17］ Blanc P, Larbot A, Palmeri J, et al. Hafnia ceramic nanofiltration membranes. Part I: Preparation and characterization ［J］. J Membr Sci, 1998, 149 (2): 151-161.

［18］ Blanc P, Hovnanian N, Cot D, et al. Synthesis of hafnia powders and nanofiltration membranes by sol-gel process ［J］. J Sol-Gel Sci Technol, 2000, 17: 99-110.

［19］ Palmeri J, Blanc P, Larbot A, et al. Hafnia ceramic nanofiltration membranes: Part II. Modeling of pressure-driven transport of neutral solutes and ions ［J］. J Membr Sci, 2000, 179 (1-2): 243-266.

［20］ Tsuru T, Izumi S, Asaeda M. Silica-zirconia membranes for nanofiltration ［J］. J Membr Sci, 1998, 149 (1): 127-135.

［21］ Tsuru T, Miyawaki M, Yoshioka T, et al. Reverse osmosis of nonaqueous solutions through porous silica-zirconia membranes ［J］. AIChE J, 2006, 52 (2): 522-531.

［22］ Aust U, Benfer S, Dietze M, et al. Development of microporous ceramic membranes in the system TiO_2/ZrO_2 ［J］. J Membr Sci, 2006, 281 (1-2): 463-471.

［23］ van Gestel T, Sebold D, Hauler F, et al. Potentialities of microporous membranes for H_2/CO_2 separation in future fossil fuel power plants: Evaluation of SiO_2, ZrO_2, Y_2O_3-ZrO_2 and TiO_2-ZrO_2 sol-gel membranes ［J］. J Membr Sci, 2010, 359 (1-2): 64-79.

［24］ 董国祥. 活性炭掺杂对多孔氧化铝陶瓷支撑体结构及性能的影响 ［D］. 南京: 南京工业大学, 2012.

［25］ 胡锦猛, 漆虹, 范益群, 等. 包覆型 Al_2O_3 粉体制备低温烧成多孔陶瓷膜支撑体 ［J］. 硅酸盐学报, 2009, 37 (11): 1811-1823.

［26］ Falamaki C, Naimi M, Aghaie A. Dual behavior of $CaCO_3$ as a porosifier and sintering aid in the manufacture of alumina membrane/catalyst supports ［J］. J Eur Ceram Soc, 2004, 24 (10-11): 3195-3201

［27］ Wang Y H, Zhang Y, Liu X Q, et al. Microstructure control of ceramic membrane support from corundum-rutile powder mixture ［J］. Pow Tech, 2006, 168 (3): 125-133.

［28］ Vasanth D, Pugazhenthi G, Uppaluri R. Fabrication and properties of low cost ceramic microfiltration membranes for separation of oil and bacteria from its solution ［J］. J Membr Sci, 2011, 379 (1-2): 154-163.

[29] Dong Y C, Hampshire S, Zhou J E, et al. Sintering and characterization of flyash-based mullite with MgO addition [J]. J Eur Ceram Soc, 2011, 31, (5): 687-695.

[30] Fang J, Qin G T, Wei W, et al. Preparation and characterization of tubular supported ceramic microfiltration membrane from fly ash [J]. Sep Purif Technol, 2011, 80 (3): 585-591.

[31] Almandoz M C, Marchese J, Pradanos P, et al. Preparation and characterization of non-suppported microfiltration membranes from aluminosilicates [J]. J Membr Sci, 2004, 241 (1): 95-103.

[32] Majouli A, Younssi S A, Tahiri S, et al. Characterization of flat membrane support elaborated from local Moroccan Perlite [J]. Desalination, 2011, 277 (1-3): 61-66.

[33] Dong Y C, Liu X Q, Ma O L, et al. Preparation of cordierite-based porous ceramic micro-filtration membranes using waste fly ash as the main raw materials [J]. J Membr Sci, 2006, 285 (1-2): 173-181.

[34] Burggraaf A J, Cot L. Fundamentals of inorganic Membrane Science Technology [M]. Elsevier, 1996.

[35] 黄仲涛, 曾昭槐, 仲邦克. 无机膜技术及其应用 [M]. 北京: 中国石化出版社, 1998.

[36] Levänen E, Mäntylä T. Effect of sintering temperature on functional properties of alumina membranes [J]. J Eur Ceram Soc, 2002, 22 (5): 613-623.

[37] Zuo R Z, Aulbach E, Rodel J. Shrinkage-free sintering of low-temperature co-fired ceramics by loading dilatometry [J]. J Am Ceram Soc, 2004, 87 (3): 526-528.

[38] Chang J C, Jean J H. Self-constrained sintering of mixed low-temperature-cofired ceramic laminates [J]. J Am Chem Soc, 2006, 89 (3): 829-835.

[39] Hsu R T, Jean J H. Key factors controlling camber behavior during the cofiring of bi-layer ceramic dielectric laminates [J]. J Am Chem Soc, 2005, 88 (9): 2429-2434.

[40] Mohanram A, Lee S H. Messing G L, et al. Constrained sintering of low-temperature co-fired ceramic [J]. J Am Chem Soc, 2006, 89 (6): 1923-1929.

[41] Chang Q B, Zhang L, Liu X Q, et al. Preparation of crack-free ZrO_2 membrane on Al_2O_3 support with ZrO_2-Al_2O_3 composite intermediate layers [J]. J Membr Sci, 2005, 250: 105-111.

[42] 常启兵. 多孔陶瓷膜的材料设计与科学研究 [D]. 合肥: 中国科技大学, 2005.

[43] Chang X F, Zhang C, Jin W Q, et al. Match of thermal performances between the membrane and the support for supported dense mixed-conducting membranes [J]. J Membr Sci, 2006, 285 (1-2): 232-238.

[44] Feng J, Fan Y Q, Qi H, et al. Co-sintering synthesis of tubular bilayer α-alumina membrane [J]. J Membr Sci, 2007, 288 (1-2): 20-27.

[45] Feng J, Qiu M H, Fan Y Q, et al. The effect of membrane thickness on the co-sintering process of bi-layer ZrO_2/Al_2O_3 membrane [J]. J Membr Sci, 2007, 305: 20-26.

[46] Qiu M H, Fan S, Cai Y Y, et al. Co-sintering synthesis of bi-layer titania ultrafiltration membranes with intermediate layer of sol-coated nanofibers [J]. J Membr Sci, 2010, 365 (1-2): 225-231.

[47] Dong Y C, Liu X Q, Ma O L, et al. Preparation of cordierite-based porous ceramic micro-filtration membrane using waste fly ash as the main raw materials [J]. J Membr Sci, 2006, 285 (1-2): 173-181.

[48] Oh S T, Tajima K I, Ando M, et al. Fabrication of porous Al_2O_3 by microwave sintering and its properties [J]. Mater Lett, 2001, 48: 215-218.

[49] Van Gestel T, Hauler F, Bram M, et al. Synthesis and characterization of hydrogen-selective sol-gel SiO_2 membranes supported on ceramic and stainless steel supports [J]. Sep Purif Technol, 2014, 121: 20-29.

[50] Tsurn T, Wang J H. cobalt-doped silica membranes for pervaporation dehydration of ethanol/water solutions [J]. J Membr Sci, 2011, 369: 13-19.

[51] Schillo M C, Park I S, Chiu W V, et al. Rapid thermal processing of inorganic membranes [J]. J Membr Sci, 2010, 362 (1-2): 127-133.

[52] Cortalezzi M M, Rose J, Barron A R, et al. Characteristics of ultrafiltration ceramic membranes derived from alumoxane nanoparticles [J]. J Membr Sci, 2002, 205 (1-2): 33-43.

[53] DeFriend K A, Wiesner M R, Barron A R. Alumina and aluminate ultrafiltration membranes derived from alumina nanoparticles [J]. J Membr Sci, 2003, 224 (1-2): 11-28.

[54] Cortalezzia M M, Rose J, Wells G F, et al. Ceramic membranes derived from ferroxane nanoparticles: a new route for the fabrication of iron oxide ultrafiltration membranes [J]. J Membr Sci, 2003, 227 (1-2): 207-217.

[55] Ding X B, Fan Y Q, Xu N P. A new route for the fabrication of TiO$_2$ ultrafiltration membranes with suspension derived from a wet chemical synthesis [J]. J Membr Sci, 2006, 270 (1-2): 179-196.

[56] 汪信文, 邱鸣慧, 范益群. 湿化学法制备氧化锆超滤膜及其表征 [J]. 膜科学与技术, 2008, 28 (6): 30-33.

[57] Qiu M H, Fan Y Q, Xu N P. Preparation of supported zirconia ultrafiltration membranes with the aid of polymeric additives [J]. J Membr Sci, 2010, 348 (1-2): 252-259.

[58] 彭文博, 漆虹, 陈纲领, 等. 19 通道多孔陶瓷膜渗透过程的 CFD 模拟 [J]. 化工学报, 2007, 58 (8): 2021-2026

[59] 彭文博, 漆虹, 李卫星, 等. 陶瓷膜通道相互作用的实验分析及 CFD 优化 [J]. 化工学报, 2008, 59 (3): 602-606

[60] Zhu J, Fan Y Q, Xu N P. Modified dip-coating method for preparation of pinhole-free ceramic membranes [J]. J Membr Sci, 2011, 367: 14-20.

[61] Christian G G, Anne C J, André A. Design of nanosized structures in sol-gel derived porous solids. Applications in catalyst and inorganic membrane preparation [J]. J Mater Chem, 1999, 9: 55-65.

[62] Lyckfeldt O, Ferreira J M F. Prcessing of porous ceramics by 'Starch Consolidation' [J]. J Eur Ceram Soc, 1998, 18 (2): 131-140.

[63] 刘有智, 谷磊, 申红艳, 等. 成孔剂对氧化铝支撑体性能的影响 [J]. 膜科学与技术, 2008, 28 (6): 34-37.

[64] Bhattacharjee S, Besra L, Singh B P. Effect of additives on the microstructure of porous alumina [J]. J Eur Ceram Soc, 2007, 27 (1): 47-52.

[65] 姚爱华, 于宝海, 杨柯, 等. 莫来石-刚玉多孔陶瓷支撑体的制备与性能 [J]. 稀有金属材料与工程, 2005, z1: 255-258.

[66] Liu S F, Zeng Y P, Jiang D L. Fabrication and characterization of cordierite-bonded porous SiC ceramics [J]. Ceram Interface, 2009, 35 (2): 597-602.

[67] 董国祥, 漆虹, 徐南平. 活性炭掺杂对多孔氧化铝陶瓷支撑体结构及性能的影响 [J]. 硅酸盐学报, 2012, 40 (6): 844-850.

[68] Gregorová E, Pabst W. Porosity and pore size control in starch consolidation casting of oxide ceramics-achievements and problems [J]. J Eur Ceram Soc, 2007, 27 (2-3): 669-672.

[69] She J H, Deng Z Y, Daniel J, et al. Oxidation bonding of porous silicon carbide ceramics [J]. J Mater Sci, 2002, 37 (17): 3615-3622.

[70] Collier A K, Liu W, Wang J G, et al. Alpha-alumina inorganic membrane support and method of making the same: US, 20110045971 [P]. 2011-02-24.

[71] Yang G C C, Tsai C M. Effects of starch addition on characteristics of tubular porous ceramic membrane substrates [J]. Desalination, 2008, 233 (1-3): 129-136.

[72] Velev O D, Jede T A, Lobo R F, et al. Microstructured porous silica obtained via colloidal crystal templates [J]. Chem Mater, 1998, 10 (11): 3597-3602.

[73] Park S H, Xia Y N. Macroporous membranes with highly ordered and three-dimensionally interconnected spherical pores [J]. Adv Mater, 1998, 10 (13): 1045-1048.

[74] Sadakane M, Horiuchi T, Kato N, et al. Facile preparation of three-dimensionally ordered macroporous alumina, iron oxide, chromium oxide, manganese oxide, and their mixed-metal oxides with high porosity [J]. Chem Mater, 2007, 19 (23): 5779-5785.

[75] Zhao K, Fan Y Q, Xu N P. Preparation of three dimensionally ordered macroporous SiO$_2$ membranes with controllable pore size [J]. Chem Lett, 2007, 36 (3): 464-465.

[76] Zhao K, Fan Y Q, Wang R, et al. Preparation of closed macroporous Al$_2$O$_3$ membranes with a three dimensionally ordered structure [J]. Chem Lett, 2008, 37 (4): 420-421.

[77] 徐南平, 范益群, 赵魁. 一种陶瓷微滤膜的制备方法: CN200510038695.3 [P]. 2006-12-06.

[78] 徐键, 向卫东, 胡富陶. 聚苯乙烯微球和无机多孔膜的制备 [J]. 稀有金属材料与工程, 2008, A02: 196-200.

[79] Beck J S, Vartuli J C, Both W J. A new family of mesoporousmolecular sieves prepared with liquid crystal templates [J]. J Am Chem Soc, 1992, 114 (24-25): 10834-10843.

[80] Kumar P, Ida J, Kim S, et al. Ordered mesoporous membranes: Effects of support and surfactant removal conditions on membrane quality [J]. J Membr Sci, 2006, 279 (1-2): 539-547.

[81] Choi H, Sofranko A C, Dionysiou D D. Nancrystalline TiO$_2$ photocatalytic membranes with a hierarchical mesoporous multilayer structure: Synthesis, characterization, and multifunction [J]. Adv

Funct Mater，2006，16（8）：1067-1074.

[82] Zhang J L，Li W，Meng X K，et al. Synthesis of mesoporous silica membranes oriented by self-assembles of surfactants [J]. J Membr Sci，2003，222 (1-2)：219-224.

[83] 王丽. 模板法研制有序介孔 SiO₂ 膜及其性能表征 [D]. 天津：天津大学，2003.

[84] Ji H，Fan Y Q，Jin W Q. Synthesis of Si-MCM-48 membrane by solvent extraction of the surfactant template [J]. J Non-Cryst Sol，2008，354 (18)：2010-2016.

[85] Xu D K，Fan Y Q. Mesoporous Si-MCM-48 membrane prepared by pore-filling method [J]. Sci Chin.-Tech Sci，2010，53 (4)：1064-1068.

[86] 雷玮. 以 TiO₂ 纤维制备陶瓷微滤膜的研究——制膜液 pH 对膜孔径的影响 [D]. 南京：南京工业大学，2008.

[87] Ke X B，Zheng Z F，Liu H W，et al. High-flux ceramic membranes with a nanomesh of metal oxide nanofibers [J]. J Phys Chem B，2008，112：5000-5006.

[88] 王耀明，薛友祥，孟宪谦，等. 孔梯度陶瓷纤维复合膜管的性能研究 [J]. 陶瓷，2006 (10)：35-39.

[89] 雷玮，范益群. 以 TiO₂ 纤维制备微滤膜过程中烧结温度的影响 [J]. 膜科学与技术，2009，29 (5)：54-57.

[90] Ke X B，Zhu H Y，Gao X P，et al. High-performance ceramic membranes with a separation layer of metal oxide nanofibers [J]. Adv Mater，2007，19 (6)：785-790.

[91] Ke X B，Zheng Z F，Zhu H Y，et al. Metal oxide nanofibres membranes assembled by spin-coating method [J]. Desalination，2009，236 (1-3)：1-7.

[92] Fernando J A，Chung D D L. Improving an alumina fiber filter membrane for hot gas filtration using an acid phosphate binder [J]. J Mater Sci，2001，36 (21)：5079-5085.

[93] van Gestel T，Vandecasteele C，Buekenhoudt A，et al. Chemical stability of ceramic multi-layer membranes [C]. 7th Conference and Exhibition of the European Ceramic Society，Belgium，2001.

[94] Sakka S. Handbook of sol-gel science and technology：processing，characterization and applications [M]. Japan：Kluwer Academic Publishers，2005.

[95] Xu Q Y，Anderson M A. Sol-gel route to synthesis of microporous ceramic membranes：Preparation and characterization of microporous TiO₂ and ZrO₂ xerogels [J]. J Am Chem Soc，1994，77 (7)：1939-1945.

[96] Tsuru T，Ogawa K，Kanezashi M，et al. Permeation characteristics of electrolytes and neutral solutes through titania nanofiltration membranes at high temperatures [J]. Langmuir，2010，26 (13)：10897-10905.

[97] Tsuru T，Hironaka D，Yoshioka T，et al. Titania membranes for liquid phase separation：Effect of surface charge on flux [J]. Sep Purif Technol，2001，25：307-314.

[98] Benfer S，Popp U，Richter H，et al. Development and characterization of ceramic nanofiltration membrane [J]. Sep Purif Technol，2001，22-23：231-237.

[99] 漆虹，李世大，江晓骆，等. TiO₂ 纳滤膜的制备及其离子截留性能 [J]. 无机材料学报，2011，26 (3)：305-310.

[100] Aust U，Benfer S，Dietze M，et al. Development of microporous ceramic membranes in the system TiO₂/ZrO₂ [J]. J Membr Sci，2006，281 (1-2)：463-471.

[101] Das N，Maiti H S. Ceramic membrane by tape casting and sol-gel coating for microfiltration and ultrafiltration application [J]. J Phys Chem Solids，2009，70 (11)：1395-1400.

[102] Manjumol K A，Shajesh P，Baijua K V，et al. An 'eco-friendly' all aqueous sol gel prcess for multi-functional ultrafiltration membrane on porous tubular alumina substrate [J]. J Membr Sci，2011，375 (1-2)：134-140.

[103] 范苏，邱鸣慧，周邢，等. 多通道 TiO₂ 超滤膜的制备及其在印染废水中的应用 [J]. 南京工业大学学报，2011，33 (1)：44-47.

[104] 琚行松. 氧化锆多孔膜和致密膜制备方法研究进展 [D]. 南京：南京化工大学，2000.

[105] Blanc P，Hovnanian N，Cot D，et al. Synthesis of hafnia powders and nanofiltration membranes by sol-gel process [J]. J Sol-Gel Sci Technol，2000，17 (2)：99-110.

[106] Cai Y Y，Wang Y，Chen X F，et al. Modified colloidal sol-gel process for fabrication of titania nanofiltration membranes with organic additives [J]. J Membr Sci，2015，476：432-441.

[107] Cai Y Y，Chen X F，Wang Y，et al. Fabrication of palladium-titania nanofiltration membranes via a colloidal sol-gel process [J]. Microporous Mesoporous Mater，2015，201：202-209.

[108] Lin Y S. A theoretical analysis on pore size change of porous ceramic membranes after modification [J]. J Membr Sci, 1993, 79 (1): 55-64.

[109] Xomeritakis G, Lin Y S. Chemical vapor deposition of solid oxides in porous media for ceramic membrane preparation: Comparison of experimental results with semianalytical solutions [J]. Ind Eng Chem Res, 1994, 33 (11): 2607-2617.

[110] Labropoulos A I, Romano G E, Karanikolos G N, et al. Comparative study of the rate and lcality of silica deposition during the CVD treatment of porous membranes with TEOS and TMOS [J]. Microporous Mesoporous Mater, 2009, 120 (1-2): 177-185.

[111] Lin C L, Flowers D L, Liu P K T. Characterization of ceramic membranes II: Modified commercial membranes with pore size under 40 Å [J]. J Membr Sci, 1994, 92 (1): 45-58.

[112] Fernandes N E, Gavalas G R. Gas transport in porous Vycor glass subjected to gradual pore narrowing [J]. Chem Eng Sci, 1998, 53 (5): 1049-1058.

[113] Wang Z H, Dong J H, Xu N P, et al. Pore modification using the supercritical solution infiltration method [J]. AIChE J, 1997, 43 (9): 2359-2367.

[114] 汪朝晖, 董军航, 徐南平, 等. 超临界溶液在陶瓷膜中的渗透过程分析及计算机模拟 [J]. 南京化工大学学报: 自然科学版, 1998, 20 (4): 18-24.

[115] Sarrade S, Guizard C, Rios G M. New applications of supercritical fluids and supercritical fluids processes in separation [J]. Sep Purif Technol, 2003, 32 (1-3): 57-63.

[116] Tatsuda N, Fukushima Y, Wakayama H. Penetration of titanium tetraisopropoxide into mesoporous silica using supercritical carbon dioxide [J]. Chem Mater, 2004, 16 (9): 1799-1805.

[117] Brasseur T J, Chhor K, Jestin P, et al. Ceramic membrane elaboration using supercritical fluid [J]. Mater Res Bull, 1999, 34 (12-13): 2013-2025.

[118] Li F B, Yang Y, Fan Y Q, et al. Modification of ceramic membranes for pore structure tailoring: The atomic layer deposition route [J]. J Membr Sci, 2012, 397: 17-23.

[119] van Gestel T, Van der Burggen B, Buekenhoudt A, et al. Surface modification of γ-Al$_2$O$_3$/TiO$_2$ multilayer membranes for applications in non-polar organic solvents [J]. J Membr Sci, 2003, 224 (1-2): 3-10.

[120] Singh R P, Way J D, Dec S F. Silane modified inorganic membranes: Effects of silane surface structure [J]. J Membr Sci, 2005, 259 (1-2): 34-46.

[121] Sah A, Castricum H L, Bliek A, et al. Hydrophobic modification of γ-alumina membranes with organchlorosilanes [J]. J Membr Sci, 2004, 243 (1-2): 125-132.

[122] Leger C, Lira H D L, Paterson R. Preparation and properties of surface modified ceramic membranes. Part II: Gas and liquid permeabilities of 5nm alumina membranes modified by a monolayer of bound polydimethylsiloxane (PDMS) silicone oil [J]. J Membr Sci, 1996, 120 (1): 135-146.

[123] Faibish R S, Cohen Y. Fouling-resistant ceramic-supported polymer membranes for ultrafiltration of oil-in-water microemulsions [J]. J Membr Sci, 2001, 185 (2): 129-143.

[124] Rovira B M, Giralt F, Cohen Y. Protein adsorption onto zirconia modified with terminally grafted polyvinylpyrrolidone [J]. J. Colloid Interface. Sci, 2001, 235 (1): 70-79.

[125] 林承志. 金属氧化物表面结构及其反应性 [J]. 辽宁教育学院学报, 1996, 5: 39-43.

[126] Tamura H, Tanaka A, Mita K, et al. Surface hydroxyl site densities on metal oxides as a measure for the ion-exchange capacity [J]. Colloid Interface. Sci, 1999, 209: 225-231.

[127] Tamura H, Mita K, Tanaka A, et al. Mechanism of hydroxylation of metal oxide surfaces [J]. Colloid Interface. Sci, 2001, 243: 202-207.

[128] Barthlés-Labrousse M G. Acid-base characterization of flat oxide-covered metal surfaces [J]. Vacuum, 2002, 67: 385-392.

[129] 曾智强, 萧小月, 桂治轮, 等. 溶胶-凝胶法制备 Al$_2$O$_3$-SiO$_2$ 陶瓷薄膜的研究 [J]. 膜科学与技术, 1997, 5: 16-21.

[130] Hunter R J. Zeta potential in colloid science: principles and applications [M]. London: Academic press, 1981.

[131] 程传煊. 表面物理化学 [M]. 北京: 科学技术文献出版社, 1995.

[132] 顾惕人, 朱步瑶, 李外郎, 等. 表面化学 [M]. 北京: 科学出版社, 1994.

[133] Nystrom M, Lindstrom M. Streaming potential as a tool in the characterization of ultrafiltration membranes [J]. Colloids Surf, 1989, 36: 297-312.

[134] Ricq L, Pierre A, Reggiani J C, et al. Use of electrophoretic mobility and streaming potential measurements

to characterize electrokinetic properties of ultrafiltration and microfiltration membranes [J]. Colloids Surf A, 1998, 138 (2-3): 301-308.

[135] Fievet P, Sbaï M, Szymczyk A, et al. A new tangential streaming potential setup for the electrokinetic characterization of tubular membranes [J]. Sep Sci Technol, 2004, 39 (13): 2931-2949.

[136] Möckel D, Staude E, Cin M D, et al. Tangential flow streaming potential measurements: Hydrodynamic cell characterization and zeta potential of carboxylated polysulfone membranes [J]. J Membr Sci, 1998, 145 (2): 211-222.

[137] Zhang Q, Jing W H, Fan Y Q, et al. An improved parks equation for prediction of surface charge properties of composite ceramic membranes [J]. J Membr Sci, 2008, 318 (1-2): 100-106.

[138] Zhang Q, Fan Y, Xu N. Effect of the surface properties on filtration performance of Al_2O_3-TiO_2 composite membrane [J]. Sep Purif Technol, 2009, 66 (2): 306-312.

[139] Gentleman M M, Ruud J A. Role of hydroxyls in oxide wettability [J]. Langmuir, 2010, 26 (3): 1408-1411.

[140] Mendret J, Hatat-Fraile M, Rivallin M, et al. Hydrophilic composite membranes for simultaneous separation and photocatalytic degradation of organic pollutants [J]. Sep Purif Technol, 2013, 111: 9-19.

[141] Goei R, Dong Z, Lim T T. High-permeability pluronic-based TiO_2 hybrid photocatalytic membrane with hierarchical porosity: Fabrication, characterizations and performances [J]. Chem Eng J, 2013, 228: 1030-1039.

[142] Zhou J, Chang Q, Wang Y, et al. Separation of stable oil-water emulsion by the hydrophilic nano-sized ZrO_2 modified Al_2O_3 microfiltration membrane [J]. Sep Purif Technol, 2010, 75 (3): 243-248.

[143] 邢卫红, 仲兆祥, 景文珩, 等. 基于膜表面与界面作用的膜污染控制方法 [J]. 化工学报, 2013, 64 (1): 173-181.

[144] Vatanpour V, Madaeni S S, Rajabi L, et al. Boehmite nanoparticles as a new nanofiller for preparation of antifouling mixed matrix membranes [J]. J Membr Sci, 2012, 401: 132-143.

[145] Vatanpour V, Madaeni S S, Moradian R, et al. Fabrication and characterization of novel antifouling nanofiltration membrane prepared from oxidized multiwalled carbon nanotube/polyethersulfone nanocomposite [J]. J Membr Sci, 2011, 375 (1-2): 284-294.

[146] Ochoa N. Effect of hydrophilicity on fouling of an emulsified oil wastewater with PVDF/PMMA membranes [J]. J Membr Sci, 2003, 226 (1-2): 203-211.

[147] Mittal P, Jana S, Mohanty K. Synthesis of low-cost hydrophilic ceramic-polymeric composite membrane for treatment of oily wastewater [J]. Desalination, 2011, 282: 54-62.

[148] Faibish R S, Cohen Y. Fouling-resistant ceramic-supported polymer membranes for ultrafiltration of oil-in-water microemulsions [J]. J Membr Sci, 2001, 185 (2): 129-143.

[149] Xue Z, Wang S, Lin L, et al. A novel superhydrophilic and underwater superoleophobic hydrogel-coated mesh for oil/water separation [J]. Adv Mater, 2011, 23 (37): 4270-4273.

[150] He H, Jing W, Xing W, et al. Improving protein resistance of α-Al_2O_3 membranes by modification with POEGMA brushes [J]. Appl Surf Sci, 2011, 258 (3): 1038-1044.

[151] Rovira-Bru M, Giralt F, Cohen Y. Protein adsorption onto zirconia modified with terminally grafted polyvinylpyrrolidone [J]. J Colloid Interface Sci, 2001, 235 (1): 70-79.

[152] Ida J, Matsuyama T, Yamamoto H. Immobilization of glucoamylase on ceramic membrane surfaces modified with a new method of treatment utilizing SPCP-CVD [J]. BioChem Eng J, 2000, 5 (3): 179-184.

[153] Tadanaga K, Katata N, Minami T. Super-water-repellent Al_2O_3 coating films with high transparency [J]. J Am Chem Soc, 1997, 80 (4): 1040-1042.

[154] Santos L R B, Belin S, Briois V, et al. Study of structural surface modified tin oxide membrane prepared by sol-gel route sintered at 400 °C [J]. J Sol-Gel Sci Technol, 2003, 26 (1-3): 171-175.

[155] Bothun G D, Peay K, Ilias S. Role of tail chemistry on liquid and gas transport through organosilane-modified mesoporous ceramic membranes [J]. J Membr Sci, 2007, 301 (1-2): 162-170.

[156] 晏良宏, 匙芳廷, 蒋晓东, 等. 疏水疏油二氧化硅增透膜的制备 [J]. 无机材料学报, 2007, 22 (6): 1247-1250.

[157] Schondelmaier D, Cramm S, Klingeler R, et al. Orientation and self-assembly of hydrophobic fluoroalkylsilanes [J]. Langmuir, 2002, 18 (16): 6242-6245.

---

[158] Krajewski S R, Kujawski W, Dijoux F, et al. Grafting of ZrO_2 powder and ZrO_2 membrane by fluoroalkylsilanes [J]. Colloids Surf, A, 2004, 243 (1-3): 43-47.

[159] Kolsch P, Sziladi M, Noack M, et al. Ceramic membranes for water separation from organic solvents [J]. Chem Eng Technol, 2002, 25 (4): 357-362.

[160] Alami Younssi S, Iraqi A, Rafiq M, et al. γ-Alumina membranes grafting by organosilanes and its application to the separation of solvent mixtures by pervaporation [J]. Sep Purif Technol, 2003, 32 (1-3): 175-179.

[161] Gao N, Li M, Jing W, et al. Improving the filtration performance of ZrO_2 membrane in non-polar organic solvents by surface hydrophobic modification [J]. J Membr Sci, 2011, 375 (1-2): 276-283.

[162] Larbot A, Gazagnes L, Krajewski S, et al. Water desalination using ceramic membrane distillation [J]. Desalination, 2004, 168: 367-372.

[163] Hyun S H, Jo S Y, Kang B S. Surface modification of γ-alumina membranes by silane coupling for CO_2 separation [J]. J Membr Sci, 1996, 120 (2): 197-206.

[164] Abidi N, Sivade A, Bourret D, et al. Surface modification of mesoporous membranes by fluoro-silane coupling reagent for CO_2 separation [J]. J Membr Sci, 2006, 270 (1-2): 101-107.

[165] Yazawa T, Kishimoto M, Inoue T, et al. Preparation of CO_2-selective separation membranes with highly chemical and thermal stability prepared from inorganic-organic nanohybrids containing branched polyethers [J]. J Mater Sci, 2007, 42 (2): 723-727.

[166] 李梅, 高能文, 范益群. 疏水陶瓷膜脱除油中水分的研究 [J]. 膜科学与技术, 2012, 32 (3): 86-90.

[167] 柯威, 高能文, 李梅, 等. 疏水性 Al_2O_3 膜表面的化学稳定性 [J]. 南京工业大学学报, 2010, 32 (6): 45-49.

[168] Su C, Xu Y, Zhang W, et al. Porous ceramic membrane with superhydrophobic and superoleophilic surface for reclaiming oil from oily water [J]. Appl Surf Sci, 2012, 258 (7): 2319-2323.

[169] Meng T, Xie R, Ju X J, et al. Nano-structure construction of porous membranes by depositing nanoparticles for enhanced surface wettability [J]. J Membr Sci, 2013, 427: 63-72.

[170] Ahmad N A, Leo C P, Ahmad A L. Superhydrophobic alumina membrane by steam impingement: Minimum resistance in microfiltration [J]. Sep Purif Technol, 2013, 107: 187-194.

[171] Jiao B, Cassano A, Drioli E. Recent advances on membrane processes for the concentration of fruit juices: A review [J]. J Food Eng, 2004, 63 (3): 303-324.

[172] Camacho L, Dumée L, Zhang J, et al. Advances in membrane distillation for water desalination and purification applications [J]. Water, 2013, 5 (1): 194-196.

[173] Gazagnes L, Cerneaux S, Persin M, et al. Desalination of sodium chloride solutions and seawater with hydrophobic ceramic membranes [J]. Desalination, 2007, 217 (1-3): 260-266.

[174] Krajewski S R, Kujawski W, Bukowska M, et al. Application of fluoroalkylsilanes (FAS) grafted ceramic membranes in membrane distillation process of NaCl solutions [J]. J Membr Sci, 2006, 281 (1-2): 253-259.

[175] Khemakhem S, Amar R B. Modification of Tunisian clay membrane surface by silane grafting: Application for desalination with air gap membrane distillation process [J]. Colloids Surf, A, 2011, 387 (1-3): 79-85.

[176] Kujawa J, Kujawski W, Koter S, et al. Membrane distillation properties of TiO_2 ceramic membranes modified by perfluoroalkylsilanes [J]. Desalin Water Treat, 2013, 51 (7-9): 1352-1361.

[177] 范益群, 唐剑雄, 邱鸣慧, 等. 一种脱氢醋酸钠的脱色精制工艺: CN 201510968041.4 [P].

第5章

渗透汽化膜与膜过程

　　渗透汽化（pervaporation，简称PV）膜分离技术是基于多元混合物各组分在膜两侧的分压差，利用其在膜中溶解扩散速率的不同，实现组分分离的一种新型膜分离技术[1]。蒸汽渗透（vapour permeation，简称VP）与PV过程极为相似，VP过程中原料液经加热蒸发以气相形态通过膜进行分离，渗透侧同样以抽真空或载气吹扫等方法维持较低的组分分压。该技术避免了PV过程中较强的浓差极化现象，在分离过程中不需要补充太多的热量以维持被分离组分的物流温度，使装置成本降低、分离效率提高。PV与VP分离技术用于有机溶剂分离不受体系汽液平衡的限制，单级分离效率高，特别适用于普通精馏难于分离或不能分离的近沸点、恒沸点混合物以及同分异构体的分离；对有机溶剂中微量水的脱除及废水中少量高价值有机污染物的回收具有明显的技术和经济优势。尽管PV涉及组分相变而VP无相变发生，但其分离原理、传递过程的基本理论及过程特点基本相同，因而本章将一并讨论这两种过程。本章将从分离原理、该技术的发展历程、典型的膜材料和应用情况等几个方面进行详细介绍。

5.1　渗透汽化膜分离技术

5.1.1　渗透汽化膜过程传质机理

　　图5-1为渗透汽化膜分离原理示意图。膜层两侧分为进料侧和渗透侧，料液在常压或高压下流经膜的一侧（进料侧），而膜另一侧（渗透侧）以抽真空或载气吹扫等方法维持在一个较低的组分分压。液体混合物原料经加热器加热到一定温度后，在一定压力下送入膜分离器，由于料液中各组分的吸附扩散性质不同，

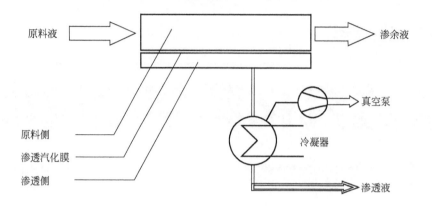

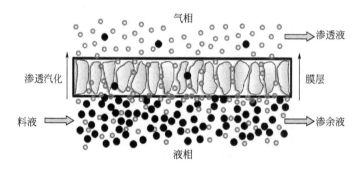

图 5-1　渗透汽化分离原理示意图

在膜两侧组分分压差（化学位梯度）的推动下，渗透速率快的组分（渗透组分）将大量透过膜层，并在透过膜的过程中发生相变，以蒸汽形式进入渗透侧，渗透过程中相变所需的相变热来源于原料液的显热，未透过的组分（渗余组分）流出膜组件。

渗透汽化膜的传质涉及渗透物和膜的结构和性质，渗透组分之间、渗透物与膜之间复杂的相互作用，由于浓差极化效应、偶合效应、溶胀效应和热效应等现象的存在，渗透汽化过程传质理论和模型研究难度相当大，涉及多学科的交叉。目前，有关渗透汽化传质理论和传质模型有经验型、半经验型和理论模型，其中常用的模型有：Binning 等[2] 提出的溶解扩散模型、Matsuura 等[3] 提出的孔流模型、Shieh 等[4,5] 提出的虚拟相变溶解扩散模型以及 Kedem[6] 为表征渗透汽化过程中的"偶合"效应提出的不可逆热力学模型等。其中，溶解扩散模型和孔流模型应用最为广泛。

Wijmans 等[7] 详细推导了溶解扩散模型，认为渗透汽化第一步溶解过程达到了平衡，是热力学过程，通过渗透组分和膜材料之间的相互作用强弱来计算膜表面的溶解度。第二步膜内扩散过程是动力学过程，该步与膜本身性质与渗透组

138 　　高性能膜材料与膜技术

分分子之间的相互作用有关，是整个渗透汽化传质过程的关键步骤。目前，主要采用各种理论和经验关联式关联扩散系数、渗透组分物性以及操作条件等参数获得扩散系数，如浓度或者活度扩散系数的经验模型、自由体积理论、双吸附模型和分子动力学（MD）模拟等。第三步在典型操作条件下，解析汽化步骤可以在较短时间内完成。溶解扩散模型获得了众多学者的关注，Ghosh[8] 将其应用于糠醛溶液的分离，Thongsukmak 等[9] 采用溶解扩散模型描述低浓度发酵液的分离，Mandal 等[10] 采用该模型分析了聚乙烯膜分离苯/异辛烷过程中的性质和参数，实验能很好地验证模型的准确性。研究发现，采用以上模型描述非溶胀膜中的渗透汽化行为是有效的，但当膜材料在渗透汽化过程中出现溶胀时，分离和扩散值将随组分浓度的变化而变化，因而需要改进传统的溶解扩散模型以适应一般的溶胀性渗透汽化膜。

孔流模型最初由 Matsuura 等[3] 提出，该模型假设渗透组分在孔道中的传输是等温操作，膜层中存在大量贯穿的柱状微小孔道，且孔道中存在一个液-气相界面。孔流模型中二元混合体系渗透汽化过程推动力为组分的饱和蒸气压和渗透侧压力之差。Okada 等[3,11] 将该模型应用于二元液体混合物的渗透汽化过程，理论值与实验值吻合较好。此外，Tyagi 等[12] 采用该模型，提出了浓差极化的影响，对浓度边界层和膜内的浓度梯度进行了预测。Chang 等[13] 结合溶解扩散模型和孔流模型对渗透汽化过程中膜内组分的浓度、压力分布以及组分的摩尔比等参数进行预测，结果与实验值吻合度较好。

溶解扩散模型与孔流模型均以膜结构特征和推动力来获得渗透通量，具有一定的局限性，即当组分间存在相互作用时，会增加模型的复杂性。二者有本质上的不同，主要差别在于：①孔流模型定义的圆柱形孔道是固定的，而溶解扩散模型认为膜中通道是高分子链随机热运动的结果；②孔流模型认为组分汽化过程是在孔道中完成的，膜内存在液-气相界面，而溶解扩散模型认为汽化过程是在膜渗透侧完成的；③孔流模型认为膜内的溶剂和溶质的浓度是恒定的，膜两侧的化学势梯度是压力梯度函数，而溶解扩散模型认为膜两侧的压力恒定，膜两侧的化学势梯度仅仅是浓度梯度的函数；④孔流模型在数学处理上更为简洁，模型参数通过实验条件下的渗透汽化实验即可获得，而要获得溶解扩散模型参数除了做渗透汽化实验外，还需做吸附和扩散实验。

近些年，对于分子筛膜渗透机理的研究及传质模型的建立已有多篇文献报道[14~16]。这些模型大多采用基于 Maxwell-Stefan 理论的溶解扩散模型，模型参数来自于实验数据拟合。Pera-Titus 等[14,17] 将 Maxwell-Stefan 理论应用于描述 NaA 分子筛膜的乙醇/水渗透汽化分离过程，采用吸附扩散机理对传质过程进行了解释。Kuhn 等[18] 考虑到 Maxwell-Stefan 理论在研究渗透汽化过程时其局部热效应在传质方面的不足，提出了一种非平衡热力学模型描述 NaA 分子筛中水在各阶段的传热和传质过程。近些年，以分子模拟为研究方法结合 Maxwell-Ste fan 理论为分子筛渗透过程及膜渗透传质模型的研究提供了一条新的思路。Yang 等[19] 采用分子模拟方法模拟了乙醇/水在 Silicalite 分子筛中的吸附和扩散行为，并利用文献推导的计算公式，预测了 303K 时水和乙醇纯组分在 Silicalite 分子筛膜上的渗透性。Kuhn 等[20] 推导了基于 Maxwell-Stefan 理论的渗透模型，并利用该模型计算了不同料液组成的甲醇/水和乙醇/水在 DD3R 分子筛中的渗透性能，其中自扩散系数计算来自 MD 模拟和过渡态理论。同时，Leppäjärvi 等[21] 基于 MS 方程构建了纯组分乙醇和水渗透通过 MFI 分子筛膜的渗透模型，其中 MS 自扩散系数通过 MD 模拟方法计算获得并与类似文献工作计算得到的自扩散系数进行了比较，渗透模型预测了纯组分在分子筛中的渗透性同时为混合组分传质模型奠定基础。

5.1.2　渗透汽化膜分离技术的发展历程

陈翠仙等[22] 于 2004 年撰写了《渗透蒸发与蒸气渗透》一书，对渗透汽化膜分离技术的发展简史进行了介绍。本书将着重阐述近年来渗透汽化膜分离技术的研究现状和发展趋势。渗透汽化膜分离技术目前主要应用于有机溶剂脱水、水中有机物的分离和有机混合物的分离三个方面。

在有机溶剂脱水方面，20 世纪初，Amoco 公司利用纤维素膜和聚乙烯膜 (PVA) 对渗透汽化过程分离烃类化合物和醇/水混合物进行了研究，建立了约 0.1m² 膜面积的间歇性渗透蒸发装置，引起了研究者的普遍关注。德国 GFT 公司在 20 世纪 70 年代开发出优先透水的聚乙烯醇/聚丙烯腈 (PVA/PAN) 复合膜，于 1982 年在巴西建立了乙醇脱水制无水乙醇的小型生产装置。随后，GFT 公司在世界范围内建造了 60 多套渗透汽化装置。20 世纪 90 年代，GFT 公司授权 Sulzer Chemtech 公司继续致力于渗透汽化技术的工业应用。但有机膜材料的通量和选择性较低，热化学稳定性较差，使其应用领域受到了限制。开发高性能的渗透汽化膜材料成为该领域的发展重点。1999 年，日本三井造船公司开发出 NaA 分子筛膜，并应用于医药、化工、微电子、食品等领域的溶剂回收。该类膜材料表现出高的渗透通量和选择性，并且具有良好的热化学稳定性，展示出良好的工业应用前景。2002 年，德国 Inocermic 公司也开发出高性能的 4 通道 NaA 型分子筛膜，并联合德国 GFT 公司进行了有机溶剂脱水工业应用的推广。目前，全球已经有 200 多套 NaA 分子筛膜分离工业装置正在运行，涉及甲醇、乙醇、异丙醇、四氢呋喃等溶剂的脱水。鉴于 NaA 分子筛膜在酸性环境下稳定性较差，国内外研究者也开发出高稳定的 T 型、CHA 型等分子筛膜，并正在进行工业放大。

在水中有机物的分离方面，早期的研究主要集中在有机膜的研制方面。例如，德国 GFT 公司、美国 MRT 公司开发的聚二甲基硅氧烷（PDMS）膜以及德国 GKSS 研究中心开发的聚醚共聚酰胺（PEBA）膜已实现产业化，应用于废水中有机污染物的去除、发酵液中乙醇的分离等；苏尔寿（Sulzer Chemtech）公司和格雷斯（Grace Davison）公司合作，开发了一种名为 S-Brane 的膜分离工艺，用于汽油脱硫过程。该工艺以催化汽油轻馏分和中馏分为原料，当硫含量为 $500\mu g \cdot g^{-1}$，在 $65 \sim 120\,℃$ 下，约 30% 的汽油透过高分子膜，其硫含量为 $1600\mu g \cdot g^{-1}$，可通过加氢过程进行进一步的脱硫处理，而被膜截留的 70% 汽油，其硫含量为 $30\mu g \cdot g^{-1}$，可直接作成品汽油的调合组分。在日本，GKSS 公司开发了一种有机膜用于脱除生化处理装置出水中的芳香族化合物；MTR 公司开发了一种卷式渗透汽化膜用于研究四氯化碳、己烷同分异构体和 I-辛烷混合液的污染物的分离；Mitsui 和 Lintec 开发了一种聚丁基丙烯酸膜，用于回收废水中的含氯溶剂。与有机膜相比，分子筛膜具有更好的分离选择性与热化学稳定性。近年来国际上对疏水分子筛膜也开展了大量的研究工作，MFI 型分子筛膜等表现出良好的醇选择分离性能，在燃料乙醇、丁醇、二甲苯分离等方面具有广阔的应用前景，目前尚未见到该类膜材料工业应用的报道，开发出高通量和良好分离选择性的膜材料是研究的重点。

有机混合物的分离是渗透汽化技术研究的难点[23]，也是目前渗透汽化膜分离技术在三大应用方向上工业化应用最少的领域。尽管 1991 年空气产品公司已建立了第一套膜分离装置用于甲醇/MTBE 的分离，但有机混合物分离的膜材料品种单一、分离性能有限制约了该技术的大规模应用[24]。目前，研究者在膜材料性能提升方面开展了大量的研究工作，涉及的膜材料包括有机材料、无机材料和有机/无机材料，其应用体系包括汽油脱硫、醇类/芳香族、芳香族/脂肪族、甲苯/庚烷、芳香族/酯环族、苯/环己烷以及异构体之间的分离。Tanihara 等人[25] 也利用聚酰亚胺/聚苯二胺共混膜分离了苯/环己烷、苯/正庚烷以及丙酮/环己烷混合物，均表现出良好的分离性能。天津大学姜忠义课题组[26] 采用添加多巴胺-纳米银粒子的 PDMS 复合膜进行汽油脱硫的研究，表现出较好的分离性能，其通量和分离因子分别比纯 PDMS 膜分别提高了 3 倍和 50%，而抗溶胀性、力学性能和耐温性能也得到显著提高。在无机膜材料方面，Jeong 等[27] 以 NaY型分子筛膜对正己烷/带支链己烷体系进行了分离，其理想选择性大于 10；Nikolakis 等[28] 采用二次生长法制备了 FAU 型沸石分子筛膜，并考察了所制备膜材料对于苯/环己烷、苯/正己烷和甲苯/正庚烷等体系的分离性能。

我国对渗透汽化膜的研究起步较晚，但发展十分迅速。清华大学自行开发出 PVA 透水膜并应用于醇水分离。2002 年，清华大学成立的山东蓝景膜技术工程有限公司暨北京蓝景膜技术工程有限公司，从事渗透汽化有机膜用于有机溶剂脱水的工业应用，在广东、山东、辽宁、四川等地已有 60 多套工业应用装置。在渗透汽化分子筛膜研究方面，目前开展研究的主要单位有南京工业大学、中国科学院大连化学物理研究所、大连理工大学、浙江大学和江西师范大学等。大连化学物理研究所开发了微波合成技术制备 NaA 分子筛膜，于 2007 年与英国 BP 公司和新加坡凯发集团就 NaA 分子筛膜的研发进行了三方合作。2003 年以来，南京工业大学对 NaA 型分子筛膜制备技术及其渗透汽化过程开展了深入的研究，形成了多项具有自主知识产权的研究成果。随后，南京工业大学联合南京九思高科技有限公司，在国家"973""863"等重点项目的支持下，对渗透汽化分子筛膜技术进行了中试放大工作，开发出分子筛膜规模化制备与渗透汽化成套装置技术。2011 年，该技术引入社会风险投资，成立了江苏九天高科技股份公司，致力于该技术的产业化推广，建成了 $10000m^2 \cdot a^{-1}$ 的管式 NaA 分子筛膜生产线，并实现了分子筛渗透汽化膜的工业应用。截至 2014 年年底，江苏九天高科技股份有限公司已在生物医药、化工等行业推广渗透汽化膜装置 50 余套，成功应用于甲醇、乙醇、异丙醇、四氢呋喃、乙腈等有机溶剂的脱水分离。

为了进一步提高分子筛膜的渗透通量，研究者对支撑体的结构进行了优化设计。目前，用于工业应用的透水分子筛膜主要采用单通道或四通道管式膜，其通量和装填密度相对较低，带来了装备投资偏高的问题。为了降低分子筛膜装备成本，人们不断探索新的膜制备方法，其中在中空纤维多孔陶瓷支撑体上制备 NaA 型分子筛膜受到人们的广泛关注。中科院大连化学物理研究所杨维慎课题组[29] 于 2004 年报道了中空纤维陶瓷支撑体上制备 NaA 型分子筛膜的研究，在三次重复合成后，膜的致密度得到明显改善。2009 年，浙江大学王正宝课题组[30] 采用浸渍-擦涂组合晶种涂覆方式，通过水热合成在中空纤维陶瓷支撑体表面制备出致密的 NaA 型分子筛膜，其渗透汽化通量是管式分子筛膜的 3 倍以上。南京工业大学顾学红课题组也开发出高通量的 T 型和 MFI 型分子筛膜[31~34]。由于膜通量与膜组件装填面积明显高于管式分子筛膜，中空纤维分子筛膜的应用将大幅度减少膜设备投资。

在水中有机溶剂脱除方面，南京工业大学联合南京九思高科技有限公司，开发出有机-无机复合膜的规模化生产技术，通过重点解决有机-无机复合膜规模化制备中的性能提高、稳定性、重复性制备等关键技术难点，研制出年产 $1000m^2$ 的自动化有机-无机复合膜流水生产线。同时进行了膜组件与成套装备的设计与开发，建成了渗透汽化优先透有机物的工业装置，成功应用于涂布印刷行业中有机溶剂的回收，并开发出内循环膜法工艺，解决大气量、低浓度有机废气难处理的问题，实现了废气零排放。该技术已经实现了工业化应用，回收反应尾气中的丙酮加以利用，回收率可达 95%，降低了原材料的损耗，同时降低了丙酮对环境的污染。

5.2　典型的渗透汽化膜材料及其应用

渗透汽化膜材料可以有多种分类方法：按照膜材质可分为有机高分子膜、无机膜和有机/无机杂化膜；按照膜结构可分为均质膜和非对称膜；按照应用体系可分为优先透水膜、优先透有机物膜（如透醇膜）和有机物/有机物分离膜。

目前，渗透汽化膜材料主要为有机高分子聚合膜，经过长期的研究与开发，已有品类繁多的商品化渗透汽化膜。例如，优先透水有机膜有瑞士 Sulzer Chemtech 公司的 PVA/PAN 复合膜、GKSS 公司的聚电解质/PAN 复合膜以及我国山东蓝景公司的改性 PVA/PAN 复合膜；优先透有机物膜有聚二甲基硅氧烷/聚丙烯腈（PDMS/PAN）复合膜；有机混合物分离膜的实例相对较少。由于有机膜材料存在易溶胀、易塑化、酸碱稳定性和热稳定性较弱等不足，并且难以同时获得高的通量和选择性，使其应用领域受到了限制。鉴于无机渗透汽化膜具有耐高温、耐酸碱且机械强度高等特性，该类膜材料在溶剂分离领域表现出更为显著的技术优势。用于渗透汽化分离的无机膜材料主要涉及分子筛膜和 SiO_2 膜等。其中，分子筛膜具有均一的孔径分布、良好的热化学稳定性，在有机溶剂分离领域表现出广泛的应用前景。目前研究较多的优先透水分子筛膜主要包括 NaA 型分子筛膜、T 型分子筛膜及 CHA 型分子筛膜，优先透有机物分子筛膜主要为全硅 MFI 分子筛膜，用于有机物分离的有 MFI 和 FAU 分子筛膜等。以下就几种典型的渗透汽化膜材料进行详细介绍。

5.2.1　透水型渗透汽化膜

有机溶剂脱水是有机溶剂生产和使用过程中的一个重要环节，2010 年我国有机溶剂的产量为 6500 万吨，2013 年其产量上升至 8000 万吨，而需求总量则高达 1 亿吨以上。高性能透水渗透汽化膜用于有机溶剂脱水表现出显著的节能减排优势，目前透水膜材料主要包括以下几种。

5.2.1.1　PVA 有机膜

聚乙烯醇（PVA）是德国化学家 Herrmann 在 1924 年首次发现的一种水溶性高分子聚合物，由于其结构规整、化学性质稳定、高亲水性、热稳定性及易成膜性而受到研究者的广泛关注。与透水型分子筛膜相比，PVA 膜具有价格低廉、膜组件装填密度高等优势，但其分离性能相对较低，该类膜材料适合大宗化学品溶剂的脱水。PVA 可直接在 RO 膜、UF 膜、MF 膜表面成膜，也可先与其他材料混合后再进行制膜，从而得到高亲水性的 PVA 膜（图 5-2）。聚乙烯醇的结构式如下：

$$\left[\!\!\begin{array}{c} H_2C-CH-CH_2-CH-CH_2-CH \\ \quad\quad OH \quad\quad\quad OH \quad\quad\quad OH \end{array}\!\! \right]_n$$

PVA 分子在水溶液中极易溶胀，从而导致低分离选择性，目前主要通过对 PVA 膜改性来提高其分离性能。对 PVA 膜改性的方法主要有化学交联、热处理、共混及接枝等。

 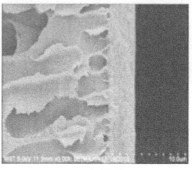

(a) 表面　　　　　　　　　　　(b) 断面

图 5-2　PVA 膜表面和断面的电镜照片

化学交联法是 PVA 膜改性中最常用的方法，由于 PVA 膜表面羟基活性较强，极易与含有羧基、醛基等官能团的化合物发生缩合反应，在分子间形成一个交联网络，从而降低膜在水中的溶胀性。常用的交联剂主要有羧酸及其衍生物、醛类化合物、无机盐等。近年来，使用水溶性聚合物进行共混改性的研究较多，特别在渗透汽化方面的研究相当广泛。由于 PVA 膜存在溶胀度和结晶度过高等问题，采用 PVA 与聚合物共混方法，可破坏 PVA 的结构规整性，影响其结晶结构，从而降低其结晶度；此外，亦可在一定程度上提高膜的耐水能力，降低 PVA 膜的溶胀度，从而提高 PVA 膜的分离性能。PVA 膜的接枝改性是将具有某些功能的基团或聚合物支链接枝到膜基体材料上，生成接枝聚合物的过程。一方面，官能团的引入赋予了膜特定性能；另一方面，新聚合物链段的引入，破坏了 PVA 膜规整的结构，有效降低了膜的结晶度，从而有利于膜通量的提高。

尽管 PVA 膜已经初步实现了工业化应用，但改性 PVA 膜本身通量较低，限制了膜的大规模应用，有效提高 PVA 膜的渗透通量是近几年来研究的重点。徐冬梅等[35] 采用将纳米 SiO_2 与 PVA 共混的方法制备出改性 PVA 膜，将其用于乙醇/水分离过程，膜的性能较原始 PVA 膜增大了 126.6% 和 50.7%。陈欢林等[36] 将合成出的水溶性丙烯酸酯共聚物与 PVA 共混，制备的 PVA/PAN 复合膜用于分离乙醇/水，在 75℃下，渗透通量＞900g•m^{-2}•h^{-1}，分离因子高达 1800。Huang 等[37] 在 PVA 中添加一系列 3A、4A、5A、NaX、NaY 等沸石制备复合膜，研究显示添加沸石到 PVA 层中可以同时增大膜的渗透通量和分离因子。Lin 等[38] 以戊二醛为交联剂，采用溶液涂覆/粒子沥滤法制备了 PVA/PAN 复合膜，在 50℃下用于 30% 己内酰胺/水的分离，渗透通量高达 2683g·m^{-2}·h^{-1}，分离因子为 250。Sue 等[39] 制备了 ZIF-8 改性 PVA 膜，用于分离乙醇/水，膜的分离因子与通量均有所提高。Xie 等[40] 使用溶胶-凝胶法制备的无机二氧化硅改性的 PVA 膜进行脱盐实验，盐截留率>99.5%，水通量达 6.93kg·m^{-2}·h^{-1}。在保证 PVA 膜分离选择性前提下，对膜进行改性，使膜渗透通量显著提高，这势必有利于 PVA 膜的大规模工业应用。

5.2.1.2 NaA 型沸石分子筛膜

根据 IUPAC，NaA 型分子筛属于 LTA 型分子筛中的一种，其化学组成通式为 $Na_{12}[(AlO_2)_{12}·(SiO_2)_{12}]·27H_2O$。构成 NaA 型分子筛骨架结构的元素是硅、铝及与其配位的氧原子，其骨架结构如图 5-3 所示。NaA 型分子筛的孔道尺寸为 0.41nm×0.41nm，其硅铝比为 1。由于该分子筛铝含量高、亲水性能好，其在有机溶剂脱水方面表现出了优异的分离选择性。典型的 NaA 分子筛膜的电镜照片如图 5-4 所示。

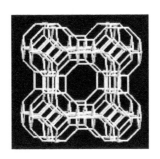

图 5-3　NaA 分子筛骨架结构图

（图片来源：http://www.iza-structure.org/）

合成 NaA 分子筛膜的方法主要有原位水热合成法和二次生长法（又称晶种法）。Zah 等[41] 采用原位水热合成的方法制备 NaA 分子筛膜，研究了晶化时间对膜微观形貌及渗透汽化性能的影响，结果表明合成 4h 最佳。原位水热合成法简单、易于操作，但该方法合成的膜层性能受支撑体表面性质影响较大，需重复合成多次才能制备出连续致密的膜。

二次生长法将成核和生长两个步骤分开进行，缩短了合成时间，更易于控制晶体生长和分子筛膜的微观结构，因此成为人们普遍采用的合成方法。在二次生长法合成 NaA 分子筛膜过程中，晶种的涂覆方式和晶种颗粒粒径对于 NaA 分子筛膜的分离性能有重要影响。对于晶种涂覆方式，国内外研究人员进行了大量的

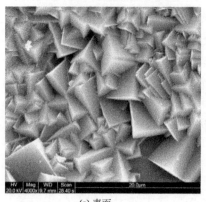

(a) 表面   (b) 断面

图 5-4　NaA 分子筛膜 SEM 照片

研究，开发出众多方法，例如浸涂法、擦涂法、真空抽吸法、错流过滤法以及联合涂晶法。Kondo 等[42] 采用浸渍提拉法在莫来石管式支撑体上制备了 NaA 分子筛膜，其渗透通量能达到 $2.08kg \cdot m^{-2} \cdot h^{-1}$，分离因子为 42000。Okamoto 等[43] 对 NaA 分子筛膜的合成进行了研究，采用真空抽吸引入晶种的方式，在 90℃下水热合成 3h 便制备了致密无缺陷的 NaA 分子筛膜层。Pina 等[44] 通过优化溶液浓度和晶种分布，制备出 $8\mu m$ 厚的 NaA 分子筛膜，其分离因子为 3600，渗透通量高达 $3.8kg \cdot m^{-2} \cdot h^{-1}$。Pera-Titus 等[45] 采用错流过滤法控制涂晶的过程，在管式支撑体内表面制备出 NaA 分子筛膜，分离因子为 16000，渗透通量高达 $0.5kg \cdot m^{-2} \cdot h^{-1}$。Liu 等[46] 研究了晶种涂覆方式对成膜性能的影响，证实采用擦涂-浸涂联合涂晶法在莫来石管式支撑体上更容易制备出高性能的分子筛膜。

传统水热合成法是通过热传导的方式传热的，而微波合成法改变了传统的能量馈入方式，因此可以迅速均匀地成核，显著降低分子筛膜的合成时间。1999 年，Han 等[47] 采用微波加热的方式原位水热合成了 NaA 型分子筛膜，该方法改变了传统的能量馈入方式，大大缩短合成的时间，制得的分子筛膜纯度高，具有较大的合成操作范围，可以依据不同的微波和水热条件控制膜层的微结构，是一种可快速制备 NaA 分子筛膜的合成方法。杨维慎教授课题组对该方法进行了深入的研究，他们采用微波加热快速制备了 $4\mu m$ 厚的 NaA 分子筛膜，晶化速率较常规水热合成提高了 10 倍以上，气体渗透表征表明，利用微波加热合成的 NaA 型分子筛膜具有和常规加热合成的 NaA 型分子筛膜相当的渗透选择性，但渗透率提高了 3～4 倍[48]。此外他们还采用微波加热的方法，在 $\alpha\text{-}Al_2O_3$ 表面迅速均匀成核，然后采用常规水热合成的方法制备了 NaA 分子筛膜，此方法避免了涂晶不均匀的问题，合成的膜用于异丙醇溶液分离时，其分离因子为 10000，渗透通量高达 $1.44kg•m^{-2}•h^{-1}$[49]。

为了降低 NaA 分子筛膜的制备成本，提高其市场竞争力，研究者不断地探索 NaA 分子筛膜的制备新技术，从支撑体的制备和膜合成的角度对 NaA 分子筛膜展开系统的研究。Kondo 等[42] 发现当使用铝含量为 65%（质量分数）的莫来石支撑体时，其更具有工业应用价值。Chen 等人[50] 以高岭土为原料采用原位烧结制备了大孔莫来石陶瓷膜支撑体，进一步降低了支撑体的制备成本。在膜制备方面，Sato 等[51] 通过优化涂膜液浓度和晶种分布，制备出 $5\mu m$ 厚的 NaA 分子筛膜，其渗透通量高达 $5.6kg•m^{-2}•h^{-1}$。Yang 等[46,52,53] 采用擦涂浸涂结合的方法在管式莫来石支撑体上涂覆球磨晶种，制备出高性能的 NaA 分子筛膜，有效缩短了合成时间并大大提高了膜合成的重复性。杨占照等人[54] 通过转动合成方式利用二次生长法在管式氧化铝支撑体内表面合成了高性能的 NaA 分子筛膜。最近，研究者们尝试在中空纤维上合成高性能 NaA 分子筛膜，以提高膜的通量。Wang 等[30] 在氧化铝中空纤维支撑体上成功制备出 NaA 分子筛膜，75℃时分离 90%（质量分数）乙醇溶液，其渗透通量可达 $9.0kg•m^{-2}•h^{-1}$。

针对 NaA 型分子筛膜在实际应用过程中稳定性的问题，Li 等[55] 研究了 NaA 分子筛膜在渗透汽化过程中的水热稳定性，发现在较高含水量体系中，NaA 分子筛膜分子筛颗粒间的类似无定形结构遭到了破坏，从而随着时间的延长 NaA 分子筛膜的分离性能逐步下降，且含水量越高下降速度越快，这表明 NaA 分子筛膜不适宜于高含水量体系液体渗透汽化脱水。Hasegawa 等[56] 研究了 NaA 分子筛膜在渗透汽化过程中的酸稳定性，结果表明在原料液中加入少量硫酸对 NaA 分子筛膜具有明显的破坏作用。NaA 分子筛晶体先与硫酸发生水解反应生成无定形物质，继而逐步溶解于溶液中，导致 NaA 分子筛膜分离性能迅速下降。Yu 等人[57] 研究了盐及 pH 值对 NaA 分子筛膜在渗透汽化过程中稳定性的影响，结果表明，盐的存在对膜的稳定运行不利，NaA 分子筛膜需要在中性环境下运行。

通过控制原料的性质，NaA 分子筛膜在溶剂脱水应用中已实现了不少工业应用。例如，医药工业上常采用加盐萃取精馏的方法对乙醇进行回收利用，但该方法能耗较高、会对环境造成污染，分离的同时也会对装置造成严重的腐蚀。浙江某企业采用 $3000t•a^{-1}$ 的 NaA 分子筛膜渗透汽化装置替代该技术回收乙醇溶剂，可将 90%（质量分数）的乙醇废溶剂提纯至 99.5%（质量分数）以上，操作成本可由萃取精馏的 549 元•t^{-1} 降至 259 元•t^{-1}。头孢菌素生产过程中常使用异丙醇作为溶剂，采用 NaA 分子筛膜技术替代传统的片碱法同样具有降低成本、减少污染等优点，本书在第 10 章将对该案例进行详细介绍。在丙酮加氢反应制备异丙醇的生产过程中亦可采用 NaA 分子筛膜脱水技术，以打破精馏塔塔顶的异丙醇-丙酮-水的三元共沸体系，从而提高丙酮转化率和异丙醇产率。该技术已在江苏某企业得到成功应用，取得了良好的经济效益。传统乙酸氨化反应制乙腈过程中需多级蒸馏方式脱水以获得高纯的乙腈产品；江苏某企业将 $10000t \cdot a^{-1}$ 的分子筛膜脱水技术引入该过程中，将 78%（质量分数）的乙腈水混合物提纯至 99.5%（质量分数），渗透物中水含量大于 99%（质量分数）；整个分离过程每吨乙腈的蒸汽消耗量从多级蒸馏的 $4t \cdot t^{-1}$ 降至 $1.6 \sim 2t \cdot t^{-1}$，显著降低了企业的生产成本。格氏反应中常采用四氢呋喃作为溶剂，反应后以萃取蒸馏的方式实现四氢呋喃的回收利用；江苏某企业以 $1200t \cdot a^{-1}$ 的分子筛膜脱水装置替代多级萃取精馏装置，可将 95%（质量分数）的四氢呋喃脱水至 99.97%（质量分数）；反应产物分离过程中的蒸汽消耗量由原来的 $2 \sim 2.5t \cdot t^{-1}$ 产品降至 $1.2 \sim 1.5t \cdot t^{-1}$ 产品；分离塔器由 4 个减至 2 个；产率由 85% 提高至 94% 以上；渗透汽化膜分离工艺有效地避免了萃取剂等废物的污染。

5.2.1.3　T型沸石分子筛膜

T型沸石分子筛膜的硅铝比为 $3 \sim 4$，具有良好的耐酸性能和水热稳定性，因而受到了广泛的关注。T型分子筛是菱钾沸石（OFF）和毛沸石（ERI）的无序共生晶体，一般菱钾沸石占 60%～97%，其余为毛沸石。毛沸石和菱钾沸石均属六方晶系，骨架结构均由钙霞石笼和六棱柱组成，只是排列方式不同。毛沸石沿 c 轴方向具有三维柱状孔，其空腔约为 $1.3nm \times 0.63nm$，其主晶孔道为八元环结构，孔道直径为 $0.36nm \times 0.52nm$；菱钾沸石在 c 轴方向形成 $0.63nm$ 的无阻碍十二元环孔道，但是该孔道被毛沸石笼的六元环堵塞，菱钾沸石的有效孔为 a 轴方向上的八元环，其骨架结构如图 5-5 所示。因此，T型分子筛膜（图 5-6）的有效孔径为 $0.36nm \times 0.52nm$，与大多数有机溶剂和气体分子的动力学直径相当，可利用其分子筛分特性实现物质的分离。

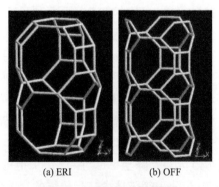

(a) ERI　　　　(b) OFF

图 5-5　T型分子筛骨架图

（图片来源：http://www.iza-structure.org/）

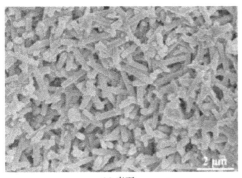
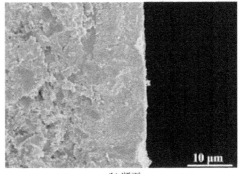

(a) 表面   (b) 断面

图 5-6　T 型分子筛膜 SEM 照片

　　Zhou 等[58]　研究了 T 型分子筛膜在 pH＝3 的 90％（质量分数）乙醇/水溶液（含醋酸）中的稳定性，在 65℃下稳定运行 140h，渗透侧水含量均＞99％（质量分数）。Cui 等[59]　在 75℃下，考察了醋酸/水体系中水含量对 T 型分子筛膜渗透汽化性能的影响，运行 7 天后，再对其进行 90％（质量分数）乙醇/水体系的渗透汽化表征，其渗透汽化通量和分离因子分别下降 67％和 44％，这可能是醋酸分子吸附在 T 型分子筛孔道内造成的；但将 T 型分子筛膜在 27℃下，用 $0.1mol \cdot L^{-1}$ 盐酸水溶液浸泡 1 天，其分离因子却下降了 94％，说明 T 型分子筛膜不适用于含强酸体系的分离。另外，Zhou 等[60]　对 T 型分子筛膜的水热稳定性进行了考察，65℃下在 20％（质量分数）乙醇/水溶液中运行 164h，其渗透汽化性能基本不变；而 NaA 型分子筛膜在 20％（质量分数）乙醇/水溶液中运行 6h后，其渗透汽化性能几乎完全丧失[61]。

　　目前 T 型分子筛膜主要采用二次生长法制备，首先在多孔支撑体表面涂覆一层 T 型分子筛晶种，然后经水热合成形成致密的分子筛膜层。支撑体表面涂覆晶种的均匀程度和涂覆量直接影响膜的质量，T 型分子筛晶种的负载方式主要有浸渍提拉法和擦涂法。浸渍提拉法操作相对简单、晶种覆盖均匀，而且通过控制晶种悬浮液的条件还可以获得取向的晶种层。Zhou 等[58]　通过调节晶种悬浮液 pH 值，利用浸渍提拉法在 α-Al_2O_3 管式支撑体表面涂覆了 a&b 取向的 T 型分子筛晶种层，经微波辅助合成制得了不同取向的致密膜层。Cui 等[59]　利用擦涂法在单通道莫来石支撑体表面涂覆晶种，在 100℃下水热合成 30h，制备了厚度为 $20 \sim 30 \mu m$ 的 T 型分子筛膜层。Zhou 等[60]　利用原位水热合成法在 α-Al_2O_3 管式支撑体表面合成了一层均匀分散但并不连续的晶种层，晶种的平均粒径为 800nm，然后经二次合成制得了 $5 \sim 6 \mu m$ 厚的致密膜层。为了提高 T 型分子筛膜的渗透通量，Chen 等[62]　采用变温热浸渍的方法涂覆晶种，对于 90％

（质量分数）的乙醇/水和异丙醇/水混合物，所制得的膜在75℃时渗透通量分别可达2.12kg·m^{-2}·h^{-1}和2.52kg·m^{-2}·h^{-1}；Wang等[31]以YSZ中空纤维作为支撑体，通过二次生长法制备了T型分子筛膜，75℃时对于90%（质量分数）的异丙醇/水混合物，其水的渗透通量可达7.36kg·m^{-2}·h^{-1}，分离因子大于10000。

T型分子筛膜具有良好的耐酸性能和亲水性能，不仅是酸性体系渗透汽化脱水的理想膜材料，而且在渗透汽化膜反应器中具有潜在的应用前景。Tanaka[63]、Zhou[64]等人分别研究了T型分子筛膜在渗透汽化耦合酯化反应中的应用。反应过程中，T型分子筛膜不断将体系反应产生的水脱除，打破了化学平衡的限制，实现原料的100%利用。受化学平衡的限制，110℃下乙酸与正丁醇的酯化反应，乙酸转化率仅为68%；T型分子筛膜与该反应耦合以后，4.5h后便实现乙酸的100%转化。

5.2.1.4　CHA型沸石分子筛膜

CHA型沸石分子筛膜的硅铝比为2～∞可调，具有良好的耐酸性和水热稳定性，同时，因其孔径大小类似于NaA分子筛，其表现出较高的渗透通量，因而受到了广泛的关注。CHA型沸石分子筛膜为三维孔道结构，其骨架由双六元环和cha笼构成，其主晶孔道为八元环结构，孔道直径为0.38nm×0.38nm，与大多数有机溶剂和气体分子的动力学直径相当，可利用其分子筛分特性实现物质的分离，其骨架结构如图5-7所示。

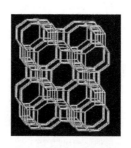

图5-7　CHA分子筛骨架结构图

（图片来源：http://www.iza-structure.org/）

Yamanaka等人[65]采用BTMaOH为模板剂，成功制备了高硅型CHA分子筛及分子筛膜。研究表明，其制备的CHA分子筛对硫酸、盐酸及硝酸等强酸均有较高的耐受性能，而使用该模板剂制备的CHA分子筛膜在50%（质量分数）乙酸脱水中也表现出了良好的稳定性和较高的渗透通量。Sato等人[66]采用TMAdaOH为模板剂，批量化制备了取向性高硅CHA分子筛膜，所制备的膜在异丙醇脱水及NMP脱水中均表现出了高的渗透通量和分离选择性。虽然高硅型CHA分子筛膜表现出较高的渗透通量和稳定性，但是由于需要使用昂贵的模板剂，成本高，限制了其发展。为降低膜的生产成本，Hasegawa 等[67~70] 采用硝酸锶为结构导向剂，在不使用有机模板剂的条件下成功制备了高铝型 CHA 分子筛膜，其制备的 CHA 分子筛膜除了具有较高的渗透通量和选择性，还具有较高的稳定性。根据 Hasegawa 等[67] 的实验，CHA 分子筛膜可以在 pH＝2 的含盐酸的乙醇溶液中运行 10h 以上。Li 等[71] 在 KOH 体系中制备了高铝型 CHA 分子筛膜，其表现出较高的分离性能。Zhou 等[72] 采用异相 T 型分子筛为晶种诱导，在不添加模板剂的条件下，制备了纯相 CHA 分子筛膜，使用该方法可以有效避免杂晶的形成，从而有利于提高膜的分离性能及稳定性。为了提高 CHA 分子筛膜制备的重复性，南京工业大学顾学红课题组采用球磨晶种，成功制备了纯相 CHA 分子筛膜，该方法有效避免了杂晶的形成，同时所制备的 CHA 分子筛膜表现出了良好的分离性能及酸稳定性，其可在 pH 为 3 左右的酸性有机溶剂中连续运行 250h 以上而保持良好的稳定性。目前，部分文献报道的 CHA 型分子筛膜渗透汽化性能如表 5-1 所示。

表 5-1　CHA 型分子筛膜渗透汽化性能

支撑体	壁厚/mm	体系	通量/kg·m⁻²·h⁻¹	分离因子	参考文献
莫来石	1.5	乙醇/水	2.2	3900	[72]
莫来石	1.5	异丙醇/水	2.93	1800	[68]
α-氧化铝	0.2	乙醇/水	2.9	100000	[69]
α-氧化铝	0.28	乙醇/水	14	＞10000	[69]

5.2.2　透醇型渗透汽化膜

随着工业的发展以及人们对非化石燃料的需求不断增加，生物质燃料的开发应用受到广泛的重视。一般来说，使用生物质发酵的乙醇或丁醇，其含量往往较低，采用传统的精馏等手段不仅开发成本高，且容易对发酵乙醇微生物产生影响。利用透醇型渗透汽化膜提纯生物乙醇或丁醇，不但降低了分离成本，而且能够显著提高发酵效率。透醇型渗透汽化膜具有亲有机物而疏水的性能，利用醇类物质易吸附于膜表面并透过膜材料而水不吸附的原理实现醇与水的分离。目前，透醇类渗透汽化膜主要包括沸石分子筛膜、有机膜和混合基质膜等。其中，沸石分子筛膜主要为 MFI 型沸石分子筛膜，有机膜主要为 PDMS 膜等，混合基质膜主要为掺杂无机纳米粒子的 PDMS 或 PEBA 膜。

5.2.2.1　MFI 型沸石分子筛膜

MFI 型沸石分子筛具有三维十元环孔道结构，主要包括 0.51nm×0.55nm

的正弦型孔道（a取向）；0.53nm×0.56nm 的直线型孔道（b取向）以及连接两者的孔道（c取向），其结构示意图如图 5-8 所示。MFI 分子筛主要分为两类：一类分子筛骨架中含有铝，而另一类分子筛骨架中不含铝，即全硅的分子筛材料。人们将含铝与不含铝的 MFI 分子筛分别命名为 ZSM-5 和 Silicalite-1 分子筛。其中，全硅的 MFI 分子筛膜具有极强的疏水性，在脱除水中有机物方面具有很好的应用前景。

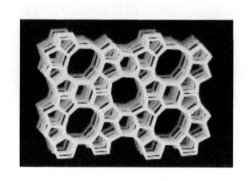

图 5-8　MFI 分子筛骨架图

（图片来源：http://www.iza-structure.org/）

　　1994 年，Sano 等[73] 最早将 Silicalite-1 分子筛膜用于乙醇/水溶液的渗透汽化分离，对于 60℃，5％（体积分数）的乙醇/水溶液，膜的分离因子达到 58，但通量只有 0.76kg•m^{-2}•h^{-1}。随后，Lin 等人[74] 采用晶种法在 α-Al$_2$O$_3$ 支撑体上制备出 Silicalite 分子筛膜，对于 60℃，5％（质量分数）的乙醇/水溶液，其通量达到 1.8kg•m^{-2}•h^{-1}，分离因子为 89。Chen 等人[75] 在管式莫来石支撑体上合成 Silicalite 分子筛膜，并用于丙酮/水和甲基乙基酮/水的渗透汽化分离，在 30℃时，1％（质量分数）丙酮溶液和 5％（质量分数）甲基乙基酮的通量和分离因子分别达到了 0.20kg•m^{-2}•h^{-1}、934 和 0.25kg•m^{-2}•h^{-1}、32000。

　　目前 MFI 型分子筛膜的合成大多使用 α-Al$_2$O$_3$ 或莫来石支撑体，在合成和热处理过程中，支撑体中的 Al 元素会渗透到分子筛的骨架中，导致膜的疏水性降低，从而导致膜的分离性能较差。为了减小 Al 元素渗透对膜疏水性的影响，研究者们进行了多方面尝试。Sano 等[73] 采用不锈钢支撑体合成 Silicalite-1 分子筛膜，但由于支撑体与分子筛膜层的热膨胀系数不匹配，在煅烧过程中膜层会出现破裂。Liu 等[76] 在管式多孔不锈钢支撑体内表面合成了 Silicalite 分子筛膜，并将其用于甲醇/水、丙酮/水溶液的渗透汽化分离，发现对于甲醇/水体系，膜的通量高但分离因子低，而对于丙酮/水体系则相反。Chen 等[77] 采用两步原位水热法在 SiO$_2$ 管式支撑体上合成了 Silicalite-1 分子筛膜，尽管膜的分离性能得到了提高，但膜的通量极低。

为了提高 MFI 分子筛膜的渗透通量，需要减小膜层和支撑体的传质阻力。Soydas 等[78] 采用了合成液循环的方法在 $\alpha\text{-}Al_2O_3$ 支撑体上合成了超薄的 MFI 型分子筛膜，膜的厚度仅 $1\sim2\mu m$，将其用于 85℃、5%（质量分数）的乙醇/水溶液的渗透汽化实验，其通量为 $1.9kg\cdot m^{-2}\cdot h^{-1}$，分离因子为 23。Danil 等[79] 在 $\alpha\text{-}Al_2O_3$ 支撑体上采用 50nm 的小晶种在 100℃ 的低温下合成了膜厚仅为 $0.5\mu m$ 的 MFI 型分子筛膜，在 60℃ 时，该膜对 5%（质量分数）乙醇/水表现出极高的渗透通量，高达 $9kg\cdot m^{-2}\cdot h^{-1}$，但分离因子仅为 5。由于膜层厚度减小，支撑体元素对膜层亲疏水的影响变得尤为突出，采用无铝的支撑体制备超薄的 MFI 分子筛膜是发展趋势。

另外，研究者也尝试在减少支撑体的阻力。Sebastian 等人[80] 采用微波合成法在氧化铝毛细管上制备了双面 MFI 型分子筛膜，并将膜用于 65℃ 下 5%（质量分数）的乙醇/水溶液渗透汽化分离实验，膜的通量为 $1.5kg\cdot m^{-2}\cdot h^{-1}$，分离因子达 54。Shan 等[81] 在 $\alpha\text{-}Al_2O_3$ 中空纤维支撑体上合成高通量 MFI 型分子筛膜，在 75℃ 时，其对 5%（质量分数）的乙醇/水溶液的渗透通量达到 $5.4kg\cdot m^{-2}\cdot h^{-1}$，分离因子为 54。Shu 等人[33] 在 YSZ 中空纤维支撑体上合成了 MFI 型分子筛膜，避免了含铝支撑体对膜层性质的影响，所制备的膜在 60℃ 下用于 5%（质量分数）的乙醇/水溶液分离，通量高达 $7.4kg\cdot m^{-2}\cdot h^{-1}$，分离因子达 47。

5.2.2.2 PDMS 膜

聚二甲基硅氧烷（PDMS，又称为硅橡胶）是一种最具代表性的优先透有机物膜材料。迄今为止，PDMS 膜被广泛用于生物燃料制备、水中少量有机物回收、VOCs 治理、汽油脱硫、有机物-有机物分离、反应耦合等多个领域。均质 PDMS 膜用于渗透汽化分离过程中，存在选择性差、力学稳定性差和浓差极化现象等缺点。为提高其性能，拓宽其应用领域，对 PDMS 膜的改性研究已成为国内外膜科学技术研究、开发的热点。理想的渗透汽化膜都具有较高的选择性、较大的渗透通量以及良好的机械强度和化学稳定性，而单一的均聚物膜往往不能同时满足上述要求，因此有必要开发新型高分子膜材料或对原有膜材料进行物理或化学改性，以改善膜的综合性能。为了提高 PDMS 膜的选择性、渗透通量和力学性能，需要对 PDMS 膜进行材料或结构的改性以得到理想的 PDMS 膜，常用的改性方法有交联、共聚、表面改性、掺杂等。

交联反应是在聚合物分子的活泼位置上，两个大分子之间生成一个或多个化学键的反应，使得线性大分子或有轻度支化的线性大分子形成三维网状结构。未交联的 PDMS 聚合物对于有机溶剂的亲和性较强，易导致其过度溶胀，从而增大膜的自由体积，使得体积较小的水分子较容易通过，降低膜的选择性。对

PDMS 膜进行交联，可以有效地改善膜的稳定性，并且交联密度对膜分离性能有着显著的影响。

共聚是指两种或两种以上的高分子活性端之间发生化学反应，生成无规则共聚物、交替共聚物、嵌段共聚物、接枝共聚物和等离子体聚合物等。由于共聚主要发生在 PDMS 的非晶区，因此会导致 PDMS 的自由体积减小，使溶剂在膜中的扩散速率下降，而被分离组分的扩散速率由于其与接枝单体的溶度参数相近而得以提高。目前，用于制备 PDMS 共聚膜的聚合物主要有聚苯基丙炔（PPP）、聚三甲基硅丙炔（PTMSP）等。除此之外，互穿网络聚合物也可用于制备优先透醇膜材料，用以改善 PDMS 膜材料的不足。以聚二甲基硅氧烷-聚苯乙烯（PDMS-PS）互穿网络为分离层的复合膜，当进料液乙醇浓度在较低范围内时，复合膜为优先透醇膜；而乙醇浓度较高时，却转变为优先透水膜。该转变可能是由于乙醇浓度升高，醇羟基使得憎水性膜表面转变为亲水性，增加了膜表面对水分子的吸附造成的。

表面改性法具有使改性反应限制在材料表面和反应点密度高等优点。用 γ 射线在低温下照射膜表面，产生的自由基可以保持一定的活性，将此膜放在选定的单体中，就可以进行接枝共聚反应。近年来，采用表面紫外线对膜进行改性吸引了许多人的注意，同 γ 射线相比，紫外线的穿透能力差，故反应只在表面进行，本体受到的影响小，而且紫外线源及设备成本低，可连续操作[22]。此外，还可以使用等离子体处理法、表面交联法对膜表面进行改性处理。Miyata 等[82] 尝试在包含 PDMS 相和聚甲基丙烯酸甲酯相的具有微相分离结构的膜中加入含氟的接枝共聚物对膜进行疏水表面改性。接触角测量和 X 射线能谱分析表明，含氟共聚物的加入使膜表面形成疏水层。透射电子显微镜分析表明，当加入的含氟共聚物低于 1.2%（质量分数）时，不影响微相分离膜的结构；当其大于 1.2%（质量分数）时，连续的 PDMS 相会变为不连续的 PDMS 相。

此外，为实现工业应用，PDMS 膜需制备成复合膜的形式，以保证较高的渗透通量和足够的机械强度。针对有机支撑的渗透汽化复合膜通量较低、稳定性较差的不足，南京工业大学金万勤课题组提出一种新型的有机/无机复合渗透汽化膜材料体系[83]。如图 5-9 所示，该复合膜是通过溶液浸渍-提拉法，在多孔陶瓷支撑体表面复合一层致密超薄的聚合物分离层制备而成的，可同时利用无机陶瓷膜良好的化学、机械和热稳定性以及致密超薄聚合物分离层的高渗透性和选择性，获得高而稳定的渗透汽化分离性能。采用曲面响应法优化了支撑体预处理工艺、涂膜液配方、涂膜参数等制膜条件，系统地研究了支撑体微结构与表面性质、高分子溶液的组成以及涂覆工艺对复合膜微结构与性能的影响[84]。开发了以商品化的管式大孔陶瓷滤膜为支撑体，一步法即可制备高性能的 PDMS/陶瓷

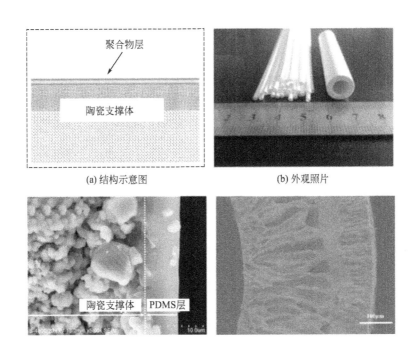

(a) 结构示意图   (b) 外观照片

(c) 管式断面电镜图   (d) 中空纤维式断面电镜图

图 5-9　有机-无机复合膜[90]

复合膜[85]。对于 40℃的 5％（质量分数）乙醇-水溶液，膜的分离因子为 6.5～8.5，总通量可达 1.5～4.5kg·m^{-2}·h^{-1}。与文献相比，该复合膜在通量方面具有较大优势，这将有利于降低膜的投资成本。此外，为提高膜的装填面积，降低支撑体的传质阻力，采用中空纤维多孔陶瓷膜为支撑体，制备了中空纤维 PDMS/陶瓷复合膜，可将膜的通量进一步提高 1 倍左右[86]。

为了深入研究有机-无机复合膜的界面行为，该课题组开发了一种基于纳米压痕技术的原位表征方法[87]。研究发现，PDMS 涂膜溶液黏度与陶瓷支撑体表面粗糙度是决定 PDMS 分离层与陶瓷支撑层之间界面结合力的关键参数。与采用有机膜为支撑体的 PDMS 复合膜相比，PDMS/陶瓷复合膜的过渡层中存在"受限溶胀"效应，可有效抑制 PDMS 分离层因温度、浓度或溶剂环境导致的过度溶胀。这不仅有利于 PDMS/陶瓷复合膜获得较高的分离性能，还可以保证 PDMS 膜层与支撑层之间良好的界面结合力，使得 PDMS 复合膜在实际应用过程中保持良好的结构和操作稳定性。

5.2.2.3　混合基质膜

从渗透汽化的溶解-扩散传质机理出发，向聚合物基质中添加对醇类等有机物具有优先吸附或扩散特性的功能组分制备而成的有机-无机复合型膜材料，即所谓的混合基质膜，这是提高透醇膜通量和选择性的有效途径之一。图 5-10 为渗透汽化分离膜性能与成本之间的关系。现有的聚合物膜相比无机膜性能较低，但具有良好的可加工性且成本较低；无机膜由于其出色的分子筛分效率和低传质阻力，分离性能很高，但因制备工艺复杂、成本高，至今未能得到大规模工业应用。混合基质膜则可很好地集成两者的优势，巧妙地利用了无机材料优异的吸附（溶解）选择性和扩散选择性以及聚合物的良好加工性能，通过一种低成本却高效的途径，得到高分离性能的致密膜，其被认为是未来最有发展潜力的膜材料之一。

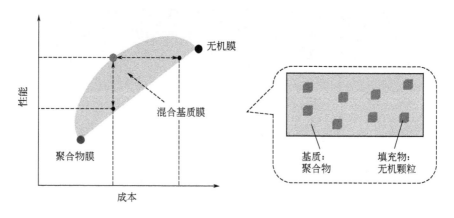

图 5-10　渗透汽化分离膜性能与成本之间的关系

目前研究较多的功能组分为无机纳米粒子，如疏水型分子筛和 MOF 等，聚合物膜材料通常为 PDMS、PEBA（聚醚酰胺嵌段共聚物）。制备混合基质膜的关键在于功能组分在聚合物基质中的均匀分散，以及功能组分与聚合物基质界面形貌的有效控制。为了获得高性能的混合基质透醇膜，通常选择尺寸尽量小的纳米粒子以降低分离选择层的厚度，提高膜通量。但同时，纳米粒子尺寸越小，越容易在铸膜液和膜层中发生团聚。因此，需要根据匹配添加的功能组分与聚合物基质之间的物化性质，或通过表面改性等方式，提高两者的相容性，获得致密无缺陷的高质量混合基质膜。

针对混合基质膜中无机粒子难分散的瓶颈问题，南京工业大学金万勤课题组提出了一种表面接枝/涂覆的无机粒子分散方法，通过接枝在疏水性 ZSM-5 分子筛表面的长链烷基与高分子链之间的相互缠绕作用，显著提高无机粒子与聚合物的相容性与界面结合力，使得分子筛均匀地分散于 PDMS 基质中，制备了致密、无缺陷的高分散性 PDMS 混合基质膜 [图 5-11(a)]。利用疏水性分子筛对乙醇分子的选择性吸附与扩散作用，将膜对乙醇的分离因子提高了 1 倍[88]。此外，他们通过在有机-无机界面构建分子作用力，设计了一种有序调节膜自由体积的策略，实现对分子传输通道的有效调控。分子动力学模拟研究表明，引入纳米粒子，提高了聚合物分子链之间的分子内部作用力，同时又增加了分子链的自扩散系数，即提高了分子链的运动性。在分子内部以及分子之间的相互作用力驱动下，膜的大自由体积部分增加，小自由体积部分减小，从而有利于丁醇分子扩散系数与扩散选择性的提高，获得了突破"通量-选择性"限制关系（trade-off）的高性能混合基质膜，同时将 PDMS 膜的渗透性和选择性分别提高 4 倍和 1 倍，并将已报道优先透有机物膜对丁醇的渗透性提高了 1 个数量级［图 5-11(b)］[89]。

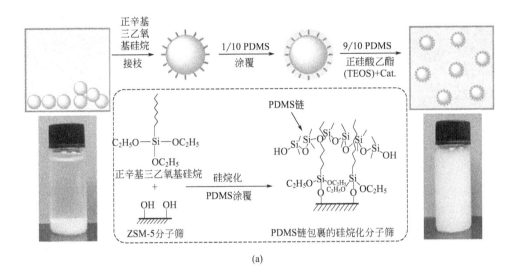

(a)

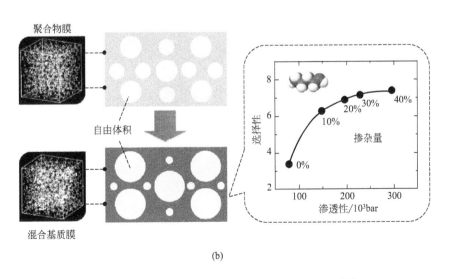

(b)

图 5-11　表面接枝/涂覆法制备高分散性 PDMS 混合基质膜（a）[88] 和分子作用力调控 PDMS 混合基质膜自由体积以同步提高膜对丁醇的渗透性与选择性（b）[89]

MOF 是由过渡金属离子与有机配体通过络合作用而自组装形成的微孔金属有机配位聚合物，属于新一代无机微孔膜材料。与分子筛相比，MOF 兼有有机材料和无机材料的特性，结构多样，性能优异，比表面积大、孔径可调，在混合基质膜领域展现出良好的应用前景。相比其他类型的 MOF 材料，ZIF-8 因其合成条件温和、疏水性强、稳定性高，成为透醇型混合基质膜的研究热点。将纳米级 ZIF-8 颗粒均匀掺杂在硅橡胶（polymethylphenylsiloxane，PMPS）中，利用 ZIF-8 的高吸附选择性和 3D 传输通道，制备了性能优异的优先透有机物的 ZIF-8/PMPS 混合基质膜，其在异丁醇/水体系中具有很高的渗透通量[90]。为在高掺杂量下制备无缺陷的混合基质膜，北京工业大学张国俊等提出了一种同步喷涂 ZIF-8/PDMS 悬浮液和交联剂/催化剂溶液自组装制备 ZIF-8/PDMS 混合基质膜的方法（图 5-12）。当 ZIF-8 掺杂量为 40％（质量分数），PDMS 膜对正丁醇的选择透过性被大幅度提高：在 80℃ 的 1％（质量分数）正丁醇水溶液进料条件下，总通量为 $4.8 \text{kg} \cdot \text{m}^{-2} \cdot \text{h}^{-1}$，分离因子为 81.6。

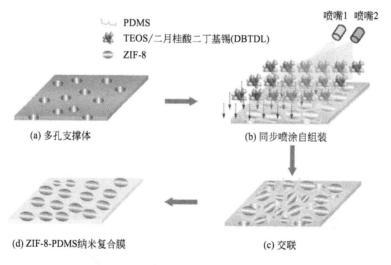

图 5-12　同步喷涂自组装制备 ZIF-8/PDMS 混合基质膜[91]

5.2.3　有机物/有机物分离渗透汽化膜

近年来，随着石化行业的迅速发展，醇/酯、醇/醚、芳烃/烷烃和同分异构体等有机溶剂混合物的分离纯化过程也越来越受到人们的重视。工业上所采用的方法普遍存在操作流程长、能耗高等缺点，亟需技术上的革新，渗透汽化膜分离技术是近些年研究者们普遍认可的一项新型技术，目前研究最多的膜材料主要包括有机 PDMS 膜和无机分子筛膜。

5.2.3.1 有机膜

在有机物分离应用过程中，有机膜由于其具有成膜性好、易于操作、价格便宜等优点而被广泛研究。但是，该类膜材料也存在抗溶胀性能较差、分离性能较低等问题，影响了有机膜材料在有机物分离工业化过程中的应用。针对这些缺点，研究者开展了大量的研究工作。

目前，已有多种膜材料用于有机物的分离，例如：聚乙烯膜、聚酰亚胺膜、聚氨酯膜、热重排聚合物膜、聚丙烯腈膜、聚电解质膜、聚二甲基硅氧烷膜、离子交换膜等。南京工业大学的金万勤课题组采用 PDMS 复合膜分离碳酸二甲酯/甲醇共沸体系，通过优化条件可以将 30% 的碳酸二甲酯浓缩到 60% 左右，成功打破了碳酸二甲酯/甲醇的共沸体系，通过与精馏操作相结合，以较低的能耗实现碳酸二甲酯与甲醇的相互分离，在两星期的连续实验中，膜分离性能稳定[92]。Lang 等[93] 采用氯碱工业中再生的氟离子交换膜进行碳酸二甲酯/甲醇的分离，当甲醇浓度从 10%（质量分数）增加到 70%（质量分数）时，分离因子从 10 降低到 2.8，通量从 1.5kg•m^{-2}•h^{-1} 增加到 3.4kg•m^{-2}•h^{-1}。美国 EXXON 公司开发了聚酰亚胺/脂肪族聚酯共聚物膜在高温下分离芳烃/脂肪烃混合物的工艺，以及聚脲/脲烷共聚物的中空纤维膜用于芳烃/脂肪烃混合物的分离工艺[24]。苏尔寿公司开发了溶剂选择性商品化膜 PERVAP$^®$ 2256 用于甲醇/甲基叔丁基醚（MTBE）和乙醇/ETBE 的工业化分离，取得了一定的效果[94]。

为了进一步提高有机物膜的分离性能，并考虑到有机物之间的分离主要通过渗透汽化膜对有机物之间相互亲和性能的不同而实现分离的机理，清华大学李继定课题组通过计算溶解度参数的方式来设计选择膜材料，取得了良好的分离结果。他们在进行汽油脱硫的研究过程中，通过对二十多种聚合物材料进行了溶解参数差的计算，最终得到三氟乙氧基取代聚磷腈（PTFEP）的溶解度参数与噻吩最接近。以 PTFEP 制备的渗透汽化膜进行汽油脱硫时，其硫的浓缩倍数可以达到 15.69。Freeman 课题组在这一领域也做了大量的研究，他们通过研究不同的膜结构来考察其对芳香族/脂肪族化合物分离性能的影响，研究发现双氨基-9,9-双（4-氨基苯基）芴（FDA）和 2,3,5,6-四甲基-1,4-苯二胺（4MPD）与双酐 2,3,5,6-四甲基-1,4-苯二胺（DSDA）和 3,3′,4,4′-二苯甲酮四羧酸二酐（BTDA）聚合时，其分离因子最高，在分离 80℃、40.9% 的甲苯/正庚烷混合物时，分离因子可达 11.5，渗透性为 0.585kg•μm^{-1}•m^{-2}•h^{-1}[95]。通过对聚合物材料的修饰来提高膜的分离性能也是研究人员关注的重点。以壳聚糖材料为例，研究者已经研究了不同化合物的化学改性以增强其分离性能，例如：双醛淀粉、硫磺酸、环氧氯丙烷、氨基硅烷等。当壳聚糖与氨基硅烷进行交联时，在 30℃，共沸的甲醇/碳酸二甲酯分离时，分离因子可达 49，通量为 890g•m^{-2}•h^{-1}，远高于纯的壳聚糖膜或是以硫酸交联的壳聚糖膜的分离性能[96]。Chen 等[97] 通过在聚乙烯醇中添加 β-环糊精，并采用戊二醛作为交联剂制备了渗透汽化膜，用于对二甲苯/间二甲苯异构体的分离。结果表明，β-环糊精的加入影响了对二甲苯/间二甲苯的溶解和扩散选择性，从而有效地提高了膜的分离因子，在 25℃，分离 10%（质量分数）的对二甲苯/间二甲苯混合物时，其分离因子从纯聚乙烯醇膜的 1.35 增加到 2.96，但是通量从 190g•m^{-2}•h^{-1} 降低到 95g•m^{-2}•h^{-1}。

5.2.3.2 分子筛膜

分子筛膜具有规整的孔道结构、高分离精度和良好的热化学稳定性，在石油化工行业中烷烃/芳香烃、同分异构体分离，甲基叔丁基醚（MTBE）和乙基叔丁基醚（ETBE）等高辛烷值油品添加剂的生产过程中有广阔的应用前景。其中，MFI 分子筛膜和 NaY 分子筛膜的研究最为广泛。

NaY 型分子筛膜的硅铝比为 1.5～3，其孔径约为 0.74nm，大于 MFI 和 NaA 等分子筛，因此更适合用于一些大分子及特殊体系的分离。日本 Kita 课题组[98,99] 对此开展了深入系统的研究，他们采用 NaY 型沸石分子筛膜对甲醇/MTBE 的混合物进行了渗透汽化分离，50℃时甲醇的渗透通量为 1.7kg•m^{-2}•h^{-1}，分离因子为 5700。同时，他们也通过该 NaY 分子筛膜对苯/环己烷、苯/正己烷等体系进行了分离，获得了良好的苯选择性。南京工业大学顾学红课题组制备出了高装填密度的中空纤维 NaY 分子筛膜，并成功应用于甲醇/MTBE 和乙醇/ETBE 混合体系的分离：50℃时，90% MTBE/甲醇体系中甲醇的渗透通量为 2.9 kg•m^{-2}•h^{-1}，分离因子达 10000 以上；50℃时，90% ETBE/乙醇体系中乙醇的渗透通量为 1.2kg•m^{-2}•h^{-1}，分离因子为 6500。Zhou 等[100] 通过 NaY 分子筛膜对甲醇/甲基丙烯酸甲酯混合物进行了分离，原料液中甲醇含量为 50%（质量分数）时，获得的甲醇通量为 2.35kg•m^{-2}•h^{-1}，分离因子为 3600。Sato 等[101] 则使用 NaY 分子筛膜对乙醇/乙酸乙酯混合体系进行了分离，130℃下乙醇含量为 30%（质量分数）时，乙醇的渗透通量为 2.9kg•m^{-2}•h^{-1}，分离因子为 54。

MFI 分子筛膜在同分异构烷烃和芳香烃的分离过程中表现出了优异的性能。100℃下，Silicalite-1 分子筛膜蒸汽渗透分离等摩尔正己烷/2,2-二甲基丁烷二元混合物时，正辛烷的渗透性为 2.5×10^{-7} mol•m^{-2}•s^{-1}•Pa^{-1}，分离因子达 500 以上[102]。基于分子筛分和吸附扩散机理，MFI 分子筛膜对于二甲苯异构体混合物具有良好的选择分离性能，其分离过程示意图如图 5-13 所示。理论上，无缺陷 MFI 分子膜应具有相当高的对二甲苯（PX）分离选择性，但在早期工作中，由于制膜技术及条件的限制，所制备的 MFI 分子筛膜的二甲苯异构体分离性能较差。

近年来，随着分子筛膜制备技术的不断进步，一些研究小组已合成出具有高

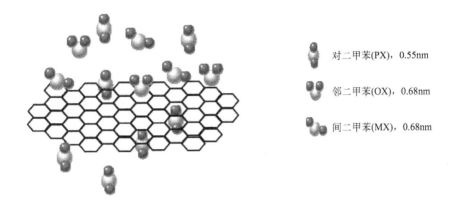

对二甲苯(PX)，0.55nm

邻二甲苯(OX)，0.68nm

间二甲苯(MX)，0.68nm

图 5-13　MFI 分子筛膜对二甲苯异构体的分离示意图

PX 分离选择性的 MFI 分子筛膜。Lin 等[103] 采用无模板二次生长法在氧化铝支撑体上制备 MFI 分子筛膜，考察晶种涂覆次数对分子筛膜性能的影响。结果显示，在两次 Dip-coating 的支撑体上制备的分子筛膜含有较少缺陷或没有缺陷，50℃时，分子筛膜对对二甲苯/邻二甲苯（PX/OX）的理想分离因子高达 69；Keizer 等[104] 采用自行合成的片式 MFI 分子筛膜在 127℃左右，取得的 PX/OX 分离选择性高达 200；Lai 等[105] 研究了具有 b 向生长的 MFI 分子筛膜的 PX 分离性能，也取得了高的 PX 分离选择性和渗透通量；Gu 等[106] 采用管式 MFI 分子筛膜进行 PX/OX 蒸汽的分离，在 0.91kPa 的进料分压下，获得 17.8 的分离系数，当进料分压提高到 87.2kPa，分离选择性降低为 8.8。Choi 等[107] 研究发现，快速热处理能明显消除 Silicalite-1 分子筛膜晶间缺陷，处理后的分子筛膜对二甲苯异构体的分离性能得到明显的提高。南京工业大学顾学红课题组在该分子筛膜的制备与应用领域积累了丰富的经验[108~110]，已制备出了高性能片式 MFI 分子筛，300℃下对等摩尔 PX/OX 二元混合物的分离因子达 29，PX 渗透性为 1.0×10^{-8} mol•m^{-2}•s^{-1}•Pa^{-1}；同时，开发出高装填密度的中空纤维 MFI 分子筛膜，对于 PX/OX/MX（2∶1∶1）（MX 为间二甲苯）三元体系，150℃下 PX/（MX＋OX）的分离因子高达 111，PX 渗透性为 2.8×10^{-9} mol•m^{-2}•s^{-1}•Pa^{-1}。

参考文献

［1］ 汪锰，王湛，李政雄. 膜材料及其制备 [M]. 北京：化学工业出版社，2003.

［2］ Binning R C，Lee R J，et al. Separation of liquid mixtures by pervaporation [J]. Ind Eng Chem，1961，53：45-54.

［3］ Okada T，Yoshikawa M，Matsuura T. A study on the pervaporation of ethanol/water mixtures on the basis of pore flow model [J]. J Membr Sci，1991，59：151-168.

［4］ Shieh J J, Huang R Y M. A pseudophase-change solution-diffusion model for pervaporation single component permeation [J]. Sep Sci Technol, 1998, 33 (6): 767-785.

［5］ Shieh J J, Huang R Y M. A pseudophase-change solution-diffusion model for pervaporation Binary mixture permeation [J]. Sep Sci Technol, 1998, 33 (7): 933-957.

［6］ Kedem O. The role of coupling in pervaporation [J]. J Membr Sci, 1989, 47: 277-285.

［7］ Wijmans J G, Baker R W. The solution-diffusion model: A review [J]. J Membr Sci, 1995, 107: 1-21.

［8］ Ghosh U K, Pradhan N C, Adhikari B. Separation of furfural from aqueous solution by pervaporation using HTPB-based hydrophobic polyurethaneurea membranes [J]. Desalination, 2007, 208: 146-158.

［9］ Thongsukmak A, Sirkar K K. Pervaporation membranes highly selective for solvents present in fermentation broths [J]. J Membr Sci, 2007, 302: 45-58.

［10］ Mandal M K, Bhattacharya P K. Poly (vinyl acetal) membrane for pervaporation of benzene-isooctane solution [J]. Sep Purif Technol, 2008, 61: 332-340.

［11］ Okada T, Matsuura T. Predictability of transport equations for pervaporation on the basis of pore-flow mechanism [J]. J Membr Sci, 1992, 70 (2-3): 163-175.

［12］ Tyagi R K, Fouda A E, Matsuura T. A pervaporation model: Membrane design [J]. Chem Eng Sci, 1995, 50 (19): 3105-3114.

［13］ Chang C L, Chang H, Chang C Y. Pervaporation performance analysis and prediction-using a hybrid solution-diffusion and pore-flow model [J]. J Chin Inst Chem Eng, 2007, 38: 43-51.

［14］ Pera-Titus M, Llorens J, Tejero J, et al. Description of the pervaporation dehydration performance of A-type zeolite membranes: A modeling approach based on the Maxwell-Stefan theory [J]. Catal Today, 2006, 118 (1-2): 73-84.

［15］ Elshof J E, Abadal C R, Sekulić J, et al. Transport mechanisms of water and organic solvents through microporous silica in the pervaporation of binary liquids [J]. Microporous Mesoporous Mater, 2003, 65 (2-3): 197-208.

［16］ Bruijn F de, Gross J, Olujić Ž, et al. On the driving force of methanol pervaporation through a microporous methylated silica membrane [J]. Ind Eng Chem Res, 2007, 46 (12): 4091-4099.

［17］ Pera-Titus M, Fité C, Sebastián V, et al. Modeling pervaporation of ethanol/water mixtures within 'real' zeolite NaA membranes [J]. Ind Eng Chem Res, 2008, 47 (9): 3213-3224.

［18］ Kuhn J, Stemmer R, Kapteijn F, et al. A non-equilibrium thermodynamics approach to model mass and heat transport for water pervaporation through a zeolite membrane [J]. J Membr Sci, 2009, 330 (1-2): 388-398.

［19］ Yang J Z, Liu Q L, Wang H T. Analyzing adsorption and diffusion behaviors of ethanol/water through silicalite membranes bymolecular simulation [J]. J Membr Sci, 2007, 291 (1-2): 1-9.

［20］ Kuhn J, Castillo-Sanchez J M, Gascon J, et al. Adsorption and diffusion of water, methanol, and ethanol in all-silica DD3R: experiments and simulation [J]. J Phys Chem C, 2009, 113 (32): 14290-14301.

［21］ Leppäjärvi T, Malinen I, Korelskiy D, et al. Maxwell-stefan modeling of ethanol and water unary pervaporation through a high-silica MFI zeolite membrane [J]. Ind Eng Chem Res, 2014, 53 (1): 323-332.

［22］ 陈翠仙, 韩宾兵, 朗宁威. 渗透蒸发和蒸气渗透 [M]. 北京: 化学工业出版社, 2004.

［23］ Feng X, Huang R Y M. Liquid separation by membrane pervaporation: a review [J]. Ind Eng Chem Res, 1997, 36: 1048-1066.

［24］ Smitha B, Suhanya D, Sridhar S, et al. Separation of organic-organic mixtures by pervaporation-a review [J]. J Membr Sci, 2004, 241: 1-21.

［25］ Tanihara N, Umeo N, Kawabata T, et al. Pervaporation of organic liquid mixtures through poly (ether imide) segmented copolymer membranes [J]. J Membr Sci, 1995, 104: 181-192.

［26］ Liu G, Zhou T, Liu W, et al. Enhanced desulfurization performance of PDMS membranes by incorporating silver decorated dopamine nanoparticles [J]. J Mater Chem A, 2014, 2: 12907-12917.

［27］ Jeong Y H, Hasegawa Y, Sotowa K I, et al. Vapor permeation properties of an NaY-type zeolite membrane for normal and branched hexanes [J]. Ind Eng Chem Res, 2002, 41 (7): 1768-1773.

［28］ Nikolakis V, Xomeritakis G, Abibi A, et al. Growth of a faujasite-type zeolite membrane and its application in the separation of saturated/unsaturated hydrocarbon mixtures [J]. J Membr Sci，2001，184 (2)：209-219.

[29] Xu X，Yang W，Liu J，et al. Synthesis of NaA zeolite membrane on a ceramic hollow fiber [J]. J Membr Sci，2004，229 (1)：81-85.

[30] Wang Z B，Ge Q Q，Shao J，et al. High performancezeolite LTA pervaporation membranes on ceramic hollow fibers by dipcoating-wiping seed deposition [J]. J Am Chem Soc，2009，13 (20)：6910-6911.

[31] Wang X，Chen Y，Zhang C，et al. Preparation and characterization of high-flux T-type zeolite membranes supported on YSZ hollow fibers [J]. J Membr Sci，2014，455：294-304.

[32] Wang X，Yang Z，Yu C，et al. Preparation of T-type zeolite membranes using a dip-coating seeding suspension containing colloidal SiO$_2$ [J]. Microporous Mesoporous Mater，2014，197：17-25.

[33] Shu X J，Wang X R，et al. High-flux MFI zeolite membrane supported on YSZ hollow fiber for separation of ethanol/water [J]. Ind Eng Chem Res，2012，51：12073-12080.

[34] 孔晴晴，张春，王学瑞，等. 含氟体系中MFI型分子筛膜的制备及其乙醇/水分离性能 [J]. 化工学报，2014，65 (12)：5061-5066.

[35] 徐冬梅，张可达，樊智虹，等. 纳米SiO$_2$改性聚乙烯醇渗透汽化膜 [J]. 化工科技，2003，11 (2)：25-27.

[36] 陈欢林，程丽华. 丙烯酸酯共聚物/聚乙烯醇共混渗透汽化膜的研究 [J]. 高分子材料科学与工程，2000，16 (2)：103-105.

[37] Huang Z，Guan H M，et al. Pervaporation study of aqueous ethanol solution through zeolite-incorporated multilayer poly (vinyl alcohol) membranes：Effect of zeolites [J]. J Membr Sci，2006，276 (1-2)：260-271.

[38] Lin W H，Li Q，Zhu T R. Study of solvent casting/particulate leachingtechnique membranes in pervaporation for dehydration ofcaprolactam [J]. J Ind Eng Chem，2012，18：941-947.

[39] Sue Y C，Wu J W，Chung S E，et al. Synthesis of hierarchical micro/mesoporous mtructures viamolid-aqueous interface growth：Zeolitic imidazolate framework-8 on siliceous mesocellular foams for enhanced pervaporation of water/ethanol mixtures [J]. Acs Appl Mater Interfaces，2014，6 (7)：5192-5198.

[40] Xie Z，Hoang M，Duong T，et al. Sol-gel derived poly (vinylalcohol) /maleic acid/silica hybrid membrane for desalination by pervaporation [J]. J Membr Sci，2011 (383)：96-103.

[41] Zah J，Krieg H M，Breytenbach J C，et al. Pervaporation and related properties of time-dependent growth layers of zeolite NaA on structured ceramic supports [J]. J Membr Sci，2006，284 (1-2)：276-290.

[42] Kondo M，Komori M，Kita H，et al. Tubular-type pervaporation module with zeolite NaA membrane [J]. J Membr Sci，1997，133：133-141.

[43] Okamoto K，Kita H，Horii K，et al. Zeolite NaA membrane：preparation，single-gas permeation，and pervaporation and vapor permeation of water/organic liquid mixtures [J]. Ind Eng Chem Res，2001，40：163-175.

[44] Pina M P，Arruebo M，Felipe M，et al. A semi-continuous method for the synthesis of NaA zeolite membranes on tubular supports [J]. J Membr Sci，2004，244 (1)：141-150.

[45] Pera-Titus，M，Mallada，et al. Preparation of inner-side tubular zeolite NaA membranes in a semi-continuous synthesis system [J]. J Membr Sci，2006，278 (1-2)：401-409.

[46] Liu Y M，Yang Z Z，Yu C L，et al. Effect of seeding methods on growth of NaA zeolite membranes [J]. Microporous Mesoporous Mater，2011，143 (2-3)：348-356.

[47] Han Y，Ma H，Qiu S L，et al. Preparation of zeolite A membranes by microwave heating [J]. Microporous Mesoporous Mater，1999，30：321-326.

[48] Xu X C，Yang W S，Liu J，et al. Synthesis of a high-permeance NaA zeolite membrane by microwave heating [J]. Adv Mater，2000，12 (3)：195-197.

[49] Huang A S，Yang W S. Hydrothermal synthesis of NaA zeolite membrane together with microwave heating and conventional heating [J]. Mater Lett，2007，61 (29)：5129-5132.

[50] Chen G，Qi H，Xing W，et al. Direct preparation of macroporous mullite supports for membranes by in situ reaction sintering [J]. J Membr Sci，2008，318 (1)：38-44.

[51] Sato K，Nakane T. A high reproducible fabrication method for industrial production of high flux NaA zeolite membrane [J]. J Membr Sci，2007，301 (1)：151-161.

[52] 杨占照. NaA 分子筛膜的制备方法与膜性能表征 [D]. 南京：南京工业大学，2011.

[53] Yang Z Z, Liu Y M, Yu C L, et al. Ball-milled NaA zeolite seeds with submicron size for growth of NaA zeolite membranes [J]. J Membr Sci, 2012, 392-393: 18-28.

[54] 杨占照，刘艳梅，顾学红，等. 管式支撑体内表面 NaA 分子筛膜的合成与表征 [J]. 化工学报，2011, 62 (3): 840-845.

[55] Li Y, Zhou H, Zhu G, et al. Hydrothermal stability of LTA zeolite membranes in pervaporation [J]. J Membr Sci, 2007, 297 (1): 10-15.

[56] Hasegawa Y, Nagase T, Kiyozumi Y, et al. Influence of acid on the permeation properties of NaA-type zeolite membranes [J]. J Membr Sci, 2010, 349 (1): 189-194.

[57] Yu C L, Liu Y M, Chen G L, et al. Pretreatment of isopropanol solution from pharmaceutical industry and pervaporation dehydration by NaA zeolite membranes [J]. J Chem Eng, 2011, 19 (6): 904-910.

[58] Zhou H, Li Y, Zhu G, et al. Microwave-assisted hydrothermal synthesis of a & b-oriented zeolite T membranes and their pervaporation properties [J]. Sep Puri Technol, 2009, 65 (2): 164-172.

[59] Cui Y, Kita H, Okamoto K I. Zeolite T membrane: preparation, characterization, pervaporation of water/organic liquid mixtures and acid stability [J]. J Membr Sci, 2004, 236 (1): 17-27.

[60] Li Y, Zhou H, Zhu G, et al. Hydrothermal stability of LTA zeolite membranes in pervaporation [J]. J Membr Sci, 2007, 297 (1): 10-15.

[61] Zhou H, Li Y, Zhu G, et al. Preparation of zeolite T membranes by microwave-assisted in situ nucleation and secondary growth [J]. Mater Lett, 2009, 63 (2): 255-257.

[62] Chen X X, Wang J Q, Yin D H, et al. High-performance zeolite T membrane for dehydration of organics by a new varying temperature hot-dip coating method [J]. AIChE J, 2013, 59 (3): 936-947.

[63] Tanaka K, Yoshikawa R, Ying C, et al. Application of zeolite membranes to esterification reactions [J]. Catal today, 2001, 67 (1): 121-125.

[64] Zhou H, Li Y, Zhu G, et al. Microwave synthesis of a & b-Oriented zeolite T membranes and their application in pervaporation-assisted esterification [J]. Chin J Catal, 2008, 29 (7): 592-594.

[65] Yamanaka N, Itakura M, Kiyozumi Y, et al. Acid stability evaluation of CHA-type zeolites synthesized by interzeolite conversion of FAU-type zeolite and their membrane application for dehydration of acetic acid aqueous solution [J]. Microporous Mesoporous Mater, 2012, 158: 141-147.

[66] Sato K, Sugimoto K, Shimotsuma N, et al. Development of practically available up-scaled high-silica CHA-type zeolite membranes for industrial purpose in dehydration of N-methyl pyrrolidone solution [J]. J Membr Sci, 2012, 409: 82-95.

[67] Hasegawa Y, Hotta H, Sato K, et al. Preparation of novel chabazite (CHA) -type zeolite layer on porous α-Al$_2$O$_3$ tube using template-free solution [J]. J Membr Sci, 2010, 347 (1): 193-196.

[68] Hasegawa Y, Abe C, Nishioka M, et al. Influence of synthesis gel composition on morphology, composition, and dehydration performance of CHA-type zeolite membranes [J]. J Membr Sci, 2010, 363 (1): 256-264.

[69] Hasegawa Y, Abe C, Nishioka M, et al. Formation of high flux CHA-type zeolite membranes and their application to the dehydration of alcohol solutions [J]. J Membr Sci, 2010, 364 (1): 318-324.

[70] Hasegawa Y, Abe C, Mizukami F, et al. Application of a CHA-type zeolite membrane to the esterification of adipic acid with isopropyl alcohol using sulfuric acid catalyst [J]. J Membr Sci, 2012, 415: 368-374.

[71] Li X, Kita H, Zhu H, et al. Influence of the hydrothermal synthetic parameters on the pervaporative separation performances of CHA-type zeolite membranes [J]. Microporous Mesoporous Mater, 2011, 143 (2): 270-276.

[72] Zhou R, Li Y, Liu B, et al. Preparation of chabazite membranes by secondary growth using zeolite-T-directed chabazite seeds [J]. Microporous Mesoporous Mater, 2013, 179: 128-135.

[73] Sano T, Yanagishita H, Kiyozumi Y, et al. Separation of ethanol/water mixture by silicalite membrane on pervaporation [J]. J Membr Sci, 1994, 95: 221-228.

[74] Lin X, Kita H, Okamoto K. Silicalite membrane preparation, characterization, and separation performance [J]. Ind Eng Chem Res, 2001, 40: 4069-4078.

[75] Chen X S, Lin X, Chen P, et al. Pervaporation of ketone/water mixtures through silicalite membrane [J].

Desalination, 2008, 234: 286-292.

[76] Liu Q, Noble R D, Falconer J L, et al. Organics/water separation by pervaporation with a zeolite membrane [J]. J Membr Sci, 1996, 117: 163-174.

[77] Chen H L, Li Y S, Liu J, et al. Preparation and pervaporation performance of high-quality silicalite-1 membranes [J]. Sci China Ser B, 2007, 50: 70-74.

[78] Soydaş B, Dede Ö, Çulfaz A, et al. Separation of gas and organic/water mixtures by MFI type zeolite membranes synthesized in a flow system [J]. Microporous Mesoporous Mater, 2009, 127: 96-103.

[79] Korelskiy D, Leppajarvi T, Zhou H, et al. High flux MFI membranes for pervaporation [J]. J Membr Sci, 2013, 427: 381-389.

[80] Sebastian V, Mallada R, Coronas J, et al. Microwave-assisted hydrothermal rapid synthesis of capollary MFI-type zeolite-ceramic membranes for pervaporation application [J]. J Membr Sci, 2010, 355: 28-35.

[81] Shan L J, Shao J, Wang Z B, et al. Preparation of zeolite MFI membranes on alumina hollow fibers with high flux for pervaporation [J]. J Membr Sci, 2011, 378: 319-329.

[82] Miyata T, Yamada H, Uragami T. Surface modification of microphase-separated membranes by fluorine-containing polymer additive and removal of dilute benzene in water through these membranes [J]. Macromol, 2001, 34 (23): 8026-8033.

[83] Xiangli F J, Wei W, Chen Y W, et al. Optimization of preparation conditions for polydimethylsiloxane (PDMS) /ceramic composite pervaporation membranes using response surface methodology [J]. J Membr Sci, 2008, 311: 23-33.

[84] Wei W, Xia S S, Liu G P, et al. Effects of polydimethylsiloxane (PDMS) molecular weight on performance of PDMS/ceramic composite membranes [J]. J Membr Sci, 2011, 375: 334-344.

[85] Wei W, Xia S S, Liu G P, et al. Interfacial adhesion between polymer separation layer and ceramic support for composite membrane [J]. AIChE J, 2010, 56: 1584-1592.

[86] Dong Z Y, Liu G P, Liu S N, et al. High performance ceramic hollow fiber supported PDMS composite pervaporation membrane for bio-butanol recovery [J]. J Membr Sci, 2014, 450: 38-47.

[87] Liu G P, Hou D, Wei W. Pervaporation separation of butanol-water mixtures using polydimethylsiloxane/ceramic composite membrane [J]. J Chem Eng, 2011, 19 (1): 40-44.

[88] Liu G P, Xiangli F J, Wei W, et al. Improved performance of PDMS/ceramic composite pervaporation membranes by ZSM-5 homogeneously dispersed in PDMS via a surface graft/coating approach [J]. Chem Eng J, 2011, 174: 495-503.

[89] Liu G P, Hung W S, Shen J, et al. Mixed matrix membranes withmolecular-interaction-driven tunable free volumes for efficient bio-fuel recovery [J]. J Mater Chem A, 2015, 3: 4510-4521.

[90] Liu X L, Li Y S, Zhu G Q, et al. An organophilic pervaporation membrane derived from metal-organic framework nanoparticles for efficient recovery of bio-alcohols [J]. Angew Chem Int Ed, 2011, 50: 10636-10639.

[91] Fan H, Shi Q, Yan H, et al. Simultaneous spray self-assembly of highly loaded ZIF-8-PDMS nanohybrid membranes exhibiting exceptionally high biobutanol-permselective pervaporation [J]. Angew Chem Int Ed, 2014, 53: 5578-5582.

[92] Zhou H, Lv L, Liu G, et al. PDMS/PVDF composite pervaporation membrane for the separation of dimethyl carbonate from a methanol solution [J]. J Membr Sci, 2014, 471: 47-55.

[93] Lang W Z, Niu H Y, Liu Y X, et al. Pervaporation separation of dimethyl carbonate/methanol mixtures with regenerated perfluoro-ion-exchange membranes in chlor-alkali industry [J]. J Appl Polym Sci, 2013, 129: 3473-3481.

[94] Jonquières A, Clément R, Lochon P, et al. Industrial state-of-the-art of pervaporation and vapour permeation in the western countries [J]. J Membr Sci, 2002, 206: 87-117.

[95] Ribeiro C P, Freeman B D, Kalika D S, et al. Pervaporative separation of aromatic/aliphatic mixtures with poly (siloxane-co-Imide) and poly (ether-co-Imide) membranes [J]. Ind Eng Chem Res, 2013, 52: 8906-8916.

[96] Chen J H, Liu Q L, Fang J, et al. Composite hybrid membrane of chitosan-silica in pervaporation separation of MeOH/DMC mixtures [J]. J Colloid Interface Sci, 2007, 316: 580-588.

[97] Chen H L, Wu L G, Tan J, et al. PVA membrane filled β-cyclodextrin for separation of isomeric xylenes by pervaporation [J]. Chem Eng J, 2000, 78 (2-3): 159-164.

[98] Kita H, Fuchida K, Horita T, et al. Preparation of faujasite membranes and their permeation

properties [J]. Sep Purif Technol, 2001, 25: 261-268.

[99]   Okamoto K, Kita H, Inoue T, et al. NaY zeolite membrane for the pervaporation separation of methanol-methyl *tert*-butyl ether mixtures [J]. Chem Commun, 1997, 45-46.

[100] Zhou R F, Zhang Q, Shao J, et al. Optimization of NaY zeolite membrane preparation for the separation of methanol/methyl methacrylate mixtures [J]. Desalination, 2012, 291: 41-47.

[101] Sato K, Sugimoto K, Nakane T. Separation of ethanol/ethyl acetate mixture by pervaporation at 100~130℃ through NaY zeolite membrane for industrial purpose [J]. Microporous Mesoporous Mater, 2008, 115: 170-175.

[102] Manuel A, John L. Falconer, Richard D. Noble. Separation of binary C_5 and C_6 hydrocarbon mixtures through MFI zeolite membranes [J]. J Membr Sci, 2006, 269: 171-176.

[103] Yuan W H, Lin Y S, Yang W S. Molecular sieving MFI-type zeolite membranes for pervaporation separation of xylene isomers [J]. J Am Chem Soc, 2004, 126: 4776-4777.

[104] Keizer K, Burggraafa A J, Vroon Z A E P, et al. Two component permeation through thin zeolite MFI membranes [J]. J Membr Sci, 1998, 147: 159-172.

[105] Lai Z, Bonilla G, Diaz I, et al. Microstructural optimization of a zeolite membrane for organic vapor separation [J]. Science, 2003, 300: 456-460.

[106] Gu X, Dong J, Nenoff T M, et al. Separation of p-xylene from multicomponent vapor mixtures using tubular MFI zeolite membranes [J]. J Membr Sci, 2006, 280: 624-633.

[107] Choi J, Jeong H K, Snyder M A, et al. Boundary defect elimination in a zeolite membrane by rapid thermal processing [J]. Science, 2009, 325: 590.

[108] Zhang C, Hong Z, Gu X H, et al. Silicalite-1 zeolite membrane reactor packed with HZSM-5 catalyst for meta-xylene isomerization [J]. Ind Eng Chem Res, 2009, 48 (9): 4293-4299.

[109] Zhang C, Hong Z, Chen J X, et al. Catalytic MFI zeolite membranes supported on α-Al_2O_3 substrates for m-xylene isomerization [J]. J Membr Sci, 2012, 389: 451-458.

[110] 孙峰, 张春, 洪周, 等. 中空纤维 MFI/α-Al_2O_3 分子筛膜的制备及其二甲苯分离研究 [J]. 膜科学与技术, 2014, 2: 11-17.

第6章

电池用膜材料

6.1 锂离子电池用膜材料　　　　　6.2 燃料电池隔膜

　　膜材料是电池的重要组成部分，其主要作用是避免电池正负极活性物质直接接触，并保证电解质离子在膜两侧的自由迁移，因此膜材料的结构和性能决定了电池的界面结构、内阻等，直接影响电池的各项性能指标，高性能电池隔膜往往会带来电池性能的大幅度提升。对于不同种类的电池，其对膜材料的需求也是各不相同的，例如，锂离子电池主要采用孔径为数十纳米的多孔膜，而燃料电池则需要采用具有良好离子传输性能的离子交换膜。本章主要根据不同电池的应用需求，对所使用的膜材料及其发展状况进行详细介绍。

6.1　锂离子电池用膜材料

　　锂离子电池被认为是最具发展潜力的电池，目前已广泛应用于智能手机、笔记本电脑等电子产品，以该类电池为动力源的新能源汽车也已面世。锂离子电池一般由正极、电解液、隔膜和负极四部分组成。隔膜是位于正极和负极之间的一层多孔膜材料，用来避免正负极直接接触，同时使电解液中的锂离子在正负极间自由迁移，但电池内的电子不能自由穿过。这类膜材料需要满足以下要求[1~3]：①优良的电子绝缘性，以保证电极间有效的隔离；②足够的化学稳定性，在与正负电极接触时不发生副反应；③在电解液中具有足够的电化学稳定性；④对电解液润湿性好，有足够的吸液保湿能力；⑤一定的机械强度和防震能力；⑥膜的厚度尽量薄；⑦良好的孔结构特性，对锂离子选择透过性高；⑧成本低，适用于大规模工业化生产。能满足以上条件的锂离子电池用膜主要分为三类：多孔聚合物膜、无纺布膜及有机-无机复合膜。多孔聚合物膜以聚烯烃为主，为进一步提高电池性能，其他聚合物膜、无纺布膜和有机-无机复合膜也被相继开发出来[4~6]。

6.1.1 多孔聚合物膜

6.1.1.1 多孔聚烯烃膜

聚烯烃基材料具有强度高、耐酸碱腐蚀性能好、防水、耐化学试剂、原料成本低等特点，已被广泛用于液态锂离子电池隔膜的制造[7,8]。目前，几乎所有用于锂离子电池的微孔聚合物膜都是半晶态聚烯烃基材料，商品化锂离子电池隔膜的主流产品是以美国 Celgard 和日本 UBE 为代表的经双向精密拉伸的聚乙烯（PE）、聚丙烯（PP）微孔膜和聚丙烯/聚乙烯/聚丙烯（PP/PE/PP）三层微孔复合膜，其孔隙率在 40% 左右，厚度在 $25\sim40\mu m$。相比之下，PP 更耐高温，PE 更耐低温，PP 密度较，PP 熔点和闭孔温度较 PE 高，PP 制品较 PE 制品脆，PE 对环境应力更敏感。

多孔聚合物膜的制备工艺可以广义地分为干法和湿法两种：

（1）干法工艺

干法是将聚烯烃树脂熔融、挤压、吹制成结晶性高分子薄膜，经过结晶化热处理、退火后得到高度取向的多层结构，在高温下进一步拉伸，将结晶界面进行剥离，形成多孔结构，可以增加隔膜的孔径。多孔结构与聚合物的结晶性、取向性有关。目前美国 Celgard 公司、日本 UBE 公司等采用此种工艺生产单层 PE、PP 以及三层 PP-PE-PP 复合膜。该种工艺生产的隔膜具有扁长的微孔结构，由于只进行了纵向拉伸，横向几乎没有热收缩，隔膜的横向强度比较差。

（2）湿法工艺

湿法又称相分离法或热致相分离法，是近些年发展起来的一种制备微孔膜的方法。它利用高聚物与某些高沸点的小分子化合物在较高温度（一般高于聚合物的熔化温度 T_m）时，形成均相溶液，降低温度又发生固-液或液-液相分离。在高聚合物相中，拉伸后除去低分子物则可制成互相贯通的微孔膜材料。湿法工艺可以较好地控制孔径及孔隙率，缺点是需要使用溶剂，可能产生污染，提高成本。采用该法制膜的公司主要有美国 Eniek 公司、日本东燃化学（Tonen）及日本旭化成（Asahi）等。用湿法双向拉伸方法生产的隔膜具有较高的纵向和横向强度，隔膜孔径小而均匀，隔膜呈现各向同性，横向拉伸强度高，穿刺强度大。目前，湿法工艺主要用于制备单层的 PE 隔膜。

表 6-1 给出了干法和湿法两种工艺制得的微孔聚烯烃膜的性能对比。显然，干法制得的膜具有高依赖取向的拉伸强度和低的 Gurley 值（低的 Gurley 值表示孔隙的弯曲度比较低）。从微孔结构的角度来说，采用干法工艺制得的膜具有开放的、直的多孔结构，更适合用于高功率密度的电池；而由湿法工艺制得的膜因其孔隙的弯曲度和相互贯通的微孔结构，可以在充电或低温充电时有效地抑制锂

枝晶的形成，更适合用于循环寿命长的电池。

表 6-1　两种不同方法制备的锂电池隔膜主要性能对比

性能 \ 制造商	Celgard	Celgard	Exxon Mobil	Exxon Mobil
商品名	Celgard 2325	Celgard 2340	Tonen-1	Tonen-2
制备方法	干法	干法	湿法	湿法
成分	PP/PE/PP	PP/PE/PP	PE	PE
厚度/μm	25	38	25	30
孔隙率/%	41	45	36	37
孔径/μm	0.025	0.035	0.038	0.9
Gurlery/s	575	775	650	740
抗张强度/kg·cm^{-2}	1900	2100	1500	1500
穿刺强度/kg·cm^{-2}	135	130	1300	1200
熔点/℃	134/166	135/163	135	135
热收缩率/%	2.5	5	6.0/4.5	6.0/4.0

聚烯烃膜材料具有较高的机械强度、良好的化学稳定性、防水、生物相容性好、无毒性等优点，因此被广泛使用，目前已实现了大规模的商品化生产。但聚烯烃隔膜材料仍然存在以下一些不足。①电解液容易泄漏。聚烯烃隔膜材料结晶度高且极性小，而电解液是极性高的有机溶剂，使得聚烯烃隔膜的表面能较低，与电解液的亲和性较差，容易发生泄漏。②孔隙率低。熔融拉伸法制备的聚烯烃膜的吸液量小，不利于溶剂化锂离子迁移率的提高，难以满足大功率电池快速充放电的需要，影响电池的循环和使用寿命，限制大功率快速充放电锂离子电池技术的发展，尤其是在电动汽车上的应用。③热稳定性能有限。目前使用的 PE 隔膜的自闭温度为 $130\sim140$℃，PP 隔膜的自闭温度为 170℃左右。在使用过程中，电池可能会由于内部短路或者过充等导致热失控，在急速升温的情况下，隔膜来不及阻止电化学反应且自身发生收缩形变，使正负极材料发生大面积的接触，导致电池发生爆炸，从而对锂离子电池的安全性构成威胁。为进一步降低电池内阻，一些超薄化的薄膜也相继被开发出来，目前厚度为 $10\sim14$mm 的多孔聚烯烃膜已进入了批量化生产，有望在未来获得应用。

6.1.1.2　其他聚合物隔膜

为克服聚烯烃隔膜材料对有机碳酸酯类电解液浸润差的缺点，新型锂离子电池隔膜主要采用极性聚合物材料作为隔膜的基体材料，其中针对聚氧化乙烯（PEO）、聚偏氟乙烯（PVDF）、偏氟乙烯-六氟丙烯共聚物（PVDF-HFP）、聚丙烯腈（PAN）、聚甲基丙烯酸甲酯（PMMA）以及可溶性聚芳醚等作为基体材料的锂离子电池隔膜的研究居多。

（1）PEO 膜

PEO 是一种结晶性、热塑性聚合物材料。因其独特的分子结构和空间结构，PEO 既能提供足够高的给电子基团密度，又具有柔性的聚醚链段，因此能够以"笼蔽效应"有效地溶解阳离子，能与许多锂盐形成络合物，如 LiBr、LiCl、LiBF$_4$、LiAsF$_6$ 等，成为固体电解质隔膜理想的基体材料[9~12]。Spevacek 等[12]的研究表明，PEO 聚合物电解质中，锂离子的迁移主要是在聚合物的非晶区中进行。而 PEO 易结晶，锂盐在无定形相中的溶解度低，载流子数目少，锂离子的迁移数比较低，因此与液体电解质相比，室温离子电导率比较低，基本在 10^{-6} S·cm^{-1} 以下，限制了 PEO 聚合物电解质的应用。通过共混、接枝等改性方法降低 PEO 结晶性以及制备以 PEO 材料为基体的凝胶态聚合物电解质隔膜可改善 PEO 聚合物电解质的离子电导率[13]。但是由于 PEO 电解质隔膜机械强度低，耐温性能差，其软化点仅为 65~67℃，不适合用于热安全性能要求较高的锂离子电池的制备。

（2）PVDF 及 PVDF-HFP 膜

聚偏氟乙烯树脂（PVDF）具有良好的耐化学腐蚀性，在常温下不被酸、碱、强氧化剂和卤素所腐蚀，其热分解温度为 350℃ 左右，长期使用温度在 −40~150℃，而且其机械强度高、黏结性能好，具有十分优异的电化学稳定性，常被用作锂离子电池活性物质黏结剂[9]。其作为锂离子电池隔膜材料应用的研究始于 20 世纪 80 年代初期，由于聚合物链上含有较强的推电子基—CF$_2$，PVDF 具有较高的介电常数（$\varepsilon = 8.4$），有利于电解液中锂盐的解离，因此可以提供较高的载流子浓度。大量的研究表明，采用 PVDF 材料制备的隔膜/电解液体系可以得到较高的离子电导率而且相对于聚烯烃隔膜，PVDF 隔膜材料对有机碳酸酯类电解液具有良好的亲和性，在电解液中会发生适宜的溶胀但并不溶解，因此，电解液将被包容于隔膜中形成凝胶态聚合物电解质，避免了电池漏液等情况的发生，使电池的安全可靠性更高[14~17]。PVDF 主要用于凝胶聚合物电解质离子电池隔膜的制造。

然而，由于分子结构规整性较好，PVDF 容易形成结晶结构，常态下 PVDF 树脂为半结晶高聚物，结晶度可达 50%，这对于凝胶电解质隔膜的离子电导率是不利的，而六氟丙烯与偏氟乙烯共聚后得到的聚合物偏氟乙烯-六氟丙烯共聚物（PVDF-HFP）相对 PVDF 具有更低的结晶度，有利于提高隔膜对电解液的吸收以及载流子在凝胶聚合物中的传导，而使离子电导率得到改善[18,19]。

（3）PAN 膜

PAN 具有良好的电化学稳定性能、阻燃性以及较高的耐热性能（需要加热至 220~300℃时才会软化并发生分解），其耐氧化分解性能也十分突出，即使在高温条件下其氧化稳定性也非常高[9]。而且由于其分子结构中含有强极性基团腈基（—CN），PAN 对碳酸酯类电解液具有良好的浸润性能，因此成为制造锂离子电池隔膜的理想材料[20~22]。PAN 常被用于凝胶聚合物电解质隔膜的制造。在 PAN 隔膜/电解液体系中，虽然强极性基团腈基可以与电解液中的锂离子发生相互作用，然而这种作用比较弱，因此锂离子的迁移主要发生在隔膜孔隙的有机溶剂中。Carol 等[23] 的研究表明，采用 PAN 为基体材料制备的聚合物电解质隔膜具有较高的离子电导率、良好的机械强度。然而 PAN 的分子结构也使得该聚合物容易结晶，而不利于载流子在凝胶聚合物中的传导，而导致离子电导率降低。

（4）PMMA 膜

PMMA 具有原料丰富，制备简单，价格便宜等优点，该聚合物的甲基丙烯酸甲酯（MMA）单元中含有羰侧基（C=O），与碳酸酯类电解液具有很好的相容性，采用 PMMA 制备的凝胶聚合物电解质隔膜具有良好的浸润性能，可以吸收大量的液体电解质，室温离子电导率也较高[24,25]。然而，由于同电解液相容性非常好，PMMA 在电解液中的溶胀现象也十分明显，导致纯 PMMA 凝胶聚合物电解质的力学性能极差而影响其应用，因此通常需要进行改性或与其他材料进行复合来提高隔膜的力学性能[26,27]。

（5）可溶性聚芳醚隔膜材料

聚芳醚树脂是一类由刚性的苯环以及砜基、酮基等极性基团通过共价键连接而成的高性能热塑性树脂，其玻璃化转变温度可达 143℃以上，可在 180℃下长期使用。但是由于树脂溶解性能差，常温下只溶解于浓硫酸，致使其合成条件苛刻，加工性能差，应用领域受到限制[28]。

可溶性聚芳醚树脂是在聚芳醚树脂的基础上发展起来的一类具有良好溶解性能的新型热塑性树脂。国内长春应用化学研究所[29] 首次合成了含酚酞侧基的可溶性聚芳醚砜（PES-C）、聚芳醚酮（PEK-C）系列树脂基体，开创了可溶性聚芳醚树脂的先河。其后，大连理工大学蹇锡高教授研制出了含二氮杂萘联苯结构的聚芳醚砜酮树脂（PPESK），其分子结构中引入了全芳环非共平面扭曲的二氮杂萘联苯结构，不仅使树脂具有较高的耐热性能（玻璃化转变温度为 250～370℃），树脂的加工性能也得到了显著的改善，常温下可溶解于二氯甲烷、N-甲基吡咯烷酮（NMP）、N,N-二甲基乙酰胺（DMAc）等溶剂中。由于具备良好的加工性、优异的热稳定性及化学稳定性，目前 PPESK 以及其聚合物已经广泛应用于先进聚合物基复合材料树脂基体、纳滤膜、超滤膜以及燃料电池的质子交换膜的制备[30~34]。此外，PPESK 树脂具有良好的电化学稳定性，在碳酸酯类有机溶剂中具有良好的耐溶剂性，且其结构中含有大量的醚键（—O—）、羰基（C=O）以及砜基（O=S=O）等极性基团，有利于提高材料对碳酸酯类电解液的浸润性。

上述隔膜材料各具特色，但真正适合用作高离子电导率、高耐热性能锂离子电池隔膜材料的却很少。目前，针对新型锂电池隔膜材料的研究与开发仍在不断地探索中。

6.1.2　无纺布隔膜

无纺布隔膜[35,36]是将大量的纤维通过化学、物理或者机械方法黏结在一起的纤维状膜。用于制造无纺布隔膜的纤维既有天然纤维又有合成纤维。其中天然纤维包括纤维素纤维及其化学改性衍生物，合成纤维包括聚烯烃、聚酰胺（PA）、聚四氟乙烯（PTFE）、PVDF、聚氯乙烯（PVC）以及聚酯（PET）等。用于电池隔膜的无纺布膜主要黏结方法是树脂黏结和热塑性纤维黏结，前一种方法是将树脂作为黏结剂喷在纤维网上，然后干燥、热固化，有时还需要加压而成网；后一种方法是将易熔（热塑性）纤维作为黏结剂，由于其比基纤维的熔点低，可与基纤维黏合成网，然后用两个热压辊加压以增强热塑性纤维和基纤维的黏结性。为了尽量减少外来黏结剂对电池性能的不利影响，热塑性黏结方法被广泛用于电池隔膜的生产。

制造无纺布隔膜有湿法和干法两种工艺，其中熔喷法属于干法工艺的一种。熔喷过程分为形成纤维网和黏结成膜两个步骤。第一步，基纤维和热塑性纤维被熔融然后喷射形成无纺布网；第二步，合成的无纺布网在高于热塑性纤维熔点的温度下压延热黏结后形成具有足够机械强度的无纺布膜。另外，为了在保证良好机械强度的前提下降低隔膜的厚度，人们通常采用静电纺织技术制造高孔隙率的无纺布膜。

无纺布隔膜因为具有高的孔隙率（60%～80%）和大的孔径（20～50μm），因此在碱锰电池、镍氢镍氟电池等二次电池中的应用已有相当长的历史。但尚未被应用于锂离子电池，主要是因为它的孔径和厚度难以同时满足锂离子电池的要求，且其粗糙的表面亦无法有效阻止电池短路。为解决无纺布膜孔径和表面粗糙的问题，一般采用增加膜的层数，但这是以牺牲电池能量密度为代价的。无纺布具有迷宫状微孔结构，在锂离子电池的充放电过程中，能有效地抑制锂枝晶的生成，因此成为锂离子电池隔膜材料研发的重点领域之一。为有效地调控隔膜厚度与孔径的关系，近年来静电纺丝技术已被应用于无纺布隔膜的开发。其主要优点在于可以选择原料，通过改变纺丝参数来改变膜的厚度和孔径大小。

无纺布织物膜的优点包括：选择原材料灵活，工作温度范围更宽，孔隙率更高，亲液性、保液性能更好，更适用于大容量快速充放电、安全性能要求更高的动力电池。目前开发无纺布型锂离子电池隔膜的国家主要是日本和德国，而国内对于锂离子电池用无纺布隔膜的研究较少，主要集中在对静电纺丝技术的研究。

6.1.3 有机-无机复合隔膜

有机-无机复合隔膜[37~40]是将超细无机颗粒用少量黏结剂黏结在一起的一种有孔膜。由于无机细颗粒具有较大的比表面积和良好的亲水性，这种隔膜与无水液体电解液〔如碳酸乙烯酯（EC）、碳酸丙烯酯（PC）和丁内酯（GBL）等〕呈现出超常的润湿性。同时，该隔膜具有良好的热稳定性且在高温下呈现零尺寸收缩。有机-无机复合隔膜优异的电解液润湿性使得电池体系可以选用 PC 和 EC 含量高的液体电解液，这非常有助于提高锂离子电池在高温下的循环性能，对于大型锂离子电池来说，良好的热稳定性将为其提供良好的耐温性，而这对大容量锂离子电池来说是至关重要的。事实上，温度相关的安全问题大多是与隔膜材料在高温下的收缩和熔融有关。隔膜材料的收缩和熔融都可以导致电极材料的直接接触，使得强氧化性的正极材料和强还原性的负极材料发生化学反应，产生热量从而导致电池热失控。因此，开发大型锂离子电池，特别是混合动力汽车和电动工具，迫切需要开发这种具有优良电解液润湿性和高温下零尺寸收缩的有机-无机复合隔膜。

虽然有机-无机复合隔膜具有超常的电解液润湿性和良好的热稳定性，可以提高锂离子电池的电化学性和安全性能，但这种有机-无机复合隔膜的机械强度难以满足锂离子电池组装和卷绕的要求。用增加黏结剂的方法可以增强有机-无机复合隔膜的机械强度，但是增加黏结剂的含量会降低有机-无机复合隔膜的孔隙率，使隔膜电解液的保液率下降，从而影响锂离子电池的快速充放电性能。为解决有机-无机复合隔膜机械强度低的问题，德国德固赛（Degussa）公司开发的 Separion（商品名）系列隔膜将聚合物无纺布和陶瓷材料结合在一起。Separion 系列隔膜是将柔韧的穿孔无纺布膜的上下两面均涂上陶瓷材料（铝、硅、锆氧化物或它们的混合物）。表 6-2 总结了典型的 Separion 隔膜和 Celgard 隔膜（聚合物隔膜）的物理性能，从表中可以看出 Separion 隔膜具有超常的润湿性，良好的透气性（见 Gurley 值），高的熔化温度和高温下几乎可以忽略的收缩率。

表 6-2 Separion 隔膜和 Celgard 隔膜的物理性能对比

项　　目	Separion	Separion	Celgard	Celgard
隔膜型号	S240-P25	S240-P35	Celgard 2340	Celgard 2500
成分	Al_2O_3/SiO_2	Al_2O_3/SiO_2	PP/PE/PP	PP
基体	PET 无纺布	PET 无纺布	N/A	N/A
厚度/μm	25 ± 3	25 ± 3	38	25
Gurley 值/s	10~20	5~10	31	9
耐热性/℃	210	210	135/163	163
热收缩率/%	<1	<1	5	3
拉伸强度	>3N·cm^{-1}	>3N·cm^{-1}	2100kg·cm^{-2}	1200kg·cm^{-2}
穿刺强度			100kg·cm^{-2}	115kg·cm^{-2}
与有机溶剂的润湿性	良好	良好	不相容	不相容

6.1.4 国内外锂离子隔膜研发及产业化现状

据统计，2009～2013年全球锂离子电池隔膜市场规模复合增长率达26.39%，2013年市场规模达到8.37亿平方米。国外的隔膜生产技术已经十分成熟，主要隔膜材料生产企业有：日本旭化成（Asahi）、宇部兴产（UBE）、东燃化学（Tonen，埃克森美孚控股）、三菱化学与三菱树脂、三井化学等公司，韩国SK能源、W-Scope、WIDE、Finepol等公司，美国Celgard、Entek等公司，此外，还有德国赢创德固赛集团、英国N-Tech公司、荷兰DSM集团等[41~44]。其中，日本旭化成、美国Celgard、韩国SKI和日本东丽东燃四家企业占据了全球50%以上的市场份额。这主要是由于旭化成、东燃、美国ENTEK等公司的隔膜产品，已长期应用于三洋、索尼、松下等著名家电企业，因此市场认同度高。

我国是锂离子电池需求和生产的大国，现在国内从事锂离子电池隔膜研发的科研单位主要有中科院化学所、中科院广州化学所、中科院成都有机化学有限公司、中科院理化所、中科院物理所及北京理工大学等。锂离子电池隔膜的生产企业有河南新乡格瑞恩公司、深圳星源材料科技、广东佛山金辉高科和台湾高银等，2013年中国国产锂离子电池隔膜厂商出货量已攀升至2亿平方米左右，约占据全球30%的市场份额。但目前国内产品与进口隔膜相比，其厚度、孔隙率、强度不能得到整体兼顾，虽然价格只有进口隔膜的1/3～1/2，但国内大多数高端锂电厂家仍选用进口隔膜。

6.2 燃料电池隔膜

燃料电池（fuel cells）是一种不经过燃烧，直接以电化学方式连续地将燃料的化学能转化为电能的高效发电装置。与内燃机相比，由于它不受卡诺循环限制，能量转换效率高达60%～80%，实际使用效率是普通内燃机的2～3倍[45]。燃料电池分为质子交换膜燃料电池、碱性燃料电池和固体氧化物燃料电池，固体氧化物燃料电池中起阻隔作用的一般为固体电解质。本节主要介绍离子交换膜，该类膜材料通常是由孔径小于20Å的聚合物材料制成的，并通过离子交换作用选择性地传输离子，在燃料电池中应用的主要有质子交换膜和阴离子交换膜两大类。

6.2.1 质子交换膜

质子交换膜燃料电池（PEMFC）由于高效、环境友好等优点，在移动设备、汽车及固定装置的能源供应方面具有良好的应用前景。质子交换膜（PEM）在燃料电池中既作为电解质起到从阳极向阴极传输质子的作用，同时也充当燃料与氧化剂的隔膜。与一般电池中的隔膜不同，它不仅能隔离燃料和氧化剂，防止它们直接发生反应，而且起着电解的作用。用于PEMFC的质子交换膜必须满足下述条件[46]：①高的质子传导性能；②较好的水稳定性、氧化稳定性和化学稳定性；③较低的尺寸变化率，防止膜吸水和脱水过程中的膨胀和收缩引起的局部应力大而造成膜与电极剥离；④较高的机械强度；⑤较低的气体（尤其是氢气和氧气）渗透率，以免氢气和氧气在电极表面发生反应。

目前人们研究较多的主要是磺化聚合物质子交换膜材料，包括全氟聚合物膜、部分氟化聚合物膜、非氟芳香族聚合物膜以及复合膜。

6.2.1.1　含氟质子交换膜

含氟质子交换膜材料以全氟聚合物为代表，由其制备的全氟质子交换膜主要为磺酸型的离子交换膜，膜母体由碳氟主链和端基为磺酸基团的碳氟侧链构成，其结构如图6-1所示，当其中x、y、z、n取不同值时，分别对应不同的已商业化的膜，如美国杜邦公司的Nafion®系列，日本旭硝子公司的Flemion®系列，美国陶氏化工的Dow®等。由于全氟磺酸膜具有较高的离子传导性、优异的化学稳定性以及较长的使用寿命，目前被广泛应用于氯碱工业和燃料电池。

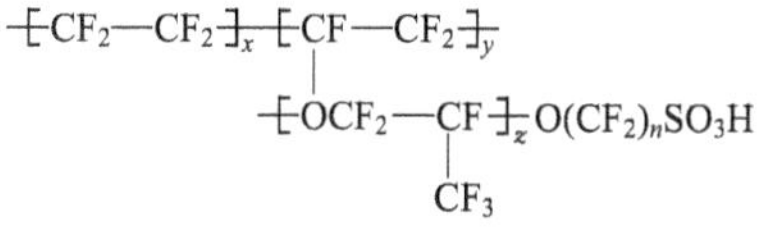

$$-\!\left[CF_2\!-\!CF_2\right]_x\left[CF\!-\!CF_2\right]_y$$
$$\left[OCF_2\!-\!CF\right]_z O(CF_2)_n SO_3H$$
$$CF_3$$

Nafion：$x=6\sim10$，$y=1$，$z=1$，$n=2$
Flemion：$x=6\sim10$，$y=1$，$z=1$，$n=2$
Dow：$x=3\sim10$，$y=1$，$z=0$，$n=2$

图 6-1　常见商用全氟磺酸型质子交换膜的结构

全氟磺酸型质子交换膜的优异性能与其特殊的结构是分不开的。一方面规整的聚四氟乙烯主链使得磺酸化的全氟聚合物表现出半晶态聚合物的性质，成膜后晶态相区赋予了膜优异的物理化学稳定性；另一方面非晶态相区中含磺酸基团的侧基的存在既保证了膜的柔韧性又易形成亲水性的离子簇，在湿态下这些离子簇溶胀并且开始互相贯通形成亲水通道，进而膜表现出优异的离子传导性。

全氟磺酸膜在低温（20~80℃）和湿态环境下的工业应用中具有无法替代的地位，但是苛刻的合成条件、昂贵的生产成本制约了其广泛应用。因此人们尝试从一些价格低廉的含氟聚合物材料或单体出发制备质子交换膜，目前主要有两类：①以一些商品化的含氟聚合物为基体，如聚四氟乙烯（PTFE）、氟化乙烯与丙烯的共聚物（FEP）、聚偏氟乙烯（PVDF）、乙烯与四氟乙烯的共聚物（ETFE）等，在它们的主链上接枝含有酸性基团的聚合物[47~49]；②直接从含氟的小分子单体出发，与一些非氟的单体共聚制备部分含氟聚合物。

在含氟高分子的主链上辐照接枝功能化的高分子链段是一种常用的方法，如Maekawa 等[47] 通过在乙烯-四氟乙烯共聚物主链上辐照接枝聚丙烯酸甲酯，并通过后磺化的方法制备出支链上既含有磺酸基团又含有羧酸基团的阳离子交换膜；Ameduri 等[48] 将对巯基乙基胺苯磺酸钠通过辐照接枝在偏氟乙烯六氟丙烯共聚物的主链上制备质子交换膜；Larsen 等[49] 在乙烯四氟乙烯共聚物的主链上接枝聚合磺化苯乙烯来制备质子交换膜。此外，还有其他的方法对含氟聚合物主链进行接枝，如 Russell 等[50] 在偏氟乙烯三氟氯乙烯共聚物主链上通过原子转移自由基接枝聚合磺化苯乙烯制备质子交换膜；Holdcroft 等[51] 在偏氟乙烯六氟丙烯共聚物的端基上通过原子转移自由基聚合接枝聚合磺化苯乙烯制备质子交换膜，这些通过接枝的方法制备的含氟质子交换膜的结构示意图如图 6-2(a) 所示。

接枝的方法操作简单，制得的膜由于含有碳氟主链而表现出优异的物理化学稳定性，但是由于大多数采用的是商业化的含氟聚合物作为基体，无法达到膜结构的可控性，因此人们开始从含氟的单体出发制备含氟质子交换膜。如 Guiver 等[52] 用 2,8-二羟基萘-6-磺酸钠、六氟代双酚 A 和十氟联苯共聚制备含氟聚芳基醚质子交换膜；Wiles 等[53] 直接通过六氟代双酚 A 和二氟二苯砜、磺化 4,4′-二氟二苯砜和双酚 A 共聚制备部分含氟的磺化聚芳醚砜质子交换膜；Sankir 等[54] 通过六氟代双酚、磺化 4,4′-二氟二苯砜和 2,6-二氯苯基氰共聚制备含氟的磺化聚芳醚苄腈质子交换膜；Bai 等[55] 用六氟代双酚 A 与芳基硫醚砜聚合制备含氟的聚芳硫醚砜质子交换膜。这些从含氟单体出发制备的质子交换膜的结构示意图如图 6-2(b) 所示。

除制备这些主链含氟的高分子膜材料外，还可以对膜表面进行氟化处理[56,57]，如 Lee 等[56] 对双磺化的聚芳醚砜质子交换膜表面进行氟化处理，结果表明该处理方法能增强膜表面的疏水性和膜的尺寸稳定性，且氟原子的强吸电子作用能显著促进膜内部磺酸基团的解离。

含氟质子交换膜材料由于碳氟键的存在而具有优异的热稳定性、抗氧化性和机械强度等。但是一些含氟聚合物特别是全氟聚合物的原材料昂贵、合成工艺复杂直接导致了含氟质子交换膜价格昂贵。另外，由于刚性、规整的碳氟主链存在，很难对膜进一步改性，进而难从分子尺度上设计制备含氟质子交换膜。针对以上问题，目前另一研究热点是从低廉的非氟聚合物材料出发制备结构、性能可控的质子交换膜材料。

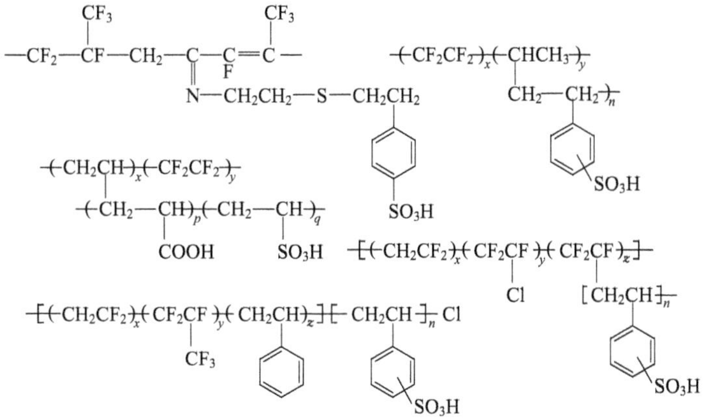

(a) 含氟聚合物接枝制备质子交换膜的结构示意图

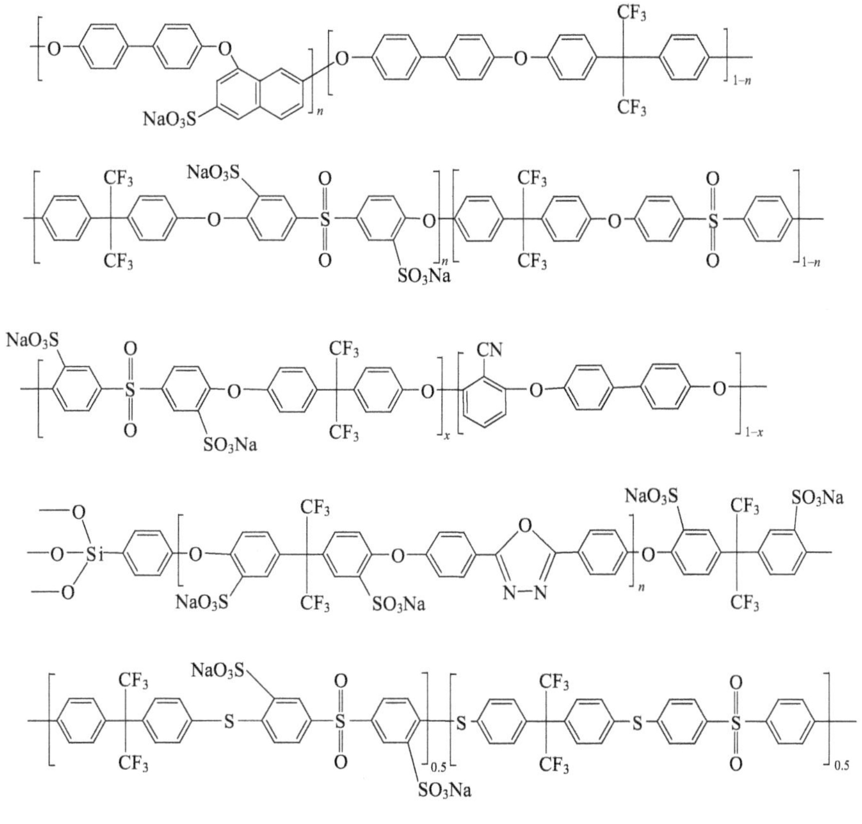

(b) 含氟单体聚合制备质子交换膜的结构示意图

图 6-2　含氟聚合物材料结构示意图[47~57]

6.2.1.2　非氟质子交换膜

非氟的质子交换膜材料以芳香族聚合物为代表，是除了上述含氟聚合物外另一大类价格相对低廉并兼具化学稳定性、热稳定性和优良力学性能的商业化聚合物材料，如聚苯醚、聚芳醚酮、聚芳醚砜、聚芳酰亚胺等。含酸性基团的此类聚合物的合成及其在燃料电池用质子交换膜方面的应用是近年来研究的热点。

含酸性基团的芳香族聚合物可以由商业化芳香族聚合物直接改性或由含酸性基团的单体缩聚得到。对于富含电子苯环结构的芳香族聚合物如聚苯醚、聚苯醚酮、聚苯醚砜等，浓硫酸[58]、发烟硫酸[59,60]、氯磺酸[61,62] 等都是常用的磺化试剂，磺化机理为苯环的亲核取代，磺化位置在第一类定位基的邻对位。徐铜文等[58,61] 用氯磺酸或氯磺酸与浓硫酸混合物对商业化聚苯醚进行磺化，磺化度可通过磺化剂用量、温度及磺化时间进行适当控制。而对于含缺电子苯环结构的芳香族聚合物特别是聚苯砜类，Kerres 等[63] 先用正丁基锂对苯环进行金属化，再与二氧化硫反应生成苯亚磺酸锂，最后氧化为苯磺酸，该法产生的磺酸基在吸电子取代基的邻位，相应的磺化聚合物的耐氧与耐热性有所提高[64]，但反应条件苛刻，步骤烦琐。对商业化芳香族聚合物直接改性的方法虽然原料易得，但磺化度通常难以控制且结构单元有限，而从含酸性基团的单体出发进行聚合，不仅能精确控制磺化度，而且能衍生出各种不同结构单元组成和链段组成的聚合物，从而考察聚合物结构与性能之间的关系。鉴于此，Wang等[65~67] 先合成特定的磺化单体，再与其他各种单体无规共聚，通过控制各单体的加入比例可精确控制磺化度，进一步地先通过非磺化的单体缩聚得到遥爪低聚物，再与磺化的单体共聚，最终得到亲水性的磺化链段与亲油性的非磺化链段交替存在的嵌段聚合物。

除酸性基团的含量外，酸性基团在聚合物链上的位置对膜的性能同样有很大的影响。Dang 等[68] 曾报道主链上磺化的聚苯硫醚砜的含水率与 Nafion-117 相比有更大的温度依赖性，在磺化度或操作温度超过某一临界值时会发生过度的溶胀，力学性能大幅下降。而对于酸性基团悬挂在侧链上的芳香族聚合物，亲水性的侧链和亲油性的主链会发生微相分离而形成类似 Nafion 中的离子簇，从而在质子传导性与力学性能间达到平衡。基于这一思想，Pang 等[69] 合成了侧链为磺酸烷氧基的聚苯醚砜，从透射电子显微镜图像（TEM）中可看到侧链磺酸盐形成的离子簇分散在亲油性聚合物连续相中，且随磺化度增大，离子簇增大。图 6-3 中为近年来合成的侧链上含酸性基团的芳香族聚合物的结构[69~81]。

综上所述，芳香族聚合物是一类有望能用于苛刻条件下的质子交换膜材料，该类膜材料仍有两个问题需要重点研究：一是如何精确控制聚合物中酸性基团含量及位置，二是研究膜的微观结构与性能间的定量关系。

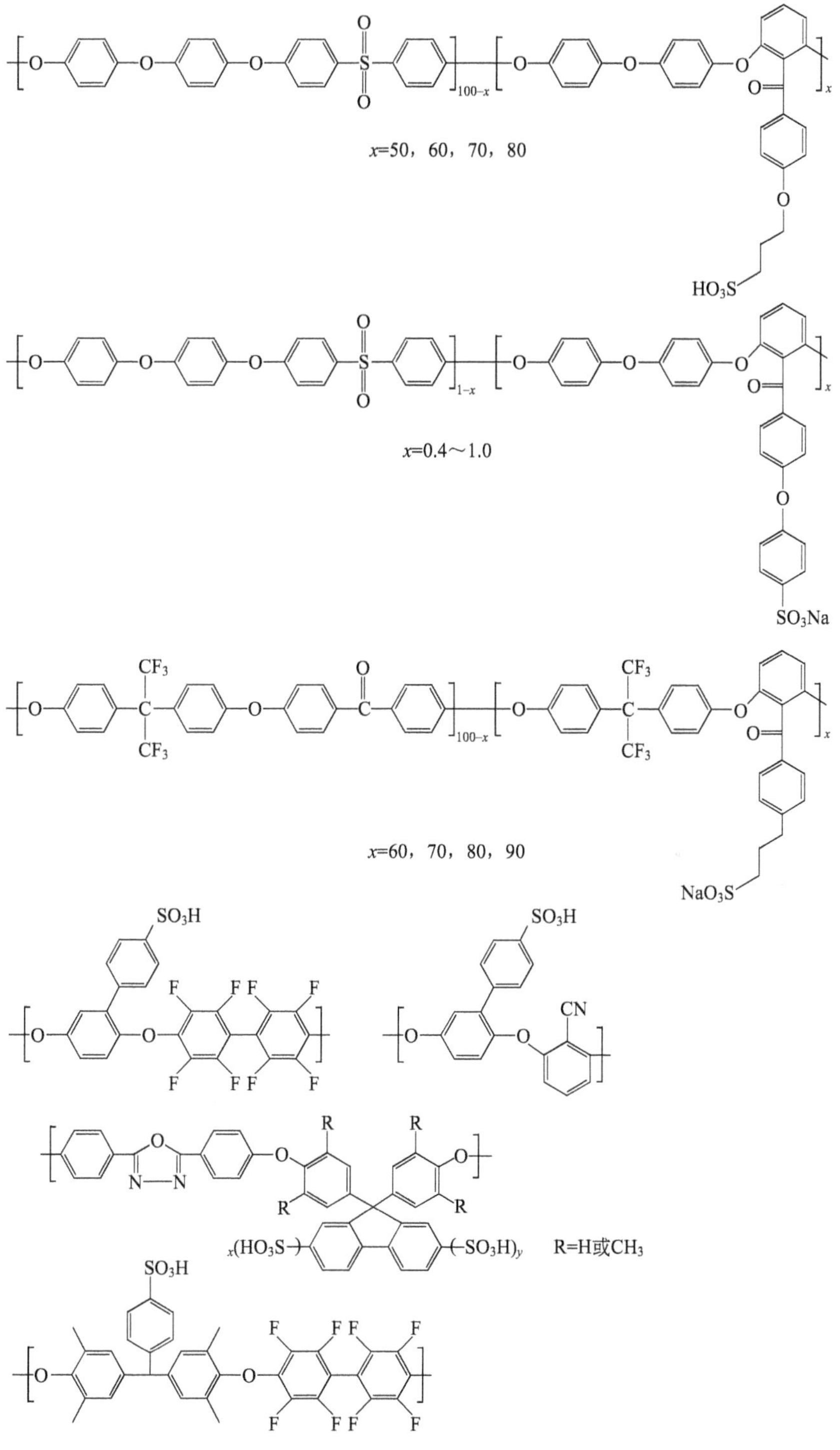

x=50，60，70，80

x=0.4～1.0

x=60，70，80，90

R=H或CH$_3$

图 6-3

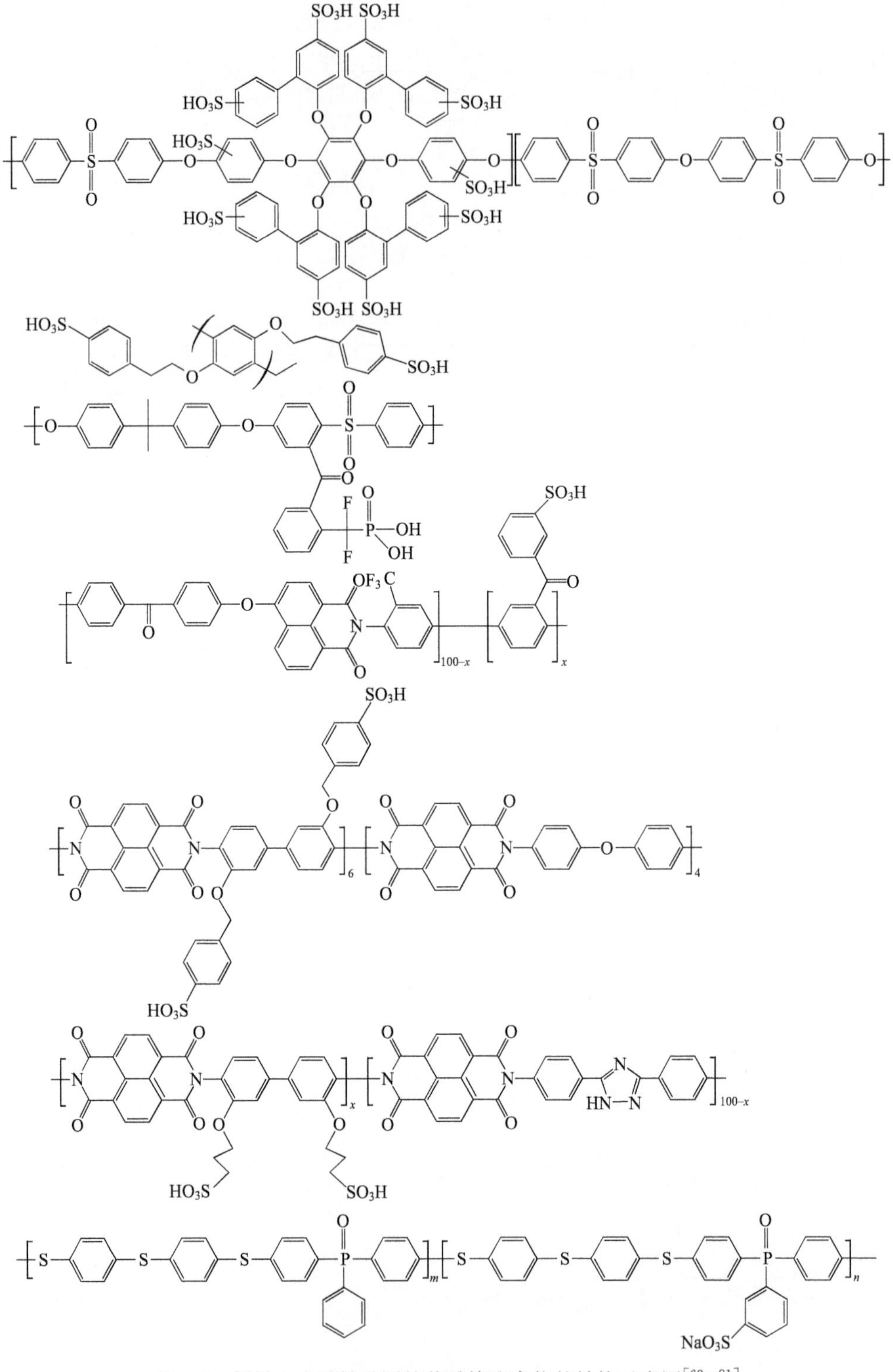

图 6-3　侧链上含酸性基团的芳香族聚合物的结构示意图[69~81]

6.2.1.3　复合型质子交换膜

聚合物基的质子交换膜在燃料电池、电渗析、氯碱工业等方面均具有潜在的应用前景。但是其自身的一些缺陷又制约了该类膜材料的广泛应用[82,83]：大部分的高分子基体无法在中高温（>100℃）、高氧化性等苛刻条件中应用；常用的功能基团为磺酸基团（—SO_3H），其离子交换功能严重依赖工作环境的温度和湿度，无法在高温低湿度条件下发挥作用。例如目前聚电解质基燃料电池中常用的全氟磺酸膜（如 Nafion），在 80℃ 以下能显示出非常好的综合性能，但在 80℃以上膜会强烈失水从而导致电导率急剧下降，同时水含量的变化会造成膜的溶胀或收缩，使膜-催化剂界面接触变差，最终导致电池效率和寿命降低。因此开发研制具有优异的稳定性及在中高温（>100℃）、低湿度或者无湿度的条件下具有离子传导性能的膜是目前研究的热点[84~87]。

针对上述问题的主要解决策略是[84~90]：在聚合物基中以共混或者以相互作用结合的形式引入具有优异物理化学稳定性的特殊组分，并且这种特殊组分也应具有中温时（100~200℃）优异的保湿性或在中高温时能取代磺酸基团进行离子传导。目前能够达到这种效果的组分一般是碱性杂环类有机物或小分子无机酸或盐类。

碱性杂环类有机物包括含咪唑类、吡啶类基团的小分子或大分子有机物[91~101]，其结构式如表 6-3 所示。这些结构的共同特点是碱性基团中含有带孤对电子的氮原子，能与高分子基体上的酸性基团以离子键的形式形成稳定的酸碱对。这种酸碱对的存在能显著提高膜的物理化学性能，如机械强度、热稳定性、抗氧化性等。

表 6-3　杂环化合物及其结构式[91-101]

名称	结 构 式
小分子杂环化合物	

名称	结　构　式
大分子杂环化合物	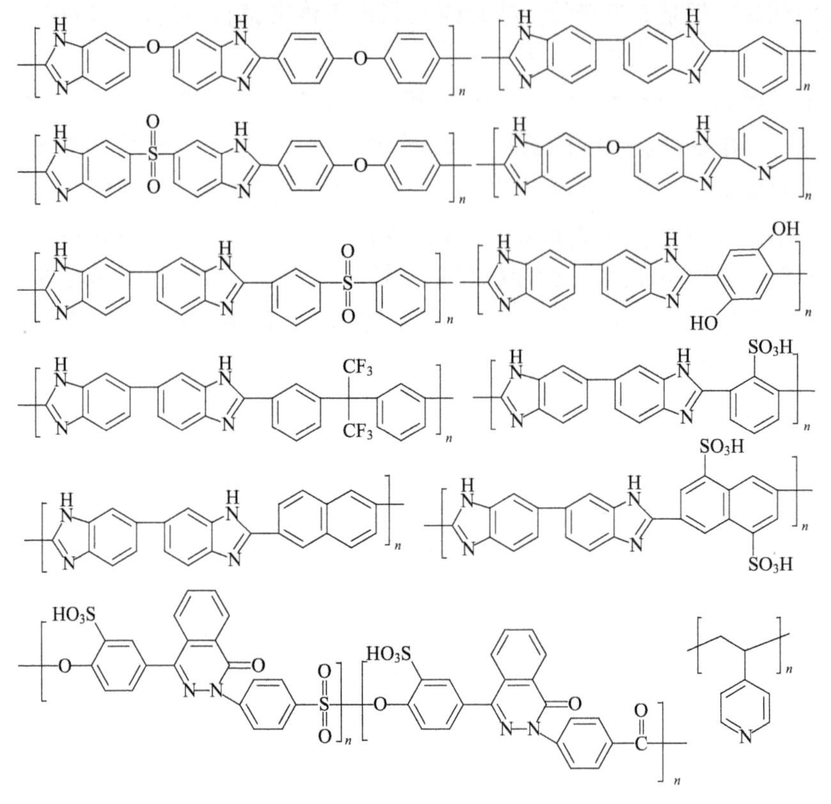 （含氮杂环类聚合物的结构式，含苯并咪唑等结构，带有 O、SO₂、CF₃、OH、SO₃H、HO₃S 等取代基团及吡啶、萘环结构）

目前将不同系列的含氟或芳香类聚合物与不同的含氮杂环聚合物通过酸碱对进行复合的研究较多[91~101]，但是大部分的工作主要侧重于酸碱对的存在对膜稳定性的影响，对为何酸碱对型离子交换膜具有在低湿度下的离子传导特性关注较少。这一问题的解释需要从杂环的特殊性质来看，以咪唑为例，当与质子发生相互作用时其表现出与水分子相似的特性。如图 6-4 所示，和水分子一样，咪唑分子可以质子化，质子化的咪唑分子与未质子化的分子间可形成氢键，并且质子能在这个氢键形成的结构中发生质子自传递现象[102,103]。这一原理应用到酸碱对复合体系中，发现在膜中酸碱对之间也可以通过氢键连接而聚集形成一个有利于质子传导的通路，避免了对水分子的依赖。图 6-5 给出了含两类杂环化合物质子交换膜的质子传导方式示意图，二者的主要区别是咪唑基类杂环既含有带孤对电子的氮原子又含有质子化的氮原子，质子既能通过咪唑基团之间形成的氢键传导又能通过与磺酸基团之间形成的离子键传导，而当杂环内没有质子化的氮时，若杂环上有质子化的其他基团如磺酸基团，仍能形成一个由酸碱对构成的质子传导通

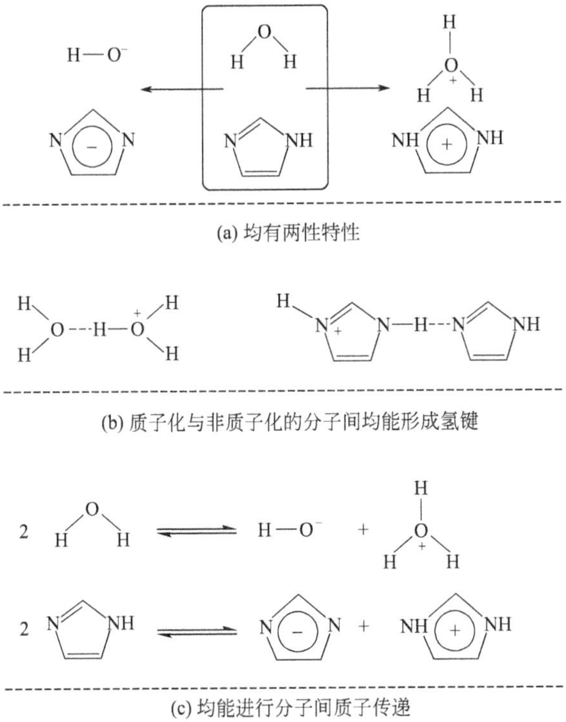

(a) 均有两性特性

(b) 质子化与非质子化的分子间均能形成氢键

(c) 均能进行分子间质子传递

图 6-4　咪唑与水分别与质子相互作用时的性质比较[102,103]

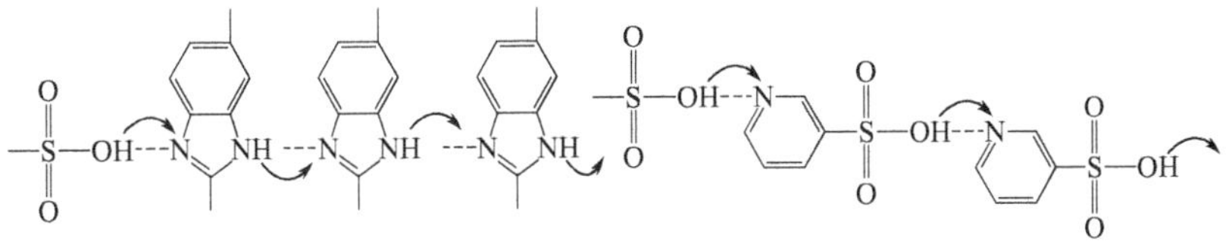

图 6-5　质子通过含杂环的网络结构传导的示意图[104]

道[104]。根据这个原理，Totsatitpaisa 等[100] 采用磺化聚醚醚酮（SPPESK）为基体通过酸碱反应分别复合苯并咪唑（BI）、亚乙基双苯并咪唑（EDBI）和间三苯并咪唑基苯（BTBI）来制备质子交换膜，并研究了这些体系中酸碱对各自的聚集方式及质子的无水传导方式。Wu 等[101] 以磺化偶氮杂萘联苯型聚醚酮（SPPESK）和全氟磺酸树脂（FSP）为原料，通过酸碱反应制备具有多相结构的酸碱对型质子交换膜，研究结果表明静电作用酸碱对的形成是一种不可逆的分子间质子转移过程，能有效地增强膜的稳定性，而在燃料电池运行过程中，会形成另一种通过水桥连接的酸碱对，这种酸碱对在低含水率的条件下有利于质子传导。

除了有机物材料外，在聚合物基质子交换膜中添加无机物也能大大提高膜在中高温、低湿度或无湿度条件下的性能。一些无机氧化物 SiO_2、ZrO_2、TiO_2 和 Al_2O_3 等就具有极强的保湿能力[105~107]，将其掺杂进膜材料后能明显增强膜在高温或低湿度环境下的保湿性，进而保证了电池在该状态下的离子传导性能。Ren 等[108] 制备了 ZrO_2/Nafion 复合膜，结果表明在 80℃ 以上时，复合膜较 Nafion-115 膜有更高的含水率，从而保证了膜在此温度下的离子传导性。Tian 等[109] 通过溶胶-凝胶法制备了 Nafion/TiO_2 复合质子交换膜，也同样发现了由于 $(TiO_2)_n$ 网络的存在能够明显增强膜在低湿度应用环境下的离子传导功能。另外与这些氧化物有相同作用的还包括天然矿石，如蒙脱土、沸石等。

上述这些具有特殊结构的无机添加剂仅能改善膜在中温（100～200℃）下的保湿性，对膜的离子传导性没有明显改善。因此，人们想到了一些其他的既具有热稳定性又具有高温低湿度下离子传导特性的无机添加剂[110~119]，如：磷酸及磷酸盐类 $[H_3PO_4$、$Zr(HPO_4)_2 \cdot H_2O]$，杂多酸类（$H_3PW_{12}O_{40}$、$H_6P_2W_{18}O_{62}$、$H_6As_2W_{21}O_{69}$、$H_{21}B_3W_{39}O_{132}$），硫酸盐类（$CsHSO_4$）等。研究结果表明，结构性能稳定的无机小分子的掺入可有效提高复合膜的物理化学稳定性及其在中高温度应用时的离子传导性能，但是由于大部分的研究仅是进行简单的物理掺杂，在长时间的使用过程中会不可避免地发生无机小分子的渗漏。目前，有机-无机复合膜材料的研究方向开始转向如何在高分子基体中固定无机小分子。

一种有效的办法是将无机小分子形成网络结构分散在聚合物基体中，如各种烷氧基硅烷或烷基钛酸酯通过溶胶-凝胶反应在膜内部形成三维 Si-O-Si 或 Ti-O-Ti 网络结构，能有效提高膜的稳定性及保湿能力。为了提高膜的离子传导能力，可通过后磺化使得无机网络接上磺酸基团，如 Wu 等[116] 采用丁基钛酸酯进行溶胶-凝胶反应制备 $(TiO_2)_n$，然后将产物进行磺化形成 $(TiO_2\text{-}SO_3H)$ 后分散在 Nafion 溶液中成膜。Wu 等[117] 采用含有巯基的烷氧基硅烷在溴化聚苯醚中进行溶胶-凝胶，然后再将巯基氧化成磺酸基团。对于那些无法形成网络结构的无机酸，可先包裹于多孔材料内再分散于高分子基膜中，如 Kim 等[113] 将氧化钨和磷酸渗透进硅多孔微球的同时控制 pH 值在微孔中反应生成磷钨酸，达到将磷钨酸封闭在多孔微球中的目的，然后再与 Nafion 溶液混合成膜。但是这种分散或包裹的方式尚不能彻底解决无机物的渗漏问题，同时又带来了无机物与聚合物基体的相容性问题。

另一种有效的方法是将无机物通过相互作用固定在高分子基体中。首先是通过化学键结合，如将含有氨基的烷氧基硅烷接在溴甲基化聚苯醚上后进行溶胶-凝胶反应，最终膜表现出良好的相容性[117]。Shahi 等[118] 制备了 PVA 杂化复合膜，成功将无机网络通过化学键接在聚合物基体上。

对于无机酸和盐如磷酸、杂多酸等小分子而言，很难形成分子间网络结构，也很难与高分子基体之间形成化学键，但是可以以静电的形式与碱性高分子基体形成酸碱相互作用。最常见的高分子基体为碱性杂环聚合物，可以复合磷酸或磷酸与磷酸盐的混合物形成酸碱对型质子交换膜[119~121]，除了这些含有杂环的高分子基体，侧链接有弱碱性基团（如氨基）的高分子也可与无机酸发生酸碱反应，李明强等[115]通过侧链季铵化的聚砜与 H_3PO_4 制备的酸碱对型 Poly$(R^1R^2R^3)$-N^+/H_3PO_4 复合质子交换膜在 160℃的质子电导率能达到 0.12S·cm^{-1}。

质子交换膜燃料电池已在航天航空和军事领域得到使用，但是作为其核心组件之一的质子交换膜还存在着许多材料、制备工艺等方面的问题，如全氟或部分氟化的质子交换膜受到复杂制备工艺、高成本以及较高温度或较低湿度下质子传导能力下降等方面的限制。因此，突破高质子导电率、高热稳定性、低燃料渗透率、低成本的新型膜材料规模化制备技术仍是该领域研究的重点和难点。

6.2.2 阴离子交换膜材料

与质子交换膜类似，阴离子交换膜除了阻隔燃料在电池中的渗透之外，还将阴离子（一般是 OH$^-$）从阳极传导到阴极，以使电池形成完整回路。相比于质子交换膜燃料电池，离子在阴离子交换膜燃料电池中的传导方向与燃料相反，这有利于减轻燃料在电池中的渗透。尤其是使用醇为燃料的直接甲醇燃料电池，使用阴离子交换膜甲醇渗透大幅下降。同时，相比于质子交换膜燃料电池，碱性燃料电池由于工作环境 pH 值较高，阳极的反应动力学更高，这样有助于燃料的迅速氧化，从而可以允许使用一些活性较低的催化剂以取代昂贵的铂作为碱性燃料电池中的核心部件，阴离子交换膜的性质很大程度上决定着碱性燃料电池的最终性能[122]。

应用于碱性燃料电池的阴离子交换膜一般需要具备以下几个性质：①良好的阴离子（OH$^-$）传导能力；②优异的化学稳定性，尤其是耐碱性；③良好的抗溶胀性；④优异的力学性能。一般来说，阴离子交换膜本身均具有较好的力学性能，其溶胀性也可以通过控制膜内的离子交换密度进行控制。所以对于阴离子交换膜的研究一般都集中于其离子电导和耐碱性这两个指标上。表 6-4 是目前商品化的均相阴离子交换膜的主要性能指标。

表 6-4 均相阴离子交换膜材料的基本性能比较

膜名称	产地	厚度 /mm	交换容量 /mg·g^{-1}	含水量 /%	膜面电阻 /Ω·cm^2	迁移数	爆破强度 /MPa
Neosepta AV-4T	德山曹达	0.14~0.16	1.5~2.0	20~30	2.7~3.5	>0.98	0.6~0.7
Aciplex CA-1	旭化成	0.23	2.0	37	2.1	0.97	0.14

膜名称	产地	厚度/mm	交换容量/mg·g^{-1}	含水量/%	膜面电阻/Ω·cm^{-2}	迁移数	爆破强度/MPa
Selemion AMV	旭硝子	0.10~0.14	2.0~2.3	15~16	2.0~3.5	>0.93	0.3~0.5
国产异相阴膜	上海	0.45	1.8~2.0	30~45	13.1	>0.89	<0.3
基于聚苯醚的阴离子膜材料	山东天维	0.22~0.25	2.2~3.2 可调	24~48 可调	0.8~1.5	>0.98	>0.7

6.2.2.1 季铵型阴离子交换膜

季铵型阴离子交换膜目前报道最为广泛，它通过在聚合物中引入季铵型阳离子，通过离子交换选择性地传导阴离子（一般是 OH$^-$）。最常见的季铵型阴离子交换膜的制备方法是利用芳香族聚合物经氯甲醚处理后实现氯甲基化，再进一步与叔胺（一般是三甲胺）反应后得到含季铵盐的阴离子交换膜[123~127]。美国印第安纳大学的 Wang 等[127] 以聚砜为基体，将它与氯甲醚在氯仿溶液中反应后得到固态的氯甲基化聚砜，经胺化（三甲胺、三乙胺等）处理后得到季铵型阴离子交换膜，具体制备路线如图 6-6 所示。

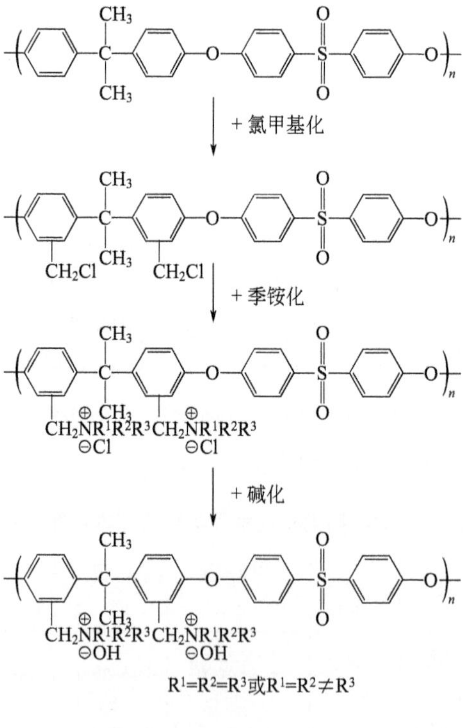

图 6-6　聚砜经氯甲基化和胺化制备季铵型阴离子交换膜路线示意图[127]

必须注意的是，这种被广泛采用的方法一般都使用氯甲醚作为氯甲基化试剂。这是一种毒性大、致癌性高的化学品，早在 20 世纪 70 年代就被呼吁禁止使用[128]。取消氯甲醚获得阴离子交换膜材料的方法有多种，如溴化/胺化，利用环氧基团与胺类化合物交联反应生成阴离子功能基团，利用聚合物侧链的氯甲基团季铵化反应得阴离子基团，利用聚合物苯环侧链的甲基基团卤化反应然后进行胺化交联，利用长链卤甲基烷基醚作卤甲基化试剂等[129]。

多数离子膜材料通过常见的高分子材料功能化制得，利用聚合物现有的基团进行改性是较好的制备方法。聚苯醚可以通过其甲基、苯环或者酚端基的多种改性，获得系列均相离子交换膜材料，尤其是通过溴化获得溴甲基基团，可以进行随后的胺化反应获得一系列离子交换膜材料[130]。

不过，上述制备阴离子交换膜材料的路线需要聚合物具有像聚苯醚类似的结构，对于其他不含甲基的芳香聚合物如聚砜、聚醚砜、聚醚酮等改性不适合。但 Friedel-Crafts 酰基化提供了一种制备阴离子交换膜材料的手段，图 6-7 是按照这种方法从据氧化丙烯（PPO）制备均相阴离子交换膜的路线[131]，这样就不再受芳香聚合物结构的限制，所制备膜的基本性能取决于季铵化过程。图 6-8 给出了不同胺化液浓度时膜材料的基本性能，可以看出，氯乙酰化基团膜的含水量偏低，电阻偏大，因此在应用上还有一些缺陷。

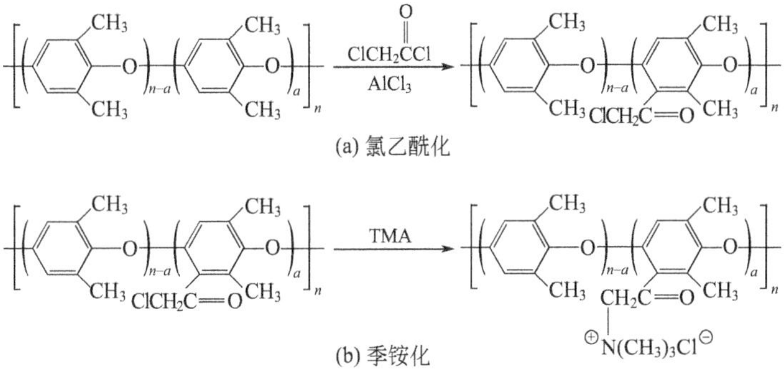

图 6-7　由 PPO 氯乙酰化和季铵化制备均相阴离子交换膜的技术路线[131]

考虑到溴化聚苯醚（BPPO）胺化时膜的含水量太高，力学性能下降，而氯代聚苯醚（CPPO）含水量较低、力学性能较高。图 6-9 给出了不同配比的 CPPO/BPPO 共混膜的离子交换容量（IEC）数据和含水量数据，可以看出 IEC 和含水量均随着 CPPO 含量的增加而降低，通过合理的调配（如 CPPO 的相对含量在 40% 时），可以获得 IEC 和含水量均适宜的阴离子交换膜材料[132]。进一步的研究发现，CPPO 和 BPPO 均可发生分子内交联，但交联温度不同，CPPO 大概在 70℃ 左右开始发生交联，而 BPPO 在 90℃ 左右发生交联，这样有望通过

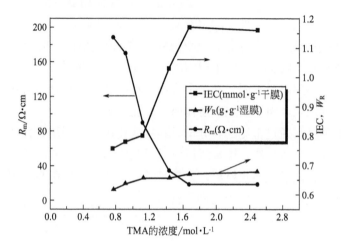

图 6-8　不同三甲胺浓度下氯乙酰化聚苯醚阴离子交换膜的基本性能[131]

（氯乙酰化度＝50.3％，胺化温度＝30℃，胺化时间＝48h）

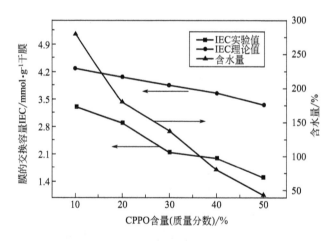

图 6-9　膜的交换容量和含水量随着 CPPO 含量的变化关系[132]

温度控制使 CPPO 发生交联保证膜的机械稳定性，而 BPPO 不交联，通过进一步的季铵化获得功能基团，获得有序的氢氧根离子通道（图 6-10）[133]，这种特殊的离子通道，使膜同时具有较高的氢氧根离子导电性和阻醇性（图 6-11），抗拉机械强度高达 89MPa，有望用于以阴离子膜为介质的燃料电池中。

　　膜性能的改进主要取决于氯甲基过程的优化和不同胺的季铵化过程，最近Wang 等[127] 以聚砜为基础，通过传统的氯甲基化和季铵化制备了一种高电导的阴离子交换膜，所获得的阴离子膜室温电导可达到 $3.1 \times 10^{-2} S \cdot cm^{-1}$，在 $8.0 mol \cdot L^{-1}$ KOH 溶液中表现出很好的稳定性。

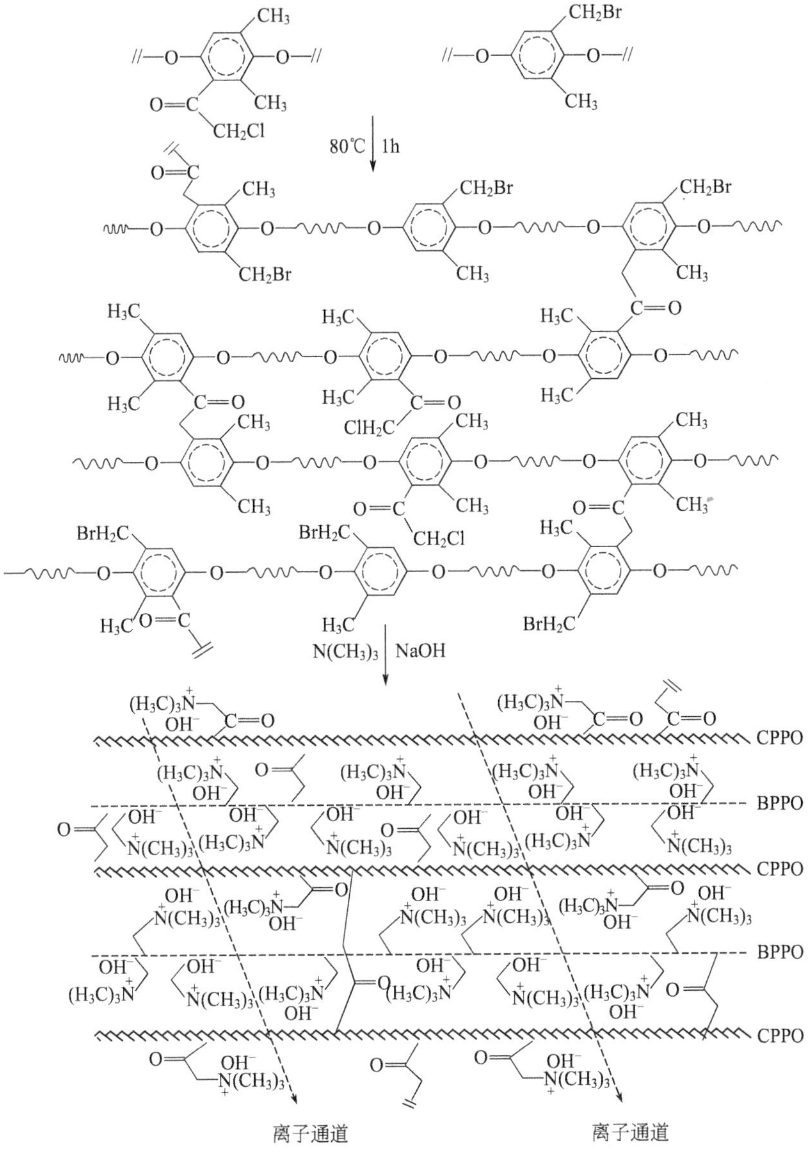

图 6-10　由特殊的交联结构而形成的特殊的离子传导方式示意图[133]

　　除了聚苯醚、聚砜等芳香聚合物外，聚醚醚酮/砜、杂萘联苯聚醚砜酮等也是很好的阴离子交换膜原料，如 Xing 等[134] 以浓硫酸为溶剂，将杂萘联苯聚醚砜进行氯甲基化，浸泡在 33％的三甲胺水溶液中进行季铵化获得了均相阴离子交换膜，膜的离子交换容量为 1.38mmol•g^{-1} 和 2.12mmol•g^{-1}，含水量随着交换容量的增加而增加，面积电阻低于 Nafion112，该膜有望用于液流电池中。

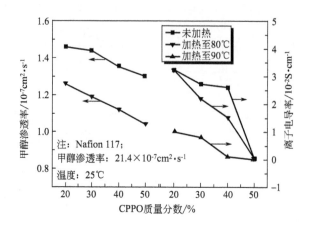

图 6-11　不同热处理后的 CPPO/BPPO 共混膜的 OH⁻电导率和甲醇渗透率[133]

6.2.2.2　非季铵型阴离子交换膜

针对季铵型阴离子交换膜耐碱性等问题，许多研究者致力于用其他阳离子取代季铵离子用在阴离子交换膜中进行离子传导。近期报道的多种新型季铵型阴离子交换膜都表现出相对优异的性能，其中最具代表性的为胍基型[135~137]、季鏻型[138~140]阴离子交换膜。对于这些阴离子交换膜而言，由于荷电的阳离子都存在共振结构，可以减少 OH⁻的进攻，所以具有优异的耐碱性能。

长春应用化学研究所张所波等[135]先合成聚醚砜作为基底，将其溶解在 N-甲基吡咯烷酮中，通过氯甲酸处理以后得到氯甲基化的聚醚砜，之后加入五甲基取代胍反应，经过进一步处理后得到胍基化的阴离子交换膜。这种阴离子交换膜由于五甲基取代胍碱性极强（$pK_a=13.8$）[136]，与氯甲基反应后形成的季胍盐碱性强，从而有利于 OH⁻的迅速解离，其所制备的胍基化阴离子交换膜的离子电导在常温下高达 $67mS \cdot cm^{-1}$，与阳离子交换膜 Nafion-117 处于同一个水平。同时，因为胍基基团中存在的强共振结构，可以让正电荷在 3 个 N 和 1 个 C 原子之间共振分散，从而在碱性条件中展现出极好的稳定性，将它在 60℃下，$1mol \cdot L^{-1}$ 的 NaOH 水溶液中浸泡 48h 后，其离子电导保持不变。

美国加州大学河滨分校 Gu 等[138]同样采用聚醚砜作为基底，以低毒的四氯化锡替代剧毒的氯甲醚作为氯甲基化试剂，经过在 N-甲基吡咯烷酮中的反应后得到氯甲基化的聚醚砜，再与三（2,4,6-三甲氧苯基）膦反应后得到季鏻型阴离子交换膜。由于季鏻盐碱性极强，有利于 OH⁻的迅速解离和交换，其离子电导很高，在常温下约为 $27mS \cdot cm^{-1}$。同时，基于季鏻膜的 H_2/O_2 燃料电池最大输出功率达到 $130mW \cdot cm^{-2}$。由于 2,4,6-三甲氧苯基本身为富电子基团，是很强的电子供体，有利于正电荷的分散，与中心的 P^+ 在膜中能够形成共振结构。这两种效应极大地提高了季鏻盐的耐碱性能，在浓度高达 $10mol\cdot L^{-1}$ 的 KOH 水溶液中室温浸泡 48h，季鏻型阴离子交换膜的电导和柔韧性仍能保持稳定。

到目前为止，尚未有阴离子交换膜在碱性燃料电池中商业化应用，然而考虑到碱性燃料电池在环境和能源上的重要性，开发高耐碱性的阴离子交换膜具有重要的现实意义。

参考文献

[1] Venugopal G, Moore J, Howard J, et al. Characterization of microporous separators for lithium-ion batteries [J]. J Power Sources, 1999, 77 (1): 34-41.

[2] Gineste J L. Polypropylene separator grafted with hydrophic monomers for lithium batteries [J]. J Membr Sci, 1995, 107: 155-164.

[3] Ooms F G B, Kelder E M, Schoonman J, et al. Performance of Solupor (R) separator materials in lithium ion batteries [J]. J Power Sources, 2001, 97-98: 598-601.

[4] 陈继伟. 湿法无纺布型锂离子电池隔膜材料的研究 [D]. 广东：华南理工大学，2009.

[5] 梁银峥. 基于静电纺纤维的先进锂离子电池隔膜材料的研究 [D]. 上海：东华大学，2011.

[6] 孙小青，孙下东，王华，等. 微孔滤膜在锂离子电池隔膜中的应用 [J]. 塑料，2003，33 (2)：39-43.

[7] Chen R T, Saw C K, Jamieson M C, et al. Structural characterization of celgardmicroporous membrane precursors: melt-extruded polyethylene films [J]. J Appl Polym Sci, 1994, 53: 471-483.

[8] 王箴. 化工辞典 [M]. 北京：化学工业出版社，2000.

[9] 吴宇平，戴晓兵，马军旗，等. 锂离子电池——应用与实践 [M]. 北京：化学工业出版社，2004.

[10] Grondin J, Ucasse L D, Bruneel J L, et al. Vibrational and theoretical study of the complexation of $LiPF_6$ and $LiClO_4$ by di (ethylene glycol) dimethyl ether [J]. Solid State Ionics, 2004, 166: 441-452.

[11] Scrosati B, Croce F, Persi L. Impedancespectroscopy study of PEO-based nanocomposite polymer electrolytes [J]. J Electrochem Soc, 2000, 147: 1718-1721.

[12] Spevacek J, Brus J, Dybal J. Solid statenmR and DFT study of polymer electrolyte poly (ethyleneoxide) /$LiCF_3SO_3$ [J]. Solid State Ionics, 2005, 176: 163-167.

[13] Xiao Q Z, Wang X Z, Li W, et al. Macroporous polymer electrolytes based on PVDF/PEO-b-PMMA block copolymer blends for rechargeable lithium ion battery [J]. J Membr Sci, 2009, 334: 117-122.

[14] Gopalan A I, Santhosh P, Manesh K M, et al. Development of electrospun PVDF-PAN membrane-based polymer electrolytes for lithium batteries [J]. J Membr Sci, 2008, 325: 683-690.

[15] Choi S W, Jo S M, Lee W S, et al. An electrospun poly (vinylidene fluoride) nanofibrous membrane and its battery applications [J]. Adv Mater, 2003, 15: 2027-2032.

[16] Kim J R, Choi S W, Jo S M, et al. Electrospun PVDF-based fibrous polymer electrolytes for lithium ion polymer batteries [J]. Electrochim Acta, 2004, 50: 69-75.

[17] Lee S W, Choi S W, Jo S M, et al. Electrochemical properties and cycle performance of electrospun poly (vinylidene fluoride) -based fibrous membrane electrolytes for Li-ion polymer battery [J]. J Power Sources, 2006, 163: 41-46.

[18] Zheng Z R, Gu Z Y, Huo R T, et al. Superhydrophobicity of polyvinylidene fluoride membrane fabricated by chemical vapor deposition from solution [J]. Appl Surf Sci, 2009, 16: 7263-7267.

[19] Cheruvally G, Kim J K, Choi J W, et al. Electrospun polymer membrane activated with room temperature ionic liquid: Novel polymer electrolytes for lithium batteries [J]. J Power Sources, 2007, 172: 863-869.

[20] Cho T H, Sakai T, Tanase S, et al. Electrochemical performances of polyacrylonitrile nanofiber-based nonwoven separator for lithium-ion battery [J]. Electrochem Solid-State Lett, 2007, 10: 159-162.

[21] Choi S W, Kim J R, Jo S M, et al. Electrochemical and spectroscopic properties of electrospun PAN-based fibrous polymer electrolytes [J]. J Electrochem Soc, 2005, 152: A989-A995.

[22] Chen-Yang Y W, Chen H C, Lin F J, et al. Polyacrylonitrile electrolytes: 1. A novel high-conductivity composite polymer electrolyte based on PAN, $LiClO_4$ and $\alpha-Al_2O_3$ [J]. Solid State Ionics, 2002, 150 (3-4): 327-335.

[23] Carol P, Ramakrishnan P, John B, et al. Preparation and characterization of electrospun poly (acrylonitrile) fibrous membrane based gel polymer electrolytes for lithium-ion batteries [J]. J Power Sources, 2011, 196: 10156-10162.

[24] Quartarone E, Tomasi C, Mustarelli P, et al. Long-term structural stability of PMMA-based gel polymer electrolytes [J]. Electrochim Acta, 1998, 43: 1435-1439.

[25] Ali A M M, Yahya M Z A, Bahron H, et al. Impedance studies on plasticized PMMA-LiX [X: $CF_3SO_3^-$, N $(CF_3SO_2)_2^-$] polymer electrolytes [J]. Mater Lett, 2007, 61: 2026-2029.

[26] Dong H, Nyame V, MacDiarmid A G, et al. Polyaniline/poly (methyl methacrylate) coaxial fibers: the fabrication and effects of the solution properties on themorphology of electrospun core fibers [J]. J Polym Sci, Part B: Polym Phys, 2004, 42: 3934-3942.

[27] Xiao Q Z, Li Z H, Gao D S, et al. A novel sandwiched membrane as polymer electrolyte for application in lithium-ion battery [J]. J Membr Sci, 2009, 326: 260-264.

[28] 陈样宝. 高性能树脂基体 [M]. 北京: 化学工业出版社, 1999.

[29] 张海春, 陈天禄, 袁雅桂. 合成带有酞侧基的新型聚醚醚酮: CN, 85108751 [P]. 1987.

[30] 陈平, 陆春, 丁祺, 等. 连续纤维增强 PPESK 树脂复合材料的界面性能 [J]. 材料研究学报, 2005, 19 (2): 159-164.

[31] Wang J, Chen P, Li H, et al. The analysis of Armos fibers reinforced Poly (phthalazinone ether sulfoneketone) composite surfaces after oxygen plasma treatment [J]. Surf Coat Technol, 2008, 202 (20): 4896-4991.

[32] 颜春, 张守海, 杨大令, 等. 季铵化条件对季铵化聚醚砜酮纳滤膜性能的研究 [J]. 功能材料, 2007, 7 (38): 1163-1168.

[33] 武春瑞, 张守海, 杨人令, 等. 耐高温聚芳醚酰胺超滤膜的研制与应用 [J]. 功能材料, 2007, 3 (38): 400-403.

[34] Gu S, He G H, Wu X M, et al. Preparation and characteristics of crosslinked sulfonated poly (phthalazinone ether sulfone ketone) with poly (vinyl alcohol) for proton exchange membrane [J]. J Membr Sci, 2008, 312: 48-58.

[35] Arora P, Zhang Z M. Battery Separators [J]. Chem Rev, 2004, 104 (10): 4419-4462.

[36] Zhang S S. A review on the separators of liquid electrolyte Li-ion batteries [J]. J Power Sources, 2007, 164 (1): 351-364.

[37] 王晓斌, 黄美容, 王松钊, 等. 动力锂离子电池隔膜的性能要求及发展状况 [J]. 塑料制造. 2014. 12: 59-64.

[38] Hennige V, Hying C, Horpel G, et al. Separator provided with asymmetrical pore structures for an electrochemical cell: US, 0078791 [P]. 2003.

[39] 亨尼格 V, 许英 C, 赫尔佩尔 G. 具有关闭机制的电隔膜、其生产方法和在锂电池中的使用: CN, 200480030002. X [P]. 2004.

[40] 亨尼格 V, 许英 C, 赫尔佩尔 G. 基于聚合物或天然纤维基材的陶瓷膜及其生产和应用: CN, 03804665. 2: [P]. 2003.

[41] 毛新欣. 锂离子电池新型隔膜材料的制备及其性能研究 [D]. 河南: 河南师范大学, 2012.

[42] 吴大勇, 刘昌炎. 锂离子电池隔膜研究进展. 新材料产业 [J]. 2006, 9: 48-53.

[43] 高昆, 胡信国, 伊廷锋. 锂离子电池聚烯烃隔膜的特征及发展现状 [J]. 电池工业. 2007, 12 (2): 122-126.

[44] 伊廷锋, 胡信国, 高昆. 锂离子电池隔膜的研究和发展现状 [J]. 电池工业. 2005, 35 (6): 468-470.

[45] 毕慧平. 燃料电池用质子交换膜制备与性能研究 [D]. 南京: 南京理工大学, 2010.

[46] 李国欣. 新型化学电源导论 [M]. 上海: 复旦大学出版社, 1992.

[47] Takahashia S, Okonogib H, Hagiwarab T, et al. Preparation of polymer electrolyte membranes consisting of alkyl sulfonic acid for a fuel cell using radiation grafting and subsequent substitution/elimination reactions. J Membr Sci, 2008, 324: 173-180.

[48] Taguet A, Ameduri B, Boutevin B. Synthesis of Original para-Sulfonic Acid Aminoethyl thioethyl benzenesulfonic bytelomerization, and its grafting onto poly (VDF-co-HFP) copolymers for proton

exchange membrane for fuel cell [J]. J Polym Sci, Part A: Polym Chem, 2009, 47: 121-136.

[49] Larsen M J, Ma Y, Lund P B, et al. Crosslinking and alkyl substitution in nano-structured grafted fluoropolymer for use as proton-exchange membranes in fuel cells [J]. Appl Phys A-Mater, 2009, 96: 569-573.

[50] Zhang M, Russell T P. The grafting of styrene from commercially available P (VDF-co-CTFE) has been recently reported [J]. Macromol, 2006, 39: 3531-3539.

[51] Shi Z, Holdcroft S. Synthesis andproton conductivity of partially sulfonated poly ([vinylidene difluo-ride-co-hexafluoropropylene] -b-styrene) block copolymers [J]. Macromol, 2006, 39: 3531-3539.

[52] Kim K S, Robertson P G, Guiver M D, et al. Synthesis of highly fluorinated poly (arylene ether)s copolymers for proton exchange membrane materials [J]. J Membr Sci, 2006, 281: 111-120.

[53] Wiles K B, Diego C M, Abajo J, et al. Directly copolymerized partially fluorinated disulfonated poly (arylene ether sulfone) random copolymers for PEM fuel cell systems: Synthesis, fabrication and characterization of membranes and membrane-electrode assemblies for fuel cell applications [J]. J Membr Sci, 2007, 294: 22-29.

[54] Sankir M, Kim Y S, Pivovar B S, et al. Proton exchange membrane for DMFC and H_2/air fuel cells: Synthesis and characterization of partially fluorinated disulfonated poly (arylene ether benzonitrile) copolymers [J]. J Membr Sci, 2007, 299: 8-18.

[55] Bai Z W, Shumaker J A, Houtz M D, et al. Fluorinated poly (arylenethioethersulfone) copolymers containing pendant sulfonic acid groups for proton exchange membrane materials [J]. Polymer, 2009, 50: 1463-1469.

[56] Lee C H, Lee S Y, Lee Y M, et al. Surface-fluorinated proton-exchange membrane with high electrochemical durability for direct methanol fuel cells [J]. Acs Appl Mater Inter, 2009, 1: 1113-1121.

[57] Kim D S, Cho H I, Kim D H, et al. Surface fluorinated poly (vinyl alcohol) /poly (styrene sulfonic acid-co-maleic acid) membrane for polymer electrolyte membrane fuel cells [J]. J Membr Sci, 2009, 342: 138-144.

[58] Wu D, Fu R Q, Xu T W, et al. A novel proton-conductive membrane with reduced methanol permeability prepared from bromomethylated poly (2, 6-dimethyl-1, 4-phenylene oxide) (BPPO) [J]. J Membr Sci, 2008, 310: 522-530.

[59] Kerres J A, Xing D M, Schonberger F. Comparative investigation of novel PBI blend ionomer membranes from nonfluorinated and partially fluorinated poly arylene ethers [J]. J Polym Sci Part B: Polym Phys 2006, 44: 2311-2326.

[60] Schonberger F, Hein M, Kerres J. Preparation and characterisation of sulfonated partially fluorinated statistical poly (arylene ether sulfone) s and their blends with PBI [J]. Solid State Ionics, 2007, 178: 547-554.

[61] Yu H, Xu T W. Fundamental studies of homogeneous cation exchange membranes from poly (2,6-dimethyl-1, 4-phenylene oxide): Membranes prepared by simultaneous aryl-sulfonation and aryl-bromination [J]. J Appl Polym Sci, 2006, 100: 2238-2243.

[62] Shang X Y, Tian S H, Kong L H, et al. Synthesis and characterization of sulfonated fluorene-containing poly (arylene ether ketone) for proton exchange membrane [J]. J Membr Sci, 2005, 266: 94-101.

[63] Kerres J, Cui W, Reichle S. New sulfonated engineering polymers via the metalation route. 1. Sulfonated poly (ethersulfone) PSU Udel (R) via metalation-sulfination-oxidation [J]. J Polym Sci Part A: Polym Chem 1996, 34: 2421-2438.

[64] Xing D, Kerres J. Improved performance of sulfonated polyarylene ethers for proton exchange membrane fuel cells [J]. Polym Adv Tech, 2006, 17: 591-597.

[65] Wang Z, Ni H Z, Zhao C J, et al. Influence of the hydroquinone with different pendant groups on physical and electrochemical behaviors of directly polymerized sulfonated poly (ether ether sulfone) copolymers for proton exchange membranes [J]. J Membr Sci, 2006, 285: 239-248.

[66] Zhao C J, Li X F, Wang Z, et al. Synthesis of the block sulfonated poly (ether ether ketone) s (S-PEEKs) materials for proton exchange membrane [J]. J Membr Sci, 2006, 280: 643-650.

[67] Zhao C J, Lin H D, Shao K, et al. Block sulfonated poly (ether ether ketone) s (SPEEK) ionomers with high ion-exchange capacities for proton exchange membranes [J]. J Power Sources, 2006, 162: 1003-1009.

［68］ Bai Z W, Durstock M F, Dang T D. Proton conductivity and properties of sulfonated polyarylenethioether sulfones as proton exchange membranes in fuel cells [J]. J Power Sources, 2006, 281: 508-516.

［69］ Pang J H, Zhang H B, Li X F, et al. Poly (arylene ether) s with pendant sulfoalkoxy groups prepared by direct copolymerization method for proton exchange membranes [J]. J Power Sources, 2008, 184: 1-8.

［70］ Pang J H, Zhang H B, Li X F, et al. Novel wholly aromatic sulfonated poly (arylene ether) copolymers containing sulfonic acid groups on the pendants for proton exchange membrane materials [J]. Macromol, 2007, 40: 9435-9442.

［71］ Pang J H, Zhang H B, Li X F, et al. Low water swelling and high proton conducting sulfonated poly (arylene ether) with pendant sulfoalkyl groups for proton exchange membranes [J]. Macromol Rapid Commun, 2007, 28: 2332-2338.

［72］ Kim D S, Robertson G P, Kim Y S, et al. Copoly (arylene ether) scontaining pendant sulfonic acid groups as proton exchange membranes [J]. Macromol, 2009, 42: 957-963.

［73］ Shang X Y, Shu D, Wang S J, et al. Fluorene-containing sulfonated poly (arylene ether 1, 3, 4-oxadiazole) as proton-exchange membrane for PEM fuel cell application [J]. J Membr Sci, 2007, 291: 140-147.

［74］ Tian S H, Shu D, Wang S J, et al. Poly (arylene ether) s with sulfonic acid groups on the backbone and pendant for proton exchange membranes used in PEMFC applications [J]. Fuel Cells, 2007, 7: 232-237.

［75］ Matsumoto K, Higashihara T, Ueda M. Locallysulfonated poly (ether sulfone) s with highly sulfonated units as proton exchange membrane [J]. J Polym Sci Part A: Polym Chem, 2009, 47: 3444-3453.

［76］ Nakabayashi K, Matsumoto K, Shibasaki Y, et al. Synthesis and properties of sulfonated poly (2, 5-diphenethoxy-p-phenylene) [J]. Polymer, 2007, 48: 5878-5883.

［77］ Lafitte B, Jannasch P. Polysulfone ionomers functionalized with benzoyl (difluoromethylenephosphonic acid) side chains for proton-conducting fuel-cell membranes [J]. J Polym Sci Part A: Polym Chem, 2007, 45: 269-283.

［78］ Li W M, Cui Z M, Zhou X C, et al. Sulfonated poly (arylene-co-imide) s as water stable proton exchange membrane materials for fuel cells [J]. J Membr Sci, 2008, 315: 172-179.

［79］ Savard O, Peckham T J, Yang Y, et al. Structure-property relationships for a series of polyimide copolymers with sulfonated pendant groups [J]. Polymer, 2008, 49: 4949-4959.

［80］ Saito J, Miyatake K, Watanabe M. Synthesis and properties of polyimide ionomers containing $1H$-1, 2, 4-triazole groups [J]. Macromol, 2008, 41 (7): 2415-2420.

［81］ Ma X H, Shen L P, Zhang C J, et al. Sulfonated poly (arylene thioether phosphine oxide) s copolymers for proton exchange membrane fuel cells [J]. J Membr Sci, 2008, 310: 303-311.

［82］ Kreuer K D, Paddison S J, Spohr E, et al. Transport in proton conductors for fuel-cell applications: Simulations, Elementary Reactions, and Phenomenology [J]. Chem Rev, 2004, 104: 4637-4678.

［83］ Li Q F, He R H, Jensen J O, et al. Approaches and recent development of polymer electrolyte membranes for fuel cells operating above 100 ℃ [J]. Chem Mater, 2003, 15: 4896-4915.

［84］ Hickner M A, Ghassemi H, Kim Y S, et al. Alternative polymer systems for proton exchange membranes (PEMs) [J]. Chem Rev, 2004, 104: 4587-4611.

［85］ Roziere J, Jones D J. Non-fluorinated polymer materials for proton exchange membrane fuel cells [J]. Annu Rev Mater Res, 2003, 23: 503-555.

［86］ Shao Y Y, Yin G P, Wang Z B, et al. Proton exchange membrane fuel cell from low temperature to high temperature: Material challenges [J]. J Power Sources, 2007, 167: 235-242.

［87］ Li Q F, Jensen J O, Savinell R F, et al. High temperature proton exchange membranes based on polybenzimidazoles for fuel cells [J]. Prog Polym Sci, 2009, 34: 449-447.

［88］ Herring A M. Inorganic-polymer composite membranes for proton exchange membrane fuel cells [J]. Polym Rev, 2006, 46: 245-296.

［89］ Steininger H, Schuster M, Kreuer K D, et al. Intermediate temperature proton conductors for PEM fuel cells based on phosphonic acid as protogenic group: A progress report [J]. PCCP, 2007, 9: 1764-1773.

［90］ Kundu P P, Sharma V. Composites ofproton-conducting polymer electrolyte membrane in direct methanol fuel cells [J]. Crit Rev Solid State Mater Sci, 2007, 32: 51-66.

［91］ Honma I，Yamada M. Bio-inspired membranes for advanced polymer electrolyte fuel cells. anhydrous proton-conducting membrane viamolecular self-assembly ［J］. Bull Chem Soc Jpn，2007，80：2110-2123．

［92］ Kerres J，Ullrich A，Hein M，et al. Crosslinked polyaryl blend membranes for polymer electrolyte fuel cells ［J］. Fuel Cells，2004，4：105-112.

［93］ Kerres J，Schonberger F，Chromik A，et al. Partially fluorinated arylene polyethers and their ternary blend membraneswith PBI and H_3PO_4：Part Ⅰ. Synthesis and Characterisation of Polymers and Binary Blend Membranes ［J］. Fuel Cells，2008，8：175-187.

［94］ Zhang H Q，Li X F，Zhao C J，et al. Composite membranes based on highly sulfonated PEEK and PBI：Morphology characteristics and performance ［J］. J Membr Sci，2008，308：66-74.

［95］ Fu Y Z，Li W，Manthiram A. Sulfonated polysulfone with 1, 3-1H-dibenzimidazole-benzene additive as a membrane for direct methanol fuel cells ［J］. J Membr Sci，2008，310：262-267.

［96］ Lee J，Kerres J. Synthesis and characterization of sulphonated poly（arylene thioether）s and their blends with polybenzimidazole for proton exchange membranes ［J］. J Membr Sci，007，294：75-83.

［97］ Ainla A，Brandell D. Nafion-polybenzimidazole（PBI）composite membranes for DMFC applications ［J］. Solid State Ionics，2007，178：581-585.

［98］ Wycisk R，Chisholm J，Lee J，et al. Direct methanol fuel cell membranes from Nafion-polybenzimidazole blends ［J］. J Power Sources，2006，163：9-17.

［99］ Zhai Y F，Zhang H M，Zhang Y，et al. A novel H_3PO_4/Nafion-PBI compositemembrane for enhanced durability of high temperature PEM fuel cells ［J］. J Power Sources，2007，169：259-264.

［100］ Totsatitpaisa P，Nunes S P，Tashiro K，et al. Investigation of the role of benzimidazole-based model compounds on thermal stability and anhydrous proton conductivity of sulfonated poly（ether ether ketone）［J］. Solid State Ionics，2009，180：738-745.

［101］ Wu L，Huang H C，Woo J J，et al. Hydrogen Bonding：A Channel for Protons to Transfer through Acid-Base Pairs ［J］. J Phys Chem B，2009，113：12265-12270.

［102］ Acheson R M. An introduction to the chemistry of heterocyclic compounds：3rd ed ［C］. Canada：Wiley，1976.

［103］ Hickman B S，Mascal M，Titman J J，et al. Protonic conduction in imidazole：A solid-state N-15 NMR study ［J］. J Am Chem Soc，1999，121：11486-11490.

［104］ Kreuer K D. Protonconductivity：Materials and applications ［J］. Chem Mater，1996，8：610-641.

［105］ Watanabe M，Uchida H，Masaomi E. Polymer electrolyte membranes incorporated with nanometer-size particles of Pt and/or metal-oxides：Experimental analysis of the selfhumidification and suppresion of gas-crossover in fuel cells ［J］. J Phys Chem B，1998，102：3129-3137.

［106］ Watanabe M，Uchida H，Seki Y，et al. Self-humidyfing polymer electrolyte membranes for fuel cells ［J］. J Electrochem Soc，1996，143：3847-3852.

［107］ Uchida H，Ueno Y，Hagihara H，et al. Self-humidifying electrolyte membranes for fuel cells preparation of highly dispersed TiO_2 particles in Nafion 112 ［J］. J Electrochem Soc，2003，150：A57-62.

［108］ Ren S，Sun G，Li C，et al. Sulfated zirconia-Nafion composite membranes for high temperature direct methanol fuel cells ［J］. J Power Sources，2006，157：724-734.

［109］ Tian J H，Gao P F，Zhang Z Y，et al. Preparation and performance evaluation of a Nafion-TiO_2 composite membrane for PEMFCs ［J］. Int J Hydrogen Energy，2008，33：5686-5690.

［110］ Alberti G，XCasciola M，Capitani D，et al. Novel Nafion-zirconium phosphate nanocomposite membranes with enhanced stability of proton conductivity at medium temperature and high relative humidity ［J］. Electrochim Acta，2007，52 (28)：8125-8132.

［111］ Gao Q J，Huang M Y，Wang Y X，et al. Sulfonated poly（ether ether ketone）/zirconium tricarboxybutylphosphonate composite proton-exchange membranes for direct methanol fuel cells ［J］. Front Chem Eng China，2008，2：95-101.

［112］ Tsai T Y，Wu Y J，Hsu F J. Synthesis and properties of epoxy/layered zirconium phosphonate（Zr-P）nanocomposites ［J］. J Phys Chem Solids，2008，69：1379-1382.

［113］ Kim Y C，Jeong J Y，Hwang J Y，et al. Incorporation of heteropoly acid, tungstophosphoric acid within MCM-41 via impregnation and direct synthesis methods for the fabrication of composite membrane of DMFC ［J］. J Membr Sci，2008，325：252-261.

［114］ Li M Q，Shao Z G，Scott K. A high conductivity $Cs_{2.5}H_{0.5}PMo_{12}O_{40}$/polybenzimidazole（PBI）/

H₃PO₄ composite membrane for proton-exchange membrane fuel cells operating at high temperature [J]. J Power Sources, 2008, 183: 69-75.

[115] Li M Q, Scott K. A poly (R¹R²R³)-N⁺/H₃PO₄ composite membrane for phosphoric acid polymer electrolyte membrane fuel cells [J]. J Power Sources, 2009, 194 (2): 811-814.

[116] Wu Z M, Sun G Q, Jin W, et al. Nafion® and nano-size TiO₂-SO₄²⁻ solid superacid composite membrane for direct methanol fuel cell [J]. J Membr Sci, 2008, 313: 336-343.

[117] Wu D, Wu L, Xu T W. J. Hybrid acid-base polymer membranes prepared for application in fuel cells [J]. J Power Sources, 2009, 186: 286-292 .

[118] Tripathi B P, Shahi V K. Functionalized organic-inorganic nanostructured n-p-carboxy benzyl chitosan-silica-PVA hybrid polyelectrolyte complex as proton exchange membrane for DMFC applications [J]. J Phys Chem B, 2008, 112: 15678-15690.

[119] Yu S, Zhang H, Xiao L, et al. Synthesis of poly [2,2′-(1,4-phenylene) 5,5′-bibenzimidazole] (para-PBI) and phosphoric acid doped membrane for fuel cells [J]. Fuel Cells, 2009, 9: 318-324.

[120] Tripathi B P, Kumar M, Shahi V K. Highly stable proton conducting nanocomposite polymer electrolyte membrane (PEM) prepared by pore modifications: An extremely low methanol permeable PEM [J]. J Membr Sci, 2009, 327: 145-154.

[121] Qian G Q, Benicewice B C. Synthesis andcharacterization of highmolecular weight hexafluoroisopropylidene-containing polybenzimidazole for high-temperature polymer electrolyte membrane fuel cells [J]. J Polym Sci Part A: Polym Chem, 2009, 47: 4064-4073.

[122] 林小城. 面向碱性燃料电池应用的阴离子交换膜的制备和表征 [D]. 合肥: 中国科技大学, 2013.

[123] Xiong Y, Liu Q L, Zeng Q H. Quatemized cardo polyetherketone anion exchange membrane for direct methanol alkaline fuel cells [J]. J Power Sources, 2009, 193 (2): 541-546.

[124] Fang J, Shen P K. Quatemized poly (phthalazinon ether sulfone ketone) membrane for anion exchange membrane fuel cells [J]. J Membr Sci, 2006, 285 (1-2): 317-322.

[125] Wu L, Xu T, Yang W. Fundamental studies of a new series of anion exchange membranes: Membranes prepared through chloroacetylation of poly (2,6-Dimethyl-1,4-Phenylene Oxide) (PPO) followed by quaternary amination [J]. J Membr Sci, 2006, 286 (1-2): 185-192.

[126] Xu T W, Yang W H. Fundamental studies of a new series of anion exchange membranes: membrane preparation and characterization [J]. J Membr Sci, 2001, 190 (2): 159-166.

[127] Wang G, Weng Y, Chu D, et al. Developing a polysulfone-based alkaline anion exchange membrane for improved ionic conductivity [J]. J Membr Sci, 2009, 332 (1): 63-68.

[128] Figueroa W G, Raszkowski R, Weiss W. Lung cancer in chloromethyl methyl ether workers [J]. New Engl J Med, 1973, 288 (21): 1096-1097.

[129] Xu T W. Alternative routes for anion exchange membranes by avoiding the use of hazardous material chloromethyl methyl ether: Chapter 3 [A] //Hazardous Materials in the Soil and Atmosphere: Treatment, Removal and Analysis [M]. Nova Science Publishers Inc, USA, 2006: 55-88.

[130] 徐铜文. 离子交换膜的重大需求与创新研究 [J]. 膜科学与技术, 2008, 28: 1-10.

[131] Wu L, Xu T W. Improvinganion exchange membranes for DMAFCs by inter-crosslinking CPPO/BPPO Blends [J]. J Membr Sci, 2008, 322: 286-292.

[132] Wu L, Xu T W, Wu D et al. Preparation of new anion-exchange membranes for direct methanol alkaline fuel cell from blends of CPPO / BPPO [J]. J Membr Sci, 2008, 310: 577-585.

[133] Wang G G, Weng Y M, Chu D, et al. Developing a polysulfone-based alkaline anion exchange membrane for improved ionic conductivity [J]. J Membr Sci, 2009, 332: 63-68.

[134] Xing D B, Zhang S H, Yin C X, et al. Preparation and characterization of chloromethylated/quanternized poly (phthalazinone ether sulfone) anion exchange membrane [J]. Mat Sci Eng B-Solid, 2009, 157: 1-5.

[135] Wang J, Li S, Zhang S. Novel hydroxide-conducting polyelectrolyte composed of an poly (arylene ether sulfone) containing pendant quaternary guanidinium groups for alkaline fuel cell applications [J]. Macromol, 2010, 43 (8): 3890-3896.

[136] Zhang Q, Li S, Zhang S. A novel guanidinium grafted poly (aryl ether sulfone) for high-performance hydroxide exchange membranes [J]. Chem Commun, 2010, 46 (40): 7495-7497.

[137] Kim D S, Labouriau A M, Guiver D, et al. Guanidinium-functionalized anion exchange polymer electrolytes via activated fluorophenyl-amine reaction [J]. Chem Mater, 2011, 23 (17): 3795-3797.

［138］ Gu S，Cai R，Luo T，et al. Quaternary phosphonium-based polymers as hydroxide exchange membranes ［J］. Chem Sus Chem，2010，3 (5)：555-558.

［139］ Gu S，Cai R，Yan Y. Self-crosslinking for dimensionally stable and solvent-resistant quaternary phosphonium based hydroxide exchange membranes ［J］. Chem Commun，2011，47 (10)：2856-2858.

［140］ Gu S，Cai R，Luo T，et al. A soluble and highly conductive lonomer for high-performance hydroxide exchange membrane fuel cells ［J］. Angew Chem Int Edit，2009，48 (35)：6499-6502.

第7章

民生膜技术

随着社会对民生问题的关注度逐年攀升，膜分离技术也逐渐走进人们的生活，其在民生领域的应用越来越受到人们的关注。目前，膜分离技术在家用净化、医用纯化等方面均开发出了一系列新型的膜产品，部分技术已应用于实际生活中，主要包括家用净水器、空气净化器、肾透析膜、人工肺、药物缓释膜材料等。区别于大型工程，民生领域有其独特的应用环境，要求民生膜具有小型化、便携式等特征，这就为膜材料的选择和制备提出了新的挑战。本章将对以上几个典型的民生领域中应用的膜技术进行概述。

7.1 家用净化技术

7.1.1 家用净水器

随着工业的发展，城市污水与工业废水的排放量不断增大，城市饮用水源也受到不同程度的污染，直接危害到人体的健康。目前，虽然自来水厂的出水水质基本符合卫生标准，但是由于城市供水管道锈蚀、破损等中间污染环节，或城镇多层住宅建设的发展中出现的高层水箱和二次加压水池会造成二次污染。通常，供水部门使用消毒剂杀死大部分微生物，其残存物质仍贮留于水中，同时使用大量消毒剂后产生的一些副产物会带来口感和健康的不良效应。因此，开发出可生产健康、无污染饮用水的净水器具有重要的研究意义。

净水器起源于 20 世纪 80 年代初期的美国，在欧美发达国家应用普遍，市场普及率达到 75％以上，并且以每年 10％～15％的速度增长。净水器在 90 年代进入中国，市场普及率不足 1％，增速却高达 30％～50％，在北京等大城市更是超过了100%。尽管我国净水器市场目前还处于萌芽期，但是随着人们健康消费意识的不断提高，净水器的市场空间巨大。目前，中国净水器产业已发展到3000多家生产企业，净水器生产企业的数量每年以30%~40%的速度增长。据《2013~2017年中国净水器行业产销需求与投资预测分析报告》统计，2016年全国家用净水器普及率提升至30%~50%，市场规模超千亿元。

净水器应具有的五种基本功能：①去除固体杂质；②去除有机化学物质；③去除致病菌；④去除异味、异色；⑤去除有害重金属。早期家用净水器主要采用滤布、纤维、滤芯等过滤技术及活性炭吸附工艺。这种工艺虽然简单、价廉，但净水效果差，使用寿命短，特别是活性炭吸附有机物后，易导致细菌大量繁殖增生，出水细菌、致癌菌、致病菌及亚硝酸盐超标。目前市场上的净水器分别采用以下几种水净化方式：紫外线消毒、蒸馏、活性炭吸附、膜分离、水软化、电渗析等。其中膜法净水主要按照膜材料的孔径及截留效果进行分类，可以分为微滤（MF）、超滤（UF）、纳滤（NF）及反渗透（RO）。由于一种滤除方式很难实现高效的净化效果，通常净水器普遍采用两种或两种以上的复合型工艺，如：活性炭-反渗透、活性炭-微滤、聚丙烯超细纤维-活性炭-微滤（超滤）等。以下详细介绍基于不同类膜材料的净水技术。

7.1.1.1 微滤膜净水器技术

使用微滤膜技术的净水器一般由预过滤、活性炭吸附过滤和微孔膜过滤三部分组成（图7-1）。预过滤常采用化学稳定性好的聚丙烯（PP）超细纤维熔喷滤芯或聚丙烯无纺布折叠滤芯[1]，它可以去除水中的铁锈、泥沙、虫卵等大颗粒物质。活性炭吸附过程一般采用颗粒活性炭（GAC）或活性炭纤维（ACF），可吸附去除水中的异味、色度、余氯、重金属、有机物胶体等，但是活性炭对于细菌的吸附效果较差，因此需要接入微滤膜进一步处理。微孔膜过滤可去除水中的各种悬浊物及微生物，如细菌、藻类等。微滤膜流动阻力小，一般在低压下即可运行，清洗较容易。然而，微滤膜一般仅作为简单的粗过滤，对于水中病毒、有机物及有害离子等几乎无法去除，处理后的水并不能直接饮用，一般作为净水器预过滤使用，目前很少单独作为净水产品的核心组件应用。

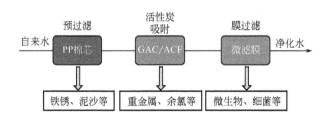

图7-1 微滤膜净水器处理工艺

7.1.1.2 超滤膜净水器技术

超滤膜孔径在 $0.1 \sim 0.01 \mu m$，比微滤所能截留物质尺寸更小，去除水中的浊度效果好，可以有效滤除大肠菌群、粪大肠菌、隐孢子虫、贾第鞭毛虫等微生物，在实际应用中通常与预过滤、活性炭吸附过滤相结合以达到较好的处理效果。超滤膜过滤一般只需依靠自来水本身压力即可实现，不需要用电、加压，具有低压无相变、能耗低、废水排放少、安全节能等特点，成为家用净水器的主流净水材料。通常其前段结合 PP 棉、活性炭多级过滤，最后利用超滤膜产出口感较好的饮用水。超滤膜按照膜材料的不同，可以分为无机超滤膜和有机超滤膜。无机超滤膜主要是指陶瓷膜，该类膜材料具有耐腐蚀、寿命长等优势，但孔道易堵且成本较高等问题导致其普及度不高。有机超滤膜主要由高分子材料制得，如醋酸纤维素、芳香族聚酰胺、聚醚砜、聚偏氟乙烯等。这些材料的制膜成本较低，因此市面上大部分的家用净水器皆选用其作为分离元件。按照形状的不同，市场在售的有机超滤膜元件主要可以分为两类，一类为中空纤维膜，一类为卷式膜。

① 中空纤维膜材料可以为聚偏氟乙烯（PVDF）、聚醚砜（PES）、聚砜（PSF）、聚丙烯腈（PAN）、聚氯乙烯（PVC）、聚丙烯（PP）、聚乙烯（PE）等。根据水在 UF 元件内的流向，又可分为内压式和外压式。内压式中空纤维膜依靠原水在膜内侧进入，渗透过膜孔道过滤，形成透过液，从外侧流出；而外压式则相反，原水从膜外侧进入，从内侧流出。相较于内压式中空膜，外压式过滤的透膜面积大，单位面积的污染负荷小，膜通量及膜结构更稳定，且清洗更便捷。

② 卷式膜材料主要是聚丙烯腈（PAN），它是由单体丙烯腈经自由基聚合反应而得到，截留分子量约为 2 万。由于其高分子链上有氰基，使 PAN 膜具有良好的化学稳定性和抗微生物腐蚀性，成为净水超滤膜的宠儿。曹秉直等[2] 使用 PAN 超滤膜-活性炭工艺对上海自来水进行了净化处理，并考察该膜材料对其浊度、色度、pH、COD、TOC、余氯、细菌总数以及大肠菌数的截留效果，结果如表 7-1 所示。

检测结果表明，绕线过滤＋活性炭对较大尺寸的悬浮胶体颗粒具有很好的截留效果，而 PAN 膜主要用于去除较小尺寸的胶体颗粒。TOC 的去除主要依靠活性炭，但膜过滤也显示出较好的去除效果，两者之间存在互补关系。原水中的 COD_{Mn} 指数较高，而大部分的 COD_{Mn} 由活性炭吸附去除，膜过滤只能去除很少部分的 COD_{Mn}。膜过滤去除 COD_{Mn} 的效果比 TOC 差是因为 COD_{Mn} 和 TOC 所代表的有机物类型不同。COD_{Mn} 主要描述了水中小分子量的有机物。

表 7-1 PAN膜与活性炭工艺的净水效果比较

浊度去除效果					
水平均浊度/NTU	绕线过滤＋活性炭		膜过滤		总去除率/%
	浊度/NTU	去除率/%	浊度/NTU	去除率/%	
0.49	0.33	31	0.15	35.5	66.5
TOC去除效果					
原水平均TOC/mg·L⁻¹	绕线过滤＋活性炭		膜过滤		总去除率/%
	TOC/mg·L⁻¹	去除率/%	TOC/mg·L⁻¹	浊度/NTU	
3.95	2.47	37.5	1.84	16	54
CODₘₙ去除效果					
原水平均CODₘₙ/mg·L⁻¹	绕线过滤＋活性炭		膜过滤		总去除率/%
	CODₘₙ/mg·L⁻¹	去除率/%	CODₘₙ/mg·L⁻¹	浊度/NTU	
4.5	2.78	38.7	2.4	8.48	47.3

7.1.1.3 纳滤膜净水器技术

纳滤膜的孔径介于超滤与反渗透膜之间，孔径在 1nm 以上，一般为 $1\sim 2nm$，以压力差为推动力。它能去除水中的各种悬浊物、胶体、大分子有机物、微生物（藻类、细菌等）、热源、病毒等。其最大的优势在于其除盐能力，脱盐率比反渗透膜低，具有离子选择性。在我国很多地方自来水的总含盐量（TDS）在 $500mg\cdot L^{-1}$ 左右，超出了饮用净水水质标准 CJ 94—2005 规定的指标范围。因此纳滤膜净水器就表现出显著优势，一般能将 TDS 降低至 $50mg\cdot L^{-1}$ 以下，该数值范围属于舒适饮用水质（日本饮用水标准提出的舒适水质项目中 TDS 为 $30\sim 200mg\cdot L^{-1}$，我国二级饮用水标准为 $50\sim 120mg\cdot L^{-1}$）。纳滤膜净水器工作压力较低，可不用高压泵，直接用自来水压力完成水渗透。商品化纳滤膜材料主要有醋酸纤维素（CA）、磺化聚砜（SPSF）、磺化聚醚砜（SPES）和聚乙烯醇（PVA）等。纳滤膜组件大多为卷式组件，也可采用管式和中空纤维式的纳滤膜组件。一般来说，纳滤无论从膜材料及膜组件构型均与反渗透类似。

7.1.1.4 反渗透膜净水器技术

反渗透可以去除水中的各种悬浊物、胶体、无机盐、有机物、微生物（细菌、藻类）、热源、病毒等几乎所有对人有毒有害的物质，反渗透纯水机制出的纯净水相对于桶装水更新鲜、卫生及安全，目前为商品化净水器的主流技术。

利用反渗透技术制备出的反渗透净水机产品称之为纯水机，反渗透净水器标准配置是采用五级过滤，即：①PP 棉，主要去除水中的物理污染，如泥沙、铁锈等物质；②颗粒炭，可以去除水中的氯、臭味、异色及其他有害物质；③活性炭，可以吸附异色、异味、有机污染物等，还可去除水中极微细的泥沙和悬浮物；④RO膜，应用水压逆渗透原理去除水中小分子物质，如细菌、病毒、热源、农药污染物、化学药剂、重金属、盐分等一切有害物质，制备高质量的纯净水；⑤后置活性炭，椰壳材料为最好，能够进一步去除异味、异色、余氯，抑菌，防止净化后的水受到二次污染，还可以调节口感。就家用而言，反渗透产品维护相对比较简单，成本也能接受，生产的水质很好，一般可直接饮用。但是反渗透净水器对水压要求较高，要求大于5～8MPa，因此反渗透净水器均自带增压泵（见图7-2）。

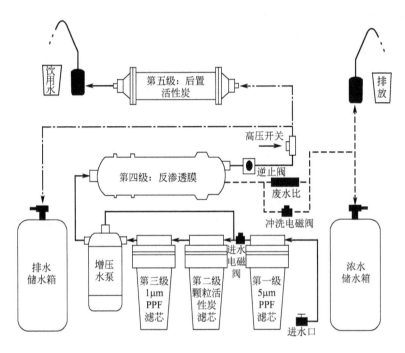

图 7-2　反渗透净水器处理工艺[3]

反渗透净水器也有自身的不足：第一，在高精度的过滤之下，有害和有益的物质统统被过滤掉，包括一些对人体有益的矿物质和微量元素；第二，反渗透的过滤过程中需要加电加压；第三，在净水过程中有大量的废水产生，纯水机的纯废水比例在1∶3左右，即生产一杯纯净水产生三杯废水，而在污染严重地区废水比例还会相应增大。

7.1.1.5　净水功能比较

以上四种采用不同孔径膜材料的净水器在市面上均有销售，其中反渗透净水器占据了主要的市场，在38%以上。然而，我国地域广阔，不同区域的水质条件差异极大，需根据具体水质情况选择合适的净水器。例如，针对一般市政自来水，并且确定没有管道老化和水体污染的前提下，仅使用活性炭净水器或者超滤配合活性炭使用即足以去除主要污染物，其净化水最好煮沸再饮用，且及时更换新的活性炭滤芯；当不确定管道老化与水体污染是否存在的时候，至少应选择纳滤净水器，最好还是选择反渗透净水器。值得一提的是即使使用反渗透技术，水中的砷也无法有效去除。目前市政自来水一般不含有砷，但如果发生水体污染，现有的膜净水技术无法实现剧毒砷的去除，该项研究仍需要膜领域研究者重视与继续开发。在水质污染越来越重的今天，饮用水安全也越来越重要，一般家庭不建议直接饮用市政自来水，而应选择家用净水器或购买纯净水或矿化水饮用。选择和使用净水器一般需要注意以下两点：①根据各个地区实际自来水水质理性选择适合的净水技术；②注意滤膜的使用周期和更换时间。

7.1.2 家用空气净化器

由于有机物在化学品以及合成建筑材料中的数量成倍增长，以及自然环境的加速恶化，室内空气质量已经成为近十年来的重要问题。室内空气污染来源主要有：①装修材料释放出的有毒气体；②室内厕所、未及时清洗的被服及鞋袜散发出的汗味与臭味；③室内吸烟造成的固体、气体有害物；④城市空气中的颗粒污染物；⑤霉变的食物产生的气味、病菌等。上述空气污染物可以简单地分为两类，一类为固体粉尘颗粒，另一类为挥发性有机化合物（VOCs）。近几年，由于沙尘暴、雾霾等极端天气在越来越多城市频繁出现，固体悬浮物已成为百姓深恶痛绝的对象，国家气象局也将 $PM_{2.5}$（环境空气中空气动力学当量直径小于等于 $2.5\mu m$ 的颗粒物）作为每日必测的指标之一。$PM_{2.5}$ 对身体的危害主要在于这类微小的颗粒可深入人体的支气管和肺泡，直接影响肺的通气功能，使机体容易处于缺氧状态，危及生命健康。VOCs 主要的危害存在于室内。由于人们在室内的活动时间要远远大于室外，因此其造成的健康影响更为严重。恶劣的室内空气质量会引起一系列的病症，这被世界卫生组织定义为病态楼宇综合征。VOCs 的存在可能会引起头痛，恶心，对眼、黏膜、呼吸系统的刺激，嗜睡，疲劳，全身不适等。如果长期持续处于这种状态下，将导致严重的心肺疾病。因此，室内空气质量问题越来越受到社会关注，其中室内空气的净化以及污染的防治现已成为研究热点。

目前室内空气净化器的种类较多，按照去污功能分为物理型、化学型和离子化型。物理型是通过过滤除去悬浮颗粒物；化学型则是利用中和、催化和分解作用除去有害气体；离子化型是采用电量放电、等离子体和紫外线除臭、杀灭细菌。市场上比较常见的空气净化器有臭氧净化器、光催化净化器、多功能空气净化器和负离子空气净化器。

高效过滤器（high efficiency particulate air filter，HEPA）过滤式空气净化

器是国外最常见的空气净化器之一。目前绝大部分空气净化器都采用了 HEPA 单元作为去除 $PM_{2.5}$ 的功能部件。HEPA 滤网是 HEPA 式空气净化器的核心部件。然而，由于 HEPA 滤网是对称型过滤材料，实际应用时既要保证较大的风量，又要能有效过滤细微颗粒，二者很难兼顾。经过一些科研机构的测试发现，由于种种条件的限制，目前市售的家用空气净化器的实际颗粒物净化效率仅有 $50\% \sim 95\%$，远低于滤材本身的过滤能力，这主要是由于商家为了提高风量，不得不采用更大孔径的分离材料。另外，HEPA 滤网主要依靠滤网孔道的深层过滤，我国尘土比较严重，将会导致滤网孔道堵塞严重，滤网风阻将迅速增大，成为细菌滋生的温床，使用寿命迅速降低，也就意味着 HEPA 过滤器需要经常更换（通常更换周期为 3 个月）。

根据膜材料及膜结构的不同，膜分离技术主要可以用于空气中的灰尘、细菌、微生物等固态颗粒物以及水分、二氧化碳等杂质脱除。用于气体净化的膜材料可分为聚合物膜和无机膜。有机膜分离技术已被成功地应用于用其他方法难以回收的有机物的分离，如医院消毒用的 CFC-12 和环氧乙烷、制冷设备（如冰箱等）使用过程中排放回收的 CFCs 等[4]。将有机膜应用于室内空气净化的商品较少，部分公司和研究机构正在该领域进行研发和尝试，目前被认为具有应用前景的膜材料为聚四氟乙烯（PTFE），其优良的化学稳定性、热稳定性、超疏水性以及由于含氟基团的存在产生的抗菌性都使其适用于空气净化。膨体聚四氟乙烯（ePTFE）微孔膜是以聚四氟乙烯树脂颗粒为原料，经过膨化拉伸后，与针刺毡、机制布、无纺布、玻纤等多种过滤材料相复合得到的具有表面过滤性能的复合膜材料。相较于传统 HEPA 滤网对称结构，复合膜结构使"深层过滤"转变成"表面过滤"，不仅可以维持高的过滤效率，而且降低了过滤阻力，延长了使用寿命。ePTFE 膜孔隙率可达 88% 以上，作为除尘布袋或褶皱式除尘滤筒安装在除尘设备内，迅速有效地截留亚微米级超细粉尘，对 $0.3\mu m$ 颗粒的除尘效率可达 99.99% 以上，使用寿命长达 3 年。

ePTFE 膜具有透气不透水，透气量大，阻力低，高微粒截留率，耐温性好，抗强酸、碱、有机溶剂和氧化剂，耐老化、无毒且生物相容性好等特点，是目前世界上最先进的空气过滤材料，是各种吸尘器、空气滤芯、空气净化设备、高效空气过滤器等的最佳选择。其主要技术参数如表 7-2 所示，从表可以看出，ePTFE 膜材料在没有增加风阻的前提下（实际应用表明随着过滤进行，传统滤网的阻力将迅速远高于 ePTFE 膜），过滤效率、使用温度以及寿命要远优于现有的 HEPA 滤网。

当然，尽管 ePTFE 膜空气净化性能明显优于目前空气净化器所用的 HEPA 滤网，但由于 HEPA 滤网技术相对简单，成本较低，而 ePTFE 膜生产有技术门槛，成本相对较高，所以 ePTFE 膜目前还主要用于工业气体净化（第 3 章中重点讲述），在家用空气净化器领域尚未大规模应用。美国戈尔公司正在尝试利用增强的 PTFE 膜进行无菌且无固体颗粒的氮气、氧气分离[5]，日后将有可能应用于家用空气净化器的制造。

表 7-2 ePTFE 膜主要技术参数

孔径	孔隙率	过滤效率	风阻 (5.33cm·s⁻¹)	厚度	最高使用温度	使用寿命
0.2~5μm	80%~95%	>99.9%	120Pa	10~100μm	260℃	>3 年

聚偏氟乙烯（PVDF）膜可以在细菌过滤方面展现优异的性能。将国产的精度为 $1\mu m$ 的 PVDF 膜集合成三级过滤，经过粗滤、预过滤及精过滤，可以对空气中的细菌达到 99.99995% 的截留[6]。相比较而言，无机膜更见长于固体颗粒的分离，无机膜具有热稳定性好、化学性质稳定、不被微生物降解以及较大机械强度等特点，完全可以替代现有的棉花、石棉等过滤工艺，用于室内空气净化。黄肖容等[7]采用孔径为 $0.22\mu m$ 的梯度氧化铝膜对空气进行过滤净化，发现对 $0.22\mu m$ 以上的颗粒物的脱除率达到 100%，对于细菌的总脱除率达到 99.99%，且膜易于清洗，使用寿命可达 4 年以上。

目前，膜技术普遍用于工业中的空气净化，较少用于室内净化器。现在大多将光催化技术和无机膜分离技术相结合来改善净化效果。将 TiO_2 负载到无机膜上[5]，不仅可以避免光催化因催化剂表面微孔的堵塞引起的失活问题，使光催化技术能更好地发挥其优越的除 VOCs 等有害气体和异味的性能，同时又弥补了无机膜不能很好地去除有害气体的缺陷。该联合净化技术还具有节能环保等特点，为室内空气净化开辟了新的途径。

7.2 医用膜技术

膜技术的出现和应用，不仅使传统化工分离的概念及过程发生了革命性的改变，而且在许多新兴领域，如医疗卫生行业中也得到了逐步推广和应用。用于临床医疗的分离膜可简称为医用膜，医用膜品种繁多且应用范围广泛，从医药用纯水的制备，蛋白质、酶和疫苗的分离、精制及浓缩，药物控制释放，到人工肾、人工肺等人工脏器的合成均有涉及，为广大患者带来了生命的曙光。医用膜及相关医疗器械被医学界列为重要的治疗型医疗器械，医用膜材料也被列为新型生物医学材料。

由于医用膜使用环境的特殊性，相较于传统行业中对膜材料的要求，还必须强调其安全无毒性，不仅要治病，而且对人体无害。具体来说医用膜应该满足如下几个条件。首先，化学性能稳定，特别是酸碱条件下的稳定性，不会因体液接触而发生化学变化。其次，无毒性，特别是在与血液接触过程中不会污染血液或诱导癌变。另外还应该具备优良的血液相容性（抗凝血和抗溶血），经过必要的消毒处理之后不会发生变形，易于加工，质优价廉等。一般医用膜材料多为天然或合成高分子材料，按照膜元件的构型其主要可分为平板式、中空纤维式及微胶囊式。目前医用膜主要的材料见表 7-3。

表 7-3 医用膜的种类及举例[8]

	种类	举 例
纤维素膜	再生型(未改良型)	铜仿膜、生物流膜、再生纤维素膜、皂化纤维素膜、纤维素酯型
	改良型	醋酸纤维素膜、双醋酸纤维素膜、三醋酸纤维素膜
	表面涂层型	生物纤维素膜、聚乙二醇纤维素膜
	合成改良型	血仿膜、SMC
聚合膜	天然亲水型	聚乙基乙烯醇膜
	过程亲水化	聚丙烯腈膜、聚甲基丙烯酸甲酯膜、聚碳酸酯膜
	混合亲水化	聚酰胺膜、聚砜膜、聚醚砜膜
	处置亲水化	聚砜 PSF-K 膜、聚砜 PU-S 膜

目前，医用膜技术最受关注且发展相对成熟的应用主要在人工器官膜的合成和制备，涉及肾、肝及肺等人类主要脏器，下面将分别对人工器官常用的膜材料及工作原理进行简要介绍。

7.2.1 血液透析膜

肾脏的主要功能是通过过滤排出血液中的毒素来维持人体正常代谢，一旦肾脏发生器质性病变、中毒等情况，会导致肾功能衰竭，新陈代谢产物无法排出，将引起尿毒症。血液透析器（人工肾）利用透析原理，以浓度差作为推动力，借助溶质间扩散速度之差，使溶质产生分离，代替肾功能净化血液、去除有害成分，并补充一些必要物质，主要用于治疗急、慢性肾功能衰竭。自 1943 年 Willian Kolff 首次成功使用血液透析器之后，1966 年出现了中空纤维血液透析器，数十年来这一产品应用越来越广泛。中空纤维模式血液透析器因其膜面积堆砌密度高、结构紧凑、性能可靠、使用方便、价格便宜，受到了临床医生与患者的欢迎。

目前使用的人工肾血液透析器的结构示意图如图 7-3 所示，血液透析器主要由以透析膜为主体的透析器，透析液传输装置，以及控制、监督透析条件的监控器三部分组成，它是人工肾设计上的一大突破。血液自人体动脉流出后从透析器

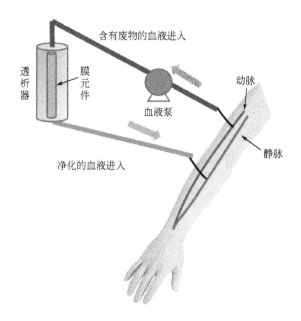

含有废物的血液进入

透析器

膜元件

血液泵

动脉

静脉

净化的血液进入

图 7-3　人工肾血液透析器的作用示意图

的一端进入透析膜，再从透析器的另一端流出并进入人体的静脉；灭过菌的透析液自透析器的侧管进入，在中空纤维间流过，从另一侧管流出，血液中的废物、过剩电解质和水，透过膜进入透析液，随同透析液排出体外。

透析膜是透析器的主要构成部分，透析膜的物理化学特性决定透析结果，理想的透析膜应具有下述条件：有良好的生物相容性；对溶质有高去除率，对水有适当的超滤率；不允许相对分子质量超过 35000 的物质通过，如血流中的红细胞、蛋白质和透析液中的细菌、病毒等；无特异吸附；耐压强度达 6.67kPa，能耐蒸汽消毒或消毒药浸泡；透析器的封装材料无毒且具有良好的生物相容性等[9]。目前临床常用的透析膜可分为三类，即未修饰的纤维素膜；改性或再生纤维素膜和合成膜[10]。三类膜在生物相容性、水通透性、尿毒症毒素清除方面均有较大区别。常见透析膜分类见表 7-4。

表 7-4　透析膜的分类及主要特性[10]

分类	膜材料	通量	主要特性
未修饰的纤维素膜	铜仿膜	低	由铜氨纤维制成，壁薄，亲水性高，小分子毒素清除能力强，但生物相容性差，中分子毒素清除能力低
	双醋酸纤维素膜	低	与铜仿膜比较，尺寸稳定，膜面光滑，可高温消毒
改性或再生纤维素膜	血仿膜	低	与铜仿膜比较，生物相容性提高，小分子毒素清除率高
	三醋酸纤维素膜	高	超滤率高，可清除中小分子毒素，生物相容性较好

分类	膜材料	通量	主要特性
合成膜	聚砜膜	低、高	力学性能良好,膜薄,生物相容性好,溶质透过性高,中分子毒素清除率高,残血量少
	聚碳酸酯膜	低	对尿素、维生素 B_2 和水的透过率高于再生纤维素膜,机械强度高
	聚酰胺膜	高	生物相容性高,对中分子物质清除率高、效果好
	聚醚砜膜	高	与聚砜膜比较,亲水性和耐热、耐腐蚀性能更高,与强氧化剂接触时,不产生甲基自由基
	聚丙烯腈膜	高	超滤率高,可清除中小分子毒素和 β_2 微球蛋白,可吸附毒素。缺点为膜脆、机械强度差、不可耐高温消毒等
	聚甲基丙烯酸甲酯膜	高	具有吸附功能,生物相容性高,但对中分子物质的清除仍不足

（1）纤维素类膜

纤维素类膜具有良好的机械强度及水透过性,能完全截留血液中对人体有害的小分子物质如肌酐、尿素等。此外,由于纤维素为天然的高分子材料,无生物毒性,原料来源丰富、价格低廉,因此纤维素类膜是最早使用的血液透析膜材料。但是,现有的研究数据显示,长期使用纤维素类透析膜进行血液透析易产生并发症。这主要是由纤维素膜无法排出的尿毒性物质（β_2-微球朊）引起的[11]。针对以上问题,科研工作者加快了大孔径膜的研究开发。到目前为止,日本东洋纺公司已经开发出高通量的三醋酸纤维素中空纤维透析膜,能有效去除 β_2-微球朊等有害物质[12]。Kung 等[13] 利用共价接枝法将共轭亚油酸（CLA）固定在醋酸纤维素膜（CA）的表面,实验结果显示改性后的 CA 膜对血小板和血红蛋白的吸附作用很弱,能有效地阻抗膜污染的形成,且延长了凝血时间,减少了实际临床中抗凝血剂的用量。

（2）聚碳酸酯膜

聚碳酸酯（PC）膜具有良好的力学性能、抗湿性、可热密封、耐高渗透压力、血栓形成率低等优点[14]。自 20 世纪中期以来,PC 作为主要的透析膜被大量研究和应用。对聚碳酸酯膜的研究主要采用双酚 A 型聚碳酸酯,目的是将芳香族聚碳酸酯优异的力学性能和对溶质及水的良好渗透性结合起来。另外,聚碳酸的主链结构易于调整,与不同比率的聚醚缩聚形成嵌段共聚物合成的膜,可以对尿素、肌酐及磷酸盐具有很高的透过率。将其应用在 7 个病人的临床血液透析过程六个月,未出现不耐受现象,且与其他膜材料的作用相比未有明显区别[15]。然而,其耐磨性差、抗疲劳强度低,近些年已鲜有其在透析膜上的研究。

（3）聚砜类膜

聚砜（PSF）类透析膜由于其可以通过调节铸膜液的组成控制膜孔径大小及分布,同时具有力学性能优良、化学性能稳定、孔隙率高等特点,且能够有效去除血液中中等分子量有害物质 β_2-微球蛋白和内毒素，因而在血液透析器膜材料中得到很好的应用。然而由于聚砜材料是强疏水性材料，故在用作透析膜前，需要对其进行亲水化处理。Kazuhiko 所在的研究团队[16~18]针对这一难题，在聚砜材料中引入了磷酸胆碱（MPC），再经溶剂蒸发制得 MPC-PSF 混合膜。实验结果表明：PSF 膜和 MPC-PSF 混合膜的前接触角基本约为 88°，但是后接触角 PSF-MPC 混合膜则小于纯 PSF 膜，且随着 MPC 含量的增加而减小。另外，利用血浆进行了蛋白和血小板吸附实验，结果显示：PSF-MPC 混合膜较 PSF 膜渗透性得到提高，且有效地抑制蛋白和血小板的吸附，大大改善了材料的血液相容性。李敏芝等将不同通量和膜面积的 PSF 膜进行血液透析临床试验并对比其性能，研究结果表明高通量的 PSF 膜较低通量能更有效地降低血磷，不同膜面积的 PSF 膜在降低血磷方面并没有太多差异[19]。

（4）聚丙烯腈膜

聚丙烯腈（PAN）具有优异的耐热性、化学和机械稳定性，因而在血液透析器膜材料中得到应用[20~22]。其对中分子量有害物质也有很强的去除率[23]。和聚砜材料相同，聚丙烯腈是强疏水性的材料，因此在用于血液透析前需与亲水性单体共聚。另外，为解决聚丙烯腈材料的血液相容性问题，在实际透析过程中需要加入一定量的抗凝血剂。Xu 等[24]为了提高聚丙烯腈顺丁烯二酸（PANC-MA）膜的亲水性和血液相容性，经酯化反应，使 PEG 固定在膜的表面。结果表明，通过顺丁烯二酸和 PEG 的含量的增加可以大大提高聚丙烯膜的亲水性。与单纯的 PANCMA 膜相比较，PEG 成分的加入，膜的牛血清白蛋白（BSA）吸附量、血小板以及巨噬细胞的吸附量都明显减少，且 PEG400 的效果最好。

（5）聚氨酯膜

聚氨酯（TPU）具有力学性能可调的特性，其抗酸碱及有机溶剂腐蚀，也是常用的透析膜材料，与其他透析膜材料相似，在与血液直接接触时，膜的表面易被血蛋白污染，且长时间的接触容易导致血栓的形成。Zhou 等[25]为了提高 TPU 的血液相容性，第一次把液晶材料和聚氨酯相混合，利用四氢呋喃作为溶剂制得聚氨酯液晶复合膜。结果表明，与纯 TPU 膜相比，复合后的膜减少了血小板在膜表面的吸附，延长了凝血时间，同时提高了透析速度。

（6）其他新型聚合物膜

近年来，随着大量有机材料被开发并成功合成为分离膜，血液透析膜也拥有了大量的新型材料来源。胶原是生物体内含量最丰富的蛋白质，其生物相容性好，免疫活性低，因而在血液透析器膜材料中的应用前景很大[26]。日本皮革株式会社将 2%的骨胶原溶液调节其 pH 值为 3，通过一只喷嘴进入到 35%的 NaCl 溶液中，经紫外线照射 1min，再用 0.1%的 Na_2CO_3 溶液（含 5% NaCl）处理，再经水洗，在 40℃下干燥制成外径为 372μm，膜厚为 24μm 的中空纤维，其表现出优良的渗透性和血液相容性[27]。维生素 E 具有抗氧化性，可以有效地避免透析过程中对于免疫功能的损害，日本 Terumo 公司将维生素 E 修饰在纤维素表面制备出具有抗氧化能力的透析器。除此之外，甲壳素作为透析膜材料也渐渐引起学者重视。

高通量及高生物相容性仍将是今后透析膜发展的主要方向。随着高分子材料和纳米技术的不断发展，与人类血管内皮接近的透析膜在不久的将来肯定会出现。同时，也应注意到，透析膜本身并不是孤立存在的，应与其他条件如透析用药、透析液成分、透析方法等一起考虑，才会有更好的临床应用价值。

7.2.2 血液供氧膜

血液供氧膜（人工肺）是一种在膜两侧进行气体和血液之间交换的分离装置，在实施手术时能代替正常肺起呼吸器官的作用，使血液不经过心脏而灌注于全身，保证有效组织供氧，也被称为体外膜式生氧机（extracorporeal membrane oxygenation）。从 1953 年 Gibbon 首次成功地将体外循环应用于心脏直视手术[28]，人工肺已从最初的血膜、鼓泡式发展到今天的膜式。人肺和膜式人工肺的比较见表 7-5。

表 7-5　人肺和膜式人工肺的比较[28]

项　　目	人　　肺	膜式人工肺
肺泡总面积/m^2	50～200	0.35～5.3
氧气添加能力	15L·min^{-1}	80mL·dm^{-2}
肺血流量/L·min^{-1}	4.0～5.0	2
肺内血液量/L	约1	约1.5

膜式人工肺以人工半透膜模拟人体肺的功能，血气处于膜内外侧，气体由压力差作为推动力透过膜，而液体却被截留，从而避免了血膜和鼓泡式人工肺中诸如蛋白变性、溶血发生、血小板耗竭、氧合性能有限、预充量大、消毒困难、操作烦琐等问题的发生，具有气体交换能力高、血液破坏轻的特点[29]。在材料上，已可使用如硅橡胶、聚酯、聚丙烯等多种纤维，最常用的是聚丙烯[30]，它性能稳定，不需加任何化学溶剂和添加剂，仅用物理加工，毒性小、血液相容性好、机械强度高、透气性好、价格低廉，已成为主要的膜肺材料[31]。目前已有成功将其应用于开心手术及新生儿呼气抢救的案例。近年来又出现了血管内置入型人工肺，它相较于传统呼吸机体积小、效率高，有望成为一种常规的呼吸衰竭救治手段[32]。人工肺膜的性质如表 7-6 所示。

表 7-6　人工肺膜性质[28]

聚合物	结构	膜厚（μm）/薄膜片部分的厚（μm）	气体渗透量/mL·min^{-1}·m^{-2}	
			O$_2$	CO$_2$
硅橡胶	聚酯补强	190/160	140	770
聚硅氧烷聚碳酸酯	均匀膜	50/50	170	730
超薄聚烷基砜	涂敷于多孔质的聚丙烯膜上	25/2.5	1100	4600
超薄乙基纤维素全氟丁酸酯	涂敷于聚烯烃的无纺织布上	175/2.5	880	4700
多孔质聚丙烯膜	多孔质	25/25	良好	良好
多孔质聚四氟乙烯膜	多孔质	500/500	良好	良好

在结构上，膜肺从最初的卷筒式、平板折叠式发展到七八十年代出现的中空纤维式。目前膜式人工肺主要是中空纤维之类，中空纤维可用聚丙烯制成，微孔孔径为 65μm，孔隙率为 50% 左右，纤维内径为 200μm，每个膜式人工肺内充填中空纤维 1.6 万～3 万根，同时附有热交换器，性能良好，已在临床广泛应用。近年来，国外已有聚醚砜中空纤维膜表面涂覆硅橡胶的人工肺复合膜问世，它大大提高了膜的透氧率与二氧化碳的清除率，而且生物相容性与血液相容性良好。2002 年日本冈山大学推出了一种可植入型的小型"人工肺"，其装置内充填了数万条微细的管状细丝作为滤血器使血液与氧气分离。2010 年美国哈佛医学院向外界宣布其通过干细胞人工培养成肺脏膜，将其移植至白鼠体内，使其存活了 6 小时，其是最接近于真实肺脏的材料，这一成果为人工肺的开发提供了新的研究思路。不同结构膜式人工肺的特点见表 7-7。

表 7-7　膜式人工肺[28]

分类	卷筒式	平板折叠式	中空纤维式
代表产品	Sei-Med	Code、Shiley、Jostra	Terumo-Capiox(管内走血,管外走气)
			Sams、Medtronic、Univox(管内走气,管外走血)
特点	氧合性能稳定、结构复杂	氧合能力范围较小	血走外型气体交换好,需要中空纤维少,减少了血液和膜的接触,并可明显地降低预充量

人工肺的用途很广，除了肺衰竭的病人需要使用，临床外科做心脏手术的病人也需要使用。我国每年约有数十万人需要做心胸外科手术，目前使用的肺膜是以进口产品为主，进口产品约占总数的 80%，国产的肺膜在稳定性及抗污染能力方面还有不足。未来人工肺的发展趋势是选用生物材料实现低流速下的 CO$_2$ 去除，同时在安全性和简易化方面改进。

7.2.3 药物控制释放膜

药物控制释放技术是目前医药领域中研究最为活跃的部分。其采用高分子膜作为外衣包裹药物形成微胶囊，避免药物服用后迅速吸收，有效控制有用物质的浓度范围和释放部位，从而达到提高药效、减少使用量、降低毒副作用的目的，对于靶向治疗具有重要的意义。

理想的药物控释膜材料要求具有优异的生物相容性、生物可降解性、理化及生物稳定性、极低的毒性和高载药量[33]。目前，研究较多的是天然高分子材料（如壳聚糖、海藻酸盐、丝素蛋白、环糊精、淀粉等）和人工合成高分子材料（聚乳酸、聚氨基酸、聚 PEO-PPO-PEO 体系、异丙基丙烯酰胺共聚物等）。另外，近年来，一些无机纳米磷酸盐类、硅基有序介孔材料及磁性纳米粒子也渐渐引起人们的重视[38]。

7.2.3.1 药物缓释膜的分类

按照膜与药物不同的结合方式，药物缓释膜可分为两大类：贮库型（reservior devices）和基质型（matrix devices）（如图 7-4 所示）。贮库型缓释膜是在药库外周包裹有控制释药速度的高分子膜的一类药物外衣，主要依靠膜材料在特定环境下缓慢溶解形成通道或全部分解，使药物能通过通道扩散到人体内，并作用于病灶位置。根据需要，该膜的形状可以制备成多层形、圆筒形、球形或片

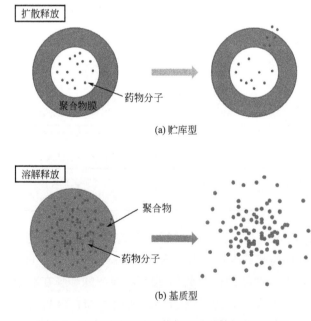

图 7-4 贮库型及基质型药物释放载体的作用原理

形的不同形式。如以乙基纤维素、渗透性丙烯酸树脂包衣的各种控释片剂，以乙烯-醋酸乙烯共聚物为控释膜的毛果芸香碱周效眼膜，以硅橡胶为控释膜的黄体酮宫内避孕器，以微孔聚丙烯为控释膜、聚异丁烯为药库的东莨菪碱透皮贴膏[34]。其中以各种包衣片剂和包衣小丸最为常见。

基质型缓释膜主要是将药物分子均匀地分散在高分子膜材料中，通过外界响应或特定的环境刺激，将膜包裹的药物定向地溶解在病理部位并被吸收。在该过程中，如所用的高分子材料是非生物降解类的，药物在体内的溶解性是其释放速率的控制步骤；如高分子膜是可降解的材料，则药物释放速度不仅受限于药物的溶解性，同时高分子膜降解速度也是其控制因素之一[35]。能用于基质型缓释膜的代表性材料主要有：亲水性蛋白质、可降解聚酯、无毒性非降解聚合物（如乙基纤维素）及有机无机杂化材料等。

7.2.3.2 膜控释体系的释药机制

（1）微孔膜控释系统

在药物片芯或丸芯外表包裹一层外衣，其外衣的材料通常为非水溶性的膜材料（乙基纤维素、丙烯酸树脂等）掺杂一定比例的水溶性致孔剂（如聚乙二醇、羟丙基纤维素、聚维酮）。制剂进入胃肠道后，包衣膜中致孔剂被胃肠消化液溶解而形成微孔。消化液可通过这些微孔渗入药芯使药物溶解，溶解后的溶液经膜孔释放。药物的释放速度可以由致孔剂本身的溶解性及掺入量所调控。褚良银等[36,37]在基底膜材料上，分别通过接枝聚（N-异丙基丙烯酰胺-co-丙烯酸）、聚 N-异丙基丙烯酰胺-co-N,N-二甲基丙烯酰胺、聚（N-异丙基丙烯酰胺-co-甲基丙烯酸丁酯）等高分子构建出离子、乙醇相应的智能开关膜。当膜材料外环境的离子或乙醇浓度达到特定浓度时，其高分子链发生蜷缩，通道打开形成微孔，使内外界溶液自由进出，可实现药物定点的释放功能。

（2）溶解性膜控释系统

此类膜材料又被称为药物包衣，其概念在 100 多年前就已出现，此类膜包衣可以根据材料自身的物化性质调节药物在胃部或肠道中释放。其作用机制主要是根据膜材料在不同的 pH 值环境中的溶解性不同这一原理。如肠溶性膜包衣在 pH 值很高的胃液中药物释放很少或不释放，进入到小肠后，体内 pH 值逐渐升高，膜材料被溶解，形成膜孔或全部溶解，药物可以透过膜孔扩散从释药系统释放。常见的包衣材料有虫胶、褐藻胶、聚乙烯醇乙酸苯二甲酸酯、丙烯酸树脂、羟丙基甲基纤维素酞酸酯、乙基纤维素等。药物的释放速度通常可通过控制包衣膜材料溶解性、厚度及增塑剂进行调节。匡长春等[38]将乙基纤维素与壳聚糖进行共混，并加入不同类型的增塑剂作为药物包衣使用，通过对膜包衣溶解性的分析证明，当增塑剂属于非水溶性时，药剂的释出更稳定且速率更平缓；而增塑剂为水溶性时，包衣膜的机械能力要明显减弱，药物在接触水体系时会迅速释放，达不到缓释的目的。

参考文献

[1] 顾久传，周建芳.膜法家用净水器 [J].水处理技术，1997，23（6）：329-332.

[2] 曹秉直，曹达文，刘遂庆，等.超滤膜-活性炭用于优质饮用水生产工艺试验研究 [J].给水排水，2001，27（1）：15-17.

[3] 徐晓莉，尹连庆，夏君旨.反渗透技术在水处理中的应用研究进展 [J].中国电力教育，2005，S2：10-11.

[4] 王佳媛.室内空气净化材料与技术应用研究进展 [J].科学咨询，2012，7：58-59.

[5] Wikol M，Hartmann B，Brendle J，et al. Chapter 23：Expanded polytetrafluoroethylene membranes and their applications [M].Filtration and Purification in the Biopharmaceutical Industry，Informa Healcare Press，2007：619-640

[6] 刘钟郊，李辉.国产膜过滤设备的应用与研究 [J].黑龙江医药，2004，17（4）：306.

[7] 黄肖容，隋贤梳，刘悦晖.用梯度氧化铝膜净化空气 [J].环境工程，2001，19（3）：32-36.

[8] 潘峰，段亚峰.膜技术在人工脏器上的应用与展望 [J].产业用纺织品，2003，2：21-24.

[9] 刘俊英.血液透析膜的生物相容性与透析并发症 [J].中国组织工程研究与临床康复，2009，13（3）：557-560.

[10] 唐克诚，李谦，王瑞，等.血液透析膜材料的研究进展 [J].医疗设备信息，2007，22（8）：49-52.

[11] 裴玉新，沈新元，王庆瑞.血液净化用高分子膜的现状及发展 [J].膜科学与技术，1998，18（1）：10-13.

[12] 陈观文.日本分离膜产业的现状 [J].膜科学与技术，1996，16（2）：71-80.

[13] Kung F C，Yang M C.Effect of conjugated linoleic acid immobilization on the hemocompatibility of cellulose acetate membrane [J].Colloids Surfaces B，2006，47（1）：36-42.

[14] 陈文霞，荆斌，王成辉，等.医用透析材料的特点及选择 [J].专题研究，2012，33（6）：75-77.

[15] Jacobs C，Sari R.Clinical evaluation of a flat plate dialyzer equipped with a polycarbonate polyether copolymer membrane [J].Blood Purificat，1986，4（1-3）：32-39.

[16] Takashi H，Yasuhiko I，Kazuhiko I.Preparation and performance of protein-resistant asymmetric porous membrane composed of polysulfone/phospholipid polymer blend [J].Biomaterials，2001，22（3）：243-251.

[17] Kazuhiko I，Kikuko F，Yasuhiko I，et al.Modification of polysulfone with phospholipid polymer for improvement of the blood compatibility：Part 1.Surface characterization [J].Biomaterials，1999，20（17）：1545-1551.

[18] Kazuhiko I，Kikuko F，Yasuhiko I，et al.Modification of polysulfone with phospholipid polymer for improvement of the blood compatibility：Part 2.Protein adsorption and platelet adhesion [J].Biomaterials，1999，20（17）：1553-1559.

[19] 李敏芝，刘俊.不同通量和膜面积的聚砜膜血液透析器对维持性血液透析患者血磷清除的效果观察 [J].临床军医杂志，2013，41（10）：1001-1003.

[20] Von S G，Bowry S，Vienchen J.Focusing on membrane [J].Artif Organs，1993，17：244-253.

[21] Klinkmann H，Vienchen J.Membrane for dialysis [J].Nephrol Dial Transpl，1995，3：39-45.

[22] Lin C C，Yang M C.Cholesterol oxidation using hollow fiber dialysis immobilized with cholesterol oxidase：Preparation and properties [J].Biotechnol Progr，2003，19（2）：361-364.

[23] Lelah M D，Cooper S L.Polyurethane in medicine [M].Boca Raton，FL：CRC Press，1996：17-19.

[24] Xu Z K，Nie F Q，Qu C，et al.Tethering poly（ethylene glycol）s to improve the surface biocompatibility of poly（acrylonitrile-co-malele acid）asymmetric membranes [J].Biomaterials，2005，26（6）：589-598.

[25] Zhou C R，Yi Z J.Blood compatibility of polyurethane/liquid crystal composite membranes [J].Biomaterials，1999，20（22）：2093-2099.

[26] 梁志红，周长忍，林潮平，等.胶原、壳聚糖及其共混膜对红细胞的影响 [J].高分子材料科学与工

程，2006，22（6）：161-164.

[27] 顾汉卿.人工肾与血液净化 [J].世界医疗器械，1997，5：42-48.

[28] Wendel H P，Ziemer G. Coating-techniques to improve the hemocompatibility of artificial devices used for extracorporeal circulation [J]. Eur J Cardio-thorac Surg，1999，16（3）：342-350.

[29] 杜明辉.人工肺膜材料的生物相容性评价 [J].中国组织工程研究与临床康复，2009，13（51）：10137-10140.

[30] 史新立.美国生物材料在医疗器械工业发展近况 [J].上海生物医药工程，2001，22（2）：49-50.

[31] 段亚峰，郝凤鸣，范立红，等.中空纤维人工肺氧交换膜织物的研制 [J].西安工程科技学院学报，1998，12（2）：154-158.

[32] 龙村.体外循环手册 [M].北京：人民卫生出版社，2000.

[33] 王丹.药物控释载体材料的性质 [J].中国组织工程研究与临床康复，2008，12（6）：1107.

[34] 杨延昆，王玉玲.药物缓释、控释制剂的研究开发现状及发展趋势 [J].齐鲁药事，2004，23（4）：31-32.

[35] 王洪新，陈晓明.药物控释载体材料的研究与应用 [J].中国组织工程研究与临床康复，2011，15（47）：8887-8890.

[36] Liu Z，Luo F，Ju X J，et al. Positively K^+-responsive membranes with functional gates driven by host-guest molecular recognition [J]. Adv Funct Mater，2012，22（22）：4742-4750.

[37] Li P F，Xie R，Fan H，et al. Regulation of critical ethanol response concentrations of ethanol-responsive smart gating membranes [J]. Ind Eng Chem Res，2012，51（28）：9554-9563.

[38] 匡长春，罗顺德，何文，等.乙基纤维素-壳聚糖包衣膜处方的优化 [J].广东药学院学报，2004，20（6）：605-609.

第 8 章
新型膜材料及制备方法

全球范围内能源、环境和资源问题日趋紧张的态势，是节能、环保的膜科学与技术发展的外在推动力，而化工学科、材料学科、生物学科和纳米技术的交叉与融合，则为实现分离膜的创新与变革提供了方法和路径。近年来，新材料、生物技术、纳米技术以及快速成型等领域飞速发展，促使一些拥有优异特性的新材料和新方法拓展应用于分离膜领域，为开发下一代高性能分离膜创造了机会，正在悄然推动分离膜领域的变革式发展[1]。本章将重点介绍近年来涌现的分离膜制备的新材料和新方法方面的前沿研究，主要包括金属有机骨架、纳米碳材料、嵌段共聚物等新材料以及纳米纤维堆叠和原子层沉积等制备新方法。

8.1　新型膜材料

8.1.1　金属有机骨架

金属有机骨架（MOFs）是金属离子与有机配体自组装而形成的一种具有规整结构的多孔材料，在气体储存、分离与催化、分子传感等领域具有广阔应用前景[2]。MOFs 种类繁多，沸石咪唑酯骨架材料（ZIFs）是其典型代表。ZIFs 是由中山大学陈小明等[3,4] 首次报道，Yaghi 课题组[5] 进一步拓展开发的。ZIFs 因与多孔沸石材料（沸石材料为 T-O-T 结构，T 为 Si、Al 等元素）具有类似骨架结构而得名，其中金属离子（Zn 或 Co 等）取代沸石骨架中的 T，而咪唑酯环取代沸石骨架中的 O 构成键角同为 145° 的 M-Im-M 骨架结构单元。改变 M-Im-M 骨架结构单元中的金属离子与咪唑酯环上的取代基团，能够控制 ZIFs 材料的结构与孔性质，形成一系列具有不同物理化学性质的多孔材料。近几年来已经合成了 90 余种具有不同拓扑结构的 ZIFs 多孔材料。与其他 MOFs 多孔材料不同，ZIFs 多孔材料具有非常稳定的物理与化学性质，一般能耐水及各种有机溶剂。ZIFs 多孔材料的孔径通常小于 5Å，与气体分子大小类似，同时具有超高的比表面积与孔隙率，对 H_2、CO_2 和 CH_4 等气体具有很强的分子筛分或吸附能力[6]。因此，ZIFs 也成为气体储存、气体分离等领域的热门材料。本节主要介绍 ZIFs 基分离膜的制备及其在气体分离中的应用，特别是用于氢气分离。以下按照气体分离膜的制备方法分别阐述。

8.1.1.1　直接合成法

直接合成法生长 ZIF 膜是指直接将未做表面处理的支撑体置于 ZIF 前驱液中，通过水热或溶剂热的方法使 ZIF 膜生长在支撑体表面。到目前为止，已有多种 ZIF 膜通过直接合成法而制备。例如，ZIF-8 膜是最常见的一种气体分离膜，由于它的孔径约为 3.4Å，能有效分离动力学直径约为 2.9Å 的氢气。另外，与多孔沸石材料相比，ZIF-8 还具有表面疏水这一优越性，比较适合含水氢气的分离。通过微波辅助加热法能够在氧化钛支撑体上直接制备 ZIF-8 膜[7]，首先将干净的氧化钛支撑体置于合成液中 20min，然后使用微波在 100℃ 条件下加热 4h，最终能够获得膜厚度约为 30μm 的 ZIF-8 分离层（见图 8-1）。在单组分气体分离

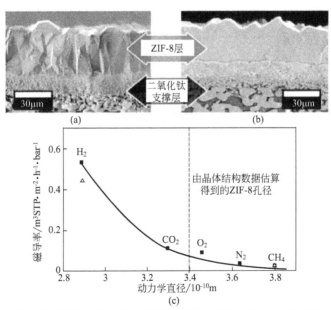

图 8-1　ZIF-8 膜截面的 SEM 图和 EDXS 元素分析图，以及单组分气体（方形）和混合气体通量与分子动力学直径关系图[7]

测试中，ZIF-8 膜显示了明显的分子筛分效应（见图 8-1）。对于 1 : 1 的 H_2/CH_4 混合气体分离，在 298K 和 1bar（0.1MPa）条件下，H_2/CH_4 的分离选择性高达 11.2，远远超过了相应的努森扩散系数（约 2.8）。在直接法制备 ZIF-8 膜时，加入少量甲酸钠添加剂有助于 ZIF-8 晶体与 α-Al_2O_3 支撑体的结合和 ZIF-8 晶体之间的交互生成，大大提高 ZIF-8 膜对 H_2/N_2 的分离性能，其理想选择性为 12.0，并且有较高的 H_2 通量（2.4×10^{-7} mol·m^{-2}·s^{-1}·Pa^{-1}）[8]。

ZIF-69 是由锌离子与 2-硝基咪唑和 5-氯苯并咪唑配位而成的，它具有 GME 拓扑结构。使用溶剂热法能够直接在 α-Al_2O_3 支撑体制备连续、c 轴方向的 ZIF-69 膜，厚度约为 50μm[9]。对单组分气体 H_2、CH_4、CO、CO_2 和 SF_6 等分别进行渗透测试，发现它们的气体通量按照 $H_2 > CO_2 > CH_4 > CO > SF_6$ 这一顺序排列；对 CO_2/CO 混合气体的分离选择性为 3.5，CO_2 的通量为 3.6×10^{-8} mol·m^{-2}·s^{-1}·Pa^{-1}。到目前为止，虽然有很多金属有机骨架膜是由直接法合成的，但由于在未经处理的支撑体表面无法对 ZIF 晶体生长进行有效控制，导致晶体出现不可控的晶间缺陷。为了制备连续致密的 ZIF 气体分离膜，各种新型合成方法相继被开发和使用。

8.1.1.2 二次生长法

二次生长法又名晶种法，是制备无机膜常用的方法之一[10]。二次生长法是利用纳米晶体为晶种，将纳米晶种负载在支撑体表面，然后在此基础上通过水热或溶剂热法制备 ZIF 膜。这种方法能更加有效地控制晶体生长和取向。

通过二次生长法，在管状 α-Al_2O_3 支撑体上制备了厚度为 5~9μm 的 ZIF-8 膜，该膜对等摩尔比 CO_2/CH_4 混合气体分离的选择性为 4.1~7.0，CO_2 的渗透通量高达 2.4×10^{-5} mol·m^{-2}·s^{-1}·Pa^{-1}[11]。Bux 等[12] 在 ZIF-8 晶种溶液中加入少量聚乙烯亚胺作为偶联剂，然后在 α-Al_2O_3 表面通过浸沾法负载 ZIF-8 纳米晶种，通过二次生长法在氧化铝表面成功制备了 <100> 面平行于支撑体的 ZIF-8 膜（图 8-2）。XRD 表征结果显示它们的晶体取向指数（CPO）CPO200/110 和 CPO200/211 分别为 83 和 81，表明只有少数晶体取向不同。该膜在 H_2/烃类双组分气体分离中有较好的分离性能，其中对等摩尔 H_2/C_3H_8 混合气的选择性高达 300。这一结果也表明加入聚乙烯亚胺添加剂，可有效促进 ZIF-8 晶体与支撑体的结合[13]。

Pan 等[14] 在水溶液体系中通过二次生长法制备了高质量 ZIF-8 分离膜，膜厚度仅为 2.5μm，并且表现出了超高的 C_2/C_3 烃类混合气分离性能。对于乙烷/丙烷、乙烯/丙烯和乙烯/丙烷等混合气体的分离选择性分别约为 80、10 和 167。在丙烯/丙烷双组分气体分离中，丙烯对丙烷的选择性为 50，并且丙烯的渗透通量达到 3.0×10^{-8} mol·m^{-2}·s^{-1}·Pa^{-1}[15]。由于中空纤维的装填密度较大，其制备

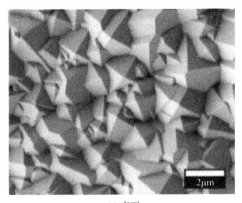

(a) 表面　　　　　　　　　　　　　　　　(b) 断面

图 8-2　经 2h 二次生长法制备的 ZIF-8 膜表面和断面 SEM 图[12]

与应用越来越受到关注。Xu 等[16] 在氧化铝中空纤维表面使用较浓合成液经三次溶剂热合成成功制备了 ZIF-8 膜，该膜具有连续致密性，并且其中包含一些微米级空隙。对单组分气体 H_2、N_2 和 CH_4 的渗透性能测试表明它们的渗透通量不随时间的延长而变化，但对于 CO_2 气体，其渗透性在 12h 内由 $9.8 \times 10^{-8} mol \cdot m^{-2} \cdot s^{-1} \cdot Pa^{-1}$ 下降到 $1.7 \times 10^{-8} mol \cdot m^{-2} \cdot s^{-1} \cdot Pa^{-1}$。对于 H_2/CO_2 双组分气体，H_2/CO_2 的分离选择性达到 7.1。通过表面摩擦的方法在支撑体上负载晶种，进而通过二次生长法成功制备了厚度约为 $5\mu m$ 的 ZIF-8 膜，该膜对 H_2 有很高的渗透性：$1.1 \times 10^{-6} mol \cdot m^{-2} \cdot s^{-1} \cdot Pa^{-1}$，在室温下对 H_2/CO_2、H_2/N_2 和 H_2/CH_4 的理想选择性分别为 5.2、7.3 和 6.8[17]。

ZIF-7 是由锌离子与苯并咪唑构成的具有 SOD 拓扑结构的多孔材料[18,19]，它的孔径小于 3Å，略大于氢气的动力学直径（2.9Å）。ZIF-7 膜最初是由二次生长法合成的[18]。当把 ZIF-7 纳米颗粒直接分散到 N,N-二甲基甲酰胺（DMF）溶液中作为浸沾（dip-coating）溶液，所得 ZIF-7 的晶种层很容易脱落。为解决这一问题，Li 等[18] 把 ZIF-7 纳米晶种分散在含有少量聚乙烯亚胺的溶液中［其中包含 4%（质量分数）ZIF-7 和 2%（质量分数）聚乙烯亚胺］，最终获得的 ZIF-7 膜在 200℃ 下活化 40h，它的氢气渗透性为 $8 \times 10^{-8} mol \cdot m^{-2} \cdot s^{-1} \cdot Pa^{-1}$，$H_2/N_2$ 的理想选择性为 7.7。另外，对 ZIF-7 膜也可采取后处理的方式提高膜的气体分离性能，比如对 ZIF-7 使用 β-环糊精进行表面改性，可有效提高膜的分离性能[19]。采用浸沾负载晶种和微波辅助加热法，Li 等[18] 成功制备了沿 c 轴生长的 ZIF-7 膜（图 8-3）。与上述随机取向的 ZIF-7 膜[19] 相比，规则晶体取向的 ZIF-7 膜对等摩尔组成的 H_2/CO_2 混合气体的分离性能随温度升高有大幅提高。在 200℃ 下 H_2/CO_2 的分离选择性达 8.4[18]。在 ZIF-69 膜的合成中，同样发现

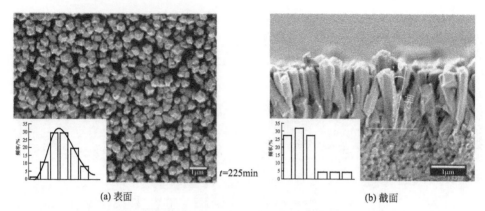

(a) 表面   (b) 截面

图 8-3　微波合成 225 分钟后 ZIF-7 膜的表面和截面图

(插图分别为晶体截面直径分布以及 CPO 膜取向图)[18]

使用二次生长法可制备有一定取向的 ZIF-69 晶体膜。在单组分气体分离测试中发现 CO_2 的渗透通量远大于 N_2、CO 和 CH_4。CO_2 渗透通量较大与表面扩散机理控制有关，ZIF-69 对 CO_2 吸附作用强烈[20]。ZIF-69 膜对 CO_2/N_2、CO_2/CO 和 CO_2/CH_4 等摩尔组成双组分气体的分离选择性分别为 6.3、5.0 和 4.6，并且其 CO_2 的气体渗透性基本相同，大约为 $1.0×10^{-7}\,mol•m^{-2}•s^{-1}•Pa^{-1}$[20]。

由于 ZIF 材料中的有机基团与聚合物有更好的相容性，以多孔聚合物作为 ZIF 膜生长支撑体将更加有利于 ZIF 膜的形成[21~24]，最早报道的是以多孔尼龙膜作为支撑体生长 ZIF-8 膜[25]。在多孔聚醚砜上使用二次生长法制备 ZIF-8 膜，能够大大提高 ZIF 膜与支撑体之间的结合能力[23]。在多孔聚砜膜上制备 ZIF-8 膜，对 H_2/C_3H_6 和 H_2/CO_2 选择性分别提高了约 45% 和 25%[26]。ZIF-90 是由锌盐与 2-咪唑甲醛构成的 SOD 拓扑结构，具有狭窄的六元环孔径，约为 $3.5Å$[27]。通过浸沾和二次生长法，ZIF-90 膜成功生长于聚合物 Torlon® 聚酰胺-酰亚胺中空纤维表面[29]。其单组分气体分离性能随着分子动力学直径的增加而显著降低，表明 ZIF-90 晶体起到了分子筛分作用。CO_2/N_2 和 CO_2/CH_4 选择性分别为 3.5 和 1.5，均大于相应的努森扩散系数（0.8 和 0.6）[25]。

ZIF 材料还被用来提高其他膜的分离性能。例如垂直的碳纳米管可以制成管束，在管束之间填入气密性环氧树脂，然后再采用机械方法把碳纳米管两端打通，通过这种方法获得的膜具有较高的气体渗透通量，但对氢气的选择性较低（$H_2/Ar=4.14$、$H_2/O_2=3.82$、$H_2/N_2=3.48$、$H_2/CH_4=2.58$ 和 $H_2/CO_2=4.89$）[28]。通过二次生长法在碳纳米管上生长一层 $5\sim6\mu m$ 厚的 ZIF-8 膜可以大大提高气体分离性能，如 H_2 对 CO_2、Ar、O_2、N_2 和 CH_4 的理想选择性分别增加到 4.9、7.0、13.6、15.1 和 9.8，H_2 的渗透性约为 $8.1×10^{-8}\,mol•m^{-2}•s^{-1}•Pa^{-1}$[28]。

在随机排列的碳纳米管膜上制备一层连续致密的 ZIF-8 膜，其对 CO_2/N_2 的选择性很低，表明 CO_2 与 ZIF-8 结构中残留的 2-甲基咪唑之间有很强的作用力，对等摩尔组成的 N_2/CO_2 混合气的分离选择性达 7[29]。

8.1.1.3 硅烷偶联剂表面改性和反应晶种法

由于 ZIF 材料具有半有机物性质，可以对支撑体进行有机功能化或与支撑体进行化学反应生成活化晶种层，这样可以有效提高 ZIF 膜与支撑体的结合强度。ZIF-90 是一种较好的氢气分离材料，使用 3-氨基丙基三乙氧基硅烷（硅烷偶联剂 KH-550）作为偶联剂，能够制备连续致密的 ZIF-90 膜，制备过程如图 8-4 所示[30]。第一步硅烷偶联剂中的乙氧基与氧化铝表面的羟基进行反应；第二步硅烷偶联剂中的氨基与 2-咪唑甲醛中的醛基进行胺缩合反应；接下来 ZIF-90 晶体就在已有活性点进行反应形成连续致密膜。在单组分气体分离测试中，H_2 对 CO_2、N_2、CH_4 和 C_2H_4 的理想选择性分别是 7.2、12.6、15.9 和 63.3，表明 ZIF-90 膜对气体分离是分子筛分机理。在双组分混合气体分离中，H_2/CO_2、H_2/N_2、H_2/CH_4 和 H_2/C_2H_4 的选择性分别为 7.3、11.7、15.3 和 62.8，远远超过相应的努森扩散系数[30]。

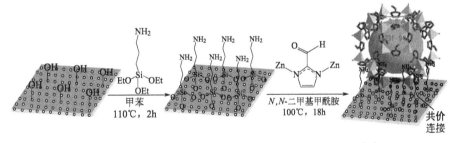

图 8-4　使用硅烷偶联剂表面改性制备 ZIF-90 膜示意图[30]

LTA 拓扑结构的 ZIF 材料，如 ZIF-20、ZIF-21 和 ZIF-22 同样具有高稳定性和孔隙率[31]。ZIF-22 具有和 ZIF-7 相同的孔径（约 0.3nm），在氢气分离方面将有很广阔的应用前景。使用 KH-550 作为硅烷偶联剂，在多孔氧化铝支撑体上能够制备连续致密的 ZIF-22 膜[32]。通过对比发现，如果不使用硅烷偶联剂，只能获得有缺陷的不连续的 ZIF-22 膜层。在 50℃ 双组分混合气分离中，ZIF-22 对 H_2/CO_2、H_2/O_2、H_2/N_2 和 H_2/CH_4 的分离选择性分别为 7.2、6.4、6.4 和 5.2，其中氢气的渗透性都大于 $1.6 \times 10^{-7} \, mol \cdot m^{-2} \cdot s^{-1} \cdot Pa^{-1}$。同样，对于 POZ 拓扑结构的 ZIF-95，也使用与上述相同的方法制备了 ZIF-95 膜，对于单组分气体分离，气体渗透通量按 $H_2 > N_2 > CH_4 > CO_2 > C_3H_8$ 顺序排列，氢气的渗透性达到 $2.46 \times 10^{-6} \, mol \cdot m^{-2} \cdot s^{-1} \cdot Pa^{-1}$。在 325℃ 和 1bar 条件下，ZIF-95 膜对于双组分混合气体 H_2/CO_2、H_2/N_2、H_2/CH_4 和 H_2/C_3H_8 的选择因子分别为 25.7、

10.2、11.0 和 59.7。同样，上述结果也表明 ZIF-95 膜具有较高的热稳定性（＞325℃）和水热稳定性[33]。

利用硅烷偶联剂 KH-550 对氧化铝中空纤维管内表面进行功能化改性，然后在中空纤维管内循环通入 ZIF-8 合成液，能够在其内壁合成高强度的 ZIF-8 膜（图 8-5）。单组分气体分离 H_2 对 CO_2、N_2 和 CH_4 的理想选择性分别为 3.54、12.28 和 13.41。对等摩尔比双组分混合气体 H_2/CO_2、H_2/N_2 和 H_2/CH_4 的分离选择性分别为 3.28、11.06 和 12.13[34]。

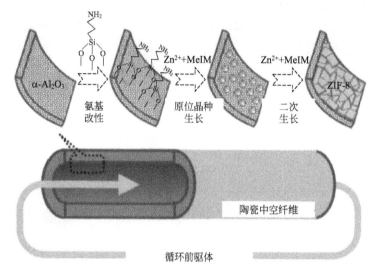

图 8-5　利用合成液循环法在中空纤维内管制备 ZIF-8 膜[34]

反应晶种法最初用于氧化铝支撑体上制备 MIL-53 和 MIL-96 膜，氧化铝支撑体提供铝源与金属有机骨架材料的有机前驱体发生反应而形成晶种层[35]，如图 8-6 所示。使用反应晶种法能够在氧化锌支撑体上制备 ZIF-78 膜[36]。ZIF-78 具有 GME 拓扑结构，它的笼状孔直径约为 7.1Å，但是窗口直径仅有 3.8Å[36]。然而，ZIF-78 膜制备以后除去其孔道中的 DMF 溶剂（DMF 动力学直径大于膜孔径）将是制备连续致密膜成败的一个关键步骤。使用不同甲醇含量的甲醇-DMF 混合液（20%～100%，体积分数）对 ZIF-78 膜进行处理能够置换出其中的 DMF（图 8-7）[36]。制得的 ZIF-78 膜的单组分气体分离性能按照 $H_2 > N_2 > CH_4 > CO_2$ 顺序排列，H_2/CO_2、H_2/N_2 和 H_2/CH_4 的理想选择性分别为 11.0、6.6 和 6.0。对于双组分混合气体分离，H_2/CO_2、H_2/N_2 和 H_2/CH_4 的分离选择性分别为 9.5、5.7 和 6.4，都超过相应的努森扩散系数[37]。此外，采用反应晶种法也能在纳米孔 ZnO 上制备 ZIF-8 膜[38]。首先在氧化铝中空纤维管内部负载 0.5μm 厚的 ZnO 层，然后在 2-甲基咪唑中活化得到晶种层，

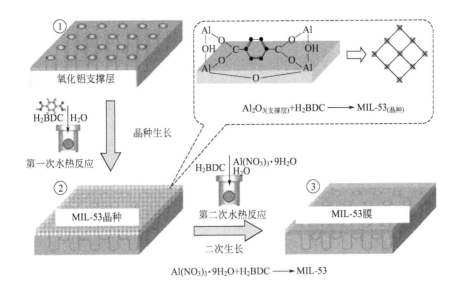

图 8-6　利用反应晶种法制备金属有机骨架膜材料示意图[35]

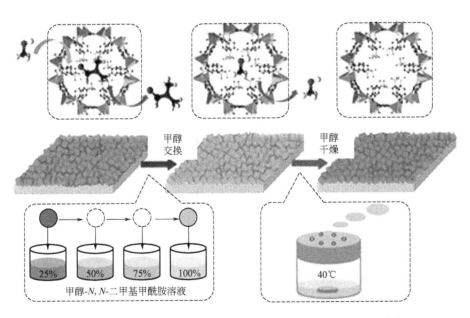

图 8-7　利用溶剂置换法活化 ZIF-78 膜获取高通量气体分离膜[36]

再使用二次生长法制备一层约 $8\mu m$ 厚的 ZIF-8 膜。该膜表现出较高的氢气分离性能，其气体渗透性为 $2.08\times10^{-7}\ mol\cdot m^{-2}\cdot s^{-1}\cdot Pa^{-1}$，$H_2/N_2$、$H_2/CH_4$、$H_2/C_3H_8$、$H_2/n\text{-}C_4H_{10}$ 和 H_2/SF_6 的理想选择性分别为 10.3、10.4、149.6、195.7 和 281.5[38]。

8.1.1.4　反向扩散法

反向扩散法是将两种不同的合成液前驱体分别置于多孔支撑体的两侧，溶液相互扩散到另一侧而在界面结晶形成 ZIF 膜。Yao 等[39] 首先使用反向扩散法在多孔尼龙膜表面制备 ZIF-8 膜。如图 8-8 所示，硝酸锌溶液和 2-甲基咪唑溶液分别在多孔尼龙膜两侧，溶液经过慢速扩散到达另一侧，从而在尼龙膜两侧分别形成 ZIF-8 膜。经过 72h 的反应扩散，在硝酸锌溶液侧所得 ZIF-8 膜厚度约为 $16\mu m$，该膜在单组分气体分离中 H_2/N_2 理想选择性为 4.3，H_2 的渗透性为 $1.97\times10^{-6}\ mol\cdot m^{-2}\cdot s^{-1}\cdot Pa^{-1}$。使用同样的反向扩散法，在含有少量氨水的水溶液体系中按化学计量比在尼龙膜表面制备了 ZIF-8 膜[39]，ZIF-8 合成液中 Zn^{2+}：Hmim（2-甲基咪唑）：NH_4^+ 摩尔比为 1∶2∶32，在室温下反应 24h 后所得 ZIF-8 膜厚度约为 $2.5\mu m$，膜厚度大为减小。该膜对 H_2/N_2 的理想选择性为 4.6，氢气渗透性高达 $1.13\times10^{-6}\ mol\cdot m^{-2}\cdot s^{-1}\cdot Pa^{-1}$。

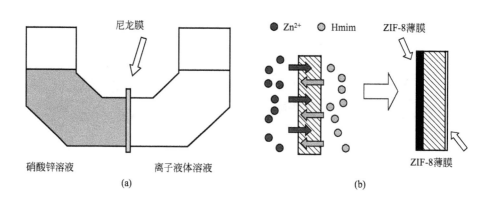

图 8-8　反向扩散法制备 ZIF-8 的反应装置示意图（a）；Zn^{2+} 和 Hmim 溶液反向
扩散在多孔尼龙膜两侧分别形成 ZIF-8 膜（b）[39]

使用反向扩散法能够在化学改性后的支撑体上制备 ZIF-8 膜[40]，首先把硅烷偶联剂 KH-550 改性的氧化铝颗粒负载在多孔支撑体上，然后分别将硝酸锌和 2-甲基咪唑置于支撑体两侧，150℃下反应 5h 得到连续致密的 ZIF-8 膜，硅烷偶联剂对 ZIF-8 膜的形成至关重要。该膜对氢气的渗透性为 $5.73\times10^{-5}\ mol\cdot m^{-2}\cdot s^{-1}\cdot Pa^{-1}$，$H_2/N_2$ 和 H_2/CO_2 的理想选择性分别为 15.4 和 17.0。Hara 等[41] 利用反向扩散法在氧化铝中空纤维管外表面制备了 $80\mu m$ 厚的 ZIF-8 膜，硝酸锌甲醇溶液置于中空纤维管内部，然后将中空纤维管浸入 2-甲基咪唑溶液中在 50℃下反应一定时间（如 72h），所得 ZIF-8 膜在 25℃时 H_2/C_3H_8 和 C_3H_6/C_3H_8 的理想选择性分别为 2000 和 59[41]。Jeong 等[42] 对反向扩散法进行了一定改变，他们首先将锌盐渗透沉积到多孔支撑体内部，然后把支撑体浸入 2-甲基咪唑溶液中，

120℃下反应 4h 使锌盐从支撑体内部扩散出来与 2-甲基咪唑在界面形成 ZIF-8 膜，所得的高质量 ZIF-8 膜对等摩尔 C_3H_6/C_3H_8 混合气体的选择性高达 55，而且该膜非常稳定，在强烈超声下振荡 2h 仍能保持较高的气体分离性能。使用类似方法还能够制备 ZIF-7 和 SIM-1 气体分离膜[43]。

8.1.1.5 其他合成方法

除了以上各种合成金属有机骨架膜的方法之外，还有一些特殊的制膜方式。将多孔支撑体加热到 200℃，然后用 2-甲基咪唑溶液处理表面，由于溶液迅速挥发而使 2-甲基咪唑与 $\alpha\text{-}Al_2O_3$ 支撑体形成强烈的键合，最后用溶剂热法反应可制得厚度约为 $12\mu m$ 的连续致密 ZIF-8 膜[44]。对单组分气体 H_2/N_2 和 H_2/CH_4 的理想选择性分别为 11.6 和 13。Tao 等[45] 同样用加热支撑体的方法在氧化铝中空纤维上制备了 ZIF-8 膜，将在 150℃ 下加热的中空纤维浸入 1.5%（质量分数）ZIF-8 的晶种悬浮液，ZIF-8 晶体在毛细作用力和压力下迅速沉积到支撑体孔道中，再通过溶剂热法制备一层连续的 ZIF-8 膜。该膜对气体分离具有明显的分子筛分效果，对 H_2/CO_2、H_2/O_2、H_2/N_2 和 H_2/CH_4 的理想选择性分别为 5.4、7.1、9.2 和 10.8[45]。

通过把 ZIF-8 合成前驱体浸入到多孔氧化铝支撑体的孔道内，Li 等[46] 开发了一种新的 ZIF-8 膜合成方法。首先将多孔氧化铝支撑体浸入熔融的 2-甲基咪唑中（约 145℃），然后置于硝酸锌溶液中进行水热反应形成一层约 $10\mu m$ 厚的过渡层，最后使用溶剂热法同时利用过渡层和溶液中 ZIF-8 合成前驱体制备了约 $12\mu m$ 厚的 ZIF-8 膜。气体分离性能测试表明该膜连续致密，H_2/N_2 的理想选择性为 5.7，氢气的渗透性为 1.7×10^{-7} mol·m^{-2}·s^{-1}·Pa^{-1}。将 ZIF-8 纳米颗粒混入聚乙烯吡咯烷酮（PVP）溶液中制成电纺溶液，然后采用电纺的方式能够将 PVP/ZIF-8 复合纤维负载在多孔载体上形成厚度可控的 ZIF-8 晶种层，最后经二次生长法制备 ZIF-8 膜[47]，对于双组分气体的分离，该膜对 H_2/N_2、H_2/CO_2 和 H_2/CH_4 混合气的分离选择性分别为 4.94、7.31 和 4.84，氢气的渗透性约为 3.3×10^{-7} mol·m^{-2}·s^{-1}·Pa^{-1}。

ZIFs 材料作为一种新型的金属有机骨架材料，在气体分离方面具有极大的应用前景。为了获得连续、致密和稳定的 ZIF 膜，不断有新的合成方法被开发和应用。但由于 ZIFs 材料的复杂多样性，对于不同结构和性质的 ZIF 膜材料需要选用适当的合成方法。由于 ZIF-8 具有较高的热稳定性、化学稳定性以及便于合成，到目前为止它是最受关注的 ZIF 膜分离材料之一。另一种 RHO 拓扑结构的 ZIF-11 同样具有高的热稳定性和化学稳定性，同时具有较大的孔体积和小的窗口直径[18]，分子模拟计算也表明 ZIF-11 较适合氢气分离，但由于它的制备方法比较苛刻，所以一直以来对它的研究比较少。开发低价、简单和环境友好的 ZIF-11

制备方法才能使 ZIF-11 膜的研究与应用得到进一步拓展[48]。

8.1.2　纳米碳材料

8.1.2.1　碳纳米管

碳纳米管（carbon nanotubes，CNTs）主要由呈六边形排列的碳原子构成数层到数十层的同轴圆管。自从 1991 年 Iijima 发现碳纳米管以来[49]，碳纳米管以其特有的高拉伸强度、高弹性、从金属到半导体的电子特性、高电流载荷量和高热导体性以及独特的准一维管状分子结构，一直以来是化学、物理及材料科学等领域的研究热点。

碳纳米管可以看作是石墨烯片层卷曲而成，按照石墨烯的片层数目碳纳米管数可分为单壁碳纳米管（或称单层碳纳米管，single-walled carbon nanotubes，SWCNTs）和多壁碳纳米管（或多层碳纳米管，multi-walled carbon nanotubes，MWCNTs）。其结构如图 8-9 所示。一般来说，单壁碳纳米管的外径为 1～3nm，内径为 0.4～2.4nm，而多壁碳纳米管的直径多为 2～100nm。

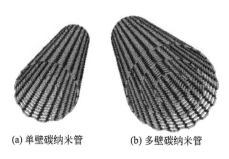

(a) 单壁碳纳米管　　　　(b) 多壁碳纳米管

图 8-9　单壁碳纳米管和多壁碳纳米管的结构示意图[50]

碳纳米管独特的理化性质及其管径的尺寸范围，使其在膜分离领域具有潜在的应用价值。当碳纳米管的管径与所分离的物质分子尺寸相当时，分子与管壁的相互作用将显著影响分子在管内的传递行为。同时，分子在此受限空间内的热力学状态也会因这种相互作用而发生变化。因此，碳纳米管内的分子传递行为会显著区别于宏观介质的传递行为。

（1）模拟研究

研究人员通过分子模拟的方法得到了分子在碳纳米管中的传递行为及分布状态。这些研究表明，分子在碳纳米管中的传递速度要比在其他介质孔道中（如沸石等）高出几个数量级。水分子在碳纳米管中与在主流体中运动存在差异性，碳纳米管的孔径、水分子与管壁间的相互作用以及碳纳米管的螺旋性都会对水分子的动力学行为和传递性能产生影响[51]。Sholl 课题组[52] 通过分子模拟研究，认为碳纳米管光滑的内壁是提高和促进分子扩散传递的主要原因。Lu 等[53] 的分子动力学模拟研究发现，碳纳米管中水分子传递性质突变存在一个临界尺寸参数，在管径大于 0.811nm 的碳管内，仅形成螺旋链（拟液态），而在管径小于 0.811nm 时，则形成单分子水链（拟气态），这种相态的变化能使扩散系数提高 10 个数量级，其本质是水分子的氢键网络被打破而改变相态。他们的模拟结果得到了 Wenseleers 等实验的验证[54]。

模拟研究表明，碳纳米管作为分离材料对气体的吸附和分离也具有高通量和高选择性，尤其是对小分子的气体，例如氢气和甲烷，其性能比同样孔径的其他分离材料要高出数倍。对 $CO_2/C_1 \sim C_4$ 烷烃在碳纳米管膜内传递的动力学模拟显示，相同直径（0.765nm）情况下碳纳米管对双组分体系分离性能随着烷烃碳原子数增加而增加，且双组分、三组分体系的分离性能与单组分体系的结果相似[55]。如此优越的性能同样归功于碳纳米管内表面的光滑性。在碳纳米管内部，气体分子与管内壁之间的相互作用会对分子的动力学性能产生影响，一般来说，这些带孔管腔介质可以分为管壁光滑和粗糙两类，当气体分子遇到光滑管壁时，分子与管壁的碰撞属于完全弹性碰撞，分子沿着管轴的速度可以保持一定，此时，分子的扩散速度只取决于分子间的相互碰撞。另外，如果气体分子遇到粗糙的管壁，分子与管壁的碰撞则是完全无规律的，此时分子的扩散速度不仅要考虑分子间碰撞的影响，还要考虑分子与管壁之间碰撞的影响。

迄今为止，人们对液体和气体分子在碳纳米管中的传递分别开展了大量的模拟计算与实验研究，然而目前从实验角度仍难以对大多数模拟结果进行有效验证。这是因为模拟计算与实验研究互动时，需考虑两个重要因素：①分子流入和流出碳纳米管时的管口效应；②实验所用的碳纳米管不可能完全无缺陷。正是由于这两个原因，造成实验获得膜通量和选择性会与模拟计算的理想值存在一定偏差。尽管如此，仍出现了模拟与实验结合的成功案例。2001 年，Hummer 等[56] 的分子模拟工作预测了水分子以单分子链的形式存在于碳纳米管中，其具有极高的传递系数。2006 年，Holt 等[57] 的实验工作发现在 2nm 以下的碳纳米管中，水分子确实具有极高的传递系数。至 2010 年，Cambré 等[54] 的实验工作进一步证实在碳纳米管中，水分子确实以单分子链的形式存在。

（2）实验研究

根据膜结构与制备方法的不同，通常碳纳米管膜可分为两大类：碳纳米管纤维膜和均孔碳纳米管膜。碳纳米管纤维膜主要由碳纳米管无序堆积而成，主要利用其高度多孔的三维网络及超高的比表面积实现物质的分离。均孔碳纳米管膜则是由定向的碳纳米管通过生长或组装而成的碳纳米管阵列构成，利用每个碳管均可提供垂直的圆柱形纳米孔道，实现分子水平的高效分离。此外，将碳纳米管作为功能组分，与高分子进行杂化或共混，构成碳纳米管混合基质膜，成为近年来的研究热点，被认为是最有可能实现工业化的一类碳纳米管膜材料。有关碳纳米管纤维膜的内容，请参考本章 8.2.1 纳米纤维膜。

① 均孔碳纳米管膜　此类碳纳米管膜是利用碳纳米管自身固有的纳米孔道，进行分子的高选择性筛分与快速传递。均孔碳纳米管膜之所以拥有超快的渗透速率主要归结于两点：碳纳米管管壁的低摩擦系数获得的低传质阻力；碳纳米管的孔径小于 2nm，使得分子在碳管中发生 "single file" 形式的扩散。传统认为，减小孔径会导致通量下降，然而 Fornasiero 等人[58] 制备的孔径为 2nm 的碳纳米管膜，不但具有高选择性（离子去除率达到 98%），且通量是经典 Hagen-Poiseuille 方程计算值的 1000 倍。此外，通过对碳纳米管进行管口功能化改性后，可进一步提高碳纳米管膜的选择性。目前，已有报道将均孔碳纳米管膜用于水处理、离子筛分、气体分离等多个领域。

均孔碳纳米管膜的典型制备方法如图 8-10 所示。通过化学气相沉积法（CVD）将定向的碳纳米管阵列生长于硅片或石英基底上，该过程需严格控制其制备条件，以保证碳纳米管的通透性。碳纳米管之间的缝隙采用聚合物进行填充，将多余的填充基质和基底去除后，则制备出开孔的均孔碳纳米管膜。

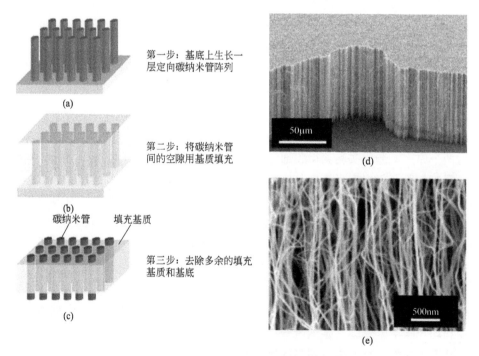

第一步：基底上生长一层定向碳纳米管阵列
(a)

第二步：将碳纳米管间的空隙用基质填充
(b)

碳纳米管　填充基质

第三步：去除多余的填充基质和基底
(c)

50μm
(d)

500nm
(e)

图 8-10　均孔碳纳米管膜的制备过程与形貌[58]

② 碳纳米管混合基质膜　仅使用碳纳米管作为原料制备纯的碳纳米管膜迄今为止在技术方面仍面临许多挑战，目前成本高昂，实际应用十分困难。近年

来，将碳纳米管分散到高分子基质中制备成混合基质型膜材料，成为一种简便有效的途径。制备无缺陷且性能优越的碳纳米管混合基质膜的最大瓶颈是碳纳米管易在高分子基质中发生团聚。为了解决碳纳米管在高分子基质中分散难的问题，通常需要对碳纳米管进行处理或化学修饰，经过功能化的碳纳米管，通过化学键或次价键力与高分子结合以提高碳纳米管与高分子基质的相容性。大量研究表明，经过处理或改性的碳纳米管与高分子基质所形成的膜可以避免缺陷且性能均一。目前，碳纳米管混合基质膜的研究涉及超/微滤、纳滤、反渗透、离子分离、渗透汽化、气体分离等诸多膜分离过程。Hoek 等[59] 在聚酰胺界面聚合体系中添加碳纳米管，利用其规整多孔结构的同时，也改变了聚酰胺自身的孔道结构，将水的渗透性提高 1 倍左右，该新型反渗透膜已初步实现产业化。

8.1.2.2 石墨烯及其衍生物

近年来，石墨烯作为一种新型的碳材料，因其独特的二维结构，拥有诸多突出的物理化学性质，在能源、材料、电子、生物医药等领域均显现出巨大的应用价值。该材料具有理想的二维晶体结构，其碳原子以 sp^2 杂化方式互相键合，形成只包含六角元胞的刚性片层结构。石墨烯是目前最薄的二维材料，厚度仅为 0.35nm。2004 年英国科学家 Geim 及 Novoselov 等人[60] 利用胶带剥离石墨的方法首次制备出稳定的高质量的单层石墨烯，并获得了 2010 年诺贝尔物理学奖。石墨烯的超薄片层结构及其衍生物富含的大量官能团，近年来也成为分离膜领域的研究热点。本节将重点介绍基于石墨烯及其衍生物的分离膜的制备方法、应用领域和分离机理。

（1）制备方法

① 转移制备法　该方法是沿用石墨烯材料制备用于电池、光电器件等无分离性能的膜的方法，这种方式得到的往往是自支撑的膜。此方法适合用于各种合成石墨烯类材料的方式，可以是旋涂、滴涂等自然生长的方式，也可以是 CVD 法等。这种方法可以得到紧密、完整的膜，但是过程较繁复。

Geim 等[61] 最早采用转移法制备了氧化石墨烯膜。如图 8-11 所示，首先将氧化石墨烯旋涂或喷涂到铜片上，再加一层聚合物构造出形状，之后用硝酸将铜腐蚀掉，得到自支撑的、厚度约为 $1\mu m$ 的氧化石墨烯膜。该膜在 90mbar 下依然不透氦气，渗透性比隔气性很强的 PET 还要低四个数量级。此外，此膜对于几乎所有如乙醇、丙酮、癸烷等蒸气都无法透过，然而仅对于水蒸气有着超高渗透性。韩国汉阳大学和三星公司等[62] 也用转移法结合 CVD 法制备出具有高气体分离性能的多层石墨烯/聚三甲基硅-1-丙炔（PTMSP）膜，对氧气和氮气有着显著分离效果，尤其随着层数增加，O_2/N_2 选择性从 1.5 提升至 6.0，同时将氧气渗透性从 730bar 降低至 29bar，该分离性能优于大多数碳分子筛膜。

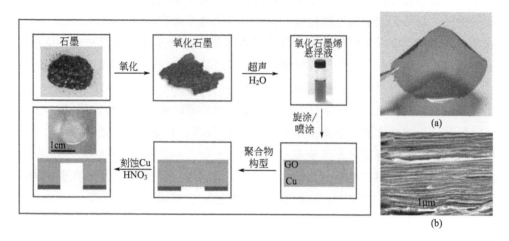

图 8-11　转移法制备氧化石墨烯膜[63]

② 过滤法　该方法是根据氧化石墨烯材料层层自组装特性制备石墨烯膜的方法，简单易行，已经被广泛使用。过滤法制膜过程是通过过滤提供自上向下的重力场，使得氧化石墨烯纳米小片显示出水平排布，层层自组装成膜。

利用石墨烯片间小于 1nm 的二维层间空间构筑纳米水通道，采用过滤法能够制备还原的氧化石墨烯纳滤膜[63]，该膜应用于染料分子亚甲基蓝和亚甲基红水溶液体系中，纳滤分离得到了 99.9％的截留率，纯水通量达到 $21.81L\cdot m^{-2}\cdot h^{-1}\cdot bar^{-1}$。Yu 等[64] 也运用简单的抽滤法制成超薄的氧化石墨烯膜，根据浓度不同可以得到一系列不同厚度的膜，估算最小厚度可以达到 1.8nm 的薄膜对于氢气有着极高的透过性，氢气对二氧化碳分离因子达 3400，氢气对氮气分离因子达900，同时氢气的渗透通量也远高于目前已有气体分离膜材料。Jin 等[65] 采用简易的真空抽吸法，在多孔的陶瓷支撑体表面制备出高质量的中空纤维氧化石墨烯膜，如图 8-12 所示。利用超薄的氧化石墨烯叠层构筑了"快速水传递通道"，实现了有机溶剂的渗透汽化高效脱水。在 25℃下分离水含量为 2.6％（质量分数）的碳酸二甲酯水溶液，膜通量高达 $1702g\cdot m^{-2}\cdot h^{-1}$，渗透侧的水含量为95.2％（质量分数）。

③ 掺杂法　除了将石墨烯材料类物质如石墨烯、氧化石墨烯直接制备成膜，还可将石墨烯类材料和其他材料结合制备掺杂膜，结合其他材料如聚合物材料、无机材料和石墨烯类材料的优点，展现出良好的分离性能。掺杂法主要包括层层自组装法和混合基质法。

层层自组装法主要是使用聚合物和石墨烯，利用其带电正负性不同，在逐层涂膜过程中组装成膜。这种方法在制备复合材料中得到了广泛的应用，不仅简便易行，而且对于涂布层数可控，可以定量调控膜厚，从而调控分离性能。Yang

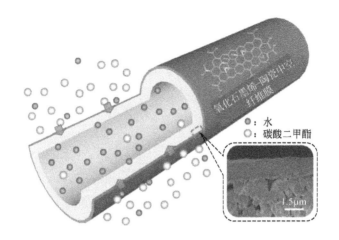

○：水
○：碳酸二甲酯

1.5μm

图 8-12　中空纤维氧化石墨烯膜用于溶剂脱水[65]

等[66] 制备出氧化石墨烯/聚乙烯亚胺复合膜，其中每次涂布层厚度大约仅 4nm，得到仅 91nm 的"纳米砖"式膜显示出超高的密封性，对氧气的渗透性为 2.5×10^{-20} $cm^3 \cdot cm \cdot cm^{-2} \cdot s^{-1} \cdot Pa^{-1}$，远低于现有的一些隔气材料。Mi 等[67] 在聚砜支撑体上通过层层叠加 1,3,5-苯三甲酰氯和氧化石墨烯，制备出了基于氧化石墨烯的透水膜，用于去除水中离子和大分子杂质，对 Na_2SO_4 的截留达到 80%。

石墨烯混合基质膜是将石墨烯类物质作为功能组分添加至有机聚合物基质或无机材料中制备而成的复合型膜材料。目前已报道的聚合物基质如 PVDF、PVA、PSF、聚醚酰胺共聚物（PEBA）等，多用于大分子脱水和纳滤等过程。这种方式运用物理掺杂，方法简单，理论上能很好地结合聚合物和氧化石墨烯类物质的优势。Fu 等[68] 开发出氧化石墨烯和二氧化钛的掺杂膜，用于含染料废水处理，取得了较高截留率。Jin 等[69] 提出聚合物环境辅助石墨烯组装的方法，设计制备出具有氧化石墨烯层状结构的高性能二氧化碳分离膜，如图 8-13 所示。他们发现石墨烯叠层具有"快速气体传递通道"的特性，突破了目前气体分离膜渗透性和选择性的 Tradeoff 限制，对于 CO_2/N_2 的分离，CO_2 渗透性高达 100bar，选择性为 91，并且长期稳定运行 6000min 以上，在二氧化碳捕集等工业过程中具有潜在的应用前景。

（2）应用领域

① 气体分离　气体分离的可行性最早是根据分子模拟的结果得到的，尽管 Geim 等[61] 研究发现，常压下厚度为 $1\mu m$ 的氧化石墨烯膜不能透过任何气体。然而在加压条件下，氧化石墨烯膜不仅能够透过气体，而且对于不同气体分子的透过速率有着很大差异，因此可用于气体混合物的选择性分离。例如，利用氧化石墨烯对二氧化碳的吸附特性，实现二氧化碳的快速选择性分离；利用石墨烯膜

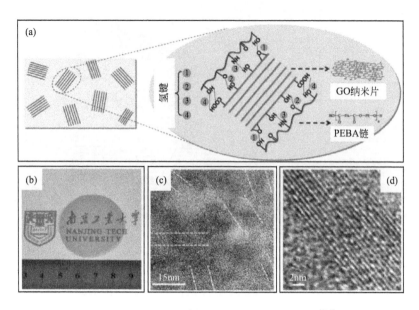

图 8-13　氧化石墨烯混合基质膜的制备与形貌[69]

的分子筛分性质，可实现对氢气的高选择性透过[64]；此外石墨烯膜还对氧氮分离有着较高的选择性[70]。

②渗透汽化　与气体分离类似，渗透汽化是石墨烯基分离膜的一个主要应用方向。新加坡国立大学 Chung 等[71] 将氧化石墨烯膜用在水/乙醇体系，此外还有运用在水/异丙醇体系[72]、甲苯/正庚烷[73] 体系等。氧化石墨烯上具有含氧基团，制备出的膜有很强的亲水性，故在渗透汽化透水方面有着巨大的应用前景。

③离子截留　由于离子的尺寸很小，对比大分子脱水，离子脱水的截留率难以达到较高程度。大多对于尺寸稍大的 $CuSO_4$ 和 Na_2SO_4 等物质达到 80％以上的截留，可是对于尺寸小的 NaCl 等物质难以达到高截留率[74,75]。如石墨烯膜能够将水中的大部分 NaCl 除去，这将会在海水淡化领域发挥重要作用。分子模拟研究表明，在石墨烯片层上构造直径在 5.5Å 左右的小孔，可以达到 100％的截留率，且操作压力和运营成本比传统脱盐技术均大为降低[76]。然而，现有技术下构造小于 1nm 的孔径仍面临巨大挑战，因此石墨烯膜在海水淡化中的应用仍停留在模拟研究阶段。

（3）分离机理

目前对于氧化石墨烯膜的分离机理研究大多尚属模拟与推测阶段，比较典型的理论有通道理论和缺陷理论，另外还有褶皱构型理论和两性材料理论等。

① 通道理论　该理论最初由 Geim 等[61] 提出，用于解释氧化石墨烯膜不透任何气体，只透水蒸气。该理论认为，一般情况下，氧化石墨烯层层紧密堆叠，层间缝隙大小不足以允许气体通过。而在有水的情况下，水和氧化石墨烯中的含氧基团形成氢键，层间缝隙增大，使得水分子可以通过（图 8-14）。关于水和氧化石墨烯形成氢键的模型很早便已建立，甚至被用到解释模拟水高速通过碳纳米管这一领域。然而这只是理想模型，在石墨烯膜的实际制备过程中，难以保证每片石墨烯片层的完整性，导致石墨烯膜在加压条件下也能透过气体分子，因此该理想模型存在一定的局限性。

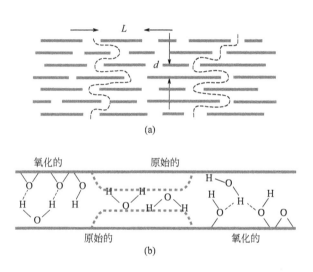

图 8-14　石墨烯材料膜的通道模型（a）和水蒸气状态下氧化石墨烯膜的基团特征（b）[63]

② 缺陷理论　缺陷模型最早用于解释还原氧化石墨烯（rGO）纳滤膜的分离行为。该理论认为石墨烯类片层上存在一定的缺陷，如图 8-15 所示，这些缺陷随机分布，大小不一，可能是在制备过程中随机产生的。然而正是由于这些缺陷，形成了分子传输通道。Yu 等[64] 制备的用于气体分离的氧化石墨烯膜也沿用了该理论，小分子动力学直径的氢气之所以渗透性远超其他尺寸气体就是因为其尺寸正好小于大多数缺陷的尺寸，而其他大多数气体尺寸大于缺陷的尺寸从而阻挡其透过。

③ 其他理论　如根据石墨烯类物质褶皱形状本身的性质提出的褶皱模型，认为气体能够透过石墨烯膜层主要是因为气体在褶皱层中传递[62]。此外，还有从材料出发，认为氧化石墨烯是两性材料，边缘处亲水而中心碳原子疏水，故认为水分子是先被吸附到了边缘处然后迅速通过，使得氧化石墨烯膜获得超高水通量[76]。

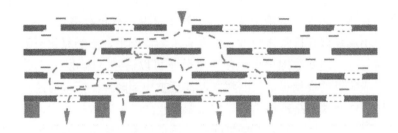

图 8-15　石墨烯膜的缺陷模型[64]

8.1.3　嵌段共聚物

8.1.3.1　嵌段共聚物的特性

（1）嵌段共聚物的基本概念和合成方法

嵌段共聚物（block copolymers，BCPs）是在化学结构上存在差异的两个或两个以上的高分子链段通过化学键连接而成的共聚物[77,78]。链段之间的序列排列可以是无规律的，也可以是有规律的，如 A-B［图 8-16(a)］、A-B-A［图 8-16(b)］、A-B-C［图 8-16(c)］、$\overline{\text{(A-B)}}_n$ 等[79] 结构。常用的嵌段共聚物为链段间顺序排列的两嵌段或三嵌段共聚物。

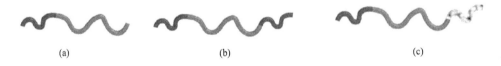

　　(a)　　　　　　　　　　　(b)　　　　　　　　　　　(c)

图 8-16　常见嵌段共聚物的嵌段排列

从 20 世纪 50 年代无终止阴离子活性聚合的发现[80] 以来，嵌段共聚物得到了越来越广泛的关注与应用。具有特定结构的嵌段共聚物会表现出与简单线形聚合物以及许多无规共聚物甚至均聚物的混合物不同的性质，可用作热塑弹性体、共混相容剂、界面改性剂等，广泛地应用于生物医药、建筑、化工等各个领域，在理论研究和实际应用中都具有重要的意义。20 世纪 90 年代，Park 等人[81] 利用聚苯乙烯-b-聚丁二烯的微相分离制得纳米刻蚀模板，肇始了利用嵌段共聚物的微相分离构筑有序纳米结构这个新兴领域的研究。

（2）嵌段共聚物的微相分离

构成嵌段共聚物分子链的不同嵌段常常是热力学不相容的。在一定的条件下，不同嵌段之间会由于物化性质上的差异而相互排斥发生分离[82]，然而嵌段之间化学键的存在使得这种相分离只能在纳米尺度上发生，因此被称为微相分离

（microphase separation）。嵌段共聚物体系微相分离的尺寸基本上与大分子链的尺度同一量级（5~100nm）。微相分离是嵌段共聚物最为重要的特殊性质，也是基于嵌段共聚物构筑有序纳米结构的基础。

嵌段共聚物本体的微相分离行为主要取决于以下几个因素[83]：①共聚物总的聚合度 N；②共聚物的组成 f_x；③共聚物各嵌段间的 Florey-Huggins 参数 χ。当共聚物总的聚合度 N 与共聚物各嵌段间的 Florey-Huggins 参数 χ 的乘积大于 10.5 时，即 $\chi N > 10.5$，嵌段共聚物微相分离处于强分相区，其相分离的界面非常窄，而且各分相微区较纯；当 $\chi N < 10.5$ 时，则处于弱分相区，相界面变宽，且各微区变得相对不纯。

以下以最为简单的两嵌段共聚物为例分析嵌段共聚物的微相分离行为（三嵌段或多嵌段共聚物的微相分离形成更为复杂的结构[84]）。图 8-17 是 AB 两嵌段共聚物微相分离的理论和实验相图[85]，其中图 8-17(a) 为自洽场理论预测的结果；图 8-17(b) 为 PS（聚苯乙烯）-b-PI（聚异戊二烯）微相分离的实验相图。从自洽场理论相图可以看出，当体系在有序无序转变（ODT）曲线以上时，其热力学稳定的分相微结构有 S（球粒）、C（棒状）、G（双连续螺状）和 L（层状），且相图相对于 $f_A = 1/2$（f_A 为 A 嵌段在共聚物中所占的体积分数）总体上左右对称。当 f_A 在 1/2 附近时，即基本对称的两嵌段共聚物，体系分相形成相对较为稳定的层状相；增大共聚物组成的不对称性，相界面发生弯曲，依组成不对称性的大小会依次出现 S、C、G 和 L 等不同形态。相图中两个较大的区域为六方

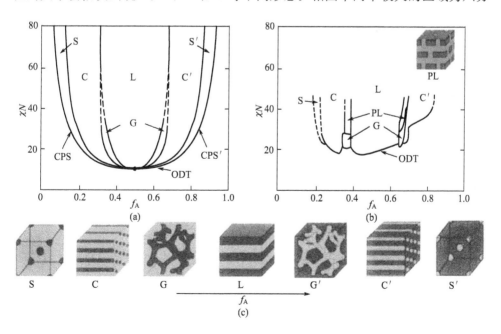

图 8-17　AB 两嵌段共聚物本体微相分离的理论和实验相图[85]

堆积的棒状相和体心立方的球粒相。另外，该理论相图中在 S 区和 ODT 曲线之间还存在一个非常小的 CPS（紧密堆积球粒相）区。而 G 区则是一个存在于 L 区、C 区和 ODT 之间的非常窄的区域。对于稳定的六方堆积的棒状相（f_A 大于 1/2），体积较小的 B 嵌段堆积进棒内，这种能量有利的排列允许长的 A 嵌段位于 AB 界面突出的一侧，从而补偿了构象熵的减少，同时也减少了弹性能。

和本体相比，在薄膜状态下，嵌段共聚物微相分离行为除了受嵌段的组成和相互作用参数影响外，还在很大程度上受基底和自由界面的影响[86]。由于不同链段的表面能不同及与基底的亲和性不同，其中一种嵌段将优先吸附在基底上，另一种嵌段会富集在薄膜和空气的界面，形成平行于基底的层状结构［如图 8-19(a)所示］。通过引入外场作用（如外加电场、热处理以及溶剂蒸气退火处理等）或对基底改性，使聚合物链段运动发生微相分离或改变聚合物组分与基底的亲和性，可以得到不同形貌的嵌段共聚物膜层[87]。图 8-18 为薄膜状态下嵌段共聚物微相分离形成的典型形貌。

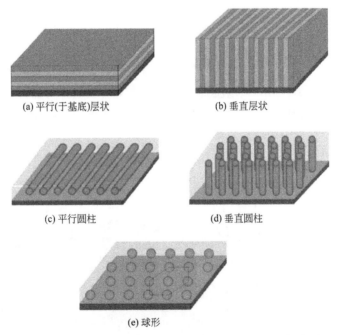

(a) 平行(于基底)层状　　　　　　　(b) 垂直层状

(c) 平行圆柱　　　　　　　(d) 垂直圆柱

(e) 球形

图 8-18　薄膜状态下嵌段共聚物自组装形成的典型形貌[87]

另外，当溶解在对某一嵌段具有选择性的溶剂中时，嵌段共聚物也会发生微相分离，形成胶束结构[88]。随着嵌段共聚物、选择性溶剂或热力学条件的改变，胶束有球形、棒状、囊泡以及层状等不同的形貌（如图 8-19 所示）。

一方面，嵌段共聚物在本体、薄膜形态或选择性介质中均会发生微相分离，形成丰富、有序的相分离结构；另一方面，现有的合成技术可以保证嵌段共聚物

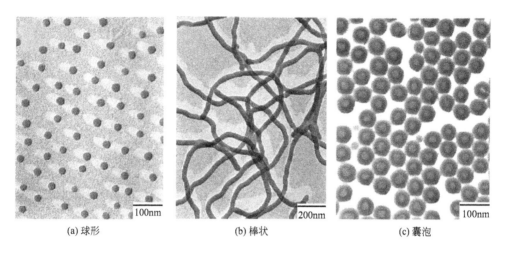

| (a) 球形 | (b) 棒状 | (c) 囊泡 |

图 8-19　选择性介质中嵌段共聚物自组装形成的典型胶束结构[89]

的嵌段比、分子量分布能够得到精确控制，确保了发生相分离区域尺寸的单分散性，所以嵌段共聚物在制备高度有序的规整结构方面具有十分突出的优势。目前嵌段共聚物微相分离已被广泛用于纳米材料和纳米结构的制备，如金属、半导体纳米粒子、有机光电纳米材料、生物医用材料、光子晶体等。本章将着重介绍嵌段共聚物在制备多孔分离膜中的应用，并结合具体实例分析嵌段共聚物的微相分离行为。

8.1.3.2　嵌段共聚物分离膜

　　基于嵌段共聚物制备的分离膜主要分为两种，即致密膜和多孔膜。嵌段共聚物基致密膜，是指通过溶剂浇铸或涂覆制得的不存在除高分子自由体积之外孔道结构的膜材料，经适当的改性或功能化等后处理，利用嵌段共聚物不同相区在物理或化学性质上的不同，可分别用作荷电镶嵌膜[90]、气体分离膜[91]、渗透汽化膜[92] 以及离子交换膜[93] 等。嵌段共聚物基致密膜方面的研究之前已有较多的综述文章进行总结[94]，不再在此介绍。本节将主要介绍嵌段共聚物基多孔膜。前已述及，嵌段共聚物在薄膜形态或选择性介质中会发生微相分离，形成种类丰富、结构规整且特征尺寸可调的分相结构，若在一定条件下将分相结构中的分散相转化成为孔道，即可得到具有规整孔道结构的多孔膜。基于孔道的尺寸筛分机制，这种多孔膜可用作分离膜（超/微滤膜或纳滤膜）或其他功能性膜材料，如减反射膜等。

　　孔道构型、孔径尺寸及其分布、孔隙率以及表面化学特性等决定了多孔分离膜的性能。开发孔径单分散、高孔隙率的分离膜，以实现在维持高通量的同时得到接近100%分离选择性的"理想"分离，是分离膜领域的核心研究内容之

—[95,96]。如果分离膜的孔径分布较宽，分离时基于尺寸筛分机理的分离效果就会大打折扣，具体体现在两个方面：一是分离选择性下降；二是为了提高选择性或截留率，只能选用平均孔径较小的膜材料，这样又造成了通量的下降，分离效率降低。因此为了同时兼顾分离效果和分离效率，应选用孔径分布尽可能窄的分离膜。理想情况下，就是使用孔径单分散的分离膜，即"均孔膜"。在分子量相近、分子大小相仿的蛋白质和药物分子的分离以及病毒的高效脱除等高精度分离领域，孔径单分散的均孔膜有着极为广阔的应用前景[97]。

如前所述，嵌段共聚物因其可发生微相分离形成规整结构的特殊性质，特别适用于制备孔隙率高、孔径分布窄、性能可调的多孔膜。我们根据嵌段共聚物膜成孔方法的不同，分为以下三个方面介绍嵌段共聚物在制备多孔膜中的研究进展。

(1) 选择性去除法

选择性去除法是最早发展起来、也是最为常用的制备嵌段共聚物多孔膜的方法。它是选择性的去除嵌段共聚物膜中的分散相或分散相中的某一组分，而获得多孔结构的方法。这种方法包含两个关键步骤：首先是调控嵌段共聚物（或其与小分子物质形成的复合物或与均聚物形成的混合物）的微相分离行为获得规整的分相结构；然后将嵌段共聚物中的某一嵌段或添加物选择性剔除，获得孔道结构，并且保留下来的聚合物组分能够维持分离膜的完整性及一定的机械强度。图 8-20 是剔除嵌段共聚物的一个嵌段 [图 8-20(a)] 或剔除添加的均聚物 [图 8-20(b)] 成孔的示意图。

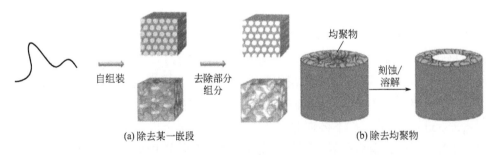

图 8-20 嵌段共聚物选择性去除法制备多孔膜的示意图[98]

在分相形成规整结构这一步中，通常需要外场作用，迫使链段规整排列。最为常用的方法是在各嵌段的玻璃化转变温度之上进行退火，即热退火[99]。但是对于一些分子量较高的嵌段共聚物而言，分子链的运动能力不强，热退火需要较长的时间甚至不能达到最终平衡状态[99]。研究者发现通过引入外加电场或对基底进行改性可以调控薄膜形态下嵌段共聚物的分相行为。Morkved 等[100] 利用嵌段共聚物组成嵌段在介电常数上的差别，通过采用特定空间分布的电场，可以使嵌段共聚物的柱状或层状结构沿电场方向取向。Stoykovich 等[101] 将聚苯乙烯（PS)-b-聚甲基丙烯酸甲酯（PMMA）以及 PS、PMMA 均聚物的共混物旋涂于经电子束或紫外辐照改性的基底上，再经热退火后得到了平行于基底规整排布的共聚物层，其结构可通过基底的线间距或弯曲角调控。另外，溶剂蒸气退火也被证明是简单有效、适用范围广的调控嵌段共聚物分相结构的方法。对嵌段共聚物进行溶剂退火的过程中，常常可以形成一些不常见的亚稳态结构和新的形貌，这些亚稳态结构通常表现出很高的有序性，同样可以用于多孔膜的制备。例如，Park 等[102] 将聚苯乙烯-b-聚氧乙烯（PS-b-PEO）置于邻二甲苯的蒸气中退火，再选择性剔除 PEO 形成的分相微区，得到了垂直或平行于基底的非常规整的多孔结构；Kim[103] 和 Libera[104] 在聚苯乙烯-聚丁二烯-聚苯乙烯（PS-b-PB-b-PS）体系中控制溶剂挥发速度在 5nL·s⁻¹ 的情况下得到 PS 微区完全垂直于基底排列的结构。

适用于将某一嵌段经化学刻蚀以获得多孔膜的嵌段共聚物种类十分有限，主要是含有 PMMA、聚乳酸、聚二甲基硅氧烷以及含双键的嵌段共聚物。但是通过在嵌段共聚物体系中引入能与分散相嵌段形成次价键作用的小分子物质或混溶的均聚物，在分相后，再溶解去除添加物（均聚物、小分子添加剂等）拓宽了可用的嵌段共聚物的范围。表 8-1 列出了文献报道的选择性去除成孔获得多孔膜的嵌段共聚物、去除组分、去除条件以及所得到的孔结构和孔径等数据[98]。

表 8-1 选择性去除法制备嵌段共聚物多孔膜的部分代表性工作[98]

嵌段共聚物	被剔除组分	蚀刻条件	孔道结构	孔道大小 /nm
PS-b-PLA	PLA	NaOH 或 HI	大面积垂直介孔 双连续结构 螺旋状介孔	10～24 12 18
PFS-b-PLA	PLA	NaOH	大面积垂直介孔 双连续结构	12 12
PLA-b-P(N-S)	PLA	NaOH	大面积垂直介孔	12
PS(BCB)-b-PLA	PLA	NaOH	大面积垂直介孔	12
PSTPA-b-PLA	PLA	NaOH	大面积垂直介孔	13
PLA-b-PDMA-b-PS	PLA	NaOH	大面积垂直介孔	18～23
PS-b-PI-b-PLA	PLA	NaOH	大面积垂直介孔	18～23
PS-b-PEO	PEO	热处理或 HI	大面积垂直介孔 双连续结构 无规垂直孔道	12～15 10 40～200
PEO-b-PMMA-b-PS	PMMA	紫外处理	垂直介孔	10～15

嵌段共聚物	被剔除组分	蚀刻条件	孔道结构	孔道大小/nm
PS-b-PMMA	PMMA	紫外处理	大面积垂直介孔 三维连续介孔	15~25 15~25
PFS-b-PMMA	PMMA	紫外处理	三维连续介孔	30~50
PS(BCB)-b-PMMA	PMMA	紫外处理	大面积垂直介孔	15
PE-b-PS	PS	发烟硝酸处理	三维连续介孔	30
1,2-PB-b-PDMS	PDMS	四丁基氟化铵;THF	大面积垂直介孔	10
PS-b-PDMS	PS	氧等离子体处理	大面积垂直介孔	16
PI-b-PS/PI,PS	PS 均聚物	己烷	三维连续介孔	43
PE-b-PEP/PE,PEP	PEP 均聚物	THF	三维连续介孔	100
PS-b-PMMA/PMMA	PMMA 均聚物	乙酸	大面积垂直孔道	15
P2VP-b-PI/PI	PI	臭氧处理	双连续结构	15
P3DDT-b-PLA	PLA	NaOH	介孔	35
PLA-b-LPE-b-PLA	PLA	NaOH	三维连续介孔	24~38

在通过将嵌段共聚物形成的分相结构中的某一嵌段或均聚物除去来制备多孔薄膜方面，Phillip、Yang 等分别做了代表性的工作。Phillip 等[105,106] 将聚苯乙烯-b-聚乳酸（PS-b-PLA）的溶液涂覆在大孔基膜上，溶剂快速挥发后，PS-b-PLA 固化成膜。再经紫外光照，增强 PS-b-PLA 层与基膜层的结合力，之后将膜片置于含 NaOH 的甲醇/水溶液中选择性地蚀刻掉聚乳酸嵌段，最终得到了表面为规整垂直孔道结构的复合膜（图 8-21）。Yang 等[107] 将 PS-b-PMMA 与均聚物 PMMA 的共混物旋涂于带有氧化层的硅片上。氧化硅层用作"牺牲层"，在氢氟酸中浸泡后，"牺牲层"被溶解，使得聚合物膜从硅片上脱落，转移至大孔聚砜膜上。而后使用乙酸溶解掉 PMMA 均聚物，也可得到表面为规整垂直孔道结构的复合膜（如图 8-22 所示），该膜可用于药物传递过程[108,109] 或经功能化改进后作单核苷酸多态性检测[109] 等。

通过选择性去除法制备嵌段共聚物多孔膜也有较大的局限性。首先，蚀刻成孔需要通过剔除部分组分实现，涉及化学反应，一方面膜层的机械强度在蚀刻后会受到影响；另一方面，一种组分的完全剔除会使得到的膜丧失部分的功能性，

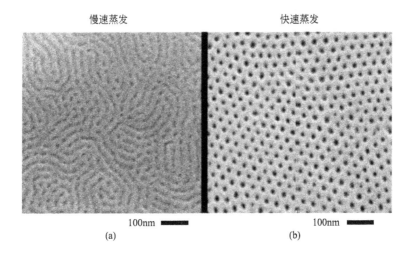

慢速蒸发　　　　　　　　　　快速蒸发

100nm　　　　　　　　　　　100nm
(a)　　　　　　　　　　　　　(b)

图 8-21　Phillip 等使用 PS-*b*-PLA 制备的多孔膜的表面形貌[106]

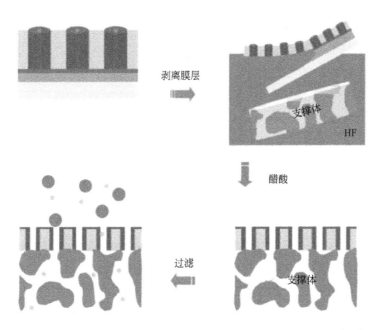

剥离膜层

支撑体

HF

醋酸

过滤

支撑体

图 8-22　Yang 等制备的 PS-*b*-PMMA 多孔膜的制备方法示意图[107]

如将 PS-*b*-PMMA 的 PMMA 蚀刻后得到的多孔膜为 PS 膜，亲水性差。其次，由于垂直取向所能获得的厚度有限，一般不超过 200nm，故选择性去除法制备的嵌段共聚物分离层极薄，为获得必要的机械强度，一般要通过"牺牲层"法将聚合物层转移到大孔基膜上，或直接在大孔基膜上涂敷嵌段共聚物。但是，"牺牲层"法难以放大,而直接涂敷得到的嵌段共聚物层偏厚,其内层孔结构不易控制。

(2)非溶剂诱导相分离法

非溶剂诱导相分离法[95]是经典的高分子分离膜的制备方法。非溶剂的引入,会使原本均匀的聚合物溶液体系发生相分离,形成高分子富相与贫相两相区,固化后富相区形成分离膜的"骨架",而贫相区形成膜的孔道。通过控制成膜体系热力学性质不同造成的相分离行为以及溶剂-非溶剂交换的动力学行为可以调控薄膜的具体结构。

Peinemann 等[110]直接将嵌段共聚物用于非溶剂诱导相分离,发展了制备嵌段共聚物基多孔膜的新方法。他们使用聚苯乙烯-b-聚(4-乙烯基吡啶)(PS-b-P4VP)为成膜共聚物,溶解在适当溶剂中,铸膜后,经简短的溶剂挥发过程,再转移至水中发生相分离,获得了表层为规整垂直孔道、下层为无规"海绵"状结构的不对称膜(如图8-23所示)。与其他聚合物非溶剂诱导相分离不同的是,嵌段共聚物还将发生微相分离。在非溶剂中沉淀之前、溶剂挥发时,嵌段共聚物薄膜的表层已经发生微相分离,形成高度有序的纳米尺度的分相结构。正是这一过程使最终所得嵌段共聚物膜的表层出现区别于一般高分子膜的规整孔道结构。另外,利用嵌段共聚物中某一嵌段与金属离子的络合作用[111],将胶束自组装行为和非溶剂诱导相分离过程结合,能够更好地控制成孔过程,所得嵌段共聚物膜展现了很好的渗透性能以及 pH 响应性能,最近,Peinemann 等[112]利用金属蒸镀的方法对他们获得的嵌段共聚物多孔膜的孔径在 3~20nm 实现了连续调控。Abetz 等在通过非溶剂诱导相分离制备嵌段共聚物均孔膜方面继续展开了较为系统的研究工作。他们分别使用聚苯乙烯-b-聚(2-乙烯基吡啶)(PS-b-P2VP)[113]、PS-b-P4VP[114]、聚苯乙烯-b-聚氧乙烯(PS-b-PEO)[115]等不同嵌段共聚物制备了表面孔径分布极窄的薄膜,考察了制备条件对膜结构、性能的影响,还制备了嵌段共聚物中空纤维膜[116]。另外也有研究者使用该方法制得了聚苯乙烯-b-聚(聚甲基丙烯酸二甲氨基乙酯)(PS-b-PDMAEMA)分离膜[117]。

通过非溶剂诱导相分离法制备嵌段共聚物多孔膜简单易行,而且无需将某一嵌段剔除掉,极性嵌段如 P2VP、P4VP 以及 PEO 等会附着在孔壁上,这类嵌段的存在使得多孔薄膜有更丰富的性能,如更强的亲水性以及对 pH、温度的刺激响应等特性[80,118]。然而对于这种方法,由于整个膜层均由嵌段共聚物构成,该方法对嵌段共聚物的耗用量较大。

(3)选择性溶胀法

嵌段共聚物选择性溶胀成孔是制备具有规整孔道结构的新方法[119]。众多的两亲嵌段共聚物,包括 PS-b-P2VP、PS-b-P4VP、聚苯乙烯-b-聚丙烯酸(PS-b-PAA)、PS-b-PEO 以及 PS-b-PMMA[120~123]等在合适的条件下都会发生溶胀成

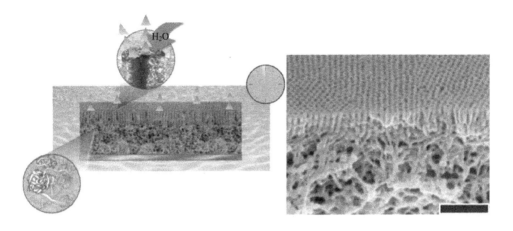

图 8-23　通过非溶剂诱导相分离制备的嵌段共聚物分离膜的示意图及对应的形貌[110]

（图中标尺为 500nm）

孔。可发生选择性溶胀成孔的嵌段共聚物有一个共同的特点，即其组成嵌段的极性相差较大，一个嵌段更加疏水，另一个嵌段更加亲水。将嵌段共聚物分相结构置于对嵌段有不同选择性的溶胀剂中时，亲和力的不同使得一种嵌段高度溶胀而另一嵌段基本不受影响。当脱除溶胀剂后，溶胀嵌段收缩，形成孔道，但处于主体相的非溶胀链段由于尚处于玻璃态，避免了整体结构的塌陷，最终可得到稳定的多孔结构。Wang 等[124~127] 系统研究了 PS-*b*-P2VP 在一维纤维、二维胶束单层膜、三维本体膜形态下基于选择性溶胀的选择性溶胀成孔的现象（如图 8-24所示）。

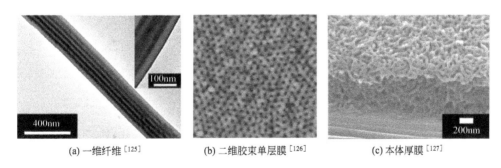

(a) 一维纤维 [125]　　　　　(b) 二维胶束单层膜 [126]　　　　　(c) 本体厚膜 [127]

图 8-24　经选择性溶胀成孔后 PS-*b*-P2VP 在不同形态下的结构

　　基于前期在嵌段共聚物选择性溶胀成孔方面的工作，Wang 等[128] 将 PS-*b*-P2VP 的溶液涂覆在大孔基膜上，经过热处理（可增强嵌段共聚物层与基膜的结合力），使溶剂挥发，嵌段共聚物层形成 P2VP 相分散于 PS 连续相的分相结构。

再将复合膜片置于对 P2VP 有更强亲和力的乙醇中时，P2VP 链段发生溶胀，使得 P2VP 分散相连接成为连续相并挤压 PS 相。然后将膜片自乙醇中取出，在干燥过程中，PS 分子链失去先前的活动能力，由其限制确定的溶胀状态下的 P2VP 区域的体积得以维持，但 P2VP 分子链收缩坍塌，附着在 PS 骨架上，在原先溶胀的 P2VP 区域产生三维连通的孔道结构，即得到以三维连续介孔结构的嵌段共聚物层为分离层，大孔基膜为支撑层的复合薄膜（如图 8-25 所示）。这是一种新的制备表面孔径分布窄的多孔膜的方法，操作简单，孔径易调，不涉及化学反应，无质量损失，而且在溶胀过程中，极性的 P2VP 链段迁移到膜表面，使膜的亲水性增强，并具有 pH 敏感特性（如图 8-26 所示），通量随 pH 变化发生敏感、可逆的变化。

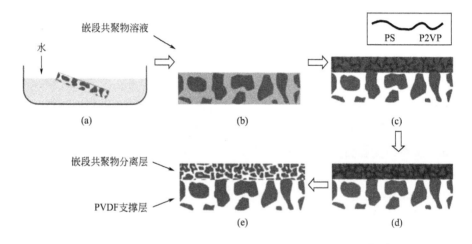

图 8-25　基于 PS-b-P2VP 选择性溶胀制备复合膜示意图[128]

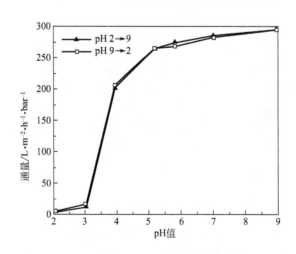

图 8-26　PS-b-P2VP 薄膜纯水通量随 pH 值的变化曲线[128]

在溶胀前引入溶剂退火可有效调控薄膜的分相结构[129]。如图 8-27 所示，Wang 等[130] 使用中性溶剂退火 PS-*b*-P2VP 薄膜，调控其微相分离，在退火过程中，溶剂在薄膜内部富集，薄膜内聚合物的浓度增加，当浓度达到聚合物薄膜的有序-无序的转变点时，聚合物薄膜将在空气-溶液的界面发生相分离，形成规整的微相结构。当退火结束后，溶剂快速挥发，沿薄膜厚度的方向会形成较高的浓度梯度场，使表面形成的规整微相结构向薄膜内部生长，形成垂直的微相结构。将聚合物膜浸没于热乙醇中一段时间，待取出、乙醇挥发后，可以得到具有单分散的垂直孔道且孔道贯穿整个嵌段共聚物层的高度有序多孔膜。再将嵌段共聚物层转移到大孔基膜上，便是可用于分离的均孔复合膜。经测试，复合膜对不同尺寸的葡聚糖分子有较好的筛分效果。

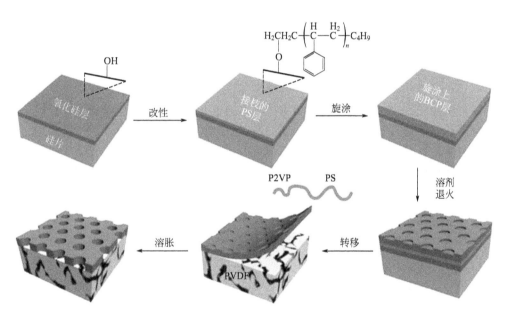

图 8-27　嵌段共聚物选择性溶胀成孔制备均孔复合膜的示意图[130]

嵌段共聚物的微相分离为获取孔道规整的分离膜提供了有效手段。嵌段共聚物在本体、薄膜形态或选择性介质中会发生微相分离的特殊性质，以及当代精确的合成和改性技术，使得其能够在较大范围内利用嵌段共聚物微相分离获取丰富的高度有序的精细结构。研究者通过调控嵌段共聚物的分相行为，并使用选择性去除、非溶剂诱导相分离以及选择性溶胀等方法，将微相分离形成的规整分相结构转化为孔道结构，制备了孔径分布窄、形貌可控的分离膜，这类规整孔道的分离膜是膜材料的发展趋势，在水处理、高精度分离、药物传递、控制释放等领域具有巨大的潜在价值。

8.2 制膜新方法

8.2.1 纳米纤维堆叠法制膜

以纳米纤维为构筑基元，经简单的抽滤等方法，将其堆叠形成纳米纤维相互交错、相互支撑的多孔结构，是最近发展起来的制备高通量分离膜的新方法。纳米纤维的直径细小，纤维分子中链段或功能基团暴露在纤维表面的比率急剧升高，利于分子链的功能化，由纳米纤维构成的分离膜比表面积大、孔隙率高、孔径可调范围宽，可在保持截留率基本不变的前提下，显著提高分离通量。

8.2.1.1 纳米纤维的种类和特性

纳米纤维起源于超细纤维。所谓超细纤维，是指其直径与蚕丝直径相当或稍细，即其直径绝对值可能达到微米级或亚微米级的纤维。随着纳米技术的发展，纤维科学也从超细纤维跨越到了纳米纤维。纳米纤维主要包括两个概念[131]：从狭义上说，纳米纤维指直径为纳米尺度（1～100nm）而长度较大的线状材料，如纳米线、纳米丝、纳米棒、纳米碳管、纳米带、纳米电缆等；从广义上说，既包括纤维直径为纳米级的超细纤维，也包括将纳米微粒填充到纤维中，对纤维进行改性，也就是我们通常意义上的纳米纤维。而根据狭义上的定义，即真正意义上的纳米纤维，由于其长径比高、比表面积大表现出的特殊性能，正日益引起科学界的关注与重视。本节主要介绍狭义的纳米纤维。

纳米纤维按获取途径可以分为天然纳米纤维和人造纳米纤维。天然纤维由生物体产生，如胶原纤维、蚕丝和蜘蛛丝等。人造纳米纤维按化学组成可分为聚合物纳米纤维、金属纤维、碳纳米纤维/管、陶瓷纤维等。聚合物纳米纤维由于成本低廉、种类较多等特点，已在不同领域得到广泛应用[132]。聚合物纳米纤维的制备方法主要包括以下几种。

① 拉伸法[133]　拉伸法可制备直径在 $10\mu m$ 到数毫米之间的纳米纤维长丝，但不能无限连续拉伸，且只有那些能够承受巨大应力牵引形变的黏弹性材料才可能拉伸成纳米纤维。

② 模板合成法[134,135]　模板合成法是指用纳米多孔膜作为模板或模具，制备纳米纤维或中空纳米管。目前使用的模板材料主要有阳极氧化铝膜和核径迹蚀刻膜等。这种方法的主要特点在于可制备不同原料的纳米纤维，如导电聚合物、金属、半导体等，且通过对模板孔道大小的调节可获得不同直径的纳米纤维。但是，模板法无法制备连续的纳米长纤维，而且要脱除模板，无法实现规模化

生产。

③ 相分离法[136]   一些特殊的聚合物材料，可经过溶液环境下的相分离过程获得纳米纤维。相分离过程包含5个步骤：溶解、凝胶化、用不同的溶剂萃取、冷凝和干燥。

④ 自组装法[137~139]   自组装过程是用相同的分子作为基本构建单元，主要是依靠小分子内部作用力使得组装单元聚集在一起，且小分子的形状决定了纳米纤维的整体形状。自组装过程能获得小至几个纳米的纤维，但通常情况下，自组装过程较为耗时，且浓度通常不高，影响制备效率。

⑤ 静电纺丝法[140]   这种方法是利用高压静电场作用于聚合物溶液或熔体，使其在静电场中流动并发生形变，产生喷射然后经溶剂蒸发或熔体冷却、固化，最后得到纤维状物质的过程。20世纪90年代以来，静电纺丝技术随着纳米材料和纳米技术研究的兴起引起了人们的极大兴趣。

制备聚合物纳米纤维的主要方法见表8-2。

表8-2   各种不同聚合物纳米纤维制备方法的对比[141]

制备方法	纤维直径	影响因素
拉伸法	$\geqslant 1\mu m$	高聚物黏弹性等
溶液静电纺丝法	数十至上千纳米	溶液浓度,静电压,喷口与接收器的距离等
熔融静电纺丝法	$\geqslant 500nm$	体系黏度,静电压,冷却温度等
熔喷法	$2\sim 4\mu m\sim$几百纳米	喷口尺寸,空气流速度,温度,体系黏度等
双组分复合纺丝法	$\geqslant 100nm$	两相黏度比,组分比,拉伸速率等
模板法	几至几百纳米	模板中孔形态,尺寸设计等
自组装	几纳米	组分结构,溶剂等
相分离	$\geqslant 100nm$	高聚物浓度,凝胶化温度等

无机纳米纤维包括金属、氧化物、碳和陶瓷等材质，相比于聚合物纳米纤维，它们一般具有高强度、热稳定性好的特性，适合在苛刻环境下应用。无机纳米纤维的制备一般采用溶液法、水热法、电化学合成法以及电纺丝法。溶液法可使很复杂的材料生长出化学均匀性很高的一维纳米结构，而且生长条件温和、制备方便、成本相对较低、发展潜力大，适合大批量生产，但控制其尺寸、生长方向及其表面结构等还存在着挑战。水热法的特点是可通过改变不同的形貌控制剂诱导氧化物的定向生长，设备简单、形貌多样、纯度较高。关于水热法合成金属氧化物一维纳米材料的研究也越来越多，如三氧化钼纳米纤维、二氧化钛纳米纤维、氧化锌纳米纤维等。近年来，电化学合成法也被广泛应用，该方法操作简单、过程可控、易于自动化管理、合成时间短、能量消耗低、产量较高，有望成为合成金属氧化物纳米线的一种有效方法[142]。

8.2.1.2 纳米纤维膜的制备

纳米纤维膜的制备方法主要包括静电纺丝直接成膜法、真空抽滤法等[143]。

静电纺丝过程中通过定向控制喷丝头或接受靶，可直接得到堆叠交织的纳米纤维膜。典型的静电纺丝装置如图 8-28 所示，主要由高压电源、溶液储存装置、喷射装置和接收装置四个部分所组成。静电纺丝制备纳米纤维的影响因素可归纳为两类[144]：①纺丝液本身，如黏度、电导率、介电常数和表面张力等；②电纺工艺参数，包括施加的电场强度、溶液浓度、溶液流动速率、喷丝口的尺寸、喷丝口与接收器的距离和环境条件（温度、湿度、空气流动速率）等。其中溶剂的选择、溶液浓度、施加的电场强度与喷丝口与接收器的距离是影响纺丝的主要因素。

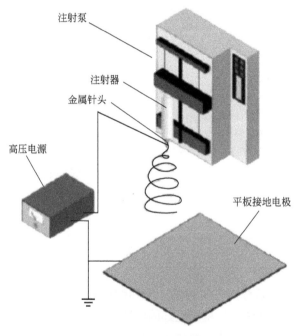

注射泵

注射器

金属针头

高压电源

平板接地电极

图 8-28　电纺丝工艺示意图[145]

静电纺丝是连续制备纳米纤维膜应用最为广泛的方法，与传统的多孔聚合物膜相比，经静电纺丝制得的纳米纤维膜具有孔隙率高、孔径分布均匀和孔连通性好等优点。此外，还可以通过控制静电纺丝过程中的相关因素优化纳米纤维膜的孔结构。静电纺丝技术由于实验条件简单、易操作、步骤少、得到产物的长径比大等优点，在诸多领域都得到了广泛应用，特别是制备出了多种不同类型的复合型纳米纤维膜，如天然高分子复合纳米纤维膜、氧化物/聚合物复合纳米纤维膜、碳纳米管/聚合物复合纳米纤维膜、金属/聚合物复合纳米纤维膜等。

在古代，人们就利用微米级的纤维素制造纸张，真空抽滤法制备纳米纤维膜与此过程类似。在这个过程中，首先通过充分的搅拌及超声，将纳米纤维分散在合适的溶剂中形成均匀的溶液，然后在一定的压差下将纤维过滤到大孔基膜上，之后纤维层可直接或在其他溶剂的辅助下从基膜上取下形成自支撑膜。图8-29是真空过滤法制备纳米纤维膜的示意图，过滤过程一般只需几分钟即可完成。与其他方法相比，过滤法制备纳米纤维膜具有以下优点：纤维膜尺寸仅仅依赖于过滤漏斗的尺寸，即可以通过选择合适的过滤漏斗来制备大尺寸的纤维膜；通过调节溶液的浓度及过滤液的体积，纤维膜的厚度可在几十纳米到几百微米之间进行精确调控；在过滤过程中，纤维逐渐沉积在基膜上并产生重叠形成连通结构，使得纤维膜具有良好的机械稳定性及弹性。另外，从纳米纤维的分散液出发，还可以采用旋涂或溶剂蒸发等方法去除溶剂，获得纳米纤维膜。

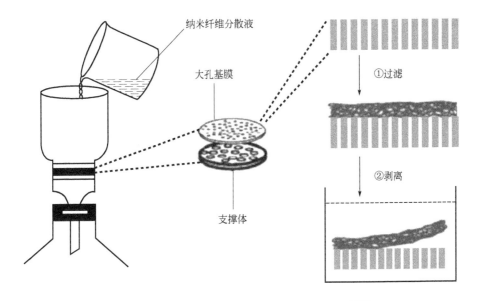

图 8-29　真空过滤法制备纳米纤维膜的示意图[146]

8.2.1.3　纳米纤维膜的典型研究案例

（1）聚合物纳米纤维膜

① 聚偏氟乙烯静电纺丝纳米纤维膜　聚偏氟乙烯（PVDF）是最为常见的制备微滤膜的高分子材料，一般采用非溶剂或热诱导相分离的方法制备，而基于静电纺丝技术的纳米纤维直径小、比表面积大、孔隙分布均匀，工艺流程短、加工简单，为开发高性能 PVDF 微孔膜提供了新的思路[147]。Gopal 等[148] 将 PVDF 溶解后，利用电纺丝制备纳米纤维，经过简单热处理后，制得了厚度为 $300\mu m$ 的纳米纤维膜，其中的纳米纤维直径为（380 ± 106）nm。在 0.6bar 的压差下，

纤维膜的有效孔径为 $4.0\sim10.6\mu m$。纤维膜对 $5\mu m$ 和 $10\mu m$ 的聚苯乙烯小球的截留率分别为 91% 和 96%。在较低浓度下，对 $1\mu m$ 的聚苯乙烯小球的截留率可达 98%。近年来，静电纺丝在制备聚砜及聚丙烯腈纳米纤维膜上也获得了成功。其中，聚砜纳米纤维膜对 $7\mu m$、$8\mu m$ 和 $10\mu m$ 的颗粒截留率均达到了 99%[149]。在水净化预处理方面，静电纺丝制备的聚合物纳米纤维膜可用来移除微生物、微小颗粒等，可有效减少超滤、微滤等的膜污染问题。

② 嵌段共聚物胶束纳米纤维膜　嵌段共聚物胶束纳米纤维膜，以两亲嵌段共聚物经"加热诱导胶束化"形成的纤维状胶束为基元构建复合膜的分离层，具有高选择性、高通量以及刺激响应特性[150]。

Wang 等[151] 将聚（4-乙烯基吡啶）体积含量在 10% 左右的聚苯乙烯-b-聚（4-乙烯基吡啶）（PS-b-P4VP）置于选择性溶剂中形成了以 P4VP 为壳层、PS 为核的纤维状胶束。纤维的直径均一，干态直径可至 30nm 以下，长度为数微米。随后将胶束溶液过滤到微孔基膜上，得到了以纤维层为分离层，微孔基膜为支撑层的复合膜。图 8-30 是覆盖嵌段共聚物纤维胶束量为 $58.5\mu g\cdot cm^{-2}$ 基膜的复合膜，紧密堆积的嵌段共聚物纤维胶束形成的分离层表面平整，孔径分布窄，嵌段共聚物层厚度为 $830\sim880nm$，厚度十分均匀。

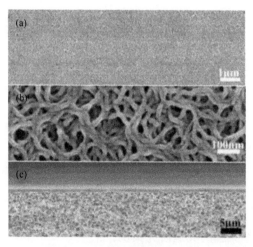

图 8-30　嵌段共聚物胶束纳米纤维复合膜的表面（a，b）与断面（c）扫描电镜照片
（胶束用量为 $58.5\mu g\cdot cm^{-2}$）[151]

另外，通过对过滤液浓度及用量的调节，可在纳米级别精确调控分离层厚度。由图 8-31 可知，当嵌段共聚物层用量为 $14.6\mu g\cdot cm^{-2}$ 的复合膜在纯水通量约为 $3199.0L\cdot m^{-2}\cdot h^{-1}\cdot bar^{-1}$ 时，对 BSA 截留率达到了 75%，而且随着嵌段共聚物层厚度的增加，复合膜纯水通量逐渐减小，对 BSA 截留率逐渐增加。当嵌段共聚物纳米纤维膜对 BSA 截留率约为 98% 时，复合膜的纯水通量仍可达

到 $1000 L \cdot m^{-2} \cdot h^{-1} \cdot bar^{-1}$。从图 8-32 可看出，复合膜的水通量随 pH 值的变化发生敏感且可逆的变化。

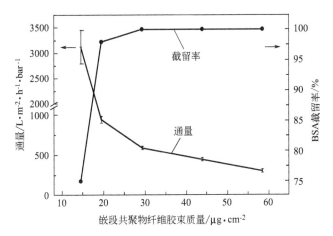

图 8-31 嵌段共聚物层不同厚度的复合膜的纯水通量与对 BSA 截留曲线[151]

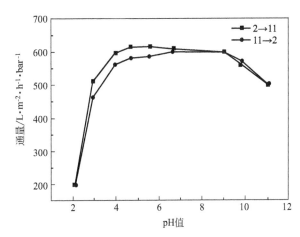

图 8-32 覆盖有嵌段共聚物纤维的复合膜水通量随环境 pH 值的变化曲线[151]

这种胶束纤维膜对比其他由纤维聚集形成的膜有以下特点：一是纤维细小，易于制备小孔径的分离膜；二是纤维表面为弱聚电解质性质的 P4VP，具有刺激响应的智能特性，可通过季铵化等多种化学反应进行功能化改性；三是纤维表面的 P4VP 在溶液中处于高度溶胀状态，在过滤干燥时，P4VP 层可形成凝胶层，发挥胶黏剂的作用，将不同纤维黏结起来，形成结构稳定的整体分离层。

此外，还有利用氧化聚合反应制备聚苯胺（PANI）纳米纤维，再用聚砜膜（PSF）过滤 PANI 纳米纤维分散液制备出了 PANI/PSF 复合膜[152]。纳米纤维复合膜具有亲水的 PANI 纳米纤维多孔层，在相同条件下，复合膜的纯水通量比

PSF 膜提高了 60%。PSF 膜对牛血清蛋白（BSA）和 PEG-20000 的截留率分别为 98.8% 和 27.2%，纳米纤维复合膜对 BSA 和 PEG-20000 的截留率分别为 99.2% 和 27.0%。当进水 pH 值小于 7 时，纳米纤维复合膜表面的氨基和亚氨基会被质子化，膜表面带正电荷。纳米纤维复合膜表现出较低的 BSA 平衡吸附量，大约是 PS 膜平衡吸附量的六分之一。在过滤 BSA 溶液过程中，纳米纤维复合膜比 PS 膜表现出较高的渗透通量和较慢的通量下降速率。

（2）金属氢氧化物纳米纤维膜

近年来，研究人员发展了氢氧化镉[146,153,154]、β-羟基氧化锰（β-MnOOH）[155]等超细金属氢氧化物纳米纤维的简便制备方法。以硝酸锰和氨基乙醇为原料，采用沉淀法，可制得 β-MnOOH 纳米纤维束，其平均直径为 25nm，是由多根 3～5nm 直径的纤维集束组成。以氢氧化钠和硝酸镉为原料，采用沉淀法可制备氢氧化镉纳米纤维。在搅拌条件下将一定浓度的氢氧化钠稀溶液与硝酸镉溶液充分混合，随后继续滴加氢氧化钠溶液，当 pH 值超过 9.0 时将形成白色的氢氧化镉沉淀物。

该方法制备的氢氧化镉纳米纤维长度为数微米，直径仅为 1.9nm，长径比超过 1000，图 8-33 为氢氧化镉纳米纤维的透射电镜图。另外，以氯化镉和氨基乙醇或 2-氨基乙醇等为原料，同样采用沉淀法也可制备氢氧化镉纳米纤维。而且制备的氢氧化镉纳米纤维带正电，通过静电作用带负电的染料分子、蛋白质、纳米颗粒、水溶性富勒烯、碳纳米管等可吸附在氢氧化镉纳米纤维表面从而形成复合材料或制备纳米纤维复合膜。

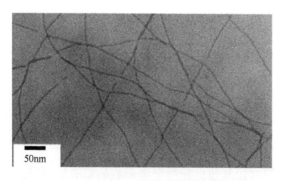

50nm

图 8-33　氢氧化镉纳米纤维的透射电镜图[153]

通过真空过滤的方法，即可由氯化镉、2-氨基乙醇及表面活性剂十四烷基硫酸钠混合溶液制备氢氧化镉纳米纤维膜。该超薄纳米纤维复合膜以氧化铝膜为基膜，在 90kPa 的压力下稳定性良好，形貌表征见图 8-34。图 8-34（a）为氢氧化镉纳米纤维以直径为 30～60nm 的平滑束状结构存在，插图中直径约为 5nm 的多根纳米纤维组成了大的束状纤维。图 8-34（b）、（c）显示纤维层厚度约为 60nm，且厚度可通过对滤过液体积的调节进行精确控制。

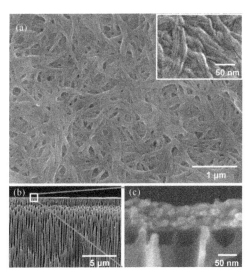

图 8-34　由氯化镉、2-氨基乙醇及十四烷基硫酸钠混合溶液制备的纳米纤维
复合膜的表面（a）和截面（b、c）扫描电镜图[146]

　　而图 8-35（a）显示的是纳米纤维覆盖在孔径为 $1\mu m$ 基膜上的起始阶段，显然起始时纤维就已均匀地覆盖在基膜上，以类似二维网状结构的形式生长，得到了厚度均匀且强度高的纤维复合膜。使用纤维层厚度为 100nm 的复合膜对粒径为 20nm 和 40nm 的 Au 纳米颗粒混合液进行过滤实验，从图 8-35（b）中可较直观地观察到其对 40nm 的 Au 纳米颗粒具有98%的高截留性能，而 20nm 的 Au 纳米颗粒可自由通过。而且对含有 40nm 的 Au 纳米颗粒溶液进行过滤时，其通量可达到 $14000L \cdot m^{-2} \cdot h^{-1} \cdot bar^{-1}$，是具有类似截留性能商业膜的 5～10 倍。

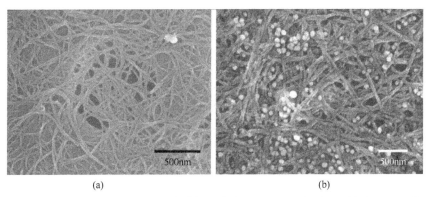

图 8-35　过滤法制备纳米纤维复合膜的起始阶段（a）以及纤维层厚度为 100nm 的
复合膜过滤 20nm 和 40nm Au 纳米颗粒之后的扫描电镜图（b）[154]

（3）碳纳米纤维膜

碳纳米纤维（CNFs）是一维实心的纤维状碳材料，与碳纳米管类似，具有

优异的物理、力学性能和化学稳定性。由生物质小分子（葡萄糖）经模板诱导的低温水热碳化过程可制备 CNFs，而后经过简单的蒸发自组装过程，可大量制备自支撑的 CNFs 膜材料。该薄膜孔隙率较高，且孔径分布较窄，并表现出很好的亲水特性[156,157]。

更为重要的是，在 CNFs 的制备过程中可通过调节合成 CNFs 的实验条件（如水热碳化的时间以及反应物的比例）来控制 CNFs 的直径，从而精确控制最终产品 CNFs 薄膜的孔径大小。0.03mmol 碲纳米线和 1.5g 葡萄糖经水热碳化反应制得，温度为 160℃，碳化时间分别为 12h、18h、24h、36h、48h 和 60h 后分别得到直径为 37nm、50nm、71nm、98nm、132nm 和 195nm 的 CNFs（图 8-36）。而后将直径为 50nm 的 CNFs 通过剧烈搅拌分散在乙醇中，得到均匀的分散液。将分散液涂覆到聚四氟乙烯基底上，室温下自然干燥后即可很容易将其从基底上取下。图 8-36（g）为一典型的 17cm×9cm 的方形薄膜。这种 CNFs 薄膜完全自支持且有较好的机械强度以及柔韧性，可以自由卷曲或折叠 [图 8-36（h）]。图 8-36（i）显示薄膜由大量的直径均在 50nm 左右、长度达几百微米的纳米纤维组成。这些柔韧性良好的纤维互相交叉重叠，形成了多孔的网状结构。膜面相对平整，未观察到裂缝或大孔洞的存在。通过控制 CNFs 分散液的浓度及涂抹用量，可精确控制薄膜的厚度。

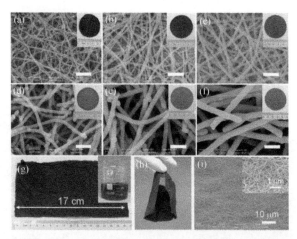

图 8-36 （a~f）一系列不同直径的 CNFs 的扫描电镜图
所有图片的放大倍数相同，标尺为 400nm，其中的插图为相应薄膜的数码照片；
（g，h）大面积的 CNFs 薄膜的数码照片，插图为 CNFs 分散液；
（i）薄膜的表面低、高（插图）放大倍数的扫描电镜图[156]

以上 CNFs 薄膜具备两个特点。首先，CNFs 膜孔径大小可调，可通过选择性过滤分离不同粒径的纳米颗粒实验进行验证。表 8-3 展示了不同尺寸的纳米颗粒通过 CNFs 薄膜的过滤性能。三种 CNFs 薄膜的过滤速度是在 80kPa 的负压下，通过测定最初 5mL 滤液通过的时间而获得。实验发现 CNFs 薄膜的水通量随纤维直径的增大而急剧增加。

表 8-3　CNF-50，CNF-71，CNF-98 和商业膜的渗透性能比较

膜	CNF-50		CNF-71		CNF-98		VMTP02500	
纳米颗粒	5nmAu	25nmAu	25nmAu	60nmAu	60nmAu	150nm SiO$_2$	25nmAu	60nmAu
截留率/%	4.2	>99	5.6	>99	10.2	>99	>99	>99
通量/L• m^{-2}•h^{-1}	—	920	—	5500	—	9800	—	460

其次，由于 CNFs 表面富含功能基团，使其具有优良的吸附特性（高速率和高容量）。过滤实验证明 CNFs 膜可以在 1580L•m^{-2}•h^{-1} 的高流速下有效地除去亚甲基蓝，这个流速是具有类似截留性质的纳米过滤或超滤膜的 10～100 倍。此外，由于 CNFs 膜具有很好的通量，可以将多层膜叠在一起来提高吸附容量。纤维膜表面由于 CNFs 上的羧基带负电，通过静电作用可直接吸附带相反电荷的金属离子或纳米颗粒。CNFs 上的羟基具有较强的还原性，可将贵金属离子进行原位还原制得纳米颗粒。由此可制得一系列多功能的纳米纤维复合薄膜，如 CNFs-Fe$_3$O$_4$、CNFs-TiO$_2$、CNFs-Ag、CNFs-Au 等，可用于磁、光学、抗菌和抗生物以及催化等领域。

碳纳米管纤维膜是一种以碳纳米管为构筑单元制备而成的特殊碳纳米纤维膜。碳纳米管之间存在很强的范德华力，使得碳纳米管纤维膜具有较高的机械强度，同时又拥有一定的柔韧性。通常，碳纳米管的管径越小，长度越长，其制备的碳纳米管纤维膜具有越高的拉伸强度。一般采用抽滤法制备碳纳米管纤维膜，其中碳纳米管的纯化与分散是关键步骤，决定了膜的结构与性质。功能化改性与超声或机械搅拌是获得均匀的碳纳米管分散液行之有效的途径。碳纳米管纤维膜的孔径大小可以通过调节纳米碳管的几何尺寸（内外径、长度）和取向性进行调控。目前，碳纳米管纤维膜主要被用于膜蒸馏等水处理领域。本征疏水的碳纳米管（水接触角约 113°）和超高的孔隙率（约 90%）使得碳纳米管纤维膜用于膜蒸馏过程中，水蒸气渗透性高达 3.3×10^{-12}kg•m^{-2}•s^{-1}•Pa^{-1}[158]。然而，自支撑的碳纳米管纤维膜在长期操作过程中，容易产生缺陷，造成膜选择性下降。为了提高膜的结构稳定性，可将碳纳米管纤维膜复合于 PVDF 等多孔支撑体上制备复合膜，但这会降低膜的孔隙率，导致渗透性的衰减[159]。

（4）陶瓷纳米纤维膜

以陶瓷纳米纤维为基元能够制备陶瓷纳米纤维膜[160～163]。它包含有三层复合结构，即由直径较大的钛酸盐和直径较小的勃姆石（AlOOH）纳米纤维作为

不对称分离层，而以陶瓷多孔基底作为主体材料。首先，将直径为 40～100nm 的不定向钛酸盐纳米纤维分三次旋涂，使其均匀地覆盖在直径约为 10μm 的 α-氧化铝多孔基底表面，将基底表面较大的孔分成几个连通的小孔，使孔隙率降低值最小，而此时双层结构的纤维膜有效孔径为 100～200nm；然后，采用类似的操作将 AlOOH 纳米纤维覆盖在钛酸盐纳米纤维上，再在 773K 下煅烧 2h，使其形成直径仅为 2～5nm 的 γ-氧化铝纳米纤维，此时纤维间的作用力也得到了加强。煅烧前后，相较于粒状颗粒组成的膜，陶瓷纳米纤维膜的通量及选择性变化不大。图 8-37 为其示意图。

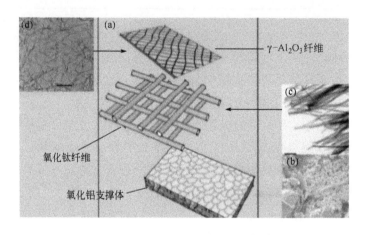

图 8-37　分层 LROF 结构组成[16a]

(a) 由钛酸盐和 γ-氧化铝纳米纤维组成的陶瓷膜示意图；

(b) α-氧化铝基底表面的扫描电镜图；

(c) 钛酸盐纳米纤维透射电镜图；

(d) 经 773K 加热后形成 γ-氧化铝纳米纤维的透射电镜图

采用传统的方法制备 γ-氧化铝膜，其对 60nm 粒径的纳米颗粒截留率达到 95%时，相应的通量为 76L·m^{-2}·h^{-1}，仅是陶瓷纳米纤维膜的十分之一。陶瓷纳米纤维膜具有良好的稳定性，经 6 次过滤实验、773K 煅烧后仍可保持 95%以上的截留率以及 700～860L·m^{-2}·h^{-1} 的通量。另外，不同的基底对最终形成的陶瓷纳米纤维膜过滤性能影响不大。

此外，以氢氧化四乙铵和硝酸铝为原料，进行水热处理，在陶瓷多孔基底上可以原位生成陶瓷纳米纤维膜。当 pH 值为 4.7 时，陶瓷纳米纤维膜可使 60%的 BSA 透过，而牛血红蛋白得以保留；而且，陶瓷纳米纤维膜对于 0.1%的铁蛋白（粒径为 12nm）的截留率为 93%，通量为 95.4L·m^{-2}·h^{-1}，是具有相应分离能力中空纤维的 1.5 倍。同时，陶瓷纳米纤维膜对含有 50～3500 碱基对的 DNA 分子可进行 70%的截留，此时通量为 230.4L·m^{-2}·h^{-1}。陶瓷纳米纤维膜分离层的孔隙率可达到 70%，保证了高通量[163]。

（5）纤维素纳米纤维膜

纤维素是丰富的可再生资源，而纳米纤维素更是具有诸多优异性能的材料，如高纯度、高聚合度、高结晶度、高亲水性以及高强度等。最近发现天然植物、贝类等中的多糖纳米纤维经过化学和物理方法处理后可制备出纳米纤维素晶体（晶须）。当纳米纤维素分散在水或有机溶剂中时，由于大多数溶剂并未破坏多糖结构，而是使其成为具有一定聚集程度的纳米纤维，且该纳米纤维具有高结晶度，直径为数纳米，纤维长度为数微米，故经处理的多糖纳米纤维依旧保留了材料原来的特性，某些性能甚至得到了强化，具有了高拉伸强度、高抗化学腐蚀、环境友好（特别是与碳或金属纳米纤维相比）等特点，且其表面易进行化学改性从而功能化。

Chu 等[164,165] 率先进行了纤维素纳米纤维用于制备高通量分离膜的研究。首先以多糖、2,2,6,6-四甲基-1-哌啶酮、溴化钠、次氯酸钠等为原料，在室温下搅拌制备纤维素纳米纤维。该反应是将多糖的羟基氧化成羧基及醛基，因此多糖纤维分散成为了纳米纤维（有时也形成纳米球粒）。另外，因为纳米纤维表面带负电，羧酸基团的排斥作用可促进多糖纤维化。制备的纤维素纳米纤维具有以下优点：①纤维素纳米纤维直径细小，只有约 5nm，这就意味着具有很高的比表面积（约 600m$^2 \cdot$g^{-1}），可用于液体或空气的过滤；②因为纤维表面有羟基和羧基基团存在，使纳米纤维具有亲水特性；③纤维素纳米纤维可很好地分散在水中进行保存；④纤维素纳米纤维的制备具备放大进行工业化生产的前景；⑤制备纤维素纳米纤维的原料廉价、易得，并且可再生。正是基于以上优点，以超薄纤维素纳米纤维为分离层的复合膜用于水纯化的研究更具有广阔的应用前景。

这里介绍的复合膜以聚丙烯腈（PAN）和聚酯为支撑层制得，图 8-38 为其结构示意图。通过 SEM 观察发现，在低放大倍率下，纤维素纤维层十分光滑，而在高放大倍率下，约 50nm 的孔清晰可见。用葡聚糖溶液对纳米纤维素纤维复合膜 [厚度为(0.10±0.02)μm] 的截留分子量进行测定，结果显示其截留分子量约为 2000kDa，通过 TOC 测定其对应的截留率＞90%。2000kDa 分子量的分子对应的流体动力学半径为 27.3nm，即复合膜最大孔径约为 55nm。

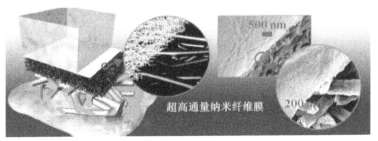

图 8-38　纤维素纳米纤维复合膜结构示意图[165]

在15～60psi（1psi＝6894.76Pa）压差下经终端过滤测定其纯水渗透性能，发现复合膜通量约是PAN10商业膜的18倍、PAN400商业膜的1.7倍。模拟海军军舰的污水系统即油/水系统，发现了类似的优异性能。实验过程中，因为基底压实及分离层油污染综合因素的影响，膜通量衰减缓慢。历经48h后，在截留率为99.6%的情况下，纤维素复合膜的通量约为PAN10膜的11倍，而PAN400截留率为98.2%，且通量还比纤维素复合膜降低2.5倍[165]。

此外，约600m^2·g^{-1}的大比表面积以及每克纤维素含有0.70mmol羧酸基团带来的表面高负电荷性，使纤维素纳米纤维有另外一种重要功能——病毒吸附。病毒相对于细菌更小无法单纯通过尺寸效应来将其成功分离。选用MS2噬菌体（PI为3.9，直径为27nm）来进行动态吸附试验，结果发现相同条件下其性能优于许多商业膜。

与现有的商业膜相比，纤维素纳米纤维复合膜具有三个突出的优点：具有超薄纳米纤维分离层，在保有相同截留性能的条件下可获得更大的通量；因为平滑的膜表面抗污染性好，使其堵塞情况及对疏水材料的吸附有所降低，从而减轻了膜污染；纤维层相对均匀，用于基底的PAN静电纺丝纤维与部分纤维素纳米纤维相互嵌入，这样的复合结构保证了纳米纤维复合膜各层间的结合力。

8.2.2　分离膜改性和功能化的原子层沉积方法

8.2.2.1　膜精密制备与改性的研究现状

随着社会对资源、能源利用水平和效率，环境保护水平以及清洁生产的要求日渐提高，迫切需要发展综合性能优异的新膜材料和成膜方法，一方面提升膜材料的应用水平，另一方面拓展膜技术的应用领域，以充分发挥膜技术在节约能源和环境友好方面的突出优势[166]。通用膜材料经改性或功能化，不仅可以扩大应用范围、获得新的功能，还能改善膜的性能，提高膜的分离效率，这一直以来都是膜科学与技术领域的核心研究内容之一[95]。

近年来，随着对分离膜综合性能要求的不断提高，各种膜改性和功能化的方法层出不穷[167]。大多数方法都要求基膜材料具有某些特定的化学反应特性，不具有普适性，针对某一类基膜材料需要开发与之相对应的化学改性或功能化方法，而且对一些惰性的成膜材料，如聚丙烯、聚四氟乙烯等，很难实施化学改性或改性的条件较为苛刻，需要使用辐照等手段进行活化。

目前有很多对无机膜和有机膜孔径调节和表面改性的方法，但是这些方法多是基于与孔道表面的活性基团发生反应的化学方法，其中比较典型的方法就是通过接枝法对有机膜进行孔径调节和表面改性。这种方法首先需要根据基底膜材料性质选择不同的方式，如化学处理、高能辐射等，使基底的表面具有活性基团，然后将反应单体或者聚合物链段接枝到膜表面的活性基团上，从而实现对膜孔径的调节和表面改性[168~173]。这种方法同样适用于对很多无机膜改性，如通过偶联、缩聚反应与无机膜表面上的羟基相连[174]。化学改性方法一般都涉及烦琐的操作步骤，如预处理、接枝反应、清洗、干燥等。这样的过程既耗时，成本也高，也会产生废液。另外，接枝的过程多是在溶液中发生反应，很难保证溶液能全部渗透到膜的孔道中，尤其是小孔道在干燥的过程中极容易发生堵塞，从而破坏膜表面改性的均一性[175]。

目前也发展了一些其他的表面改性技术，如溶胶-凝胶法[176]、化学气相沉积（CVD）[177]、电沉积法[178,179]、物理气相沉积（PVD）[177,180]等。这些方法能在孔道的表面上沉积上一层无机物或有机物，而且沉积层的厚度比用化学改性法调节的范围更大。另外，该沉积层还能改进膜的表面性质。

溶胶-凝胶法用含高化学活性组分的化合物作前驱体，在液相下将这些原料均匀混合，进行水解、缩合等化学反应，在溶液中形成稳定的溶胶体系，溶胶经陈化，胶粒间缓慢聚合，形成三维空间网络结构的凝胶，凝胶网络间充满了失去流动性的溶剂，形成凝胶。凝胶经过干燥、烧结固化制备出致密或多孔材料。此方法很难在细小的膜孔道内形成均匀的膜层，而且整个过程耗时较长（数天甚至数周）。而且一般需要高温烧结，很少用于对聚合物膜的表面改性与孔道调节。

化学气相沉积（CVD）指反应物质在气态条件下发生化学反应，生成固态物质沉积在加热的固态基体表面，进而制得薄膜材料的工艺技术。CVD 的主要特点是薄膜化学组成易控、膜厚与淀积时间成正比。CVD 过程中，少量前驱体吸附在基底表面，而大部分前驱体以自由分子的方式存在于反应腔中，前驱体之间的反应不是自限制的，而是浓度控制的，因而沉积层均匀性与厚度的一致性受到一定的限制。CVD 通常需要在较高的温度（200℃以上）下进行。已有一些报道，利用 CVD 对分离膜进行孔径调节，但正因为 CVD 需要在高温下进行，这方面的研究目前都集中在对可耐高温的无机膜的孔道调节上。根据 CVD 过程中粒子产生的机理，孔道调节主要是依靠在孔道入口处粒子的堆积作用，而不是在孔道所有表面形成均匀的薄膜。

8.2.2.2 原子层沉积原理及其优势

原子层沉积（atomic layer deposition，ALD）技术，最初称为原子层外延（atomic layer epitaxy，ALE），也称为原子层化学气相沉积（atomic layer chemical vapor deposition，ALCVD），是 20 世纪 70 年代，为了满足基于高质量电致发光薄膜的大面积平板显示器的需要而发展起来的[181]。ALD 是前驱体在基底表面进行选择性化学吸附，在形成饱和吸附单分子层后，吸附即停止，不再进行，而另一种前驱体分子再与已吸附的前一种前驱体在基底表面发生自我限制性反应。图 8-39 给出的是使用四氯化钛（TiCl$_4$）和水作为反应物沉积生长二氧化钛（TiO$_2$）的 ALD 沉积步骤示意图。首先将气态 TiCl$_4$ 通入反应腔，TiCl$_4$ 在待沉积样品表面吸附。当表面被 TiCl$_4$ 分子完全覆盖，吸附达到饱和，TiCl$_4$ 在样品表面停止吸附。然后利用惰性气体吹扫表面，以带走腔体中未被吸附的残余 TiCl$_4$，随后通入 H$_2$O 的蒸气。H$_2$O 分子与先前吸附在样品表面的 TiCl$_4$ 分子发生反应，Cl 被取代生成羟基和 HCl 气体分子，两个相邻的羟基发生脱水反应，Ti 与 O 形成化学键合。当表面所有的 Cl 都被羟基取代，第一层 TiO$_2$ 产生。随即再通入惰性气体吹扫，带走反应副产物及未反应完的 H$_2$O 分子，如此便完成一个循环。理论上，表面上已经生长了一层非常均匀的原子级厚度的 TiO$_2$ 薄膜。要增加薄膜厚度，只需重复上述的循环步骤即可。往反应腔体内通入不同的前驱体和吹扫气体都由仪器自动控制进行，完成这样一个循环一般可根据实际情况控制在数秒至数十秒之内。

ALD 可在包括聚合物和无机物的各种基底材料上，高度可控地沉积形成均匀致密、无缺陷的薄膜，目前在微电子和半导体工业中得到广泛应用。与其他沉积方法，如电沉积法、溶胶-凝胶法或气相沉积技术等相比，ALD 技术有如下明显优势：①沉积的薄膜均匀致密，几乎无针孔等缺陷；②沉积厚度可通过改变沉积循环次数来精密控制，控制精度可达亚埃级；③完全是气相反应，可在复杂、极细小的孔道内沉积所需要的沉积层；④通过选择合适的前驱体，金属（Pt、Ag 等）、金属氧化物（Al$_2$O$_3$、TiO$_2$、ZnO 等）甚至聚合物均可在各种基底上沉积；⑤沉积反应可在低温如室温下进行，对于温度敏感的材料也适用。

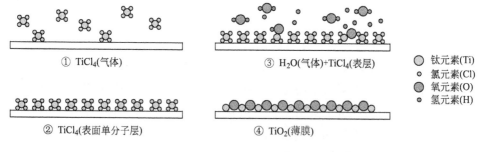

① TiCl$_4$(气体)　　　③ H$_2$O(气体)+TiCl$_4$(表层)

○ 钛元素(Ti)
· 氯元素(Cl)
● 氧元素(O)
· 氢元素(H)

② TiCl$_4$(表面单分子层)　　　④ TiO$_2$(薄膜)

图 8-39　原子层沉积过程的循环示意图[182]

8.2.2.3　原子层沉积法在气体分离膜上的应用

早期 ALD 用于分离膜上的工作，主要集中在较高温度下使用 ALD 技术对小孔径无机膜进行表面改性，用于气体分离[183~187]。1996 年，Ott 等[184] 在 500K 下，在平均孔径为 220Å，高宽比大于 150 的非对称阳极氧化铝膜上沉积均匀的氧化铝层，经过 120 次 ALD 循环后，使用液液排除法测得膜的平均孔径减小为130Å。对 H_2/N_2 的渗透通量连续减小，分离因子为 3.1 ± 0.2。通过连续对分离膜沉积氧化铝薄层，实现了对膜孔径的连续调节（图8-40）。

1998年，Berland 等[184] 同样在 500K 下，对平均孔径为 50Å 的阳极氧化铝膜沉积氧化铝薄层，实现了介孔膜到分子尺寸孔的调节。由于较小的孔径可能影响前驱体在膜孔中的渗透，实验采取了较长的前驱体暴露时间。沉积条件在 2Torr（1Torr＝133.3Pa）的真空下进行，一个沉积循环包括：前驱体 H_2O 暴露 10min/机械泵抽 15min/N_2 吹扫 30min（1sccm），前驱体 TMA（三甲基铝）暴露 15min/机械泵抽 15min/N_2 吹扫 30min（1sccm）。通过气体透过实验测得，经过 20 个 ALD 循环，膜的平均孔径由原来的 50Å（1Å＝0.1nm）减小到 5～10Å，平均每个循环减小约 2.5Å（图8-41）。由于膜孔表面基团的键长与范德华半径不同，膜孔的大小也会受到表面基团的影响。

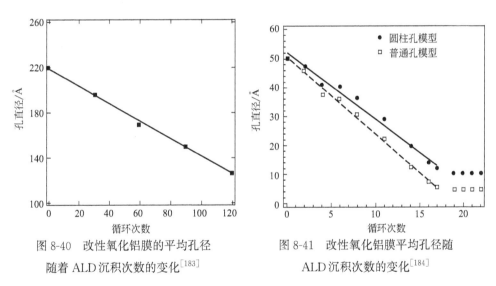

图 8-40　改性氧化铝膜的平均孔径随着 ALD 沉积次数的变化[183]

图 8-41　改性氧化铝膜平均孔径随 ALD 沉积次数的变化[184]

2000年，Cameron 等[185] 在管式的氧化铝分离膜上分别沉积氧化硅与氧化钛薄层，实现对膜孔径的精密调节，并且研究了表面基团对气体传输的影响。实验采用非对称微孔管式膜，管长 50mm，外径与内径分别为 10mm 和 7mm，分离层是平均孔径为 50Å、厚度为 3～5μm 的 γ-氧化铝。为使前驱体在细小孔道达到饱和吸附，沉积氧化硅时，反应腔温度控制为 600K，前驱体 $SiCl_4$ 和 H_2O 都在 20Torr 下保持 15min；沉积氧化钛时，反应腔温度控制为 400K，前驱体 $TiCl_4$ 和 H_2O 都在 5～12Torr 下保持 25～30min。氮气原位渗透性测试结果表明，随着沉积氧化硅或氧化钛的进行，50Å 的初始孔径逐渐减小到分子尺寸大小。每经过一个 $SiCl_4/H_2O$ 循环，孔径减小（1.3 ± 0.1）Å，每经过一个 $TiCl_4/H_2O$ 循环，孔径减小（3.1 ± 0.9）Å。气体在微孔中的传输取决于孔的大小及其与表面基团的作用。由于基团键长和范德华半径不同，当前驱体 H_2O 暴露后，$SiOH^*$ 基团代替了表面的 $SiCl^*$ 基团，孔径减小 $(0.9\pm0.2)Å$，而当 $TiOH^*$ 基团代替了表面的 $TiCl^*$ 基团，孔径减小 $(0.7\pm0.2)Å$。

2003 年，Elam 等[186] 使用电化学法制得具有六方排列均匀纳米孔道的阳极氧化铝膜。扫描电子显微镜结果表明，膜孔径为 65nm，长度为 $50\mu m$。在温度为 500K 时，通过调节前驱体暴露时间，氧化铝（前驱体为三甲基铝与水）可以在整个膜孔内，进行保形沉积。而通过扫描电镜与元素分析显示，在温度为 500K 时，通过调节前驱体暴露时间，氧化锌（前驱体为二乙基锌与水）可最多在高宽比约为 5000 内保形沉积。研究证明，原子层沉积可以在具有超高高宽比的阳极氧化铝纳米孔内进行保形沉积。

2003 年，Alsyouri 等[187] 在 $180℃$ 下，对分离层孔径为 20nm、厚度为 $2\mu m$ 的非对称阳极氧化铝膜沉积氧化铝薄层。实验对比了 CVD 与 ALD 两种沉积模式。在 CVD 沉积模式下，在膜孔壁与孔内，均相和非均相反应同时发生，造成膜孔的不规则形貌，孔径的减小效应大于孔隙率的减小效应。在 ALD 沉积模式下，沉积反应为均相反应且只在孔壁上发生，孔隙率的减小远大于孔径的减小。在经过 6 个 ALD 循环沉积后，膜的水蒸气通量为 $2.2\times10^{-5} mol•m^{-2}•s^{-1}•Pa^{-1}$，对水蒸气和氧气的分离因数为 25，是目前已充分研究的 4nm 孔径的 γ-氧化铝膜的 10 倍。

8.2.2.4　原子层沉积在液固分离膜方面的应用

近年来，原子层沉积也被扩展用于液体分离膜的改性和功能化。Sainiemi 等[188] 使用紫外光刻技术，在单晶硅上制得孔径单一的硅膜。在 $220℃$ 下，使用原子层沉积在孔壁上沉积氧化钛层，以精确控制孔径大小。乳胶微球的水/丙醇溶液过滤实验显示沉积改性的膜具有较好的分离性能。

Wang 课题组[189,190] 证明了原子层沉积技术是一种有效调节聚合物膜孔径与表面改性的技术。由于聚合物膜材料一般都具有较强的疏水性，未经改性处理的聚合物分离膜易受到有机料液和化学试剂的吸附、侵蚀甚至溶解，影响膜的使用效果、抗污能力、适用范围和使用寿命。目前对聚合物膜改性的主要方法各有其优点，但是大多数方法均涉及溶液处理，由于扩散效应，难于保证溶液能全部渗透到膜的细小孔道中，而且小孔道在干燥的过程中极容易发生堵塞，膜表面改性的均一性欠佳。原子层沉积法沉积的膜层均匀致密，对基底具有高度的保形性，而且沉积层的厚度能在亚埃级的范围进行调控。

Wang 课题组[191] 在实验中，首先选择孔道较为均一的聚碳酸酯的核径迹蚀刻膜（PCTE）（直径为 25mm，膜厚为 $6\mu m$，平均孔径大小为 30nm）为基膜，着重考察氧化铝沉积层对基膜的保形性、对膜的孔径调节以及沉积后膜的表面性质的改变等。ALD 改性 PCTE 膜的示意图如图 8-42 所示。沉积条件为：反应腔温度 100℃，TMA 脉冲时间/清扫时间/H$_2$O 脉冲时间/清扫时间＝0.015s/20s/0.015s/20s。

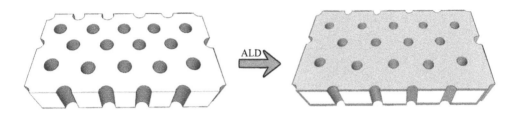

图 8-42 ALD 改性 PCTE 膜的示意图[189]

从沉积前后的表面形貌可以看出，随着沉积次数的增加，孔道逐渐减小，直到被沉积 300 次后，孔道被完全封闭。经 ALD 沉积的膜与原膜相比，表面粗糙度增加。孔道口的表面光滑，没有出现颗粒状物。这间接表明该沉积为 ALD 过程，而不是 CVD 过程。与此同时，虽然随着沉积次数的增加孔道逐渐缩小，但是孔道的基本形状没有发生改变，仍然保持为圆形或椭圆形，说明该 ALD 沉积过程具有很好的保形性。

将沉积后的 PCTE 膜浸泡在氯仿中，除去有机层，获得由于膜孔模板效应产生的管状沉积物。通过透射电子纤维镜观察，可以看出沉积层均匀，厚度比 SEM 下观察到的稍大，这是由于前驱体渗透进入聚合物孔壁的内层，发生部分的面下沉积。通过 ALD 沉积，会在 PCTE 膜上形成一层氧化铝层，从而使得膜的表面性质发生变化，即从有机物的表面变成无机物的表面。当沉积 50 次氧化铝后，其水接触角由原来的 75°降低为 50°，再增加循环次数，其接触角保持不变。这种亲水性的增强是十分有益的，一方面增强了孔壁的润湿性，提高了膜的通量；另一方面会减少由于疏水性产生的膜污染。由于氧化铝具有一定的耐酸和有机溶剂的性质，因此它可以作为一层保护层，使得 PCTE 膜可在一定程度下耐受腐蚀性溶液的侵蚀。将未沉积的 PCTE 膜和沉积了 50 次氧化铝的 PCTE 膜分别同时浸泡在 5% 的 HCl 溶液和 1% 的氯仿乙醇溶液中 1h，并利用 SEM 观察被腐蚀性溶液处理过后的样品的表面形貌。未经沉积的原膜，无论是在 HCl 溶液还是氯仿乙醇溶液中浸泡 1h 后，膜孔道均遭到严重的破坏。而经过沉积的膜，其浸泡前后的表面形貌基本上没有变化，表面的氧化铝层在一定的时间范围内阻止了腐蚀性溶剂向基膜的扩散。可以看出，即使是一层厚度为数个纳米的沉积层也能显著地提高 PCTE 膜的耐腐蚀性，而且沉积层越厚，其耐受腐蚀性溶剂的时间也越长。

用纯水通量与牛血清蛋白（BSA）的截留率分别表示膜的渗透性和分离性能（图 8-43）。随沉积次数的增加，膜的纯水通量越来越小，而对 BSA 的截留率越来越大。当 PCTE 膜经过轻微的 ALD 沉积后（如沉积 10 次），其纯水通量与沉积前相比下降了 5.9％，但是对 BSA 的截留率却提高了 23.5％，由此可见，该 ALD 方法可显著提高膜的分离性能。对 BSA 的截留率的提高是因为膜的孔径经 ALD 沉积后变小；而其纯水通量没有显著减小是因为在其表面上沉积了一层亲水性的氧化铝层，增强了膜的润湿性。

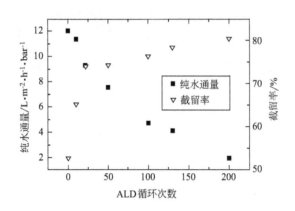

图 8-43　经不同沉积次数改性后 PCTE 膜的纯水通量和对 BSA 的截留率曲线图[189]

ALD 特别适用于化学惰性的聚合物多孔膜的性能提升。通过对多孔聚四氟乙烯（PTFE）膜表面沉积无机层，对膜进行表面改性与孔道调节，可同时提高膜的通量与截留率[190]。由于 PTFE 表面没有活性基团，ALD 前驱体无法在表面直接反应而形成沉积层。Xu 等[190] 在 150℃下，采用"暴露模式"，使前驱体 TMA 在反应腔中停留 6s，有足够的时间渗透到 PTFE 膜的次表面，首先形成核，然后逐渐生长到表面，形成自限制生长。PTFE 多孔膜经氧化铝沉积前后的 SEM 图如图 8-44 所示。由 SEM 图可以看出，沉积前 PTFE 膜表面光滑，没有任何颗粒。随着沉积的进行（小于 300 个循环），氧化铝颗粒逐渐在膜表面长大，膜表面粗糙度增加。当沉积继续进行，氧化铝颗粒相互合并，表面变得光滑，显示出了原子层沉积"修复"粗糙表面的能力。

TEM 表征也说明了前驱体渗透到膜的次表面形成核，并且渗透深度可达 100nm。XRD 表征发现，PTFE 的半结晶峰发生了轻微的左偏，说明了沉积的氧化铝渗透到了 PTFE 的晶格内部或者夹层之间，从另一个侧面也说明了，沉积层与 PTFE 表面并不是一个物理的结合界面。超声震荡实验验证了沉积层与 PTFE 基底的结合力。分别将沉积 50 次与 500 次氧化铝后的改性膜放入一定的水中超声 10min（功率 300W、频率 40kHz），取出膜，再用稀硝酸将脱落的氧化铝溶解，测得离子浓度，计算脱落率分别为 2.7％和 0.05％。以上结果说明无论是在低沉积次数还是高沉积次数下，沉积层与基底膜都存在很强的结合力。改性前后

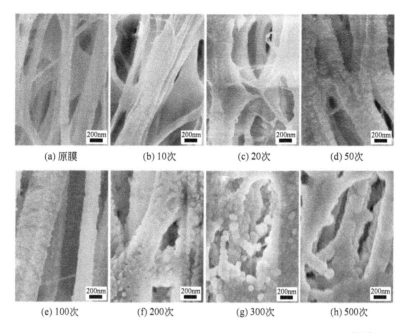

(a) 原膜　　　　(b) 10次　　　　(c) 20次　　　　(d) 50次

(e) 100次　　　　(f) 200次　　　　(g) 300次　　　　(h) 500次

图 8-44　原膜与经 ALD 沉积不同次数氧化铝后表面的 SEM 图[190]

膜的亲水性可由静态接触角表示（图 8-45），经过前 100 次氧化铝沉积，膜的接触角由原来的 $131°±3°$ 仅仅减小到 $126°±3°$，说明沉积的氧化铝并没有完全覆盖基膜的表面。当沉积到 200 个循环时，接触角急剧下降到 $62°±4°$，沉积继续增加到 300 甚至 500 个循环，接触角进一步减小。尤其是增加到 500 个循环时，水滴滴在膜表面时，在 10s 之内就会完全渗透进入膜内部。

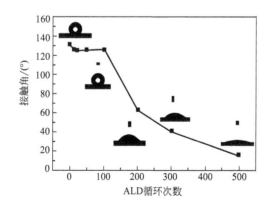

图 8-45　PTFE 膜 ALD 沉积氧化铝前后的平均静态接触角随沉积次数的变化图[190]

改性后，膜表面亲水性增强，同时有效孔径减小，两个方面共同作用，造成纯水通量随着沉积次数的增加先增大后减小（图 8-46）。仅仅经过 20 个 ALD 循环，纯水通量就增加了 67.7%，在 100 个循环后，堵孔效应起主导作用，通量逐渐减小。由于截留率只和膜孔径有关，ALD 沉积后，膜孔径逐渐减小，对聚苯乙烯微球（平均粒径为 190nm）的截留率逐渐增加。在合适的沉积条件下，可以实现纯水通量与截留率的同时增加，如 100 次循环。在亲水性增加的同时，膜的抗蛋白吸附性能也有所提高。

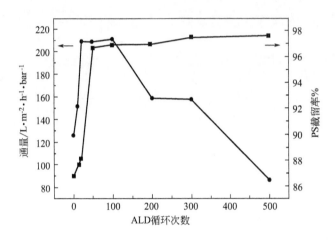

图 8-46　纯水通量与聚苯乙烯微球（190nm）截留率随沉积次数的变化曲线[190]

Li 等[191] 同样实现了使用原子层沉积技术对陶瓷分离膜微结构的精密调控。实验采用分离层为 ZrO_2 膜层，厚度约为 $12\mu m$，平均孔径为 50nm，支撑体为氧化铝的管状陶瓷膜。图 8-47 为该实验对陶瓷膜孔径进行精密调节的示意图，通过在陶瓷膜的膜层氧化锆颗粒的表面上沉积一层均匀致密的氧化铝层，并改变循环次数调节氧化铝层的沉积厚度，从而间接调节颗粒间的孔径大小。即随着沉积次数的增加，孔径逐渐减小。

沉积初期（200 个循环下）膜孔相对于前驱体分子而言较大，沉积速率较快。但是随着沉积次数的增加（200～600 次），颗粒粒径变大，颗粒间的孔隙变小，前驱体进入到孔道里的阻力变大，沉积速率相应地变小。当沉积 600 次后，颗粒间的孔道逐渐被填满，沉积是直接沉积在表面，沉积速率增加。经对膜的孔隙率测量后，发现变化不大，说明沉积对孔径的调节主要是作用在起分离作用的小孔径的膜层，而对孔径较大的支撑层影响不大，其通透性将在很大程度上得以保持。

沉积层除了可用循环次数控制外，还可以用前驱体暴露时间控制。实验中选择沉积 600 次后的陶瓷膜管为例，通过 SEM 表征可观察到新形成的分离层由致密层和过渡层组成，同时该致密层和整个新分离层的厚度可以通过前驱体的暴露时间进行调节，即暴露时间越长，膜层越厚。

图 8-48（a）和图 8-48（b）分别显示了在暴露时间为 10s 时，经 ALD 沉积

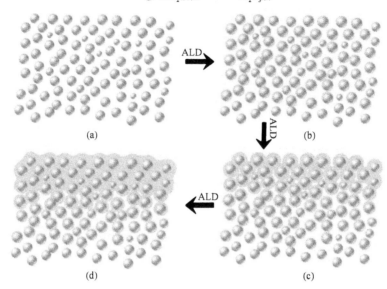

图 8-47　ALD 沉积氧化铝连续调节陶瓷膜孔径的示意图

（a）ALD 沉积前，由氧化锆颗粒组成的分离层截面示意图；

（b），（c）随着 ALD 沉积次数的增加，在氧化锆颗粒上沉积氧化铝层的结构示意图[191]

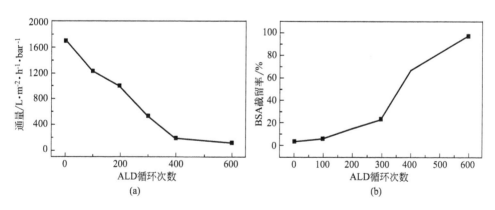

图 8-48　暴露时间为 10s，经不同沉积次数后，管式陶瓷膜的

纯水通量（a）以及 BSA 的截留率（b）曲线图[191]

不同循环次数后，陶瓷膜管的纯水通量和对 BSA 的截留测试结果。从图中可发现，随沉积次数的增加，其纯水通量逐渐减小，但其对 BSA 的截留率逐渐增加，这主要是因为随沉积次数的增加，在氧化锆颗粒的表面上沉积的氧化铝层变厚，使得颗粒间的平均孔径缩小，从而使纯水通量降低，但对 BSA 的截留率提高。当沉积次数增加到 600 次时，膜管的纯水通量由沉积前的初始通量 $1698L \cdot m^{-2} \cdot h^{-1} \cdot bar^{-1}$

降低到 118L·m^{-2}·h^{-1}·bar^{-1}，同时对 BSA 的截留率由沉积前的初始值 2.9% 增加到 97.1%；而沉积了 800 次的膜管，其在 0.5MPa 下经过 10h 的纯水渗透实验，一直没有渗透液流出，其表面孔道已基本完全密封形成了致密膜。从以上实验结果可看出，ALD 技术能通过简单地调节沉积次数与前驱体暴露时间等参数，实现孔径的连续调节，使微孔膜向纳滤膜乃至致密膜的连续转变。

8.2.2.5 原子层沉积在其他功能膜方面的应用

原子层沉积同样可以制备其他功能膜材料，用于各种领域。Losic 等[192] 在具有独特分层多孔结构的硅藻膜上沉积氧化钛，通过控制循环次数，精确控制膜孔大小，提高了膜的机械强度，在太阳能电池、气体传感、微流体亲和提纯等领域都具有潜在应用价值。Elam 等[193] 在高宽比为 10^4 的 AAO 膜上依次沉积 Al_2O_3、TiO_2、V_2O_5 制备催化膜，该催化膜对烃类有选择氧化性能。另外在 AAO 膜上沉积 Pd 后，其可作为氢传感器。Kemell 等[194] 分别在多孔氧化铝膜与镍纳米线上沉积氧化钛薄层，所制得的纳米结构均具有光催化活性，紫外光下可分解甲基蓝。Ginestra 等[195] 在硅片上 ALD 沉积 Y_2O_3/ZrO_2 的复合层，通过 900℃ 高温煅烧，促进了复合层的相互渗透与结晶程度，使其具有很好的电导性，可作为超薄固态电极膜。Lee 等[196] 利用蛋壳膜为模板，在 100℃ 下，ALD 沉积氧化锌，很好地复制了原来的结构。制得的膜具有较好的机械稳定性，并具有催化作用，在紫外光下显示强抗菌性能。Liu 等[197] 在碳纳米管上，ALD 沉积铂纳米粒子（25℃），制得了性能优异的燃料质子交换膜。Narayan 等[198] 在氧化铝陶瓷膜上沉积氧化钛，所制膜可用于药物释放，并且具有医药其他方面的潜在应用。Li 等[199] 以溶胀介孔化的嵌段共聚物为模板，用 ALD 的方法制备出具有高孔隙率、孔壁超薄、机械强度良好和三维连通的介孔金属氧化物薄膜，其具有湿度传感性能。

本节介绍了原子层沉积的原理并且比较了它与其他膜改性方法的优缺点，着重突出了原子层沉积法在分离膜改性和功能化方面的优势。早期 ALD 用于分离膜上的工作，主要集中在较高温度下使用 ALD 技术对小孔径无机膜进行表面改性，用于气体分离。近期，ALD 技术又被用于多种典型有机和无机分离膜的表面改性和孔径调节，用于液体分离，使其在分离膜领域的应用得到了扩展。将 ALD 技术引入到液体分离膜领域，实现了跨领域的创新，逐渐形成"基膜＋ALD"的分离膜精密制备的思路。由于 ALD 技术不依赖于膜表面的性质，几乎可以在任何材料上沉积，有助于其成为一种膜改性的普适性方法。通过简单的改变沉积参数，就可精密控制沉积层。目前由于原子层沉积速率问题，以及设备一次性投资较大，还没有实现大规模的商业化使用 ALD 技术制膜与膜改性，但随着膜材料向高精度的发展以及膜分离应用领域的扩展，ALD 技术将更为广泛地应用于分离膜领域。

参考文献

[1] 邢卫红，汪勇，陈日志，等.膜与膜反应器：现状、挑战与机遇 [J].中国科学：化学，2014，44 (9)：1469-1480.

[2] Yao J F, Wang H T. Zeolitic imidazolate framework composite membranes and thin films: Synthesis and applications [J]. Chem Soc Rev, 2014, 43 (17): 4470-4493.

[3] Huang X C, Zhang J P, Chen X M. [Zn(bim)(2)] center dot (H$_2$O)(1.67): A metalorganic open-framework with sodalite topology [J]. Chin Sci Bull, 2003, 48 (15): 1531-1534.

[4] Huang X C, Lin Y Y, Zhang J P, et al. Ligand-directed strategy for zeolite-type metal-organic frameworks: Zinc (II) imidazolates with unusual zeolitic topologies [J]. Angew Chem Int Ed, 2006, 45 (10): 1557-1559.

[5] Park K S, Ni Z, Cote A P, et al. Exceptional chemical and thermal stability of zeolitic imidazolate frameworks [J]. Proc Natl Acad Sci USA, 2006, 103 (27): 10186-10191.

[6] 吴选军，杨旭，宋杰，等.ZIF-8 材料中 CH$_4$/H$_2$ 吸附与扩散的分子模拟 [J].化学学报，2012，70 (24)：2518-2524.

[7] Bux H, Chmelik C, Van Baten J M, et al. Novel MOF-membrane for molecular sieving predicted by IR-Diffusion studies and molecular modeling [J]. Adv Mater, 2010, 22 (42): 4741-4743.

[8] Shah M, Kwon H T, Tran V, et al. One step in situ synthesis of supported zeolitic imidazolate framework ZIF-8 membranes: Role of sodium formate [J]. Micropor Mesopor Mater, 2013, 165: 63-69.

[9] Liu Y Y, Hu E P, Khan E A, et al. Synthesis and characterization of ZIF-69 membranes and separation for CO$_2$/CO mixture [J]. J Membr Sci, 2010, 353 (1-2): 36-40.

[10] Snyder M A, Tsapatsis M. Hierarchical nanomanufacturing: From shaped zeolite nanoparticles to high-performance separation membranes [J]. Angew Chem Int Ed, 2007, 46: 7560-7573.

[11] Venna S R, Carreon M A. Highly permeable zeolite imidazolate framework-8 membranes for CO$_2$/CH$_4$ Separation [J]. J Am Chem Soc, 2010, 132 (1): 76-78.

[12] Bux H, Feldhoff A, Cravillon J, et al. Oriented zeolitic imidazolate framework-8 membrane with sharp H$_2$/C$_3$H$_8$ molecular sieve separation [J]. Chem Mater, 2011, 23 (8): 2262-2269.

[13] Du S H, Liu Y G, Kong L Y, et al. Seeded secondary growth synthesis of ZIF-8 membranes supported on alpha-Al$_2$O$_3$ ceramic tubes [J]. J Inorg Mater, 2012, 27 (10): 1105-1111.

[14] Pan Y C, Lai Z P. Sharp separation of C$_2$/C$_3$ hydrocarbon mixtures by zeolitic imidazolate framework-8 (ZIF-8) membranes synthesized in aqueous solutions [J]. Chem Commun, 2011, 47 (37): 10275-10277.

[15] Pan Y C, Li T, Lestari G, et al. Effective separation of propylene/propane binary mixtures by ZIF-8 membranes [J]. J Membr Sci, 2012, 390: 93-98.

[16] Xu G S, Yao J F, Wang K, et al. Preparation of ZIF-8 membranes supported on ceramic hollow fibers from a concentrated synthesis gel [J]. J Membr Sci, 2011, 385 (1-2): 187-193.

[17] Tao K, Kong C L, Chen L. High performance ZIF-8 molecular sieve membrane on hollow ceramic fiber via crystallizing-rubbing seed deposition [J]. Chem Eng J, 2013, 220: 1-5.

[18] Li Y S, Bux H, Feldhoff A, et al. Controllable synthesis of metal-organic frameworks: From MOF nanorods to oriented MOF membranes [J]. Adv Mater, 2010, 22 (30): 3322-3326.

[19] Yao J F, Li D, Wang K, et al. Alumina hollow fiber supported ZIF-7 membranes: Synthesis and characterization [J]. J Nanosci Nanotechnol, 2013, 13 (2): 1431-1434.

[20] Liu Y Y, Zeng G F, Pan Y C, et al. Synthesis of highly c-oriented ZIF-69 membranes by secondary growth and their gas permeation properties [J]. J Membr Sci, 2011, 379 (1-2): 46-51.

[21] Yao J F, Dong D H, Li D, et al. Contra-diffusion synthesis of ZIF-8 films on a polymer substrate [J]. Chem Commun, 2011, 47 (9): 2559-2561.

[22] Goh P S, Ismail A F, Sanip S M, et al. Recent advances of inorganic fillers in mixed matrix membrane for gas separation [J]. Sep Purif Technol, 2011, 81 (3): 243-264.

[23] Ge L, Zhou W, Du A J, et al. Porous polyethersulfone-supported zeolitic imidazolate framework membranes for hydrogen separation [J]. J Phys Chem C, 2012, 116 (24): 13264-13270.

[24] Morris W, Doonan C J, Furukawa H, et al. Crystals as molecules: Postsynthesis covalent

functionalization of zeolitic imidazolate frameworks [J]. J Am Chem Soc, 2008, 130 (138): 12626-12627.

[25]　Brown A J, Johnson J R, Lydon M E, et al. Continuous polycrystalline zeolitic imidazolate framework-90 membranes on polymeric hollow fibers [J]. Angew Chem Int Ed, 2012, 51 (42): 10615-10618.

[26]　Nagaraju D, Bhagat D G, Banerjee R, et al. In situ growth of metal-organic frameworks on a porous ultrafiltration membrane for gas separation [J]. J Mater Chem A, 2013, 1 (31): 8828-8835.

[27]　Phan A, Doonan C J, Uribe-Romo F J, et al. Synthesis, structure, and carbon dioxide capture properties of zeolitic imidazolate frameworks [J]. Acc Chem Res, 2010, 43 (1): 58-67.

[28]　Ge L, Du A J, Hou M, et al. Enhanced hydrogen separation by vertically-aligned carbon nanotube membranes with zeolite imidazolate frameworks as a selective layer [J]. Rsc Advances, 2012, 2 (31): 11793-11800.

[29]　Dumee L, He L, Hill M, et al. Seeded growth of ZIF-8 on the surface of carbon nanotubes towards self-supporting gas separation membranes [J]. J Mater Chem A, 2013, 1 (32): 9208-9214.

[30]　Huang A S, Dou W, Caro J. Steam-stable zeolitic imidazolate framework ZIF-90 membrane with hydrogen selectivity through covalent functionalization [J]. J Am Chem Soc, 2010, 132 (44): 15562-15564.

[31]　Hayashi H, Cote A P, Furukawa H, et al. Zeolite a imidazolate frameworks [J]. Nat Mater, 2007, 6 (7): 501-506.

[32]　Huang A S, Bux H, Steinbach F, et al. Molecular-sieve membrane with hydrogen permselectivity: ZIF-22 in LTA topology prepared with 3-aminopropyltriethoxysilane as covalent linker [J]. Angew Chem Int Ed, 2010, 49 (29): 4958-4961.

[33]　Huang A S, Chen Y F, Wang N Y, et al. A highly permeable and selective zeolitic imidazolate framework ZIF-95 membrane for H_2/CO_2 separation [J]. Chem Commun, 2012, 48 (89): 10981-10983.

[34]　Huang K, Dong Z Y, Li Q Q, et al. Growth of a ZIF-8 membrane on the inner-surface of a ceramic hollow fiber via cycling precursors [J]. Chem Commun, 2013, 49 (87): 10326-10328.

[35]　Hu Y X, Dong X L, Nan J P, et al. Metal-organic framework membranes fabricated via reactive seeding [J]. Chem Commun, 2011, 47 (2): 737-739.

[36]　Dong X L, Huang K, Liu S N, et al. Synthesis of zeolitic imidazolate framework-78 molecular-sieve membrane: Defect formation and elimination [J]. J Mater Chem, 2012, 22 (36): 19222-19227.

[37]　Banerjee R, Furukawa H, Britt D, et al. Control of pore size and functionality in isoreticular zeolitic imidazolate frameworks and their carbon dioxide selective capture properties [J]. J Am Chem Soc, 2009, 131 (11): 3875-3877.

[38]　Zhang X F, Liu Y G, Kong L Y, et al. A simple and scalable method for preparing low-defect ZIF-8 tubular membranes [J]. J Mater Chem A, 2013, 1 (36): 10635-10638.

[39]　He M, Yao J F, Li L X, et al. Aqueous solution synthesis of ZIF-8 films on a porous nylon substrate by contra-diffusion method [J]. Micropor Mesopor Mater, 2013, 179: 10-16.

[40]　Xie Z, Yang J H, Wang J Q, et al. Deposition of chemically modified alpha-Al_2O_3 particles for high performance ZIF-8 membrane on a macroporous tube [J]. Chem Commun, 2012, 48 (48): 5977-5979.

[41]　Hara N, Yoshimune M, Negishi H, et al. Diffusive separation of propylene/propane with ZIF-8 membranes [J]. J Membr Sci, 2014, 450: 215-223.

[42]　Kwon H T, Jeong H K. In situ synthesis of thin zeolitic-imidazolate framework ZIF-8 membranes exhibiting exceptionally high propylene/propane separation [J]. J Am Chem Soc, 2013, 135 (29): 10763-10768.

[43]　Kwon H T, Jeong H K. Highly propylene-selective supported zeolite-imidazolate framework (ZIF-8) membranes synthesized by rapid microwave-assisted seeding and secondary growth [J]. Chem Commun, 2013, 49 (37): 3854-3856.

[44]　McCarthy M C, Varela-Guerrero V, Barnett G V, et al. Synthesis of zeolitic imidazolate framework films and membranes with controlled microstructures [J]. Langmuir, 2010, 26 (18): 14636-14641.

[45]　Tao K, Cao L J, Lin Y C, et al. A hollow ceramic fiber supported ZIF-8 membrane with enhanced gas separation performance prepared by hot dip-coating seeding [J]. J Mater Chem A, 2013, 1

(42)：13046-13049.

[46] Li L X，Yao J F，Chen R Z，et al. Infiltration of precursors into a porous alumina support for ZIF-8 membrane synthesis [J]. Micropor Mesopor Mater，2013，168：15-18.

[47] Fan L L，Xue M，Kang Z X，et al. Electrospinning technology applied in zeolitic imidazolate framework membrane synthesis [J]. J Mater Chem，2012，22 (48)：25272-25276.

[48] Thornton A W，Dubbeldam D，Liu M S，et al. Feasibility of zeolitic imidazolate framework membranes for clean energy applications [J]. Energ Environ Sci，2012，5 (6)：7637-7646.

[49] Iijima S. Helical Microtubules of Graphitic Carbon [J]. Nature，1991，354 (6348)：56-58.

[50] Ismail A F，Goh P S，Sanip S M，et al. Transport and separation properties of carbon nanotube-mixed matrix membrane [J]. Sep Purif Technol，2009，70 (1)：12-26.

[51] Konduri S，Tong H M，Chempath S，et al. Water in single-walled aluminosilicate nanotubes：Diffusion and adsorption properties [J]. J Phys Chem C，2008，112 (39)：15367-15374.

[52] Sokhan V P，Nicholson D，Quirke N. Fluid flow in nanopores：Accurate boundart conditions for carbon nanotubes [J]. J Chem Phys，2002，117 (18)：8531-8539.

[53] Shao Q，Zhou J，Lu L H，et al. Anomalous hydration shell order of Na^+ and K^+ inside carbon nanotubes [J]. Nano Lett，2009 (3)，9：989-994.

[54] Cambré S，Schoeters B，Luyckx S，et al. Experimental observation of single-file water filling of thin single-wall carbon nanotubes down to chiral index (5，3) [J]. Phys Rev Lett，2010，104 (20)：207401.

[55] Kaganov I V，Sheintuch M. Nonequilibrium molecular dynamics simulation of gas-mixtures transport in carbon-nanopore membranes [J]. Phys Rev E，2003，68 (4)：046701.

[56] Hummer G，Rasaiah J C，Noworyta J P. Water conduction through the hydrophobic channel of a carbon nanotube [J]. Nature，2001，414 (6860)：188-190.

[57] Holt J K，Park H G，Wang Y M，et al. Fast mass transport through sub-2-nanometer carbon n anotubes [J]. Science，2006，312 (5776)：1034-1037.

[58] Fornasiero F，Park H G，Holt J K，et al. Ion exclusion by sub-2-nm carbon nanotube pores [J]. P Natl Acad Sci USA，2008，105 (45)：17250-17255.

[59] Jeong B H，Hoek E M V，Yan Y S，et al. Interfacial polymerization of thin film nanocomposites：a new concept for reverse osmosis membranes [J]. J Membr Sci，2007，294 (1-2)：1-7.

[60] Novoselov K S，Geim A K，Morozov S V，et al. Electric field effect in atomically thin carbon films [J]. Science，2004，306 (5696)：666-669.

[61] Nair R R，Wu H A，Jayaram P N，et al. Unimpeded permeation of water through helium-leak-tight graphene-based membranes [J]. Science，2012，335 (6067)：442-444.

[62] Hung W S，An Q F，De Guzman M，et al. Pressure-assisted self-assembly technique for fabricating composite membranes consisting of highly ordered selective laminate layers of amphiphilic graphene oxide [J]. Carbon，2014，68：670-677.

[63] Han Y，Xu Z，Gao C. Ultrathin graphene nanofiltration membrane for water purification [J]. Adv Funct Mater，2013，23 (29)：3693-3700.

[64] Li H，Song Z N，Zhang X J，et al. Ultrathin molecular-sieving graphene oxide membranes for selective hydrogen separation [J]. Science，2013，342 (6154)：95-98.

[65] Huang K，Liu G，Lou Y Y，et al. A graphene oxide membrane with highly selective molecular separation of aqueous organic solution [J]. Angew Chem Int Ed，2014，53 (27)：6929-6932.

[66] Yang Y H，Bolling L，Priolo M A，et al. Super gas barrier and selectivity of graphene oxide-polymer multilayer thin films [J]. Adv Mater，2013，25 (4)：503-508.

[67] Hu M，Mi B. Enabling graphene oxide nanosheets as water separation membranes [J]. Environ Sci Technol，2013，47 (8)：3715-3723.

[68] Zhang Y H，Tang Z R，Fu X Z，et al. TiO_2-graphene nanocomposites for gas-phase photocatalytic degradation of volatile aromatic pollutant：is TiO_2-graphene truly different from other TiO_2-carbon composite materials? [J]. ACS nano，2010，4 (12)：7303-7314.

[69] Shen J，Liu G P，Huang K，et al. Membranes with fast and selective gas-transport channels of laminar graphene oxide for efficient CO_2 capture [J]. Angew Chem Int Ed，2015，54：578-582.

[70] Wang H，Yeager G W，Suriano J A，et al. Thin film composite membranes incorporating carbon nanotubes：US，20120080381 [P]. 2010.

[71] Tang Y P，Paul D R，Chung T S. Free-standing graphene oxide thin films assembled by a pressurized

ultrafiltration method for dehydration of ethanol [J]. J Membr Sci，2014，458：199-208.

[72] Sun S P，Chung T S，Lu K J，et al. Enhancement of flux and solvent stability of Matrimid® thin-film composite membranes for organic solvent nanofiltration [J]. AIChE Journal，2014，60 (10)：3623-3633.

[73] Kim H W，Yoon H W，Yoon S M，et al. Selective gas transport through few-layered graphene and graphene oxide membranes [J]. Science，2013，342 (6154)：91-95.

[74] Wang N X，Ji S L，Zhang G J，et al. Poly (vinyl alcohol) -graphene oxide nanohybrid "pore-filling" membrane for pervaporation of toluenein-heptane mixtures [J]. J Membr Sci，2014，455：113-120.

[75] Mi B. Graphene oxide membranes for ionic and molecular sieving [J]. Science，2014，343 (6172)：740-742.

[76] Cohen-Tanugi D，Grossman J C. Water desalination across nanoporous graphene [J]. Nano Lett，2012，12 (7)：3602-3608.

[77] Noshay A，McGrath J E. Block copolymers：Overview and critical survey [M]. New York：Academic Press，1977.

[78] Abetz V，Simon P F W. Phase behaviour and morphologies of block copolymers [M]. Block copolymers I. Springer Berlin Heidelberg，2005：125-212.

[79] Laurer J H，Ashraf A，Smith S D，et al. Macromolecular self-assembly in dilute sequence-controlled block copolymer/homopolymer blends [J]. Supramol Sci，1997，4 (1-2)：121-126.

[80] Kwon Y，Faust R. New Synthetic Methods [M]. Berlin：Springer，2004：167，247-255.

[81] Park M，Harrison C，Chaikin P M，et al. Block copolymer lithography：Periodic arrays of-10^{11} holes in 1 square centimeter [J]. Science，1997，276 (5317)：1401-1404.

[82] Hamley I W. The physics of block copolymers [M]. New York：Oxford University Press，1998.

[83] 袁建军，程时远，封麟先. 嵌段共聚物自组装及其在纳米材料制备中的应用 (上) [J]. 高分子通报，2002，0 (1)：6-15.

[84] Bohbot-Raviv Y，Wang Z G. Discovering new ordered phases of block copolymers [J]. Phys Rev Lett，2000，85 (16)：3428-3431.

[85] Bates F S，Fredrickson G H. Block copolymers-designer soft material. [J]. Phys Today，1999，52：32-38.

[86] Krausch G. Surface induced self-assembly in thin polymer films [J]. Mater Sci Eng R，1995，14 (1-2)：1-94.

[87] Segalman R A. Patterning with block copolymer thin films [J]. Mater Sci Eng R，2005，48 (6)：191-226.

[88] Gohy J F. Block copolymer micelles [M]. Block Copolymers II. Springer Berlin Heidelberg，2005：65-136.

[89] Schindler A W，Lee J. Styrene-vinglpyridine block copolymer films [J]. Polymer Prep，1969，10 (03)：832.

[90] Cameron N S，Corbierre M K，Eisenberg A. 1998 EWR steacie award lecture Asymmetric amphiphilic block copolymers in solution：a morphological wonderland [J]. Can J Chem，1999，77 (8)：1311-1326.

[91] Odani H，Taira K，Nemoto N，et al. Permeation and diffusion of gases in styrene-butadiene-styrene block copolymers [J]. Bull Inst Chem Res Kyoto Univ，1975，53 (2)：216-248.

[92] Smitha B，Suhanya D，Sridhar S，et al. Separation of organic-organic mixtures by pervaporation-a review [J]. J Membr Sci，2004，241 (1)：1-21.

[93] Lehmann D，Paul D，Peinemann K V，et al. Oligomeric proton-conducting polyimide and acid-functionalized block copolymers as fuel cell polymer separators [P]：DE，10149716；EP，1430560；AU，2002339343. 2003.

[94] Nunes S P，Car A. From charge-mosaic to Micelle self-assembly：Block copolymer membranes in the last 40 years [J]. Ind Eng Chem Res，2012，52 (3)：993-1003.

[95] Mulder M. Basic Principles of Membrane Technology [M]. Kluwer Academic Publishers，Norwell，MA，1996.

[96] Kuiper S，Van Rijn C J M，Nijdam W，et al. Development and applications of very high flux microfiltration membranes [J]. J Membr Sci，1998，150 (1)：1-8.

[97] Tong H D，Jansen H V，Gadgil V J，et al. Silicon nitride nanosieve membrane [J]. Nano Lett，2004，4 (2)：283-287.

[98] Wu D C, Xu F, Sun B, et al. Design and preparation of porous polymers [J]. Chem Rev, 2012, 112 (7): 3959-4015.

[99] 彭娟, 崔亮, 罗春霞, 等. 高分子表面有序微结构的构筑与调控 [J]. 科学通报, 2009, 54 (6): 679-695.

[100] Morkved T L, Lu M, Urbas A M, et al. Local control of microdomain orientation in diblock copolymer thin films with electric fields [J]. Science, 1996, 273 (5277): 931-933.

[101] Stoykovich M P, Müller M, Nealey P F, et al. Directed assembly of block copolymer blends into nonregular device-oriented structures [J]. Science, 2005, 308 (5727): 1442-1446.

[102] Park S, Lee D H, Xu J, et al. Macroscopic 10-terabit-per-square-inch arrays from block copolymers with lateral order [J]. Science, 2009, 323 (5917): 1030-1033.

[103] Kim G, Libera M. Morphological development in solvent-cast polystyrene-polybutadiene-polystyrene (SBS) triblock copolymer thin films [J]. Macromolecules, 1998, 31 (8): 2569-2577.

[104] Kim G, Libera M. Kinetic constraints on the development of surface microstructure in SBS thin films [J]. Macromolecules, 1998, 31 (8): 2670-2672.

[105] Phillip W A, O' Neill B, Rodwogin W, et al. Self-assembled block copolymer thin films as water filtration membranes [J]. ACS Appl Mater Inter, 2010, 2 (3): 847-853.

[106] Phillip W A, Hillmyer M A, Cussler E L. Cylinder orientation mechanism in block copolymer thin films upon solvent evaporation [J]. Macromolecules, 2010, 43 (18): 7763-7770.

[107] Yang S Y, Son S, Jang S, et al. DNA-functionalized nanochannels for SNP detection [J]. Nano Lett, 2011, 11 (3): 1032-1035.

[108] Jackson E A, Hillmyer M A. Nanoporous membranes derived from block copolymers: From drug delivery to water filtration [J]. ACS Nano, 2010, 4 (7): 3548-3553.

[109] Jeon G, Yang S Y, Kim J K. Functional nanoporous membranes for drug delivery [J]. J Mater Chem, 2012, 22 (30): 14814-14834.

[110] Peinemann K V, Abetz V, Simon P F W. Asymmetric superstructure formed in a block copolymer via phase separation [J]. Nat Mater, 2007, 6 (12): 992-996.

[111] Nunes S P, Sougrat R, Hooghan B, et al. Ultraporous films with uniform nanochannels by block copolymer micelles assembly [J]. Macromolecules, 2010, 43 (19): 8079-8085.

[112] Yu H Z, Qiu X Y, Nunes S P, et al. Self-assembled isoporous block copolymer membranes with tuned pore sizes [J]. Angew Chem Int Ed, 2014, 53, 1-6.

[113] Jung A, Rangou S, Abetz V, et al. Structure formation of integral asymmetric composite membranes of polystyrene-block-poly-(2-vinylpyridine) on a nonwoven [J]. Macromol Mater Eng, 2012, 297 (8): 790-798.

[114] Rangou S, Buhr K, Abetz V, et al. Self-organized isoporous membranes with tailored pore sizes [J]. J Membr Sci, 2014, 451: 266-275.

[115] Hahn J, Filiz V, Abetz V, et al. Structure formation of integral-asymmetric membranes of polystyrene-block-poly (ethylene oxide) [J]. J Polym Sci, Part B: Polym Phys, 2013, 51 (4): 281-290.

[116] Radjabian M, Koll J, Abetz V, et al. Hollow fiber spinning of block copolymers: Influence of spinning conditions on morphological properties [J]. Polymer, 2013, 54 (7): 1803-1812.

[117] Schacher F, Ulbricht M, Müller A H E. Self-supporting, double stimuli-responsive porous membranes from polystyrene-block-poly (N, N-dimethylaminoethyl methacrylate) diblock copolymers [J]. Adv Funct Mater, 2009, 19 (7): 1040-1045.

[118] Wandera D, Wickramasinghe S R, Husson S M. Modification and characterization of ultrafiltration membranes for treatment of produced water [J]. J Membr Sci, 2011, 373 (1-2): 178-188.

[119] Wang Y, Li F. An emerging pore-making strategy: Confined swelling-induced pore generation in block copolymer materials [J]. Adv Mater, 2011, 23 (19): 2134-2148.

[120] Xu T, Stevens J, Villa J A, et al. Block copolymer surface reconstuction: A reversible route to nanoporous films [J]. Adv Funct Mater, 2003, 13 (9): 698-702.

[121] Guarini K W, Black C T, Yeung S H I. Optimization of diblock copolymer thin film self assembly [J]. Adv Mater, 2002, 14 (18): 1290-1294.

[122] Son J G, Bae W K, Kang H, et al. Placement control of nanomaterial arrays on the surface-reconstructed block copolymer thin films [J]. ACS nano, 2009, 3 (12): 3927-3934.

[123] Hadjichristidis N, Pispas S, Floudas G. Block copolymers: Synthetic strategies, physical properties, and

applications [M]. Wiley. com, 2003.

[124] Wang Y, Goesele U, Steinhart M. Mesoporous block copolymer nanorods by swelling-induced morphology reconstruction [J]. Nano Lett, 2008, 8 (10): 3548-3553.

[125] Wang Y, Tong L, Steinhart M. Swelling-induced morphology reconstruction in block copolymer nanorods: kinetics and impact of surface tension during solvent evaporation [J]. ACS Nano, 2011, 5 (3): 1928-1938.

[126] Chen Z, He C, Li F, et al. Responsive micellar films of amphiphilic block copolymer micelles: control on micelle opening and closing [J]. Langmuir, 2010, 26 (11): 8869-8874.

[127] Wang Y, He C, Xing W, et al. Nanoporous metal membranes with bicontinuous morphology from recyclable blockcopolymer templates [J]. Adv Mater, 2010, 22 (18): 2068-2072.

[128] Wang Z, Yao X, Wang Y. Swelling-induced mesoporous block copolymer membranes with intrinsically active surfaces for size-selective separation [J]. J Mater Chem, 2012, 22 (38): 20542-20548.

[129] Yin J, Wang Y, et al. Membranes with highly ordered straight nanopores by selective swelling of fast perpendicularly aligned block copolymers [J]. ACS Nano, 2013, 7 (11): 9961-9974.

[130] Sun W, Wang Z, Wang Y, et al. Surface-active isoporous membranes nondestructively derived from perpendicularly aligned block copolymers for size-selective separation [J]. J Membr Sci, 2014, 466: 229-237.

[131] 安林红, 王跃. 纳米纤维技术的开发及应用 [J]. 当代石油石化, 2002, 10 (1): 41-45.

[132] 樊智锋. 聚苯胺纳米纤维复合超滤膜制备研究 [D]. 天津: 天津大学, 2008.

[133] Ondarcuhu T, Joachim C. Drawing a single nanofibre over hundreds of microns [J]. Europhys Lett, 1998, 42 (2): 215-220.

[134] Martin C R. Membrane-based synthesis of nanomaterials [J]. Chem Mater, 1996, 8 (8): 1739-1746.

[135] Feng L, Li S, Li H, et al. Super-hydrophobic surface of aligned polyacrylonitrile nanofibers [J]. Angew Chem, 2002, 114 (7): 1269-1271.

[136] Ma P X, Zhang R. Synthetic nano-scale fibrous extracellular matrix [J]. J Biomed Mater Res, 1999, 46 (1): 60-72.

[137] Hartgerink J D, Beniash E, Stupp S I. Self-assembly and mineralization of peptide-amphiphile nano-fibers [J]. Science, 2001, 294 (5547): 1684-1688.

[138] Liu G, Ding J, Qiao L, et al. Polystyrene-block-poly (2-cinnamoylethyl methacrylate) nanofibers-preparation, characterization, and liquid crystalline properties [J]. Chem Eur J, 1999, 5 (9): 2740-2749.

[139] Whitesides G M, Grzybowski B. Self-assembly at all scales [J]. Science, 2002, 295 (5564): 2418-2421.

[140] 赵胜利, 黄勇. 高压静电场纺丝的研究与进展 [J]. 纤维素科学与技术, 2002, 10 (3): 53-59.

[141] 祝孟俊, 肖茹. 聚合物微/纳米纤维膜的研究与应用 [J]. 高分子通报, 2009, 10: 9-14.

[142] 伍晖. 电纺丝纳米纤维的制备、组装与性能 [D]. 北京: 清华大学, 2009.

[143] Liu J W, Liang H W, Yu S H. Macroscopic-scale assembled nanowire thin films and their functionalities [J]. Chem Rev, 2012, 112 (8): 4770-4799.

[144] 常会, 范文娟. 静电纺丝技术的研究及应用 [J]. 广州化工, 2011, 39 (21): 12-14.

[145] Chu B, Hsiao B S, Fang D. Apparatus and methods for electrospinning polymeric fibers and membranes: US, 6713011 [P]. 2004.

[146] Peng X, Jin J, Ericsson E M, et al. General method for ultrathin free-standing films of nanofibrous composite materials [J]. J Am Chem Soc, 2007, 129 (27): 8625-8633.

[147] Wu L, Yuan X, Sheng J. Immobilization of cellulase in nanofibrous PVA membranes by electrospinning [J]. J Membr Sci, 2005, 250 (1-2): 167-173.

[148] Gopal R, Kaur S, Feng C Y, et al. Electrospun nanofibrous polysulfone membranes as pre-filters: Particulate removal [J]. J Membr Sci, 2007, 289 (1-2): 210-219.

[149] Wang R, Liu Y, Li B, et al. Electrospun nanofibrous membranes for high flux microfiltration [J]. J Membr Sci, 2012, 392: 167-174.

[150] Barhate R S, Loong C K, Ramakrishna S. Preparation and characterization of nanofibrous filtering media [J]. J Membr Sci, 2006, 283 (1-2): 209-218.

[151] Yao X, Wang Z, Yang Z, et al. Energy-saving, responsive membranes with sharp selectivity

assembled from micellar nanofibers of amphiphilic block copolymers [J]. J Mater Chem A, 2013, 1 (24): 7100-7110.

[152] Fan Z, Wang Z, Duan M, et al. Preparation and characterization of polyaniline/polysulfone nanocomposite ultrafiltration membrane [J]. J Membr Sci, 2008, 310 (1-2): 402-408.

[153] Ichinose I, Kurashima K, Kunitake T. Spontaneous formation of cadmium hydroxide nanostrands in water [J]. J Am Chem Soc, 2004, 126 (23): 7162-7163.

[154] Peng X, Karan S, Ichinose I. Ultrathin nanofibrous films prepared from cadmium hydroxide nanostrands and anionic surfactants [J]. Langmuir, 2009, 25 (15): 8514-8518.

[155] Peng X, Ichinose I. Green-chemical synthesis of ultrathin β-MnOOH nanofibers for separation membranes [J]. Adv Funct Mater, 2011, 21 (11): 2080-2087.

[156] Liang H W, Wang L, Chen P Y, et al. Carbonaceous nanofiber membranes for selective filtration and separation of nanoparticles [J]. Adv Mater, 2010, 22 (42): 4691-4695.

[157] Liang H W, Cao X, Zhang W J, et al. Robust and highly efficient free-standing carbonaceous nanofiber membranes for water purification [J]. Adv Funct Mater, 2011, 21 (20): 3851-3858.

[158] Dumée L, Sears K, Schütz J, et al. Characterization and evaluation of carbon nanotube bucky-paper membranes for direct contact membrane distillation [J]. J Membr Sci, 2010, 351 (1-2): 36-43.

[159] Dumée L, Sears K, Schütz J. Carbon nanotube based composite membranes for water desalination by membrane distillation [J]. Desalin Water Treat, 2010, 17 (1-3): 72-79.

[160] Ke X B, Zhu H Y, Gao X P, et al. High-performance ceramic membranes with a separation layer of metal oxide nanofibers [J]. Adv Mater, 2007, 19 (6): 785-790.

[161] Ke X B, Zheng Z F, Liu H W, et al. High-flux ceramic membranes with a nanomesh of metal oxide nanofibers [J]. J Phys Chem B, 2008, 112 (16): 5000-5006.

[162] Ke X B, Zheng Z F, Zhu H Y, et al. Metal oxide nanofibres membranes assembled by spin-coating method [J]. Desalination, 2009, 236 (1-3): 1-7.

[163] Ke X B, Shao R F, Zhu H Y, et al. Ceramic membranes for separation of proteins and DNA through in situ growth of alumina nanofibres inside porous substrates [J]. Chem Commun, 2009 (10): 1264-1266.

[164] 叶代勇. 纳米纤维素的制备 [J]. 化学进展, 2007, 19 (10): 1568-1575.

[165] Ma H, Burger C, Hsiao B S, et al. Ultrafine polysaccharide nanofibrous membranes for water purification [J]. Biomacromolecules, 2011, 12 (4): 970-976.

[166] Shannon M A, Bohn P W, Elimelech M, et al. Science and technology for water purification in the coming decades [J]. Nature, 2008, 452 (7185): 301-310.

[167] Ulbricht M. Advanced functional polymer membranes [J]. Polymer, 2006, 47 (7): 2217-2262.

[168] He D M, Susanto H, Ulbricht M. Photo-irradiation for preparation, modification and stimulation of polymeric membranes [J]. Prog Polym Sci, 2009, 34 (1): 62-98.

[169] Ito T, Hioki T, Yamaguchi T, et al. Development of a molecular recognition ion gating membrane and estimation of its pore size control [J]. J Am Chem Soc, 2002, 124 (26): 7840-7846.

[170] Friebe A, Ulbricht M. Controlled Pore functionalization of poly (ethylene terephthalate) track-etched membranes via surface-initiated atom transfer radical polymerization [J]. Langmuir, 2007, 23 (20): 10316-10322.

[171] Savariar E N, Krishnamoorthy K, Thayumanavan S. Molecular discrimination inside polymer nano-tubules [J]. Nat Nanotechnol, 2008, 3 (2): 112-117.

[172] Ying L, Kang E T, Neoh K G, et al. Drug permeation through temperature-sensitive membranes prepared from poly (vinylidene fluoride) with grafted poly (N-isopropylacrylamide) chains [J]. J Membr Sci, 2004, 243 (1-2): 253-262.

[173] Galia A, Gregorio R D, Spadaro G, et al. Grafting of maleic anhydride onto isotactic polypropylene in the presence of supercritical carbon dioxide as a solvent and swelling fluid [J]. Macromolecules, 2004, 37 (12): 4580-4589.

[174] Popat K C, Mor G, Grimes C, et al. Poly(ethylene glycol) grafted nanoporous alumina membranes [J]. J Membr Sci, 2004, 243 (1-2): 97-106.

[175] Alf M E, Asatekin A, Barr M C, et al. Chemical vapor deposition of conformal, functional, and responsive polymer films [J]. Adv Mater, 2010, 22 (18): 1993-2027.

[176] Choi H, Sofranko A C, Dionysiou D D. Nanocrystalline TiO_2 photocatalytic membranes with a hierarchical mesoporous multilayer structure: synthesis, characterization, and multifunction [J].

Adv Funct Mater, 2006, 16 (8): 1067-1074.

[177] Li Y Y, Nomura T, Sakoda A, et al. Fabrication of carbon coated ceramic membranes by pyrolysis of methane using a modified chemical vapor deposition apparatus [J]. J Membr Sci, 2002, 197 (1-2): 23-35.

[178] Jirage K B, Hulteen J C, Martin C R. Nanotubule-based molecular-filtration membranes [J]. Science, 1997, 278 (5338): 655-658.

[179] Martin C R, Nishizawa M, Jirage K, et al. Controlling ion-transport selectivity in gold nanotubule membranes [J]. Adv Mater, 2001, 13 (18): 1351-1362.

[180] Kanezashi M, O'Brien-Abraham J, Lin Y S, et al. Gas permeation through DDR-type zeolite membranes at high temperatures [J]. AIChE J, 2008, 54 (6): 1478-1486.

[181] Suntola T, Antson J. Method for producing compound thin films: US, 4058430 [P]. 1977.

[182] 许强. 基于原子层沉积对聚烯烃分离膜的改性与功能化 [D]. 南京: 南京工业大学化学化工学院, 2013.

[183] Ott A W, McCarley K C, Klaus J W, et al. Atomic layer controlled deposition of A12O3 films using binary reaction sequence chemistry [J]. Appl Surf Sci, 1996, 107: 128-136.

[184] Berland B S, Gartland I P, Ott A W, et al. In situ monitoring of atomic layer controlled pore reduction in alumina tubular membranes using sequential surface reactions [J]. Chem Mater, 1998, 10 (12): 3941-3950.

[185] Cameron M A, Gartland I P, Smith J A, et al. Atomic layer deposition of SiO_2 and TiO_2 in alumina tubular membranes: pore reduction and effect of surface species on gas transport [J]. Langmuir, 2000, 16 (19): 7435-7444.

[186] Elam J W, Routkevitch D, Mardilovich P P, et al. Conformal coating on ultrahigh-aspect-ratio nanopores of anodic alumina by atomic layer deposition [J]. Chem Mater, 2003, 15 (18): 3507-3517.

[187] Alsyouri H M, Langheinrich C, Lin Y S, et al. Cyclic CVD modification of straight pore alumina membranes [J]. Langmuir, 2003, 19 (18): 7307-7314.

[188] Sainiemi L, Viheriala J, Sikanen T, et al. Nanoperforated silicon membranes fabricated by UV-nanoimprint lithography, deep reactive ion etching and atomic layer deposition [J]. J Micromech Microeng, 2010, 20 (7): 1-8.

[189] Li F B, Li L, Liao X Z, et al. Precise pore size tuning and surface modifications of polymeric membranes using the atomic layer deposition technique [J]. J Membr Sci, 2011, 385 (1-2): 1-9.

[190] Xu Q, Yang Y, Wang X Z, et al. Atomic layer deposition of alumina on porous polytetrafluoroethylene membranes for enhanced hydrophilicity and separation performances [J]. J Membr Sci, 2012, 415-416: 435-443.

[191] Li F B, Yang Y, Fan Y Q, et al. Modification of ceramic membranes for pore structure tailoring: The layer atomic deposition route [J]. J Membr Sci, 2012, 397-398: 17-23.

[192] Losic D, Triani G, Evans P J, et al. Controlled pore structure modification of diatoms by atomic layer deposition of TiO_2 [J]. J Mater Chem, 2006, 16 (41): 4029-4034.

[193] Elam J W, Xiong G, Han C Y, et al. Atomic layer deposition for the conformal coating of nanoporous materials [J]. J Nanomater, 2006, 2006 (1): 1-5.

[194] Kemell M, Pore V, Tupala J, et al. Atomic layer deposition of nanostructured TiO_2 photocatalysts via template approach [J]. Chem Mater, 2007, 19 (7): 1816-1820.

[195] Ginestra C N, Sreenivasan R, Karthikeyan A, et al. Atomic layer deposition of Y_2O_3/ZrO_2 nanolaminates: a route to ultrathin solid-state electrolyte membranes [J]. Electrochem Solid-State Lett, 2007, 10 (10): 161-165.

[196] Lee S M, Grass G, Kim G M, et al. Low-temperature ZnO atomic layer deposition on biotemplates: flexible photocatalytic ZnO structures from eggshell membranes [J]. Phys Chem Chem Phys, 2009, 11 (19): 3608-3614.

[197] Liu C, Wang C C, Kei C C, et al. Atomic layer deposition of platinum nanoparticles on carbon nanotubes for application in proton-exchange membrane fuel cells [J]. Small, 2009, 5 (13): 1535-1538.

[198] Narayan R J, Monteiro-Riviere N A, Brigmon R L, et al. Atomic layer deposition of TiO_2 thin films on nanoporous alumina templates: medical applications [J]. Jom-J Min Met Mat S, 2009, 61 (6): 12-16.

[199] Li F B, Yao X P, Wang Z G, et al. Highly porous metal oxide networks of interconnected nanotubes by atomic layer deposition [J]. Nano Lett, 2012, 12 (9): 5033-5038.

第9章

膜集成技术

不同类型的膜有自身的特点和应用范围，采用单一的膜产品难以解决复杂的工程问题。实际应用中，通常需要组合不同的膜技术产品，甚至结合非膜技术产品，构成膜分离集成系统，形成膜集成技术。例如，水处理过程中一般将多个膜分离单元技术［微滤（MF）、超滤（UF）、反渗透（RO）等］结合成膜集成工艺，利用超滤和微滤去除细小悬浮物质和颗粒状物质，利用反渗透去除溶解性固体和有机物，从而达到最优的分离效果，并降低处理成本。膜集成技术可利用集成的协同作用，突破单一膜的局限性，达到优化、高效、低成本、低能耗及无污染的要求。本章分别介绍膜分离与非膜分离的集成以及不同膜分离单元的集成技术。

9.1　膜与催化反应集成

膜与催化反应集成这一过程在膜领域的研究初期仅被看成是一个概念。Michaels[1] 曾提出若将具有分离功能的膜应用于化学工程，即把膜与反应器合于一体，同时兼有反应与分离功能的膜反应技术，可节省投资，降低能耗，提高收率，必将会产生新的化工过程。自 20 世纪 70 年代起，研究者们提出将生物反应与膜分离相结合构成膜生物反应器，受有机膜材料固有特性的限制，这一集成过程最初仅应用于条件较为温和的生物体系。自 20 世纪 80 年代中期，无机膜的开发为膜反应器技术在苛刻反应环境下的应用提供了良机。无机膜具有高温下的长期稳定性、对酸碱及溶剂的优良化学稳定性、高压下的机械稳定性以及寿命长等优点，使其在膜反应器这一领域，相对于有机膜具有更多的优势。

膜反应器的早期应用主要是与反应的平衡限制有关，利用膜的选择渗透性，析出部分或全部产物来打破化学平衡，提高反应的转化率。此类研究主要针对气相反应，尤其是高温气相反应。受无机膜制备技术的制约，能够对气体具有高分离系数的主要是透氢或透氧膜。因此，无机膜反应器一般应用于脱氢、加氢和氧化反应[2]。其中，涉及氢传递的膜反应器，多采用高选择渗透性的钯和钯银、钯镍等钯合金致密膜，而氧化反应多采用金属银及其合金、固体氧化物及钙钛矿等材料制备成的致密膜。此类膜存在制造成本高、渗透通量低以及资源有限，高温条件下经过重复的升温、降温循环易引起变脆和金属疲劳，且反应体系中气相含硫、氯杂质，碳沉积以及添加的合金材料造成膜催化活性降低等问题，限制了致密金属膜的工业使用。研究者一直致力于改进其性能及降低成本[3,4]。此外，多孔镍膜、分子筛膜、氧化铝膜等多孔膜也可用来实现氢或氧的传递。相比于致密金属膜，多孔无机膜明显表现出较高的渗透性，但总的选择性较低。此类膜可通过调整孔径大小和孔径分布，使反应侧的气体浓度控制在各种浓度下，选择适当的操作条件来提高选择性。

随着研究的展开，膜反应器技术的应用范围逐渐由气相反应扩展到多相反应[5]。实际生产中涉及的众多反应是多相催化反应，如气液、液固、气固以及气液固多相催化反应等，多相催化无机膜反应器的研究越来越受重视。

目前，国内外与膜生物反应器研究相关的文献及论著有很多[6,7]，本书的第2章也对膜生物反应器进行了详细的介绍，本节将侧重于介绍与催化反应相集成的膜反应器技术，根据多相催化无机膜反应器的结构特征及其作用原理，从催化膜反应器、固定床膜反应器、流化床膜反应器和悬浮床膜反应器四个方面介绍多相催化无机膜反应器的研究现状。

9.1.1　催化膜反应器

催化膜反应器的结构如图 9-1（a）所示，其中膜作为催化剂的载体，构成催化活性膜。催化活性膜通常是通过浸渍、离子交换以及有机金属化学蒸汽沉积（MOCVD）等方法将催化活性组分沉积在膜中而制得。膜不仅起到催化剂载体的作用同时也作为气相反应物的进料系统。催化膜反应器有两种操作模式。一是催化扩散模式，其原理如图 9-1（b）所示[8]，液相反应物在毛细管作用力下吸入到催化膜层，气相反应物从膜的另一侧通过支撑体到达催化层，从而实现两相的有效接触。如果使用管状的外膜作为催化剂的载体，这样在膜管内可以进行高压操作，而反应器本身可以在大气压下操作，从而可简化反应器的设计，使整个操作经济安全。可以通过气体压力的调控改变气液接触面，从而影响催化剂的催化性能。该操作模式中，使用气体的压力受到一定的限制，即要在支撑体的泡点之上顶层膜的泡点之下[9]。二是强制流动模式，其原理如图 9-1（c）所示[8]，对于快速的催化反应，孔扩散导致的传质限制会影响宏观反应速率。为解决此问题，可在泵的作用下强制反应物通过催化膜，称之为强制流动，这样可改变反应物的流动速率调控物料与催化剂的接触时间。如果反应物料一次通过催化膜不能获得满意的转化率，可在泵的作用下使物料循环通过催化膜，从而获得较高的转化率。这两种操作模式各有优缺点。同强制流动模式相比，催化扩散虽然在一定程度上由于孔扩散导致的传质限制使得膜催化活性较低，但其膜组件与反应器设计比较简单，且能耗较低。

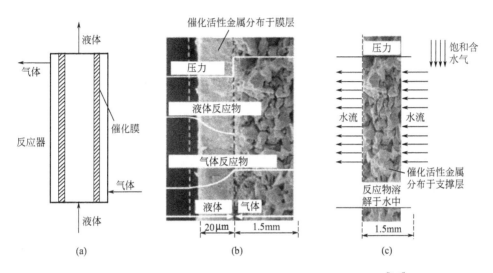

图 9-1　催化膜反应器结构示意图及催化活性膜的工作原理[8,9]

此类催化膜反应器的研究主要集中在有机物的加氢脱氢和氧化[10~12] 等方面。Schmidt 等[11] 研究了 1,5-环辛二烯部分加氢反应，在反应温度为 50℃，氢气压力为 1MPa 时，该反应分别在含一个毛细管膜的单通道膜反应器和包含一束 27 个毛细管膜的膜反应器中进行。与固定床反应器或淤浆床反应器中的微尺寸球形催化剂相比，此膜反应器中有效减少了质量传递的限制。1,5-环辛二烯在膜反应器中的转化率主要受催化膜上 Pd 的数量和反应混合物通过膜的质量流率的影响。在最佳工艺条件下 1,5-环辛二烯全部转化完，得到的产物环辛烯的选择性达 95%。此结果相当于在淤浆床反应器中使用颗粒尺寸大约为 25μm 的催化剂进行反应得到的反应结果，如果对此反应进行微观动力学控制，可能会得到更高的选择性。Vospernik 等[12] 通过一系列的铂掺杂，利用蒸发-结晶技术制备了管式陶瓷膜。使用空气或氧气作为氧源，在一个间歇三相反应器系统中利用甲酸（0.2~10g·L⁻¹）在水溶液中的液相氧化过程来判断膜的活性。在一个大范围的操作条件内测量了跨膜压差、反应温度、催化剂负载量和再循环率对甲酸液相氧化程度的影响，并构建了数学模型来描述此过程中的基本物理现象，预测了在薄膜壁和反应区厚度内的反应物的浓度分布剖面图。计算结果表明催化膜反应器的生产能力受反应区内溶解氧的浓度和反应物摩尔浓度的影响。

由于催化活性膜制备放大及反应器设计的困难，该类膜反应器只处于实验室研究阶段，还未见相关的工业应用报道。

9.1.2 固定床膜反应器

固定床膜反应器中的膜作为分离介质，往往具有选择性分离与渗透性能。此类膜反应器是膜反应器中应用比较普遍的，其外观一般是管式，如图 9-2 所示，由安装在膜的内部或外部的催化剂颗粒和膜组成，其特点是催化剂组成的床层静止不动，流体通过床层进行反应，通过膜进行分离，而在膜外透过室往往通过抽真空或使用惰性扫除气及时移走分离出的产物，维持膜两侧不同的分压或浓度梯度，以加快反应速率或打破反应的平衡限制。有时，当固定床膜反应器使用的膜本身具有催化活性时，也可称作固定床催化膜反应器。此类膜反应器有两种放置方式：水平式和垂直式。水平放置式适用于气固相和液固相催化反应，气相或液相反应物从膜反应器一端通入，与膜反应器内的催化剂接触后反应，然后从另一端流出反应器，在反应过程中，部分生成物通过膜分离出来可打破反应的平衡限制，使用惰性扫除气及时移走分离出的产物，可加快反应速率。垂直放置式适用于气液固多相催化反应，反应时液相反应物一般都从膜反应器的顶端进入，气相反应物从膜反应器的底端进入，两者逆流操作以加大反应物的有效接触面积，同时部分生成物通过膜分离出来用惰性扫除气及时带走来打破反应平衡或加快反应速率。

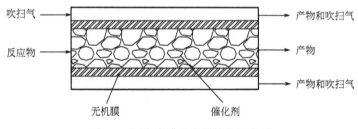

图 9-2 固定床膜反应器结构示意图

固定床膜反应器由于结构简单，易于放大，对膜的要求较低（不要求膜具有催化活性），受到众多研究者的青睐，其主要应用于气固相催化反应，如轻质烷烃及各种其他烃的脱氢反应、醇类的脱氢反应[13,14]，加氢反应[15]，轻质烃类的选择性催化氧化反应[16] 以及一些比较特殊的催化反应，如 NH_3 的分解反应[17]、二氯乙烷氢化开环反应[18] 等，而将固定床膜反应器用于液相催化反应较为少见，并且其对于催化剂粒径很小的反应不适用（床层压降大）。Langhendries 等[19] 在固定床膜反应器中研究了环己烷的液相催化氧化反应，反应器中液相烃从管程进料，床层中使用了 iron-pthalocyanine 催化剂，氧化物（t-丁基氢过氧化物水溶液）从壳程进料，并通过微孔膜被连续萃取到管程。结果表明，仅在较低空时的情况下，固定床膜反应器的转化率比同时进料的固定床反应器效率更高。

9.1.3　流化床膜反应器

流化床膜反应器集成了流化床反应器与膜分离的优点，近十几年来在甲醇合成、费托合成、烃类化合物氧化脱氢、重整制氢，尤其是甲烷重整制氢等领域，受到越来越多的重视。流化床膜反应器典型的优点包括[20]：床层-反应器壁传热系数高，这对反应器壁向床内传热或者从反应器内移除反应热有利。将膜安装在反应器内部时，同样可以预期很高的膜壁-床层热量传递系数。流化床与固定床相比，流化床中固体颗粒的直径减小，当固体颗粒为催化剂时，其有效催化面积大大增加，催化效率可以大幅提高。当用膜移除反应器中的某种产物时，对于可逆平衡反应，可以使反应平衡向生成产物的方向移动，打破热力学瓶颈。对于反应后体积变大的气相反应，用膜移除反应器中的某种产物可以中和压力对化学反应平衡的反作用。

对于该类反应器的研发，目前的工作主要集中在反应器的概念设计，反应器模型建立与验证，操作参数对反应器性能的影响，反应器的小试、中试及少量的工业示范等方面。Mahecha 等人[21] 先后设计了内循环流化床膜反应器、模块化流化床膜反应器等流化床膜反应器类型，并进行了小试研究；解东来等[22] 设计了一种流化床膜反应器，其中钯膜组件呈星型放射状排列。Annaland 等[23] 提出了膜辅助型流化床反应器的概念，并先后进行了中试和部分工业示范。Elnashaie 等人[24] 设计了一种集成了透氢膜、透氧膜及采用 CaO 吸收 CO_2 的循环流化床膜反应器，并进行了大量的模拟工作。

流化床膜反应器按照分离膜的类型可以分为致密膜反应器和多孔膜反应器两大类[20]。致密膜反应器又可分透氢膜反应器、透氧膜反应器、透氢透氧膜集成反应器。透氢膜反应器是用对氢有选择透过性的致密膜（如钯膜或钯合金膜）与流化床反应器耦合而成的，可以选择性地将氢气转移出或加入反应器，改变反应器中的氢气分压，打破原有的化学平衡，使反应可以在较低的温度下获得较高的反应转化率。透氧膜反应器是用对氧有选择性透过性的致密膜（如氧化锆致密膜或钙钛矿型致密膜）与流化床反应器耦合而成的，可以在线直接分离空气中的氧气进行氧化反应，降低投资及运行成本。透氢透氧膜集成反应器是将透氢膜、透氧膜耦合在同一反应器中，结合了透氢膜和透氧膜优势的一种反应器[25]。多孔膜反应器是将多孔膜与流化床反应器结合，在高温下实现反应和分离的耦合，采用多孔膜实现气体净化与催化剂原位分离，从而提高催化剂利用效率、降低生产成本，实现过程的连续化。该反应器对超细催化剂在流化床中的截留具有重要的作用。按照流化床与陶瓷膜的结合方式，流化床膜反应器可分为分置式膜反应器［见图9-3（a）］和一体式膜反应器［见图9-3（b）］。目前所采用的主要构型是图9-3（a）所示的分置式，分置式膜反应器是通过将反应器和膜分离器两种单元设备进行简单的串联而实现的。20世纪90年代中期，德国Schumacher公司开始将多孔陶瓷膜分离与煤气化反应耦合用于煤炭洁净利用实验，形成了流化床膜反应器的雏形，随后这种新型反应器的探索研究得到了快速发展。人们将其与纳米催化技术、功能材料技术以及先进装备制造技术进行有机结合，并赋予了能量回收、环境保护等新的内涵。一体式流化床膜反应器是把膜分离器置于流化床内部，将两种不同的过程单元设备结合而成为一个单元设备，它是从图9-3（a）所示的概念演化而产生的结果，具有明显的优势，包括它的紧凑设计以及由于去除了中间步骤而带来的投资和操作费用的降低，其他的优势还包括由反应和分离相耦合而产生的协同作用，被截留的粉尘或催化剂可通过反吹等手段返回床层，从而提高原料利用率。南京工业大学开发的此种流化床膜反应器用于气固相反应和有机硅单体制备，已经获得中国专利授权并申请国际PCT专利[26]。目前有关流化床多孔膜反应器用于催化剂原位分离及提高反应效率的研究还比较少，气固相反应与膜分离的耦合规律尚不明确，对于流化床对膜透过效率的影响及通过膜的物料引入/引出对流化床流体力学特性的影响这方面的研究还很欠缺。因此，未来有必要对流化床膜反应器中化学反应与膜分离过程的耦合这一关键科学问题进行深入的研究，揭示膜对流化床流体力学特性的影响及流化床对膜透过性能的影响机理及这两个过程的耦合机制，以便更深入地理解这一反应器的运行规律，为该类反应器的设计及工业应用提供理论支撑。

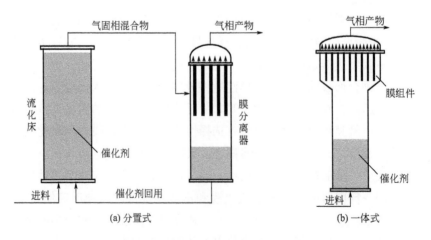

图9-3　流化床膜反应器结构示意图

9.1.4　悬浮床膜反应器

悬浮床膜反应器中的膜仅作为分离媒介，主要用于有液相参与的非均相反应中的催化剂与液相产品的分离，将催化剂截留于反应器内继续反应，实现超细催化剂的原位截留和反应过程连续化。南京工业大学膜科学技术研究所率先实现了悬浮床陶瓷膜反应器在化工与石油化工领域中的工业化应用。下面着重介绍工业化进程中需要解决的膜反应器设计、工程放大、系统稳定运行等方面的科学与工程问题。

9.1.4.1　面向反应过程的膜材料设计方法

通常膜的工程应用是通过实验的方法在现有的商品膜中挑选合适的膜材料，然后进行操作条件优化和工程的技术经济比较，以判断工程应用的可行性。如果现有的膜达不到处理对象的技术要求或者技术经济不过关，则认为膜技术不适合应用于这一应用对象。即使能够在现有的膜中挑选出可应用的膜，由于被选择对象的局限性，这种膜不一定是最优的。不能依据应用对象的特性进行膜材料微结构的优化设计，做到量体裁衣，导致现有的膜应用工程不可能在最优的状态下操作，应用成本过高，成为膜材料规模化制备和工程应用的瓶颈。事实上，应用过程中膜的分离效果与渗透通量的下降与膜及膜材料微结构的演变有关[27]。

解决这一问题的根本方法是构建面向应用过程的膜材料设计与制备方法。徐南平等[28,29]提出了面向应用过程的陶瓷膜设计基本研究框架，其基本思路是根据应用体系建立多孔陶瓷膜的宏观性能与膜微结构之间的定量关系，在该关系模型的指导下，以分离功能最大化为目标，根据应用过程的实际情况来设计最优的陶瓷膜微结构，进一步根据膜微结构与制膜材料性质的关系制备合适的膜，最终解决工程应用问题。显然，有关膜功能与微结构参数间的定量关系的数学模型的建立和预测是该框架的关键内容。

膜分离体系所遇到的实际应用体系性质多种多样，典型的体系如超细颗粒与有机物水溶液的悬浮液等，传统的过滤方法很难将其分离，而陶瓷膜对此类体系具有较好的分离性能。近年来，关于纳米微粒催化剂的大量研究表明，超细纳米催化剂具有独特的晶体结构及表面特性，其催化活性和选择性大大高于传统催化剂。同时，就超细纳米催化剂的表面形态而言，随着粒径的减小，催化剂的活性提高。超细纳米催化剂主要分为金属粒子催化剂、金属氧化物催化剂、载体负载的高分散金属粒子催化剂、分子筛、碳纳米管以及多孔阵列碳纳米管等几种类型。过渡金属取代分子筛因其较高比表面积、孔道结构规则、孔径易于调控及孔径分布窄而成为众多科学工作者研究的重点。其中钛硅分子筛（TS-1）催化剂研究较多，其优异的催化氧化性能使其广泛应用于烯烃环氧化、芳香族和脂肪族化合物羟基化、酮类氨氧化等反应中。另外，纳米粒子金属催化剂，如 Au、Pt、Pd 和 Ni 等，因其独特的电、光、磁和催化活性而备受关注。本节以颗粒悬浮液体系分离为应用背景，超细 TS-1 分子筛和纳米 Ni 催化剂两种模型体系为例，阐述如何面向催化反应体系进行陶瓷膜材料的设计。

(1) 面向超细 TS-1 分子筛催化剂的陶瓷膜设计

TS-1 分子筛由于其优异的催化氧化性能而受到极大关注。但催化剂的分离是制约其大规模工业应用的主要瓶颈。主要原因是 TS-1 分子筛的粒径太小（为 0.1～0.3μm），传统的固液分离方法无法有效分离催化剂。采用无机陶瓷膜分离技术，可以实现此类催化剂的反应与分离同时进行。模型的建立和预测是实现膜材料微结构设计的关键。国内外研究者围绕膜过滤过程开展了不少工作，这些理论模型一般分为两类：瞬间渗透通量模型和拟稳态渗透通量模型。前者描述了过滤通量随时间的变化关系，如经验指数模型、滤饼层模型[30,31] 和传统堵塞模型[32]。后者反映了过滤达到"拟稳态"时的一些内在的平衡关系，主要包括应用于多孔介质传递研究的布朗扩散、内向升力、剪切诱导扩散和浓差极化等模型[33]。这些模型主要是在特定的膜基础上对过程进行描述，只能对过程参数进行优化，不能用于膜微结构的精确设计。

徐南平等[28,34] 建立了面向应用过程的陶瓷膜理论模型。针对颗粒悬浮液体系，从堵塞和滤饼形成两方面对过滤过程进行描述。以纯水通量作为初始计算值，同时考虑颗粒粒径分布和膜孔径分布对堵塞的贡献，进而分析堵塞污染后膜结构的变化情况，在此基础上计算滤饼的生成过程。引入了堵塞因子这一新参数来表征膜的堵塞污染对膜微结构的影响，建立了膜微观结构与性能之间关系的模型。通过此模型，可以计算膜通量随时间的变化，且能预测膜孔径和颗粒粒径均为正态分布的理想条件下，膜孔径、膜厚度、孔隙率对膜稳态通量的影响。在此基础上，以超细 TS-1 分子筛悬浮液固液分离为应用体系，计算得到陶瓷膜分离过程的操作条件与渗透性能的关系，与实验结果吻合。计算表明，对于平均粒径为 290nm 的 TS-1 分子筛体系，陶瓷膜存在最优孔径区间（200～300nm），使膜保持高渗透通量。孔径小于 200nm 时膜通量随孔径的增大而增大，孔径大于 300nm 时膜通量随孔径的增大而减小。采用 200nm 的陶瓷膜过滤钛硅分子筛，渗透通量随时间的变化关系与模型预测结果一致，稳定通量达到 $800L \cdot m^{-2} \cdot h^{-1}$[35]。

(2) 面向纳米镍催化剂的陶瓷膜设计

纳米镍催化剂在苯、对硝基苯酚等的催化加氢和 2-丁醇的催化脱氢方面有着广泛的应用。据报道，纳米镍（平均粒径为 60nm）的催化活性明显高于商业 Raney 镍[36]。多孔陶瓷膜可用于回收对硝基苯酚加氢制备对氨基苯酚反应体系中的纳米镍催化剂。但是，研究过程中发现，纳米镍很容易吸附在泵、管路及膜表面，使得体系中催化剂的有效浓度降低，反应速率降低及膜通量衰减。实际应用过程中，为了获得较高的膜通量，通常在保证截留率的前提下选择孔径较大的膜，孔堵塞现象比较明显。针对悬浮颗粒体系特性，通过对膜微结构参数（孔径、厚度、孔隙率）的优化，选择最优性能的膜，使膜孔堵塞程度最低，通量最大，是实现纳米催化剂工程应用需要解决的首要问题[37]。由于对纳米颗粒过滤过程中污染机理的认识不够，现有的数学模型的精度还不够。Hwang 等[38] 结合 sphere-in-cell 模型和胶体稳定性理论，建立了拟稳态膜通量的计算公式，可用于预测滤饼层的孔隙率和膜通量随时间的变化。此模型适用范围广，适用于从纳米到微米尺寸范围的颗粒体系。但只能用于单分散颗粒体系，计算稳定通量，不能描述整个过滤过程通量的动态变化。Kim 等[39] 通过对滤饼中颗粒所受水力学动力及颗粒间表面作用力（范德华力、酸碱作用、静电力和渗透曳力）的分析，建立了错流过滤纳米颗粒悬浮液的传质模型，可以很好地预测膜通量、滤饼阻力与滤饼结构随时间的变化。但是该模型未考虑到纳米颗粒实际应用过程中会发生团聚，团聚使颗粒的粒径分布变得复杂，成为同时存在纳米颗粒、亚微米与微米团聚体的多尺度颗粒体系，也未考虑膜孔堵塞与膜结构参数对过滤过程的影响。

Zhong 等[40] 建立了包含膜结构参数、颗粒性质以及操作参数之间关系的模型。通过分析纳米镍的粒径分布，考虑了纳米颗粒的布朗扩散效应和团聚颗粒的内部孔隙特性。他们把过滤过程简化为初始的堵塞过程与随后的滤饼形成过程两部分。过滤初始阶段，膜通量由颗粒对膜孔的堵塞程度决定。小于膜孔的颗粒堵塞膜孔，膜的孔隙率下降，阻力迅速增大，直至滤饼层的形成，堵塞后的膜阻力趋于稳定。按照颗粒中粒径小于膜孔径的颗粒对堵塞产生的贡献，可以计算出堵塞后的膜孔隙率。考虑到现实中的膜都具有一定的孔径分布，将膜的孔径分布密度函数进行离散化，得到具有孔径分布的膜在过滤具有一定分布的颗粒体系时的阻塞阻力，从而模拟出膜的结构变化。滤饼层形成过程中，作者对单个球形颗粒在膜面附近流体中的受力行为进行分析，认为膜面边界层的颗粒受错流流体的惯性升力、渗透液的曳力、内向上力和布朗力，其中布朗力作为判断颗粒是否沉积的标准[41]。悬浮的颗粒是否沉积主要决定于渗透曳力和内向上力的相对大小。当渗透曳力超过内向升力与布朗力之和时，颗粒开始沉积。颗粒沉积后，颗粒是否脱附主要看颗粒间的黏附力和内向上力，当布朗力与内向升力大于黏附力时，沉积的颗粒会发生脱附行为。通过计算得到沉降粒径范围。随着颗粒的慢慢沉积，滤饼越来越大直至平衡。在此模型构建过程中，作者认为纳米镍颗粒不是单一的堆积，而是由初始粒子结成小的集团，小的集团又结成大的集团，然后结成更大的集团，这样一步一步成长为大的团聚体，一定范围内具有自相似性和标度不变性。计算过程中，过滤过程中滤饼层的总孔隙率包括团聚体外的孔隙率及团聚体中的孔隙率。结果表明，此模型可以很好地预测不同孔径膜错流过滤纳米镍悬浮液的非稳态过程。各种操作条件（包括操作压力、错流速度、温度、悬浮液浓度以及膜孔径）对膜稳态通量的影响的模型计算结果与实验结果吻合较好。

9.1.4.2　膜反应器构型设计与构建

膜反应器的构型直接关系到工艺流程长短及效率和能耗高低。根据膜组件位置不同，悬浮床膜反应器主要有外置式和浸没式两种形式[42]。外置式膜反应器见图9-4（a），膜组件置于反应器外部，通常使用泵来完成物料的循环和膜的错流过滤。外置式膜反应器中膜组件自成体系，易于清洗、更换及增设。但是，整个装置占地面积大，能耗高，管路与泵的死体积浪费大量料液，循环泵产生的高剪切力会使催化剂粒径发生变化，从而影响催化效果，特别是粒径大的催化剂。另外，在操作过程中，吸附性较强的超细纳米催化剂，会吸附到管路、泵和膜表面上，使反应器中有效催化剂浓度降低，进而反应速率降低。浸没式膜反应器见图9-4（b），膜组件浸没于反应器内部，两者形成一个有机整体，通过抽吸作用将渗透液移出。与外置式膜反应器相比，浸没式膜反应器具有占地面积小、能耗小等优点。同时，由于催化剂全被膜截留在反应器当中，催化剂不会因为吸附到管路、泵和膜表面上而损失。但是，由于膜组件在反应器内部，其拆洗、更换存在一定的困难，且膜组件在反应器中占有一定的空间，使得反应器的有效体积减少。

除了上述两种构型的膜反应器，研究者还构建了多种膜反应器构型。一体式悬浮床膜反应器[43]见图9-4（c），无机膜管本身作为反应器，即膜管的内部空间作为反应空间。这样，催化剂只可能吸附在膜管的内壁，从而减少催化剂在管路及泵上的吸附损失而引起的反应性能下降，提高操作的稳定性。膜管同时兼具分离器的作用，实现超细纳米催化剂的原位分离的同时，反应可连续进行。外环流气升式膜反应器[44]见图9-4（d），将陶瓷膜分离系统和膜曝气系统与气升式反应器进行耦合，依靠气体喷射以及密度差产生定向循环，可以省掉循环泵，大大降低了过程能耗。利用气液两相流既可以在膜面形成不稳定的错流运动，实现错流过滤，减少膜污染，又能增强反应器中的混合。为了强化物料传质，基于多孔膜纳微尺度多孔结构可控制原料的输入方式和输入浓度，使反应物料均匀分布，从而提高反应选择性；同时，实现超细纳米催化剂的原位分离，衍生出双管式膜反应器[45]，见图9-4（e）。

9.1.4.3　反应-膜分离耦合过程协同控制技术

悬浮床膜反应器把催化剂处于悬浮态的多相催化反应过程和膜分离过程结合起来，操作性能受到许多操作参数、设计参数高度耦合的影响。多年来，研究人员在优化膜反应器运行方面做了大量工作。如何协同控制催化反应过程和膜分离过程，研究各因素之间相互影响、制约、促进的关系，探究工艺的最优运行参数，使两个过程都处于相对优化的条件，是研究的重点所在。此外，采用数学模

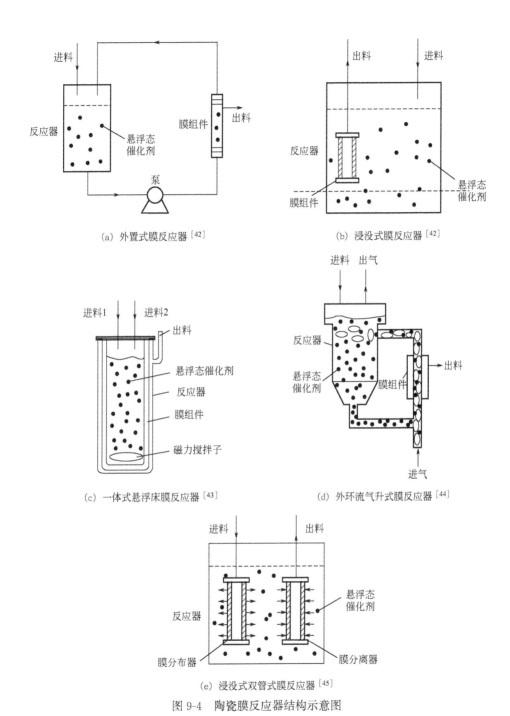

(a) 外置式膜反应器[42]

(b) 浸没式膜反应器[42]

(c) 一体式悬浮床膜反应器[43]

(d) 外环流气升式膜反应器[44]

(e) 浸没式双管式膜反应器[45]

图 9-4 陶瓷膜反应器结构示意图

型优化多相催化膜反应器性能已成为一种重要的研究方法。

(1) 催化反应与膜分离协同控制

催化剂的催化活性和膜的分离效率是评价多相催化陶瓷膜反应器性能的两个

重要的指标。如何匹配反应-膜分离耦合过程，实现催化反应与膜分离的协同控制，是目前的研究热点之一。

Chen 等[46] 采用不同热处理温度下制备的形貌不一的纳米镍催化剂，用于一体式陶瓷膜反应器中对硝基苯酚液相加氢制对氨基苯酚的反应中。研究发现，由于催化剂特有的结构特征，不同热处理温度下制备的纳米镍催化剂的催化活性不同。催化剂的粒径与膜的渗透通量不成线性关系，作者认为这是由于膜表面的滤饼层性质不同造成的。使用在 100℃ 下煅烧得到的纳米镍作催化剂时，不仅催化性能高，膜分离性能也好。在膜反应器中增加微米级大小的颗粒，如 Al_2O_3 颗粒、SiO_2 颗粒，可减少系统中催化剂的吸附，提高系统的稳定性[47,48]。这主要得益于微米颗粒的冲刷效应，这些颗粒可以将膜表面沉积的超细纳米催化剂颗粒冲刷下来。在碱性反应环境中，增加硅颗粒还可以抑制 TS-1 催化剂的溶解并极大地提高反应转化率和选择性。基于多孔膜纳微尺度多孔结构，可解决因反应物料混合不均而造成的非均相反应副产物多、选择性低的问题，提高膜反应器系统的运行稳定性。膜分布器的引入能够促进反应选择性的提高，与膜分离系统协同操作使得系统运行更加稳定。Jiang 等[45] 采用膜分布器控制反应原料过氧化氢的输入方式和输入浓度，促进了苯二酚反应选择性的提高，膜反应器系统能够长期稳定运行。Chen 等[49] 基于膜分布器微纳孔道均匀分布反应物料，开发出了无叔丁醇溶剂的环己酮氨肟化工艺。

（2）过程优化

过程优化就是运用发现的规律、沿着变量优化的方向寻优，实现过程参数的优化，从而达到提高产品的质量、产量、技术经济指标，降低能耗和成本的目的。最常见的过程参数优化方法是实验法。一般可以采用正交实验法或单因素实验法，或两者相结合的实验方法对过程参数进行系统研究，优化反应操作条件，以达到最好的反应效果。

以浸没式陶瓷膜反应器中 TS-1 催化苯酚羟基化反应为例，Lu 等[50] 通过单因素实验优化法，系统考察了停留时间、搅拌速度、反应温度、催化剂浓度、苯酚双氧水摩尔比等过程参数对反应转化率和选择性以及膜过滤阻力的影响，获得了膜反应器的最佳操作条件。结果表明，膜反应器性能与过程参数密切相关，在最佳操作条件下，膜反应器连续稳定运行 20h 以上，其生产能力远远高于间歇反应器和文献报道的固定床反应器的生产能力。

（3）数学模型与数值模拟

由于受实验条件的限制，难以原位获得膜微结构中及反应器局部的多相流动、传递、反应等相关信息，限制了反应-膜分离耦合技术的进一步研究开发。

数学模型是一种实用可靠的方法，主要作用是定量预测反应器内化学反应与传递规律交互作用下的反应性能，揭示各影响因素及各因素的影响程度，最终可用于膜反应器的分析、设计、优化以及工程放大。对于膜反应器的模型研究，大多数是针对某一特定的膜反应器系统进行建模计算来描述此类反应器的特性，与传统反应器对比，以描述由此类膜反应器所带来或可能带来的在转化率/选择性上的改进。通过对反应器局部或者整体的各种衡算，包括物料衡算、热量衡算以及综合反应器中的反应动力学和传递过程，可得到反应器的数学模型[51,52]。

计算流体力学（computational fluid dynamics，简称 CFD）是通过计算机和离散化数值计算方法对流体力学进行数值模拟和分析的一个分支。随着现代计算机以及在计算模型、计算方法等方面的发展，采用 CFD 和计算传递学数值模拟方法，结合多相流体力学和反应动力学模型，对微观、细观和宏观尺度的膜及膜反应器中的传递和反应进行模拟研究，是反应-膜分离耦合过程设计和实现工程放大的有效手段之一。目前，关于反应器中的多相流体力学问题，国内外科学家做过大量的模拟和实验研究工作，包括固液、气液、气固两相、气液固三相体系，研究工作主要集中在通过对流场分布的观察来指导反应器构型和操作条件的优化设计和过程放大。膜分离过程的流体力学问题的研究也是近年来的热点，研究主要集中在膜分离中的传质机理（如对浓差极化现象的研究）、过程强化（如外加场对传质过程的影响）和膜元件的优化设计上。由于催化反应-膜分离耦合过程具有典型的多尺度特性，其中的多相流动、反应与传质的耦合存在复杂性，因而对于催化反应-膜分离耦合过程中流体力学问题的研究还较少。Meng 等[53]采用 CFD 方法对反应-膜分离耦合过程进行了物理模型构建、计算网格划分和流场信息模拟，分析了陶瓷膜引入对宏观流场的作用，量化了陶瓷膜与搅拌桨间距离、搅拌桨桨型、桨叶倾斜角度等因素与陶瓷膜膜面剪切速率和纳米尺度催化剂分散性的关系，从理论角度阐释了流场分布对反应-膜分离耦合过程的重要影响，指导了耦合过程的进一步设计和优化。

9.1.4.4　膜污染机理及其控制技术

多相催化陶瓷膜反应器中，超细的催化剂颗粒以及反应生成的副产物等有机物易在膜表面或膜孔内吸附及沉积，导致膜分离性能下降，使膜分离过程难以与催化反应过程匹配，膜反应器系统无法高效稳定连续运行。因此，膜污染机理及其控制技术的研究对膜反应器的高效运行显得尤为重要。

（1）膜污染机理及防治

膜反应器中的膜污染主要与以下几个因素相关：①反应体系的性质，比如催化剂粒径、催化剂粒径分布、催化剂浓度、pH 值等；②陶瓷膜的性质，比如膜的孔径、孔隙率、膜厚、粗糙度、亲水疏水性等；③系统操作条件，比如反应温度、反应压力、错流流速、跨膜压差等。这些因素的选择及控制对膜污染的形成及防治有重要影响。下面主要介绍陶瓷膜回收超细颗粒 TS-1 分子筛催化剂和纳米颗粒镍催化剂两种体系的膜污染机理研究。

对于陶瓷膜回收超细 TS-1 分子筛催化剂的碱性体系，污染物主要包括有机物、超细 TS-1 分子筛颗粒、未知杂质和硅溶胶。硅溶胶是为了抑制钛硅分子筛由于氨的碱性而造成硅的溶解流失而被添加到反应体系中。有机物和硅溶胶的吸附、堵塞膜孔以及分子筛颗粒的沉积和膜面滤饼的形成被认为是膜污染的原因。然而，最主要的污染原因和污染物之间物理和化学的作用仍不清楚，其对膜渗透性能的评估和清洗策略的选取非常重要。Zhong 等[54] 首先研究了环己酮氨肟化制环己酮肟的反应体系中，陶瓷膜回收超细 TS-1 分子筛的膜污染机理。他们通过实验设计与模型研究相结合的方法分析，认为有机物对膜污染影响很小，原因是工业催化环己酮氨肟化制环己酮肟的反应体系中涉及的有机物主要为单环、短链有机物，对滤饼结构的影响比长链复杂结构有机物的影响要小得多。硅溶胶是一种具有高表面能和黏合强度的聚合物，会吸附到悬浮液和滤饼中 TS-1 颗粒表面，膜过滤过程中，滤饼中的孔道和膜孔道会渐渐被吸附和沉积的硅溶胶填充，从而 TS-1 和硅溶胶在膜表面形成了致密的滤饼，导致膜通量显著下降。此外，铁离子会与钛硅分子筛和硅溶胶的氧化硅单体发生反应形成硅酸铁类沉淀，促进溶液中氧化硅在膜面的沉积。随后，他们又详细研究了不同的硅源和溶液环境对膜污染的影响[55]。采用三种硅源，包括催化剂制备过程中残留的二氧化硅、碱性环境中 TS-1 分子筛催化剂中溶解出来的二氧化硅和抑制 TS-1 分子筛溶解流失的硅溶胶，研究发现，三种硅源中 TS-1 分子筛溶解流失出的二氧化硅对膜污染贡献最大，这是由于溶解流失出的二氧化硅的量最大，二氧化硅单体在高浓度下聚合形成胶体颗粒，导致膜的表面形成致密的滤饼层。同时，催化剂粒径变小也增加了滤饼层的比阻。对于陶瓷膜回收超细 TS-1 分子筛催化剂的弱酸性体系，污染物主要包括有机物和超细 TS-1 分子筛颗粒。有机物的吸附、分子筛颗粒的沉积及堵孔以及有机物包裹分子筛颗粒吸附于膜的表面都有可能造成膜的污染，使得反应过程无法稳定运行。为了探究膜污染的主要原因，Jiang 等[56] 通过气质联用仪分析了苯酚羟基化体系的物质成分，设计了一系列单组分和多组分过滤实验，通过膜通量的变化结合膜面的电镜照片分析以及元素分析，最终确定 TS-1 催化苯酚羟基化-陶瓷膜分离耦合制备苯二酚过程中，膜污染主要是由 TS-1 颗粒和苯醌等焦油类有机物在膜表面形成的滤饼层所致。对于陶瓷膜回收纳米镍催化剂体系，研究表明催化剂的吸附导致加氢速率和膜通量的下降[57]。悬浮液中的颗粒与固体表面的接触包含了两个过程：第一，颗粒吸附到固体表面，该过程主要由颗粒与表面间的物理化学作用决定，它们决定了吸附的性质和强度，就物理化学作用而言，主要的因素有范德华力、静电作用和水合力等；第二，颗粒从表面的脱附，该过程主要是由于流体作用力会破坏固体与表面间的吸附作用，对于流体动力学作用，平行于壁面的剪切力是主要因素。颗粒在固体表面的吸附量最终由这两个过程的平衡来决定，该两个过程主要与材料的性质和操作条件有关。研究表明，表面粗糙度在吸附中起着重要的作用。粗糙的表面比光滑的表面吸附更多的催化剂，因此膜表面应尽量加工的光滑些。材料的表面疏水性是另一种影响颗粒吸附的重要表面性质。玻璃具有较少的吸附量，不锈钢因为表面磁效应其吸附量最高，聚四氟乙烯的吸附量处于两者之间，所以膜表面具有亲水性有利于催化剂的脱附。此外，增加悬浮液的循环流速或者添加微米尺度的氧化铝颗粒，可以有效抑制纳米镍的吸附，改善膜通量。

（2）污染膜清洗

膜反应器中的膜污染是不可避免的现象，当膜的渗透通量下降到一定程度时，继续过滤无法保证反应过程与分离过程的稳定运行，有必要对膜进行清洗再生，提高膜的使用寿命。针对不同体系的膜反应过程，首先应明确主要的污染阻力、污染物的主要成分，在此基础上有针对性地选择合适的清洗剂和相应的清洗条件，制定可行的清洗策略。如：对于环己酮氨肟化体系，污染物主要包括超细颗粒 TS-1 催化剂、硅溶胶、有机物和离子沉淀物，通过顺序使用强酸强碱可以有效消除膜污染；对于对硝基苯酚加氢制对氨基苯酚体系，膜污染主要是由于催化剂的吸附导致，通过强酸清洗可以消除膜污染。如果通量没有恢复，颗粒清洗与化学清洗的方法相结合可以有效恢复膜通量。此种方法可以节约大量化学药剂，清洗时无需加热，且微米颗粒可重复使用，尤其当滤饼比较坚实，常规的增大流速和反冲等没有效果时，颗粒清洗方法是较好的选择。

9.2　膜与传统分离技术集成

膜技术的应用与发展使得传统的分离技术受到了挑战，引起了分离技术的重大变革。然而，单纯使用膜分离技术来解决某一具体分离目标时，其使用效果远远没有与其他过程集成时的效果好。综合利用膜过程与传统的分离技术，使之各尽所长，能提高分离效果。膜分离技术和传统分离技术的结合派生出膜蒸馏、膜萃取、膜吸收、膜亲和、膜结晶等许多新型膜集成技术，本节主要介绍膜与离子交换以及蒸馏等传统分离技术的集成。

9.2.1　电除盐

在电力、石化、冶金、电子、制药等众多产业中，每年需要消耗大量的除盐水。为降低生产成本，生产除盐水所用的原水大多来自循环冷却水和污水处理厂二级排放的中水，此种原水普遍具有高污染或高含盐量的特点。传统处理工艺主要是通过多介质＋活性炭去除水中的悬浮物、胶体、有机物等，通过离子交换的方法去除水中的盐离子。但是此工艺设备占地面积大，厂房投资高，运行中离子交换树脂消耗大量酸碱，再生处理酸碱废水排放量大，设备腐蚀严重，环境污染加剧。由离子交换技术与电渗析技术结合而衍生出的电除盐（electrodeionization，简称 EDI）技术，主要是依靠电场作用，利用离子交换膜的选择透过性，把水中的离子转移到浓水区后排出，从而达到水的纯化的目的。传统的电渗析技术和离子交换技术有机地结合起来，既克服了电渗析不能深度脱盐的缺点，又弥补了离子交换不能连续工作、需消耗酸碱再生的不足，实现了去离子的连续操作。以 EDI 为核心的膜集成技术正逐渐成为纯水生产技术的主流技术。

9.2.1.1 EDI 结构和工作原理

EDI 是由阴、阳电极，阴、阳离子交换膜（简称阴膜、阳膜），阴、阳离子交换树脂以及由膜、电极隔离成的浓水室和淡水室组成的。EDI 的内部构造与传统电渗析器基本相似，区别在于前者使用了厚度增大的淡水室隔板，并在淡水室中填充有混床离子交换树脂。

EDI 运行采用自动控制，工作原理如图 9-5 所示。由图可见，一般分为三个方面。①离子交换：淡水室中的离子交换树脂对水中电解质离子的交换作用，去除水中的离子。②离子迁移：在外电场作用下，水中电解质沿树脂颗粒构成的导电传递路径迁移到膜表面并透过离子交换膜进入浓水室。③树脂电再生：树脂、膜与水相接触的扩散层中的极化作用使水解离为 H^+ 和 OH^-，除部分参与负载电流外大多数对树脂起再生作用。离子交换、离子迁移、电再生相伴发生、相互促进，实现了连续去除离子的过程。

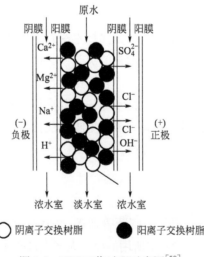

图 9-5 EDI 工作过程示意图[58]

从 EDI 的工作原理可以看出，EDI 技术主要包括以下四个传质过程：

① 离子从水相到树脂相的传质。离子首先在化学势和电势的作用下在树脂表面的扩散层发生迁移，然后与树脂上的活动离子交换。

② 离子在树脂相中的传质。当离子与树脂颗粒上的活动离子交换后，由于离子在树脂相中传输电流的能力比在水相中的传输电流的能力高 2～3 个数量级，由此推断杂质离子主要通过在树脂层中的迁移来传递电流。

③ 离子从水相到离子选择性交换膜的传质。该传质过程与离子从水相到树脂相的传质过程相同，也是通过化学势和电势的作用来完成的。

④ 离子在离子选择性交换膜中的电迁移。离子基本上靠电迁移的作用通过离子选择性交换膜，其主要推动力是膜堆电位差，当存在电位梯度时，离子在电场力的作用下发生迁移。

为促进 EDI 技术高效去除杂质离子，常采取的强化传质的措施主要有三方面[59]。①采用高交换容量和高比表面积的树脂进行高密度填充，并在"电再生"状态下运行，为淡水室中的盐离子稳定地提供尽可能多的交换到树脂上的机会。②优先选择均粒大孔或坚强凝胶树脂，同时优化树脂粒径与淡水室厚度的关系，获得最优厚度的淡水室，尽可能构造出促进传递路径并使之导电有效。③在 80%～98% 的高水回收率下运行，或在浓水室中加入强电解质以增大浓水室的导电能力，降低浓水室的电阻。

研究者们进行了不少有关 EDI 传质机理的研究[60~63]，在忽略某些传递效应后建立了一些近似简化的模型。Glueckauf[60] 曾根据 Fick 定律，假设淡水室内填充的所有树脂都导电，仅考虑浓差扩散，建立了 EDI 的传质模型。Ganzi[61] 的研究表明高纯水系统中液相中的离子传递可忽略，这是由于树脂的电导率比水的电导率高 2～3 个数量级，此观点目前被普遍认可。Verbeek 和 Neumeister 等[62] 采用数值模拟的方法，基于 Nernst-Plank 方程和界面固-液平衡建立了可预测离子交换行为的模型。Isabelle 等[63] 借助微柱法描述 EDI 过程中 Cu^{2+} 的传递，并推导出传质过程中的相关动力学参数，结果表明 Cu^{2+} 主要通过树脂与树脂、树脂与膜进行传递。

事实上，EDI 传质过程是一个如上所述的复杂的多步过程。此外，对于不同的应用体系又会带来传质过程的差异，如不同的流体力学条件、不同种类的离子、不同结构的膜或树脂。所有这些因素都使得对 EDI 过程的精确数学描述变得困难。随着 EDI 研究的逐步深入，运用新的科研手段，发展适用于微观分析的方法和装置，进而建立科学全面的传质理论模型，为 EDI 装置的优化设计提供依据，是未来的工作重点之一。

9.2.1.2 影响 EDI 系统运行稳定性的主要因素及控制手段

（1）EDI 进水电导率的影响

EDI 设备不适用于原水离子含量较高的进水，因为在相同的操作电流下，原水电导率的增加使得 EDI 对弱电解质的去除率减小，出水的电导率也增加。如果原水电导率低则离子的含量也低，而低浓度离子使得在淡室中树脂和膜的表面上形成的电动势梯度也大，导致水的解离程度增大，极限电流增大，产生的 H^+ 和 OH^- 的数量较多，使填充在淡水室中的阴、阳离子交换树脂的再生效果良好。因此，在 EDI 设备之前几乎总是安装有反渗透（RO）装置等预除盐系统，严格控制前处理过程中的电导率，使 EDI 进水电导率小于 $40\mu S \cdot cm^{-1}$，从而保证出水电导率达标及弱电解质的去除。

（2）工作电压-电流的影响

随着电流的增大，EDI 产水电导率减小，产水水质更佳。但当电流增大到一定程度以后，产水电导率随电流的升高而下降的幅度变小。这是由于随着膜堆电流的升高淡水室中的水解离程度增大，产生 H^+ 和 OH^- 数量多，对树脂的再生效果好，所以 EDI 产水电导率下降。当膜堆电流继续升高时，淡水室中的水解离程度进一步增大，使得离子交换与树脂的再生逐渐达到平衡，产水电导率进一步下降。进一步升高膜堆电流，H^+ 和 OH^- 除了作用于树脂再生外，大量富余离子充当载流离子导电，同时由于大量载流离子移动过程中发生积累和堵塞，甚至发生反扩散，结果使产水水质下降。系统工作时应选择适当的工作电压-电流。研究发现，EDI 系统的电压-电流曲线上存在一个极限电压-电流点，与进水水质、膜及树脂的性能和膜的结构等因素有关[64]。选定的工作电压-电流工作点须大于极限电压-电流点，才能使得一定量的水电离产生足够量 H^+ 和 OH^- 来再生一定量的离子交换树脂。

（3）EDI 装置污染的影响

浊度、污染指数（SDI）、硬度、总有机碳（TOC）、Fe、Mn 等金属离子等因素都会带来污染。EDI 的污染主要是由膜污染、树脂污染和设备结垢导致[65]。膜污染是指被处理液体中的颗粒物、溶质、胶体分子与膜发生物理化学作用而引起的污染物在膜表面、膜孔内的吸附和富集，致使膜孔径变小甚至堵塞，最终导致膜的分离性能发生严重下降的现象。阳离子、阴离子交换树脂可能发生的污染有无机金属离子絮凝污染、有机物胶体吸附污染和微生物（细菌）污染等，一旦树脂被污染，漏离子量增加、工作交换容量降低、性能下降，从而影响 EDI 出水水质，但由于树脂的结构并未被破坏，经妥当处理后仍能恢复大部分离子交换能力。EDI 设备运行时，若电流密度过大，就有可能造成局部极化浓度差加剧，超过溶度积后，在微小扰动下将会有结垢现象。

为了保证 EDI 系统正常运行，延长 EDI 膜元件的使用寿命，对进水水质要进行前处理，增加一级 RO 来满足其要求。污染发生后，要及时、有效地对发生污染的 EDI 进行化学清洗。针对不同情况及其要除去的污染物质的类型，可以使用不同的清洗液来满足设备的化学清洗。针对硬度、金属氧化物或金属结垢，采用低 pH 酸洗浓水室和极水室。针对有机物污染，采用高 pH 碱洗淡水室。针对有机物和硬度或金属垢，采用先低 pH 酸洗，后高 pH 碱洗浓、淡、极水室。一般情况下，设备存在的污染或多或少同时交叉并存，非单一情况污染。具体清洗时，建议最好浓、淡、极水室都进行清洗，以保持模块运行的连续性。

此外，进水流量、进水温度、pH 值、SiO_2 以及氧化物亦对 EDI 系统运行和出水性能产生影响。

9.2.1.3 EDI 技术的研究热点

EDI 对进水水质要求高，系统设计不当、工艺条件控制不好，容易使得膜系统受到致密的损害。通过新型填充剂、离子交换膜、膜组器的优化设计和新工艺的开发，使制水系统效率显著提高，降低系统投资成本，是目前 EDI 技术的研究热点。

EDI 膜堆生产中最繁杂的一道工序即是离子交换树脂的填充，常规的粒状树脂由于粒度小且几乎没有黏滞力，给填充操作带来很大麻烦。因此，开发性能优异、使用方便的填充剂成为许多研究者关注的研究方向。近年来部分通过模板挤压、利用离子交换树脂颗粒制得多孔可渗透的离子交换剂的新工艺已得到了开发应用。采用这种方法，阳离子交换树脂颗粒和阴离子交换树脂颗粒通过选用黏合剂黏合，形成黏结床[66]。设计合理的填充方式，充分发挥填充材料的特性，使 EDI 膜堆生产过程标准化，也是实现规模化工业生产的关键。

对于 EDI 连续除盐过程来说，阴、阳离子交换膜是实现淡化室中离子脱除以及产生水解离、实现树脂再生的重要部件。在传统的 EDI 过程中，季铵型阴膜和磺酸型阳膜的水解离极限电流密度差异带来阴膜发生水解离时阳膜还远未达到水解离点的现象，系统容易结垢[67]。开发能够降低水解离程度的阴离子交换膜和能够促进水解离的阳离子交换膜，使 EDI 中阴阳膜尽可能在相同的水解离程度下运行，提高装置的脱盐性能和稳定性，是研究者关注的研究热点。

现有的 EDI 装置主要有板框式和卷式两种。板框式是由传统的电渗析装置演变而来的，浓淡水隔板与离子交换膜平行交替排列，构成浓、淡水室，一般在淡水室中填充离子交换树脂。板框式 EDI 从早期的薄室改进为厚室结构，厚度一般 8～10mm，可填充更多的树脂，且填充操作相对方便，同时还可节省隔板材料。卷式 EDI 外观与 RO 和 UF 等膜组件类似，内部设计采用了螺旋卷式结构，其基本构造为：中心为电极芯，与最外层的反电极构成环状电场，膜组件缠绕在中心电极上，形成浓水室和淡水室，隔室各面均用惰性人造树脂密封，而不使用隔板。与板框式 EDI 内部的均匀电场相比，卷式 EDI 越靠近中心，电场强度越大，这为树脂的再生提供了有利条件。Ionpure 公司近年来推出了 VNX 和 MX 系列的所谓第三代 EDI，其外观采用了类似 RO 的圆柱壳形设计，两端有整体装配的支架，但它并非卷式 EDI，其膜堆内部实际上仍为板式结构，只是将传统的矩形板改成了圆板，每块隔板由两个半块镜像板合成，并以热塑性高弹体（11PE）将镜像板黏合在一起构成 O 形环，O 形环将膜与隔板以及各隔板之间彼此密封。这种设计提高了膜堆装置的耐压和防渗漏性能，并为多个模块装卸组合提供了便利，是 EDI 系统模块化的有益探索[68]。

而对于 EDI 技术的应用对象，以 EDI 技术为核心集成反渗透用于超纯水的生产已得到 Ionpure^{TM} 和 E-cell^{TM} 公司的推广引用。近年来，低浓度重金属离子废水的处理的研究日益增多，膜集成技术在分离效率、无二次污染等方面展示出显著的技术优势。在实际应用过程中，膜集成技术除了含有 RO/EDI，一般还集成 UF、MF、NF、UV 等技术，通过多单元操作之间的优化组合、有机集成来解决复杂分离问题，不仅产水水质能满足苛刻要求，而且造水规模也增大至工业级水平[69]。EDI 技术在国外的应用领域已相当广泛，还在不断扩大过程中，在我国纯水制造、电厂锅炉补给水处理方面也有了应用，其他领域仍处于研究阶段。拓宽 EDI 技术的应用领域、EDI 装置的设计优化以及传质机理的分析研究亦是研究工作的重点。

9.2.2　膜蒸馏

膜蒸馏技术（membrane distillation，MD）是近年来发展起来的一种以疏水微孔膜两侧蒸汽压力差为驱动力的、膜技术与蒸馏过程相结合的膜分离过程。当温度较高的水溶液流过疏水微孔膜的一侧时，由于膜的疏水性，水溶液不能透过膜孔，但由于热流体侧水溶液与界面的水蒸气压高于另一侧，水蒸气透过膜孔进入另一侧，在真空泵或是吹扫气等操作下，利用冷凝管收集透过液。

与其他膜分离过程相比，膜蒸馏具有如下优点：①理论上能完全截留无机离子、大分子和其他不易挥发组分；②操作温度及压力较低；③对于海水淡化，膜蒸馏对原料液的浓度要求不高；④对膜的力学性能要求较低。基于以上优点，膜蒸馏已在海水淡化、废水处理等领域中显示出广阔的应用前景。膜蒸馏的大规模工业应用与膜材料、膜几何结构及膜蒸馏工艺密切相关。

9.2.2.1　膜材料及制备工艺

疏水是蒸馏膜的内在要求，因此其制作材料本身必须具有疏水性或是具有低表面能的改性聚合物。到目前为止，制作蒸馏膜使用最多的聚合物有聚四氟乙烯（PTFE）、聚丙烯（PP）和聚偏氟乙烯（PVDF）。

PTFE 的表面能较低，为 $9 \times 10^{-3} \sim 20 \times 10^{-3} \, \text{N} \cdot \text{m}^{-1}$，它是一种具有优良的热稳定性和化学稳定性的高结晶度聚合物。由于 PTFE 是一种非极性聚合物，通过普通的 NIPS 和 TIPS 过程很难制备出 PTFE 膜，通常使用烧结法和熔融挤出法制备。在不同的操作条件下 PTFE 膜通常显示良好的防湿性能、较高的水通量和稳定性，因此其常应用在商业和中试的 MD 系统。PP 具有高结晶度，但与 PTFE 相比具有更高的表面能（$30 \times 10^{-3} \mathrm{N \cdot m^{-1}}$）。PP 膜可通过熔融挤压拉伸法和 TIPS 法制备。PVDF 是一种半晶型聚合物，表面能为 $30.3 \times 10^{-3} \mathrm{N \cdot m^{-1}}$。与 PTFE 和 PP 不同，PVDF 易溶解在普通的溶剂中，如 NMP、DMAC 和 DMF 等，同时，它的熔点只有 170℃。因此 PVDF 膜能通过 NIPS、TIPS 或者两者结合过程来制备。采用 TIPS 法制备的 PVDF 膜有相对均匀的微孔结构，通过 NIPS 法制备的 PVDF 膜具有非对称结构，表面致密，断面有很多大孔。除了均聚物聚丙烯、聚偏氟乙烯和聚四氟乙烯，MD 膜还可以用它们的共聚物制备，从而增强疏水性和耐用性。Gugliuzza 和 Arcella 等人[70,71] 使用四氟乙烯（TFE）和 2,2,4-三氟-5-三氟甲氧基-1,3-二氧杂环戊烯（TTD）的共聚物制备非对称膜，接触角大于 120°。Maab 等[72,73] 以芳香的氟化聚二唑和聚三唑为底物通过相转化和电纺丝法制造 MD 膜，制备的膜显示出高孔隙率和超疏水性，接触角可达 162°。

除了使用本征疏水性聚合物，也可以采用等离子体聚合等方法对亲水性聚合物进行疏水性改性制备 MD 膜。含氟的单体被等离子源激活后可形成支状的聚合物附着到膜表面[74]。例如，亲水性的 PES 中空纤维超滤膜可以通过 CF_4 单体等离子体改性，转化为疏水膜，该膜的接触角约为 120°，在膜蒸馏测试中显示出稳定的水通量（$66.7 \mathrm{L \cdot m^{-2} \cdot h^{-1}}$）和高达 99.97% 的盐截留率[75]。

除了聚合材料，金属、玻璃、碳纳米管以及无机材料也在 MD 中应用。类似于亲水性聚合物，陶瓷膜（如氧化锆、氧化铝和氧化钛）需要进行改性，以提高其疏水性。例如，孔径为 50nm 表面改性的氧化锆膜展示出了接近 100% 的脱盐率[76]。Dumée 等[77] 将碳纳米管组装到称为 BP 的自支撑膜中，碳纳米管完全通过范德华力聚集在一起。在水汽分压为 22.7kPa 时，自支撑 CNT BP 膜展示出 $12 \mathrm{L \cdot m^{-2} \cdot h^{-1}}$ 的蒸馏通量和 99% 的盐截留率。

在 NIPS、TIPS 或熔融挤出等膜制造工艺中，添加物质是设计结构、形貌、渗透性能、疏水性或防污性能较好的 MD 膜的一种有效而广泛使用的方法。成孔剂的选择如小分子的非溶剂、无机盐或大分子以及它们的混合物在膜形成和分离性能方面起着重要的作用[78~82]。

9.2.2.2　膜的几何形状和微观结构

与超滤膜和微滤膜相比，蒸馏膜的宏观形状与微观结构在决定膜性能方面起着十分重要的作用。通常，具有大孔和高孔隙率且不易被液体湿润或污染的膜更有利于蒸汽渗透。不同于其他膜分离过程，膜蒸馏的渗透通量可能受到两种机制的影响，即蒸汽渗透阻力与温差极化效应[83]。第一机理说明，通过制造具有大孔、高孔隙率、开孔结构、薄功能层和小弯曲度的膜可以减小传质阻力。第二种机理说明，由温差极化导致的通量下降可以通过降低膜的热导率来减轻。由于膜孔内气体的热导率远低于聚合物基体的热导率，因此可以通过增加膜的孔隙率来降低其热导率。

膜有两种典型的宏观结构：中空纤维膜和平板膜。与平板膜相比，中空纤维膜具有更大的比表面积。平板膜组件具有 $200 \sim 800 m^2 \cdot m^{-3}$ 的堆密度，而中空纤维膜组件具有 $500 \sim 9000 m^2 \cdot m^{-3}$ 的堆密度[84]。目前，中空纤维蒸馏膜的主要缺点是低通量、较弱的力学性能和易结垢堵塞。

为了提高蒸汽扩散、渗透通量和热效率，理想的蒸馏膜一般具有高孔隙率和 $0.1 \sim 0.3 \mu m$ 范围内的大孔，这样可以减小传质阻力和温差极化[85,86]。但是，大孔径和高孔隙率会使膜的力学性能降低。为了克服这些问题，多孔的中空纤维和矩形膜被设计并应用于膜蒸馏[87~89]。制备的多孔中空纤维膜不仅具有高渗透量（90℃下通量为 $67 L \cdot m^{-2} \cdot h^{-1}$），还展现出优异的稳定性。在 300h 的直接接触式膜蒸馏操作中，多孔中空纤维膜维持其渗透通量和 99.997% 的盐截留率。由于独特的传质传热机制，膜蒸馏的渗透量和长期稳定性主要取决于它的微结构。Wang 等[90] 分析了要满足这两种参数的膜所具备的主要形态特征，并提出了一种双层中空纤维膜，该膜包括指状大孔内层和海绵状的外层，海绵状外层可以保持其润湿阻力、指状大孔可以减小弯曲度和传质阻力。当进料温度为 80℃ 时，在直接接触式膜蒸馏操作中，该膜展现了 $98.6 L \cdot m^{-2} \cdot h^{-1}$ 的高通量。在 20 世纪 90 年代，Khayet 等人[91] 提出了亲水-疏水双层膜。亲水层可以很容易地被渗透侧的水润湿，这显著减少了功能层的厚度和在膜蒸馏过程中水蒸气的传输距离。Chung 等人[92,93] 制备了亲水-疏水双层中空纤维膜，使用 PVDF/疏水颗粒作为疏水层，同时采用 PVDF、聚丙烯腈、亲水黏土以及碳纳米管的共混物作为亲水层。在两个层中均使用 PVDF 可以提高分子内扩散，并避免双层之间的剥离。在进料温度为 80℃ 的条件下，中空纤维膜的水通量高达 $83.4 L \cdot m^{-2} \cdot h^{-1}$。

9.2.2.3 膜蒸馏的操作方式

根据膜下游侧冷凝方式的不同，膜蒸馏可分为直接接触式、气隙式、气扫式和真空膜蒸馏四种操作方式，如图 9-6 所示。

① 直接接触式膜蒸馏（DCMD）。膜的两侧分别与热的水溶液（热侧）及冷却水（冷侧）直接接触。这种形式的膜蒸馏的缺点是大量热量从热侧经传导直接进入冷侧，热效率低。在运行时，除膜组件外，还需要回收热量的装置。直接接触式膜蒸馏作为最简化的结构，在文献中有很多详细的报道，实验室中用其进行海水淡化和水溶液浓缩。

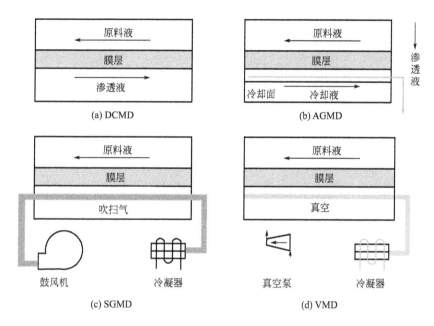

图 9-6　膜蒸馏基本机构示意图[101]

② 气隙式膜蒸馏（AGMD）。透过侧不直接与冷溶液相接触，而保持一定的间隙，透过蒸汽在冷却的固体表面（即冷凝壁，如金属板）上进行冷凝。这样通量和热传导均受到阻力，优点是热量损失小，热效率高，无需另加热能回收装置，缺点是组件较直接式复杂，膜通量明显低于 DCMD。

③ 气扫式膜蒸馏（SGMD）。载气吹扫膜的透过侧，以带走透过的蒸汽，其传质推动力比直接接触膜蒸馏和气隙式膜蒸馏大。大多数情况下，蒸汽在膜组件外由外部冷凝器冷凝，这可能会导致额外的设备成本。

④ 真空膜蒸馏（VMD）。透过侧用真空泵抽真空，以造成膜两侧更大的蒸汽压差，挥发组分从冷侧引出后冷凝，是恒温的膜过程，目前主要用于除去溶液中的易挥发组分。这种形式的膜蒸馏的热传导损失可以忽略，因而可用来测定温度边界层的传热效率。但这种膜蒸馏两侧的料液压差大，为防止料液进入模孔，需采用较小孔径的膜。真空膜蒸馏比其他膜蒸馏过程具有更大的传质通量，所以近年来受到了较多的关注。

相比于反渗透、纳滤或多级闪蒸，膜蒸馏可以在常压和较低的温度下操作。然而，由于热效率较低限制了膜蒸馏的商业化进程。例如，传统的没有热回收设计的膜蒸馏构型的比能耗极易高于 $1256kW \cdot h \cdot m^{-3}$（从产出比来估计）。因此，不少研究者致力于开发新的膜蒸馏构型和具有更高热效率的膜组件，如多级和多效膜蒸馏（MEMD）[94~96]、真空多效膜蒸馏（VMEMD）[97,98]、中空纤维多效膜蒸馏[99]、材料间隙膜蒸馏（MGMD）[100]。

9.2.2.4　膜蒸馏工艺的应用

膜蒸馏的应用领域主要取决于膜的润湿性，产品可以是渗透物也可以是截留物。例如，超纯水的制备，海水和苦咸水的淡化，挥发性有机物脱除，果汁、液体食品的浓缩和回收以及共沸混合物的分离等。

膜蒸馏还可与其他技术集成耦合，如冷冻脱盐、结晶以及反应器等，显示出良好的应用前景。膜蒸馏技术与现有的脱盐工艺如 NF 或 RO 集成，可显著降低卤水排放量，提高水的回收率。也可与冷冻脱盐（FD）技术集成，基于海水结冰过程中产生盐、水分离的现象，大量的盐分被排除在冰晶之外，大大降低海水的盐分，从冷冻脱盐过程得到的盐水再到膜蒸馏过程中进一步浓缩，从而获得干净的水[102]。膜蒸馏-结晶集成技术，通过膜蒸馏来去除溶液中的溶剂，将料液浓度浓缩至过饱和状态，在结晶器中得到晶体。膜蒸馏-结晶集成技术在温和的操作条件下，完成溶质和溶剂的回收或回用，可以实现零排放，全密封操作，不仅可以用于化工工艺中物质的结晶，而且是一种环境友好的水处理工艺，对于有毒、有害的重金属或放射性物质尤其有意义[103]。膜蒸馏与反应器进行集成形成新的反应器技术，如膜蒸馏生物反应器（MDBR），在同一个反应器中实现生物降解过程和膜蒸馏分离过程，膜蒸馏组件浸没于好氧反应器中，好氧反应器中的混合污泥溶液为膜蒸馏组件的进水，通过热驱动力的作用透过膜在低温侧得到处理好的产水。Phattaranawik 等[104] 采用膜蒸馏生物反应器进行了实验室的小试和中试研究，在常压下进行，膜通量为 $1.5 \sim 2.5 L \cdot m^{-2} \cdot h^{-1}$，获得的出水水质十分纯净。光催化反应器与膜蒸馏过程集成，利用膜蒸馏组件的高效分离作用将光催化反应池中的催化剂和已经过处理的废水分离，减少了催化剂收集过程中的"混凝-沉淀"流程，不仅利于催化剂的回收再利用同时也节省了能耗[105]。

9.3　膜过程集成

膜分离技术是进行水资源化利用的最清洁经济的方法，在各行各业的水处理过程中得到广泛的应用。水回用的工艺方法非常复杂，尤其是工业废水，水质多种多样，回用指标也差异较大。任何单一的膜单元操作技术都难以达到回用效果。多样化的膜集成技术得到越来越多的关注，将不同的膜技术组合成膜集成系统能发挥膜技术的优势，形成废水深度处理的新工艺。在纯水和超纯水的制备、污水处理和回用、海水和苦咸水淡化、物料分离和浓缩等方面基本上都是反渗透技术与其他技术集成。本节重点介绍以反渗透技术为核心的膜集成技术，其他集成技术可参考期刊论文或论著[106,107]。

9.3.1 微滤/超滤-反渗透集成工艺

废水处理过程中，微滤和超滤经常作为反渗透的预处理，其目的是提高反渗透的处理效率，维持反渗透的出水水质和通量稳定，且减轻污水对反渗透膜的污染，延长反渗透膜的清洗周期，延长反渗透膜的寿命。

微滤与反渗透集成工艺在 20 世纪 90 年代首先被用来污水再生，获得了许多成功的案例，成为当时膜集成技术的代表。1995 年新南威尔士的 Dora Creek 污水处理厂[108]采用连续流微滤（CMF）＋乙酸纤维反渗透膜集成工艺处理二级处理出水，CMF 系统的出水 SDI 值在 1.5 以下，且与传统的石灰混凝沉淀过滤预处理工艺相比，RO 膜的通量提高 40％，脱盐率为 98％。两级膜工艺的最终透过液可作为澳大利亚 Eraring 发电厂除饮用和洗澡以外的所有用水。Yim 等[109]采用"微滤＋反渗透"集成膜法深度处理某岛生活污水处理厂的出水。微滤可截留常规砂滤不能去除的小颗粒污染物，集成膜系统的长期运行表明 RO 在脱盐方面表现出了很好的稳定性和高效性，出水电导率下降了 98.7％以上，溶解性有机物浓度降低了 93％，最终出水符合饮用水水质标准。超滤＋反渗透是如今最常用的膜集成技术之一，在处理地表水，海水或者高污染的水源时效果明显，在刚开始应用时就被公认为是非常有潜力的工艺。超滤出水的浊度一般小于 1NTU，且出水水质较稳定。相对以往的多介质过滤器优势明显，对胶体和有机物的截留效果更好，且操作简单，占地面积小，经济适用。刘思琪等[110]采用超滤与反渗透集成技术处理高矿化度矿井水，水质达到生活饮用水水质标准。目前国内规模最大的再生水厂拥有 55 万吨/日的市政污水处理能力，采用"超滤与反渗透双膜法集成工艺"对污水厂二级出水进行处理，处理后出水回用至区内工业企业，双膜法工艺组合较为合理，系统设计对 COD 的去除率为 85％；BOD 的去除率为 70％；SS 的去除率为 97％；NH_3-N 的去除率为 50％；处理后的出水水质达到国家工业用水水质标准[111]。东丽公司利用传统的污水处理厂的二级出水作为原水，成功地将"超滤/微滤＋低污染反渗透"组合技术用于污水再生处理，反渗透出水达到中水回用标准。同时为验证超滤膜处理水对反渗透膜的影响，将低污染反渗透膜和普通反渗透膜做对比进行污水再生试验。试验数据表明，低污染反渗透膜的渗透性下降要比普通反渗透膜小得多，且前者运行较稳定，说明超滤作为预处理有效保障了反渗透膜的性能[112]。

9.3.2 纳滤-反渗透集成工艺

尽管超滤膜对胶体物质和大分子有机物有很好的去除效果，但是，超滤无法去除无机离子，因此，超滤无法预防结垢。这一问题可由纳滤解决。纳滤的分离精度介于超滤和反渗透之间，与反渗透膜耦合可以发挥膜集成技术的巨大优势。广东某膜集成技术项目[113]就采用该集成技术实现了污水零排放，其中第一级NF系统是部分脱盐，脱盐率相对不高，但水量回收率高，达到了90%，后面分别设置低污染反渗透系统和高污染反渗透系统。后面两个系统水量小，主要用来提高污水的脱盐率。浓水的电导率不断增大，流量不断降低。又由于进水硬度低，对膜的污染小，最终实现了污水的零排放。浓水经过多效蒸馏回收蒸馏水，做到污水零排放。

纳滤膜一般荷负电，对二价离子和多价离子具有很好的选择截留性。在海水软化领域，纳滤＋反渗透工艺可大幅度降低反渗透膜表面的结垢与污染风险，大幅度提高反渗透系统的回收率，并降低成本。1998 年 SWCC 最先报道了此集成工艺的试验研究[114]，采用 8 只 4in（1in＝0.0254m）的商品纳滤膜元件，可将海水总硬度由 7500mg·L^{-1} 降至 220mg·L^{-1}，去除率达 97%；总溶解固体（TDS）由 45460mg·L^{-1} 降至 28260mg·L^{-1}，去除率达 38%；氯度由 21587mg·L^{-1} 降至 16438mg·L^{-1}，去除率达 24%；SO$_4^{2-}$ 由 2300mg·L^{-1} 降至 20mg·L^{-1}，去除率达 99%；相同操作条件下，采用纳滤与反渗透集成工艺后，反渗透淡化系统的总回收率提高 30%。

杭州水处理技术研究开发中心、中国海洋大学等单位在海水纳滤软化方面开展了大量的研究，取得了很好的成果。杭州水处理技术研究开发中心在海岛苦咸水软化方面实现了工程应用。中国海洋大学[115,116]在黄岛利用胶州湾海水开展了大量的中试研究，结果表明，纳滤能够有效地去除海水硬度，操作压力为 2.4MPa 时，DL 纳滤膜对海水中 Ca^{2+}、Mg^{2+} 和 SO$_4^{2-}$ 等主要二价成垢离子的截留率分别为 57.8%、69.2% 和 98.5%，从而能够大幅提高反渗透段的产水回收率。杭州水处理技术研究开发中心[117,118]提出采用死端操作的方式先进行超滤预处理，再反渗透与纳滤联合脱盐相结合的膜集成海水淡化新工艺，在操作压力为 5.1MPa 条件下，装置脱盐率为 99.2%，产水量为 397L·h^{-1}，产水回收率为 55%。海水淡化装置对海水中 Ca^{2+}、Mg^{2+}、Na$^+$、HCO$_3^-$、Cl$^-$、SO$_4^{2-}$、TDS、总碱度和总硬度的脱除率分别为 99%、99.6%、99.2%、95%、99.4%、98.5%、99.2%、95% 和 99.4%。在商品膜性能和耐压条件下，采用新中试工艺可能达到的最大产水回收率为 71%[119]。

由于纳滤膜能够大幅度地去除海水中易成垢的二价离子，反渗透浓水中的结垢趋势大幅度降低，因此，反渗透的浓水可以通过与膜蒸馏、膜结晶技术集成继续浓缩几倍而不会有结垢的风险。Drioli 等[120,121]采用微滤＋超滤＋纳滤＋膜接触器预处理＋反渗透＋膜蒸馏耦合集成工艺开展了大量中试研究，微滤、超滤和纳滤分别有效地去除海水中的悬浮物、有机物和二价离子，膜接触器脱除进水中的溶解性气体，膜蒸馏法进一步处理浓盐水，海水淡化系统回收率达到86%，同时消除了浓盐水的处理问题。

9.3.3 膜生物反应器-反渗透集成工艺

本书的第2章对膜生物反应器进行了详细介绍，它是将膜分离与生物处理技术相结合的一种新型、高效污水处理新工艺。膜生物反应器和反渗透工艺集成，可弥补单独使用这两项技术的不足，在高污染行业中，如印染废水的深度处理与回用过程中充分发挥其作用。MBR将颗粒物和细菌基本完全截留，其出水可作为反渗透系统的进水，通过RO进一步截留有机物、离子、硬度和金属等物质，从而实现废水的深度处理，达到循环利用的目的。

采用MBR技术与RO膜集成的关键是如何保证MBR的产水稳定，且达到RO膜的进水要求。MBR在运行过程中，采用大流量持续曝气的方式，对中空纤维膜丝进行冲刷而达到减少膜表面污染物的目的，因此如何保证其出水水质稳定将直接关系到后续反渗透的正常运行。实际工程中，往往由于中空纤维膜膜丝强度不足，在剧烈的气液冲刷过程中，出现断丝现象，从而造成反渗透进水SDI超标，进而导致反渗透膜使用寿命缩短。蓝星东丽膜科技有限公司[122] 将MBR-RO集成技术用于江苏某大型印染企业的印染废水处理过程中。其自主开发的浸没式平板膜MBR技术，具有很强的抗污染能力和非常高的产水率、无需反冲洗、动力消耗低的特点。同时，其开发的用于废水回用的抗污染RO膜，具有低压运行、产水量高、脱盐率高、耐污染性能好的优点。MBR-RO工艺处理和回用印染废水的应用研究表明，MBR和RO集成系统的运行非常稳定。

水处理领域是膜集成技术应用较广泛的行业，直接的膜过滤不能取得满意的有机物去除效果，并且膜污染带来的相应的膜清洗成本主导了处理成本。除了上述介绍的超滤/微滤/纳滤集成反渗透技术，基于低压膜过程微滤和/或超滤的集成混凝、吸附、生物降解及高级氧化技术也可显著提高出水水质和减缓膜污染[123]。

膜集成技术开发过程中存在诸多的科学与技术难题，关键是如何运用化学工程的理论和方法及材料科学与技术研究集成过程的协调机理，实现过程的匹配和调控。膜的污染和膜的损耗是不可忽视的问题，需加强膜污染和膜材料的开发研究，进一步降低运营成本。

参考文献

[1] Michaels A S. New separation technique for the CPI [J]. Chem Eng Prog, 1968, 64: 31-43.

[2] Dong X L, Jin W Q, Xu N P, et al. Dense ceramic catalytic membranes and membrane reactors for energy and environmental applications [J]. Chem Commun, 2011, 47 (39): 10886-10902.

［3］ Bosko M L，Miller J B，Lombardo E A，et al. Surface characterization of Pd-Ag composite membranes after annealing at various temperatures ［J］. J Membr Sci, 2011, 369 (1-2)：267-276.

［4］ Pomerantz N，Ma Y H. Novel method for producing high H_2 permeability Pd membranes with a thin layer of the sulfur tolerant Pd/Cu fcc phase ［J］. J Membr Sci, 2011, 370 (1-2)：97-108.

［5］ 徐南平，陈日志，邢卫红. 非均相悬浮态纳米催化反应的催化剂膜分离方法：CN，ZL02137865. 7 ［P］. 2002.

［6］ 李安峰，潘涛，骆坚平. 膜生物反应器技术及工程应用 ［M］. 北京：化学工业出版社，2013.

［7］ 邵嘉慧，何义亮，顾国维. 膜生物反应器——在污水处理中的研究和应用 ［M］. 北京：化学工业出版社，2012.

［8］ Coronas J，Santamaraia J. Catalytic reactors based on porous ceramic membranes ［J］. Catal Today, 1999, 51 (3-4)：377-389.

［9］ Julbe A，Famisseng D，Guizard C. Porous ceramic membranes for catalytic reactors-overview and new ideas ［J］. J Membr Sci, 2001, 181 (1)：3-20.

［10］ Niimi K，Nagasawa H，Kanezashi M，et al. Preparation of BTESE-derived organosilica membranes for catalytic membrane reactors of methylcyclohexane dehydrogenation ［J］. J Membr Sci, 2014, 455：375-383.

［11］ Schmidt A，Wolf A，Warsitz R，et al. A pore-flow-through membrane reactor for partial hydrogenation of 1, 5-cyclooctadiene ［J］. AICHE J, 2007, 54 (1)：258-268.

［12］ Vospernik M，Pintar A，Levec J. Application of a catalytic membrane reactor to catalytic wet air oxidation of formic acid ［J］. Chem Eng Proc, 2006, 45 (5)：404-414.

［13］ Gallucci Fausto，Sintannaland M V，Kuipers J A M. Theoretical comparison of packed bed and fluidized bed membrane reactors for methane reforming ［J］. J Hydrogen Energ, 2010, 35 (13)：7142-7150.

［14］ Tiemersma T P，Chaudhari A S，Gallucci F，et al. Integrated autothermal oxidative coupling and steam reforming of methane. Part 2：Development of packed bed membrane reator with a dual function catalyst ［J］. Chem Eng Sci, 2012, 82：232-245.

［15］ Itoh M，Machida K，Adachi G. Ammonia production characteristics of Ru/Al_2O_3 catalysts using hydrogen permeable membrane ［J］. Chem Lett, 2000, 29 (10)：1162-1163.

［16］ Kotaniac Z S，Annaland M V S，Kuipers J A M. Demonstration of a packed bed membrane reactor for the oxidative dehydrogenation of propane ［J］. Chem Eng Sci, 2010, 65 (22)：6029-6035.

［17］ Gobina E N，Oklany J S，Hughes R. Elimination of ammonia from coal gasification streams by using a catalytic membrane reactor ［J］. Ind Eng Chem Res, 1995, 34 (11)：3777-3783.

［18］ Chang C C，Reo C M，Lund C R F. The effect of a membrane reactor upon catalyst deactivation during hydrodechlorination of dichloroethane ［J］. Appl Catal B：Envir, 1999, 20 (4)：309-317.

［19］ Langhendries G，Baron G V，Jacobs P A. Selective and efficient hydrocarbon oxidation in a packed bed membrane reactor ［J］. Chem Eng Sci, 1999, 54 (10)：1467-1472.

［20］ Mahecha B A，Chen Z，Grace J R，et al. Comparison of fluidized bed flow regimes for steam methane reforming in membrane reactors：A simulation study ［J］. Chem Eng Sci, 2009, 64 (16)：3598-3613.

［21］ Mahecha B A，Grace J R，Jim L C，et al. Pure hydrogen generation in a fluidized bed membrane reactor：application of the generalized comprehensive reactor model ［J］. Chem Eng Sci, 2009, 64 (17)：3826-3846.

［22］ 解东来，费广平，于金凤. 一种环型放射状流化床膜反应器气体流动特性的实验研究 ［J］. 化学反应工程与工艺，2011，27 (1)：6-9.

［23］ Patil C S，Annaland M，Kuipers J A M. Design of a novel autother-mal membrane-assisted fluidized-bed reactor for the production ofultrapure hydrogen from methane ［J］. Ind Eng Chem Res, 2005, 4 (25)：9502-9512.

［24］ Prasad P，Elnashaie S S E H. Novel circulating fluidized-bed membrane reformer using carbon dioxide sequestration ［J］. Ind Eng Chem Res, 2004, 43 (2)：494-501.

［25］ Patil C S，Van S A M，Kuipers J A M. Design of a novel autothermal membrane-assisted fluidized-bed reactor for the production of ultrapure hydrogen from methane ［J］. Ind Eng Chem Res, 2005, 44 (25)：9502-9512.

［26］ Xing W H，Zhong Z X，Xu N P. Dry dust removal method in organic chlorosilane production：US, 20120285194 ［P］. 2012.

[27] Zhao Y J, Zhong J, Li H, et al. Fouling and regeneration of ceramic microfiltration membranes in processing acid wastewater containing fine TiO$_2$ particles [J]. J Membr Sci, 2002, 208 (1-2): 331-341.

[28] 徐南平, 李卫星, 赵宜江, 等. 面向过程的陶瓷膜材料设计理论与方法 (Ⅰ) 膜性能与微观结构关系模型的建立 [J]. 化工学报, 2003, 54 (9): 1284-1289.

[29] 邢卫红, 范益群, 仲兆祥, 等. 面向过程工业的陶瓷膜制备与应用进展 [J]. 化工学报, 2009, 60 (11): 2679-2688.

[30] Altmann J, Ripperger S. Particle deposition and layer formation at the crossflow microfiltration [J]. J Membr Sci, 1997, 124: 119-128.

[31] Chang D J, Hwang S J. Unsteady-state permeate flux of crossflow microfiltration [J]. Sep Sci Technol, 1994, 29: 1593-1608.

[32] Hermia J. Constant pressure blocking filtration laws-application to power-law non-newtonian fluids [J]. Trans Inst Chem Engrs, 1982, 60: 183-187.

[33] Davis R H, Birdsell S A. Hydrodynamic model and experiments for cross-flow microfiltration [J]. Chem Eng Commun, 1987, 49: 217-234.

[34] 李卫星, 赵宜江, 刘飞, 等. 面向过程的陶瓷膜材料设计理论与方法 (Ⅱ) 颗粒体系微滤过程中膜结构参数影响预测 [J]. 化工学报, 2003, 54 (9): 1290-1294.

[35] 吴红描, 卜真, 陈日志, 等. 陶瓷膜分离钛硅分子筛的实验与模型计算 [J]. 南京工业大学学报, 2007, 29 (6): 1-4.

[36] Du Y, Chen H L, Chen R Z, et al. Synthesis of p-aminophenol from p-nitrophenol over nano-sized nickel catalysts. Appl Catal A-Gen, 2004, 277: 259-264.

[37] 徐南平. 面向应用过程的陶瓷膜材料设计、制备与应用 [M]. 北京: 科学出版社, 2005.

[38] Hwang K J, Liu H C, Lu W M. Local properties of cake in cross-flow microfiltration of submicron particles [J]. J Membr Sci, 1998, 138: 181-192.

[39] Kim S, Marion M, Jeong B-H, et al. Crossflow membrane filtration of interacting nanoparticle suspension [J]. J Membr Sci, 2006, 284: 361-372.

[40] Zhong Z X, Li W X, Xing W H, et al. Crossflow filtration of nanosized catalysts suspension using ceramic membranes [J]. Sep Purif Technol, 2011, 76: 223-230.

[41] Zhong Z X, Xing W H, Liu X, et al. Fouling and regereration of ceramic membranes used in recovering titanium silicalite-1 catalysts [J]. J Membr Sci, 2007, 301: 67-75.

[42] Li N N, Fane A G, Ho W S W, et al. Advanced membrane technology and applications [M]. New Jersey: Wiley, 2008.

[43] Li Z H, Chen R Z, Xing W H, et al. Continuous acetone ammoximation over TS-1 in a tubular membrane reactor [J]. Ind Eng Chem Res, 2010, 49: 6309-6316.

[44] Zhang F, Jing W H, Xing W H, et al. Experiment and calculation of filtration processes in an external-loop airlift ceramic membrane bioreactor [J]. Chem Eng Sci, 2009, 160: 2859-2865.

[45] Jiang H, Meng L, Chen R Z, et al. A novel dual-membrane reactor for continuous heterogeneous oxidation catalysis [J]. Ind Eng Chem Res, 2011, 50: 10458-10464.

[46] Chen R Z, Du Y, Wang Q Q, et al. Effect of catalyst morphology on the performance of submerged nanocatalysis/membrane filtration system [J]. Ind Eng Chem Res, 2009, 48: 6600-6607.

[47] Zhong Z X, Liu X, Chen R Z, et al. Adding microsized silica particles to the catalysis/ultrafiltration system: Catalyst dissolution inhibition and flux enhancement. Ind Eng Chem Res, 2009, 48: 4933-4938.

[48] Chen R Z, Bu Z, Li Z H, et al. Scouring-ball effects of microsized silica particles on operation stability of the membrane reactor for acetone ammximation over TS-1 [J]. Chem Eng J, 2010, 156: 418-422.

[49] Chen R Z, Mao H L, Zhang X R, et al. A dual-membrane airlift reactor for cyclohexanone ammoximation over titanium silicalite-1 [J]. Ind Eng Chem Res, 2014, 53 (15): 6372-6379.

[50] Lu C J, Chen R Z, Xing W H, et al. A submerged membrane reactor for continuous phenol hydroxylation over TS-1 [J]. AICHE J, 2008, 54: 1842-1849.

[51] Chen R Z, Jiang H, Jin W Q, et al. Model study on a submerged catalysis/membrane filtration system for phenol hydroxylation catalyzed by TS-1 [J]. Chin J Chem Eng, 2009, 174: 648-653.

[52] Cheng L H, Yen S Y, Chen Z S, et al. Modelling and simulation of biodiesel production using a membrane reactor intergrated with a prereactor [J]. Chem Eng Sci, 2012, 69: 81-92.

［53］ Meng L，Cheng J C，Jiang H，et al. Design and analysis of a submerged membrane reactor by CFD simulation ［J］. Chem Eng Technol，2013，36：1874-1882.

［54］ Zhong Z X，Xing W H，Liu X，et al. Fouling and regeneration of ceramic membranes used in recovering titanium silicalite-1 catalysts ［J］. J Membr Sci，2007，301：67-75.

［55］ Zhong Z X，Li W X，Xing W H，et al. Crossflow filtration of nanosized catalysts suspension using ceramic membranes ［J］. Sep Purif Technol，2011，76：223-230.

［56］ Jiang H，Jiang X L，She F，et al. Insights into membrane fouling of a side-stream ceramic membrane reactor for phenol hydroxylation over ultrafine TS-1 ［J］. Chem Eng J，2014，239：373-380.

［57］ Zhong Z X，Xing W H，Jin W Q，et al. Adhesion of nanosized nickel catalysts in the nanocatalysis/ UF system ［J］. AIChE J，2007，53：1204-1210.

［58］ Matejka Z. Continuous production of high-purity water by electro-deionization ［J］. J Appl Chem Biotechnol，1971，21：117-120.

［59］ 王建友. 电去离子水处理技术的进展与展望 ［J］. 天津工业大学学报，2005，24（5）：92-97.

［60］ Gluekauf E. Electro-deionisation through a packed bed ［J］. British Chem Eng，1959，12：646-651.

［61］ Ganzi G C，Egozy Y，Giuffida A J. High Purity water by electrodeionization：Performance of the Inopure continuous deionization systems ［J］. Ultrapure Water，1987，4（3）：43-53.

［62］ Verbeek H M，Fürst L，Neumeister H. Digital simulation of an electrodeionization process ［J］. Computers Chem Eng，1998，22：913-916.

［63］ lsabelle M，Laurence M，Francois L，et al. Mass transfer investigations in electrodeionization processes using the microcolumn technique ［J］. Chem Eng Sci，2005，60：1389-1399.

［64］ 王方，杨斌斌，杨建永，等. 电去离子净水设备的最佳工作参数 ［J］. 工业水处理，2004，24（10）：24-26.

［65］ 史勉，张永春，杨春海，等. 电除盐装置的化学清洗 ［J］. 清洗世界，2014，30（8）：9-12.

［66］ Alvarado L，Chen A C. Electrodeionization：Principles，strategies and applications ［J］. Electrochim. Acta，2014，132：583-597.

［67］ Grabowski A，Zhang G Q，Strathmann H. The production of high purity water by continuous electro-deionization with bipolar membranes：Influence of the anion-exchange membrane permselectivity ［J］. J Membr Sci，2006，281（1-2）：297-306.

［68］ 付林. 新型电去离子（EDI）膜集成技术制备工业高纯水的研究 ［D］. 天津：南开大学，2008.

［69］ Arar Ö，Yüksel Ü，Kabay N，et al. Various applications of electrodeionization（EDI）method for water treatment-A short review ［J］. Desalination，2014，342：16-22.

［70］ Gugliuzza A，Drioli E. PVDF and HYFLONAD membranes：Ideal interfaces for contactor applications ［J］. J Membr Sci，2007，300：51-62.

［71］ Arcella V，Ghielmi A，Tommasi G. High performance perfluoropolymer films and membranes ［J］. Ann NY Acad Sci，2003，984：226-244.

［72］ aab H，Francis L，Al-saadi A，et al. Synthesis and fabrication of nanostructured hydrophobic polyazole membranes for low-energy water recovery ［J］. J Membr Sci，2012，423-424：11-19.

［73］ Maab H，Al-saadi A，Francis L，et al. Polyazole hollow fiber membranes for direct contact membrane distillation ［J］. Ind Eng Chem Res，2013，52：10425-10429.

［74］ Zuo G，Wang R. Novel membrane surface modification to enhance anti-oil fouling property for membrane distillation application ［J］. J Membr Sci，2013，447：26-35.

［75］ Wei X，Zhao B，Li X M，et al. CF_4 plasma surface modification of asymmetric hydrophilic polyether sulfone membranes for direct contact membrane distillation ［J］. J Membr Sci，2012，407-408：164-175.

［76］ Hendren Z D，Brant J，Wiesner M R. Surface modification of nanostructured ceramic membranes for direct contact membrane distillation ［J］. J Membr Sci，2009，331：1-10.

［77］ Dumée L F，Sears K，Schütz J，et al. Characterization and evaluation of carbon nanotube Bucky-Paper membranes for direct contact membrane distillation ［J］. J Membr Sci，2010，351：36-43.

［78］ Wang D，Li K，Teo W K. Porous PVDF asymmetric hollow fiber membranes prepared with the use of small molecular additives ［J］. J Membr Sci，2000，178：13-23.

［79］ Khayet M，Cojocaru C，García-Payo M C. Experimental design and optimization of asymmetric flatsheet membranes prepared for direct contact membrane distillation ［J］. J Membr Sci，2010，351：234-245.

［80］ Yeow M L，Liu Y，Li K. Preparation of porous PVDF hollow fibre membrane via a phase inversion

---

method using lithium perchlorate (LiClO₄) as an additive [J]. J Membr Sci, 2005, 258: 16-22.

[81] Qin J J, Cao Y M, Li Y Q, et al. Hollow fiber ultrafiltration membranes made from blends of PAN and PVP [J]. Sep Purif Technol, 2004, 36: 149-155.

[82] Qin J J, Li Y, Lee L S, et al. Cellulose acetate hollow fiber ultrafiltration membranes made from CA/PVP360K/NMP/water [J]. J Membr Sci, 2003, 218: 173-183.

[83] Wang P, Teoh M M, Chung T S. Morphological architecture of dual-layer hollow fiber for membrane distillation with higher desalination performance [J]. Water Res, 2011, 45: 5489-5500.

[84] Baker R W. Membrane Technology and Applications [M]. Atrium: John Wiley and Sons Ltd, 2012.

[85] Qtaishat M, Khayet M, Matsuura T. Guidelines for preparation of higher flux hydrophobic/hydrophilic composite membranes for membrane distillation [J]. J Membr Sci, 2009, 329: 193-200.

[86] Laganà F, Barbieri G, Drioli E. Direct contact membrane distillation: Modelling and concentrationexperiments [J]. J Membr Sci, 2000, 166: 1-11.

[87] Teoh M M, Peng N, Chung TS, et al. Development of novel multichannel rectangular membranes with grooved outer selective surface for membrane distillation [J]. Ind Eng Chem Res, 2011, 50: 14046-14054.

[88] Wang P, Chung T S. Design and fabrication of lotus-root-like multi-bore hollow fiber membrane for direct contact membrane distillation [J]. J Membr Sci, 2012, 421-422: 361-374.

[89] Wang P, Chung T S. A new generation asymmetric multi-bore hollow fiber membrane for sustainable water production via vacuum membrane distillation [J]. Environ Sci Technol, 2013, 47: 6272-6278.

[90] Wang P, Teoh M M, Chung T S. Morphological architecture of dual-layer hollow fiber for membrane distillation with higher desalination performance [J]. Water Res, 2011, 45: 5489-5500.

[91] Khayet M, Matsuura T. Application of surface modifying macromolecules for the preparation of membranes for membrane distillation [J]. Desalination, 2003, 158: 51-56.

[92] Bonyadi S, Chung T S. Flux enhancement in membrane distillation by fabrication of dual layer hydrophilic-hydrophobic hollow fiber membranes [J]. J. Membr. Sci., 2007, 306: 134-146.

[93] Bonyadi S, Chung T S, Rajagopalan R. A novel approach to fabricate macrovoid-free and highly permeable PVDF hollow fiber membranes for membrane distillation [J]. AIChE J, 2009, 55: 828-833.

[94] Jansen A E, Assink J W, Hanemaaijer J H, et al. Development and pilot testing of full-scale membrane distillation modules for deployment of waste heat [J]. Desalination, 2013, 323: 55-65.

[95] Guillén-Burrieza E, Blanco J, Zaragoza G, et al. Experimental analysis of an air gap membrane distillation solar desalination pilot system [J]. J Membr Sci, 2011, 379: 386-396.

[96] Winter D, Koschikowski J, Wieghaus M. Desalination using membrane distillation: Experimental studies on fullscale spiral wound modules [J]. J Membr Sci, 2011, 375: 104-112.

[97] Heinzl W, Büttner S, Lange G. Industrialized modules for MED desalination with polymer surfaces [J]. Desalin Water Treatment, 2012, 42: 177-180.

[98] Saffarini R B, Summers E K, Arafat H A, et al. Technical evaluation of stand-alone solar powered membrane distillation systems [J]. Desalination, 2012, 286: 332-341.

[99] Li X, Qin Y, Liu R, et al. Study on concentration of aqueous sulfuric acid solution by multiple-effect membrane distillation [J]. Desalination, 2012, 307: 34-41.

[100] Francis L, Ghaffour N, Alsaadi A A, et al. Material gap membrane distillation: A new design for water vapor flux enhancement [J]. J Membr Sci, 2013, 448: 240-247.

[101] Wang P, Chung T S. Recent advances in membrane distillation processes: Membrane development, configuration design and application exploring [J]. J Membr Sci, 2015, 474: 39-56.

[102] Wang P, Chung T S. A conceptual demonstration of freeze desalination-membrane distillation (FD-MD) hybrid desalination process utilizing liquefied natural gas (LNG) cold energy [J]. Water Res, 2012, 46: 4037-4052.

[103] 郭宇杰, 栾兆坤, 陈静, 等. 膜蒸馏-结晶技术的研究现状和发展前景 [J]. 环境污染治理技术与设备, 2006, 7 (3): 19-24.

[104] Phattaranawik J, Fane A G, Pasquier A C S, et al. A novel membrane bioreactor based on membrane distillation [J]. Desalination, 2008, 223 (1-3): 386-395.

[105] Mozia S, Morawsi A W, Toyoda M, et al. Effectiveness of photodecomposition of an azo dye on a novel anatase-phase TiO₂ and two commercial photocatalysis in a photocatalytic membrane reactor (PMR) [J]. Sep Purif Technol, 2008, 63 (2): 386-391.

[106] 李安峰，潘涛，骆坚平.膜生物反应器技术及工程应用 [M].北京：化学工业出版社，2013.

[107] 赵国华，童忠东.海水淡化工程技术与工艺 [M].北京：化学工业出版社，2012.

[108] 刘广利，赵广英.膜技术在水和废水处理中的应用 [M].北京：化学工业出版社，2003.

[109] Yim S K, Ahn W Y, Kim G T, et al. Pilot-scale evaluation of an integrated membrane system for domestic wastewater reuse on islands [J]. Desalination, 2007, 208: 113-124.

[110] 刘思琪，石林.超滤/反渗透组合工艺用于矿井水深度处理回用 [J].中国给水排水，2013，29 (18)：107-109.

[111] 张子潇，宋萍.双膜法在北京经济技术开发区市政污水回用中的应用 [J].北京水务，2014，1: 11-14.

[112] 李树鹏，方虎，胥维昌，等.集成膜分离技术在污（废）水深度处理中的研究进展 [J].膜科学与技术，2011，31 (4)：100-104.

[113] 第五永强.膜集成技术在废水资源化中的利用 [D].济南：济南大学，2012.

[114] Eriksson P. NF membrane characteristics and evaluation for seawater processing applications [J]. Desalination, 2005, 184: 281-294.

[115] Su B W, Dou M W, Gao X L, et al. Study on seawater nanofiltration softening technology for off-shore oilfield water and polymer flooding [J]. Desalination, 2012, 297: 30-37.

[116] 苏保卫，王玉红，李晓明，等.胶州湾海水纳滤软化的研究 [J].水处理技术，2007，33 (2)：64-66.

[117] 陈益棠，陈波.高收率反渗透海水淡化 [J].水处理技术，2004，30 (4)：196-198.

[118] 陈益棠，章宏梓，周倪民.高回收率反渗透海水淡化工艺 [J].水处理技术，2005，31 (6)：38-42.

[119] 陈益棠，胡昕.反渗透-纳滤海水淡化最佳化 [J].水处理技术，2006，32 (9)：79-81.

[120] Drioli E, Criscuoli A, Curcio E. Integrated membrane operations for seawater desalination [J]. Desalination, 2002, 147: 77-81.

[121] Van der Bruggen B. Integrated membrane separation processes for recycling of valuable wastewater streams: nanofiltration, membrane distillation, and membrane crystallizers revisited [J]. Ind Eng Chem Res, 2013, 52: 10335-10341.

[122] 朱列平.东丽集成膜技术在污水再资源化中的应用 [J].水工业市场，2010，3：32-35.

[123] 胡保安，李晓波，顾平.基于低压膜过程的集成工艺在给水处理中的研究进展 [J].给水排水，2007，33 (1)：113-117.

第10章

膜技术的典型应用案例

膜分离技术作为一种新型高效的分离技术，近十年来取得了令人瞩目的飞速发展，已广泛应用于国民经济各个领域，在节能减排、清洁生产和循环经济中发挥着重要作用，特别是在水资源利用和环境保护方面起着举足轻重的作用。就膜分离应用的市场规模而言，我国现已经跃居世界前列。

本章着重介绍了高性能膜应用的工程案例，也反映了我国高性能膜分离技术的应用现状。就实际的具体分离任务而言，通过单一的膜过程往往很难解决问题，而需要利用集成的膜工艺技术以达到最好的分离效果和最佳的经济性。本章结合案例着重介绍膜法污水处理、地表水处理以及传统产业升级改造方面的集成工艺技术。

10.1　膜法污水深度处理回用技术

污水回用工程正不断地在我国推广，但回用水中的含盐量问题难以解决，尤其是沿海地区，污水传输过程中由于土壤含盐量高而使污水中的含盐量更高。以往二级处理后含盐量高，用常规的方法难以去除，因此对于污水回用工程，除盐问题是非常必要的。反渗透技术因其除盐效率高以及成本低的特点，受到广泛关注。反渗透是自20世纪60年代发展起来的一种膜分离技术，采用薄膜，利用压力差使溶液中的水透过反渗透膜，达到分离、提取、纯化和浓缩等目的。经过50多年科技不断地发展，反渗透膜与组件的生产已经相当成熟，脱盐率高达90%以上，膜本身的透水率、抗污染和抗氧化能力也不断得到提高。

城市污水回用的投资和运营成本都远远低于跨流域调水、海水淡化等其他非传统水资源利用。污水回用（包括污水二级处理）的投资是跨流域调水的1/3～

1/2，是海水淡化的 1/4～1/3；运营成本是跨流域调水的 1/2 左右，是海水淡化的 1/4 左右，因此建立中水回用系统是可行的[1,2]。

10.1.1　污水处理回用工艺流程

以某热电公司热电厂中水回用项目为例，其目的是解决购买城市自来水作为工业用水的资金压力以及发电成本上升等问题，新建一套污水回用装置，将大连市春柳河污水处理厂二级达标排放水进行深度处理，作为该热电厂循环冷却水补水及锅炉补给水的原水。根据城市污水处理厂二级出水水质以及回用水的水质要求，设计了市政污水的回用方案，处理二级出水量为 $400 \text{m}^3 \cdot \text{h}^{-1}$，回收率为 70%～75%。其工艺流程见图 10-1。

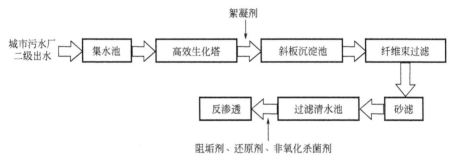

图 10-1　中水回用流程图[1]

10.1.1.1　污水预处理系统

给水预处理是保证反渗透系统长期稳定运行的关键，为了保证反渗透系统进水水质达到要求，必须对原水进行预处理。高效组合式生物氧化塔是一种新型、高效的生物膜污水处理工艺，是在生物膜法的基础上发展而来的一种更高效、更先进的生物膜处理技术。工程使用的纤维束过滤器为高效过滤器，可以去除水中的悬浮物和降低污水的浊度，并去除部分有机物。石英砂过滤系统由反洗排水槽、滤料层、承托层、配水系统组成。池内填充石英砂滤料，过滤时来水进入池内，并通过滤层和垫层流到池底，水中的悬浮物和胶体被截留于滤料表面和内层空隙中，出水由溢流堰排至清水池。

10.1.1.2　反渗透处理系统

反渗透系统的主要作用是脱除盐类，保证出水水质符合要求。反渗透系统主要包括保安过滤器、高压泵、反渗透膜组件，此外还包括阻垢剂加药系统、膜冲洗系统及自动控制等部分。该工程采用的反渗透膜为 GE 公司生产的聚酰胺复合膜，装填膜面积为 33.9m^2，膜孔径<2nm，组件外壳材料是玻璃钢缠绕外壳，

单根组件产水量为 $37.9m^3 \cdot d^{-1}$。一个或数个膜元件组合起来，放置在压力容器组件内，构成一个脱盐部件，称为膜组件。工程采用 17∶8 一级两段式膜组件排列，设计产水回收率为 75%。

真空引水罐主要是将储水池中经预处理后的水引出，供给反渗透系统。保安过滤器采用 70 支缠绕型滤芯，过滤精度为 $5\mu m$，可去除进水中残余的颗粒杂质和悬浮物，保护反渗透膜，延长反渗透膜的清洗周期。高压泵是 RO 系统的主要组成部分，向膜组件提供平稳、不间断的流量和合适的压力，对该工程的超低压复合膜，压力仅需 1.05MPa。以上设备规格见表 10-1。

表 10-1　主要设备规格[1]

设备	型号	容积/m³	设计压力/MPa	耐压试验压力/MPa	厂商
真空引水泵	PMZKG-0.5	0.63	0.1	0.13	普罗名特
保安过滤器	PMB-135	0.5	0.6	0.6	普罗名特
高压泵	YZ280M	—	1.1	—	普罗名特

10.1.2　膜系统运行结果

10.1.2.1　反渗透膜系统的运行状态

(1) 反渗透系统压力变化

从图 10-2 可以看出，保安过滤器前后压力基本保持不变，分别在 0.3MPa和 0.25MPa 左右；保安过滤器的主要作用是保证反渗透进水的污泥密度指数值（SDI），防止预处理发生故障时反渗透进水 SDI 过大而造成膜损伤，在现场监测过程中，保安过滤器进出水压差会逐步变大，这说明滤料被逐渐污染。当过滤器前后压差大于 0.07MPa 时，说明保安过滤器污堵得较严重。现场一般每三个月对保安过滤器进行更换清洗，以保证处理效果，因周期较短，压力并不会有太大波动。

反渗透系统一段前运行压力初始阶段在 0.8MPa 左右。运行一年以后，运行压力逐渐提高至 0.9~1.1MPa，压力增加 15% 左右。反渗透系统运行压力的逐渐增大说明了反渗透膜逐渐被污染，可能发生的情况有膜表面污染结垢或膜元件水流通道污堵，造成膜通量降低，所以通过等量的水必将会使压力增大。在此情况下，需对反渗透膜进行清洗，清洗过后，反渗透膜一段运行压力恢复到0.85MPa 左右。第一次清洗周期为 12 个月，从图中可以看出，清洗后的反渗透膜运行压力增加相对较快，经过 7 个月运行后，已增至 1.0MPa 左右，清洗周期会缩短一些。

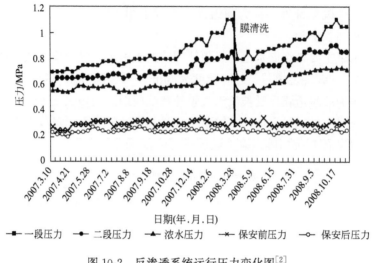

图 10-2 反渗透系统运行压力变化图[2]

(2) 反渗透系统回收率变化

由图 10-3 可以看出，随着时间的推移，反渗透膜的产水量有所下降。产水量由最初的 $90\sim100\text{m}^3\cdot\text{h}^{-1}$ 逐渐降低到 $70\text{m}^3\cdot\text{h}^{-1}$；反渗透系统的回收率从最初的 $72\%\sim75\%$ 降到 68% 左右；由所记录分析的数据得出平均产水量为 $83.3\text{m}^3\cdot\text{h}^{-1}$，平均回收率为 71.24%。在反渗透系统回收率逐渐下降期间，浓水产量并没有明显的变化。清洗后，系统产水量可恢复至初始阶段的 90% 以上。

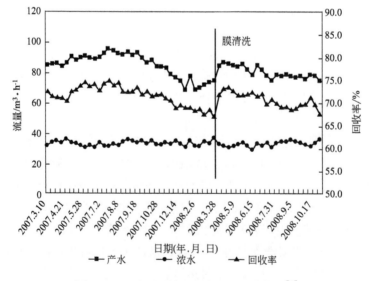

图 10-3 反渗透系统运行水回收率变化图[2]

10.1.2.2 反渗透膜的截留性能

(1) 反渗透膜对电导率的去除

在连续运行过程中，测定温度在 18～20℃ 条件下，反渗透进水电导率在 900～1300μS·cm^{-1} 范围内变化；产水电导率均在 15～25μS·cm^{-1}，均值为 20.3μS·cm^{-1}；浓水电导率检测结果为 2000～2500μS·cm^{-1}，电导率平均去除率在 98.2% 以上，基本不受膜污染的影响。

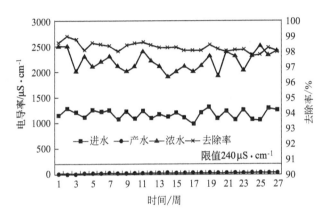

图 10-4　反渗透膜对电导率的去除效果[2]

(2) 反渗透膜对氮的去除

氨氮的去除主要在高效生物氧化塔中进行，原水氨氮为 20～30mg·L^{-1}，平均值为 24.7mg·L^{-1}。经生化塔反应和沉淀池处理后，可使氨氮降至 10mg·L^{-1}。反渗透进水氨氮含量最大值为 7.23mg·L^{-1}，最小值为 4.62mg·L^{-1}，平均值为 6.01mg·L^{-1}。经反渗透膜深度处理后，产水的氨氮能够降到 0.4mg·L^{-1} 以下，平均值为 0.28mg·L^{-1}，且出水水质稳定，如图 10-5 所示。

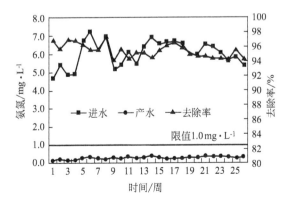

图 10-5　反渗透膜对氨氮的去除效果[2]

原水总氮均值为 39mg·L^{-1}，反渗透进水的总氮含量在 35～40mg·L^{-1}，平均值为 37.51mg·L^{-1}。经过反渗透膜处理后，总氮含量降到均值 2.15mg·L^{-1} 以下，去除率在 94.3％以上，并且产水水质比较稳定，如图 10-6 所示。

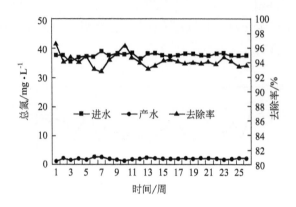

图 10-6　反渗透膜对总氮的去除效果[2]

（3）反渗透膜对有机物的去除

反渗透进水 TOC 均值为 4.48mg·L^{-1}，产水的 TOC 始终未能测出，如图 10-7 所示，即表明产水中 TOC 的含量已经非常少，超出了检测仪器的检测下限 4μg·L^{-1}，显示出反渗透膜对 TOC 良好的去除效果。

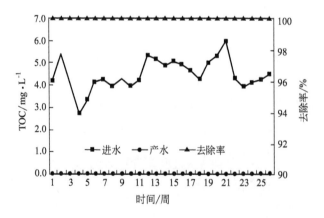

图 10-7　反渗透膜对 TOC 的去除效果[2]

原水 COD$_{Cr}$ 为 80mg·L^{-1}，经过预处理后，水中的 COD$_{Cr}$ 基本控制在 10～20mg·L^{-1}，而反渗透处理后，产水的 COD$_{Cr}$ 检测不出。因为用 COD$_{Cr}$ 来表示水中含量较低的有机物时并不准确，因此主要考察总有机碳的含量，以此来表征水中有机物含量的多少。

10.1.3 污水处理回用成本分析

按年运行时间 8000h 计，由每组膜堆平均产水量为 $83.3m^3 \cdot h^{-1}$，可知总产水量约为 $333m^3 \cdot h^{-1}$。

10.1.3.1 成本估算

系统运行总功率如表 10-2 所示。

表 10-2 系统总能耗估算[2]

序号	设备	额定功率/kW	数量	计算系数	合计/kW
1	集水池提升泵	37	3	2/3	74
2	工艺布气风机	90	3	2/3	180
3	沉淀池排泥泵	1.5	2	0.1	0.3
4	空压机	22	2	0.1	4.4
5	中间水池提升泵	37	3	2/3	74
6	反洗泵	18.5	4	0.1	7.4
7	搅拌器	0.55/0.37	5/2	0.1	0.349
8	加药泵	0.1	8	1	0.8
9	反渗透提升泵	22	4	0.7	61.6
10	反渗透高压泵	90	4	0.70	252
11	反渗透清洗泵	22	1	0.05	1.1
12	污泥脱水机	1.5	1	0.1	0.15
总计					656.1

动力费 $\quad E_1 = \dfrac{8000 \times 656.1 \times 0.406}{1.2} = 1775844$（元·年$^{-1}$）

药剂费 $\quad\quad\quad E_2 = 1500000$（元·年$^{-1}$）

折旧提存费 $\quad E_3 = 28600000 \times 90\% \times 4.5\% = 1158300$（元·年$^{-1}$）

检修维护费 $\quad E_4 = 28600000 \times 90\% \times 1\% = 257400$（元·年$^{-1}$）

工资福利费 $\quad E_5 = 36000 \times 15 = 540000$（元·年$^{-1}$）

因此制水成本合计为

$$T = \frac{1775844 + 1500000 + 1158300 + 257400 + 540000}{8000 \times 333} = 1.96 \text{（元·t}^{-1}\text{）}$$

购买中水费用为 0.48 元·t^{-1}，因此总制水成本为 2.44 元·t^{-1}。

10.1.3.2 经济效益评估

经过对项目运行过程中的固定资产折旧费、能耗、药剂消耗以及人工等费用的核算,产水成本为 2.44 元·t⁻¹ (含原水成本 0.48 元·t⁻¹)。以目前大连市工业用自来水价格 4.78 元·t⁻¹ 计,该项目年节约购买自来水费用约 875 万元,四年多就可收回投资。该工程每年可回用 480 万吨城市污水处理厂二级出水,每年削减 COD 排放量 300t 以上,削减氨氮排放量约 140t,环境效益明显。

10.2 膜法饮用水处理新工艺

随着人们生活水平的提高,人们对饮用水的要求也逐渐提升,膜技术作为高效的饮用水处理技术也越来越受到重视。微超滤膜能有效截留水中的菌体、胶体、颗粒物、有机大分子等大尺寸物质,如与其他处理技术进行有效组合,可以提高膜处理效果[3,4]。

10.2.1 陶瓷膜法湖水净化工艺

采用陶瓷膜对某湖水进行净化处理以达到饮用水要求,设计规模为 1500t·d⁻¹,工艺流程如图 10-8 所示。

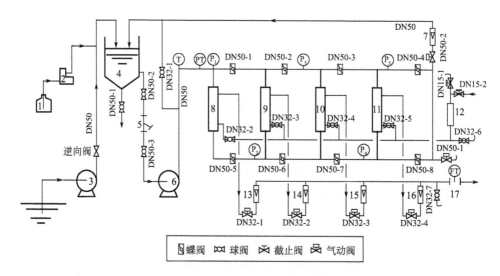

图 10-8 陶瓷膜对某湖水进行净化处理装置流程图

1—絮凝剂罐;2—计量泵;3—潜水泵;4—料液罐;5—管式过滤器;6—进料泵;

7—浓缩液流量计;8~11—膜组件;12—反冲罐;13~16—渗透液流量计;17—电磁流量计

本工艺主要包括以下几个方面内容。

① 对受到微污染的地表水采取在线絮凝预处理的方法,一方面可以节省大面积的沉淀池,另一方面可以有效除去部分浊度物质、细菌病毒、有机物及金属

离子等，这有益于后续膜净化工艺中减轻膜污染及保持很高的稳定通量；

② 采取溢流上清液，可以避免由于絮凝产生的沉淀进入膜组件；

③ 粗过滤工艺中使用管式过滤器不仅节省体积，而且可以预先除去部分絮状物，对提高膜的稳定通量和减轻膜污染起到一定的作用；

④ 膜净化过程中采取错流过滤方式，其优点就是避免水体中大量杂质堵塞膜面；浓缩液循环回到料液罐，并根据物料（悬浊物浓度）进行放空排污；

⑤ 膜过程采用恒通量过滤方式，渗透通量设定初始值，清液出水侧安装一个电磁流量计，把清液流量信息返回给系统，然后系统通过变频器调节泵的流量来维持恒定通量；

⑥ 反冲系统自动化，在膜组件进口管道上安装压力变送器，通过其压力的变化实现自动反冲，即设定一个压力上限值，达到这个值时，系统自动启动反冲部分；反冲时进料泵不停机，关闭气动阀 DN32-1、DN32-2、DN32-3、DN32-4、DN50-2，打开气动阀 DN50-1、DN15-1、DN15-2，进行反冲；该法的优点就是进料泵泵入的液体提供一个与膜面平行的剪切力，同时反冲液提供一个与膜面垂直的力，两者同时作用，膜面的污染物会容易被冲掉并排出设备系统；

⑦ 膜组件耦合方式：

a. 关闭蝶阀 DN50-4 可实现四只膜组件并联运行；

b. 关闭蝶阀 DN50-1、DN50-3、DN50-6 和 DN50-8 可实现四只膜组件串联运行；

c. 若某个组件发生问题，且不能工作，可以通过拆卸后使用自制的配套封头堵住该组件进出口；或者是考察某个组件时，可以使用此法；

⑧ 每个膜组件的清液都单独设计一个流量计，利于对单个膜组件进行通量考察，而且四个流量计 13、14、15 和 16 均安装在控制面板上，可以更加便捷地观测净化后的清液流量；

⑨ 压力表 P_1、P_2、P_3、P_4 和 P_5 以及温度表 T 均安装在面板上，可以及时观察膜组件里的压力和温度的变化，以便做手动调整；

⑩ 控制柜单独设计；控制柜包括变频器、计电表、电源控制开关等；

⑪ 实现变频器、泵与反冲自动化耦合。

10.2.2 膜孔径对湖水净化过程的影响

实验中考察了 50nm、200nm、500nm 和 800nm 等四种不同孔径的陶瓷膜的过滤情况；同时对比了膜直接微滤和絮凝-连续微滤两种不同工艺对湖水的处理效果。微滤的条件为：跨膜压差 0.2MPa、膜面流速 $1m \cdot s^{-1}$、操作温度 20℃。结果表明，湖水经过絮凝预处理，膜的渗透通量明显比直接微滤大得多。四种不同孔径的微滤膜的渗透通量变化如图 10-9 所示。由图可见，膜通量均随时间的延长先下降后稳定，其中 500nm 陶瓷膜的通量最高。湖水絮凝-连续微滤处理前后水质的相关参数见表 10-3。由表可以得出，絮凝能够可以部分降低湖水的浊度，结合膜分离技术（膜孔径不大于 500nm），总除浊率可达 99.50％以上，可以有效净化湖水。

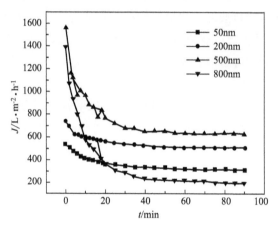

图 10-9　不同孔径陶瓷膜渗透通量随时间的变化

表 10-3　湖水絮凝-连续微滤处理前后水质的相关参数

膜孔径/nm	原水样浊度/NTU	絮凝后水样浊度/NTU	膜透过液浊度/NTU	总除浊率/%
50	16.7	13.0	0.078	99.53
200	16.9	13.5	0.081	99.52
500	30.1	23.0	0.147	99.50
800	30.1	23.0	0.8	97.34

10.2.3　操作压差对湖水净化过程的影响

在相同的低膜面流速（$u = 0.10 \text{m} \cdot \text{s}^{-1}$），反冲周期为 60min，反冲压力为 0.40MPa，反冲时间为 5s 的条件下，考察不同跨膜压差（$\Delta P = 0.025 \text{MPa}$、0.05MPa、0.10MPa、0.15MPa、0.20MPa）下通量随时间的变化，结果见图 10-10。在上述的条件下，设备的产水能力及能耗如表 10-4 所示。

表 10-4　不同压差下设备产水能力及能耗比较

跨膜压差/MPa	t/min	Q_2/L	R/%	电耗/kW·h·m⁻³
0.025	240	500	86.90	3.80
0.05	180	844	89.29	2.37

跨膜压差/MPa	t/min	Q_2/L	R/%	电耗/kW·h·m^{-3}
0.10	240	2056	90.04	1.61
0.15	240	3460	91.05	1.33
0.20	240	3896	90.96	1.59

注：t——工作总时间，min；Q_2——净水量，L；R——产水回收率；电耗——膜净化水过程中总电耗除以净化水总量，即电耗 = $\dfrac{进料泵电耗 + 反冲（空压机）电耗}{净化水产量} \times 100\%$。

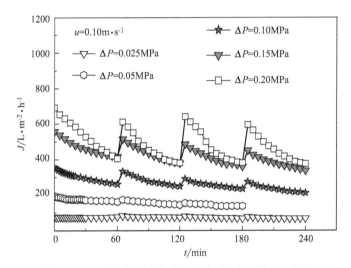

图 10-10　不同跨膜压差下通量随时间的变化（20℃）

由表 10-4 可以看出，当 TMP 为 0.15MPa 时，过滤性能最优。这主要是因为随着 TMP 的增大，渗透通量也随之增加。当在压力控制区时，渗透通量的衰减速度随着 TMP 的增加而减缓，净产水量也增多。当 TMP 进一步增大时，膜面滤饼层也增厚，过滤阻力也增大，同时浓差极化的影响也越来越明显，进而由压力控制区进入到浓差极化控制区，随着 TMP 的进一步增加，膜污染更加严重，故渗透通量的衰减速度增大，净产水量也减少，故认为适宜的 TMP 为 0.15MPa 左右。对部分水质分析数据如表 10-5 所示。

表 10-5　部分水质分析数据

跨膜压差/MPa	水样	浊度/NTU	TOC/mg·L^{-1}	电导率/μS·cm^{-1}	UV$_{254}$/cm^{-1}
0.025	池塘水	51.8	4.96	442	0.126
	絮凝后水	26.1	2.64	568	0.094
	净化水	0.096	2.33	556	0.065
	去除率/%	99.81	53.02	—	48.41

跨膜压差/MPa	水样	浊度/NTU	TOC/mg·L⁻¹	电导率/μS·cm⁻¹	UV₂₅₄/cm⁻¹
0.05	池塘水	25.6	3.71	436	0.127
	絮凝后水	26.3	2.89	559	0.095
	净化水	0.081	2.65	543	0.079
	去除率/%	99.68	28.57	—	37.80
0.10	池塘水	26	3.53	411	0.134
	絮凝后水	9.5	3.17	553	0.078
	净化水	0.083	2.98	530	0.066
	去除率/%	99.68	15.58	—	50.74
0.15	池塘水	19.5	4.11	430	0.121
	絮凝后水	24.1	2.38	546	0.049
	净化水	0.068	2.02	535	0.045
	去除率/%	99.65	50.85	—	62.81
0.20	池塘水	19.4	4.51	438	0.123
	絮凝后水	28.8	3.28	517	0.052
	净化水	0.097	2.86	495	0.046
	去除率/%	99.50	36.59	—	62.60

注：UV_{254}——对测量水中的天然有机物（如腐植酸等）有重要的意义，而且与消毒副产物的前体物有较好的相关性。

10.2.4 膜面流速对湖水净化过程的影响

在相同的跨膜压差（$\Delta P = 0.15\text{MPa}$），反冲周期为 60min，反冲压力为 0.40MPa，反冲时间为 5s 等条件下，考察在不同低膜面流速（$u = 0.10\text{m·s}^{-1}$、0.25m·s^{-1}、0.50m·s^{-1}、0.75m·s^{-1}）下，通量随时间的变化，如图 10-11 所示。在上述的条件下，设备的产水能力及能耗见表 10-6。

表 10-6 不同膜面流速下设备的产水能力及能耗比较

膜面流速/m·s⁻¹	t/min	Q_2/L	R/%	电耗/kW·h·m⁻³
0.10	240	3460	91.05	1.33
0.25	180	2790	92.00	1.28
0.50	180	2867	91.52	1.26
0.75	180	2900	89.68	1.28

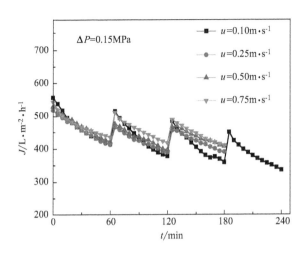

图 10-11　不同膜面流速下通量随时间的变化

从表 10-6 可以看出，在膜面流速为 $0.50\text{m}\cdot\text{s}^{-1}$ 时，过滤性能最优，能耗最低，产水率较高。这是因为膜面流速继续增大，则导致动力成本的增加；而较低膜面流速时，膜面的滤饼层以及浓差极化层都不能够得到很好的抑制，导致总产水能力较低，综合考虑，选择膜面流速 $0.50\text{m}\cdot\text{s}^{-1}$ 作为最佳考察条件。部分水质分析见表 10-7，均符合新的水质要求。

表 10-7　部分水质分析数据

膜面流速/$\text{m}\cdot\text{s}^{-1}$	水样	浊度/NTU	TOC/$\text{mg}\cdot\text{L}^{-1}$	UV_{254}/cm^{-1}	UV_{410}/cm^{-1}
0.10	池塘水	19.5	4.11	0.121	—
	絮凝后水	24.1	2.38	0.049	—
	净化水	0.060	2.02	0.045	—
	去除率/%	99.65	50.85	62.81	—
0.25	池塘水	51.7	4.05	0.189	0.117
	絮凝后水	25.2	2.37	0.096	0.025
	净化水	0.144	2.09	0.082	0.001
	去除率/%	99.72	48.43	56.61	99.14
0.50	池塘水	51.2	4.03	0.185	0.094
	絮凝后水	26.5	2.30	0.088	0.011
	净化水	0.138	2.05	0.074	0.00
	去除率/%	99.73	49.13	60.00	100

膜面流速/m·s⁻¹	水样	浊度/NTU	TOC/mg·L⁻¹	UV₂₅₄/cm⁻¹	UV₄₁₀/cm⁻¹
0.75	池塘水	62.5	4.29	0.197	0.103
	絮凝后水	22.1	2.99	0.103	0.028
	净化水	0.101	2.74	0.087	0.000
	去除率/%	99.84	36.13	55.84	100

注：1. UV_{254}——对测量水中的天然有机物（如腐植酸等）有重要的意义，而且与消毒副产物的前体物有较好的相关性。

2. UV_{410}——与水中的色度有良好的相关性，代表一些大分子有机物，其中大部分能被 MF 膜截留，只有小部分通过混凝和吸附除去。

10.2.5　恒通量运行膜过滤过程

选择"絮凝＋沉降＋膜净化"工艺流程，过滤条件为反冲周期为 60min，反冲压力为 0.40MPa，反冲时间为 5s 等，考察在不同渗透通量（150L·m⁻²·h⁻¹、200L·m⁻²·h⁻¹、250L·m⁻²·h⁻¹）下，跨膜压差随时间的变化，如图 10-12 所示。在上述条件下，设备的产水能力及能耗见表 10-8。

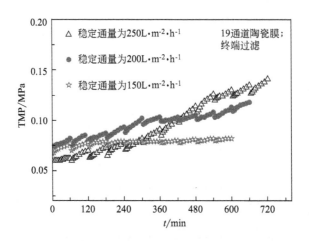

图 10-12　不同渗透通量下跨膜压差随时间的变化

表 10-8　不同渗透通量下设备产水能力及能耗比较

渗透通量/L·m⁻²·h⁻¹	t/min	Q_f/L	R/%	电耗/kW·h·m⁻³
150	600	3000	90.63	1.22
200	660	4400	95.56	1.11
250	720	5500	94.56	1.16

从表 10-8 和图 10-12 中的数据可以看出，选择渗透通量为 250L•m^{-2}•h^{-1} 时，总过滤时间为 720min，跨膜压差达到 0.141MPa，而且该条件下，膜污染最严重，压力上升最快，这是因为在高的渗透通量下，膜极易被污染而形成膜面或膜孔堵塞，高压反冲也不能有效将污染物层去除；而当渗透通量为 150L•m^{-2}•h^{-1} 时，虽然跨膜压差上升较慢，但总产水能力最弱；故选择 200L•m^{-2}•h^{-1} 的渗透通量作恒通量稳定考察最具有意义。水质分析见表 10-9。

表 10-9　部分水质分析数据

渗透通量/L•m^{-2}•h^{-1}	水样	浊度/NTU	TOC/mg•L^{-1}	UV$_{254}$/cm^{-1}	UV$_{410}$/cm^{-1}
150	池塘水	19.9	4.025	0.174	0.097
	絮凝后水	12.8	2.453	0.062	0.06
	净化水	0.084	2.159	0.044	0
	去除率/%	99.58	46.36	74.71	100.00
200	池塘水	47.5	4.78	0.199	0.13
	絮凝后水	17.4	3.56	0.062	0.072
	净化水	0.097	3.27	0.046	0
	去除率/%	99.80	31.59	76.88	100.00
250	池塘水	28.3	3.221	0.173	0.101
	絮凝后水	17.6	2.268	0.093	0.078
	净化水	0.092	2.145	0.048	0
	去除率/%	99.67	33.41	72.25	100.00

10.2.6　反冲条件对湖水净化过程的影响

在相同的跨膜压差（$\Delta P = 0.15$MPa）、膜面流速（$u = 0.50$m•s^{-1}）、反冲压力（0.4MPa）、反冲时间（5s）等条件下，考察在不同反冲周期（$T = 30$min、60min、90min）下，通量随时间的变化，数据见图 10-13（为了更好比较，将通量换算为 20℃下的数据进行比较）。在上述的条件下，设备的产水能力及能耗如表 10-10 所示。

表 10-10　不同反冲周期下设备产水能力及能耗比较

反冲周期/min	t/min	Q_2/L	R/%	电耗/kW•h•m^{-3}
30	180	2949	88.03	1.29
60	180	2867	91.52	1.26
90	270	3883	91.74	1.36

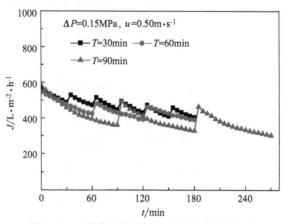

图 10-13　不同反冲周期下通量随时间的变化

从表 10-10 数据分析可以得出，在其他条件相同情况下，反冲周期为 30min 时的通量较高，但该条件下的产水率较低，且能耗较高（反冲时空压机的电耗）；这是因为频繁的反冲可以较好地消除凝胶极化层及浓差极化对过滤性能的影响，进而减轻膜污染。但频繁的反冲，一方面会造成操作费用的增加，另一方面也会使产水回收率降低。单位时间内反冲周期为 60min 时的总产水量要优于反冲周期为 90min 时的总产水量，但因为其反冲次数多于后者，故产水回收比反冲周期为 90min 时略低，综合考虑认为适宜的反冲周期为 60min。水质分析如表 10-11 所示。

表 10-11　水质分析数据

反冲周期/min	水样	浊度/NTU	TOC/mg·L⁻¹	UV₂₅₄/cm⁻¹	UV₄₁₀/cm⁻¹
	池塘水	48.4	2.25	0.122	0.073
30	絮凝后水	20.4	1.49	0.082	0.019
	净化水	0.102	1.26	0.069	0.000
	去除率/%	99.79	44.00	43.44	100
	池塘水	51.2	4.03	0.185	0.094
60	絮凝后水	26.5	2.30	0.088	0.011
	净化水	0.138	2.05	0.074	0.000
	去除率/%	99.73	49.13	60.00	100
	池塘水	45.9	2.23	0.124	0.087
90	絮凝后水	24.3	1.52	0.08	0.016
	净化水	0.113	1.29	0.069	0.00
	去除率/%	99.75	42.15	44.35	100

10.2.7　装置连续运行考察

通过前期试验的考察，选择在 $\Delta P = 0.15MPa$，$u = 0.50m \cdot s^{-1}$，反冲周期为

60min，反冲压力为 0.40MPa，反冲时间为 5s 的条件下，考察渗透通量随时间的变化，如图 10-14 所示。

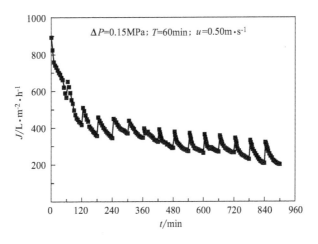

图 10-14　渗透通量随时间的变化

浊度物质包括天然原水中的浊度组成为黏土性物质、胶体状的铁锰（氧化后）、浮游生物、藻类、微生物和有机物等，粒径范围在 $0.1\mu m$ 至数百微米。采用传统工艺进行处理时，其出水的浊度在 1～2.5NTU。而采用混凝-膜组合工艺进行净化时，膜出水浊度始终低于 0.2NTU，稳定在 0.1NTU 左右。由此可见，膜处理出水的浊度低于常规处理工艺出水的浊度。本试验结果充分证实了膜过滤在去除浊度上的关键性，它能实现水质更深层次的提高。图 10-15 为本工艺在净化水过程中的浊度变化情况及去除率。

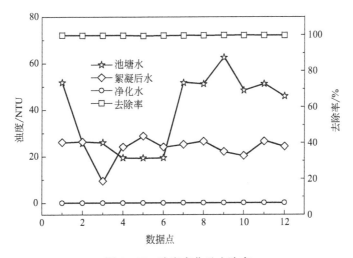

图 10-15　浊度变化及去除率

试验过程中，分别对两种工艺出水的水质进行物化分析，主要考察以下几个方面，即浊度、UV$_{254}$、总有机碳 TOC、金属离子（Ca、Mg、Fe、Cu、Cr、Pb）等，结果见表 10-12。

表 10-12　两种工艺出水水质比较

水质指标		国标	原湖水	直接 MF 出水	微絮凝-MF 出水
浊度/NTU		1	23.86	0.976	0.387
UV$_{254}$/cm^{-1}		—	0.198	0.105	0.043
TOC/mg·L^{-1}		5	2.102	1.982	1.265
金属离子/mg·L^{-1}	Ca	—	26.64	25.12	24.01
	Mg	—	7.49	7.30	6.59
	Fe	0.3	0.1	0.017	0.004
	Cu	1.0	0.017	0.009	0.005
	Cr	0.05	0.006	0.005	0.005
	Pb	0.01	0.069	0.004	0.002
总硬度（以 CaCO$_3$ 计）/mg·L^{-1}		450	97.82	92.72	87.03

由表 10-12 可知，与最新国标的水质标准比较，各项水质指标都符合要求；且两种工艺处理的水质基本上都能满足要求，这说明微滤膜对水质中的污染成分具有一定的截留功能；但是絮凝-MF 的出水水质更好，而且膜污染也比较轻，易于清洗。这也证明了采用絮凝预处理工艺有利于水质的提高和减轻膜污染。

10.2.8　运行经济性估算 [5]

（1）药剂费用

药剂费主要包括絮凝剂和清洗药剂费用（絮凝剂三氯化铁价格为 6000 元·t^{-1}；清洗剂价格为 800 元·t^{-1}）。

根据实验结果，絮凝剂三氯化铁投加量为 15～20mg·L^{-1}，每吨处理成本为 0.09～0.12 元。

清洗剂（NaClO，5mg·L^{-1}）费用约为 0.025 元·t^{-1}。

（2）运行费用

通过条件考察得出，能耗最低的是跨膜压差为 0.15MPa、膜面流速为 0.5m·s^{-1}、反冲周期 $T=60$min 的条件下，即 1.26kW·h·m^{-3}。

以 1.26kW·h·3m^{-3} 计算，每吨水的处理成本约为 0.77 元 [电费以 0.5 元·(kW·h)$^{-1}$ 计]；本装置运行费用可以作为参考，因为本装置处理量太小仅为

100t•d^{-1}，不到 5t•h^{-1}，管路设计阻力太大，泵效率太低。在盱眙 1500t•d^{-1} 的饮用水净化项目上，总装机功率为 27kW，平均吨水电耗为 0.43kW•h，折合电费 0.215 元。

因此，总成本为 0.09+0.025+0.215＝0.31 元•t^{-1}。

10.3　膜法抗生素生产新工艺

分离和纯化技术对微生物发酵生产的药物的活性和产量有着显著的影响。抗生素是微生物在新陈代谢中产生的，在批量生产中其有效成分的含量很低，发酵液中抗生素的提取方法主要有：树脂吸附法、溶剂萃取、离子交换法和沉淀法。这些工艺往往十分繁杂，所需时间长，提取过程中需要消耗大量的原料，能耗高，产品回收率低，废水排放量及浓度较高。另外，抗生素在漫长的提取过程中易变性失活[7]。以膜分离技术为基础的新一代流体分离工艺，具有节能、不破坏产品结构、污染小和操作简单等特点[8,9]，因此其在抗生素提炼中的应用研究近年来十分活跃，这也是膜分离技术应用重点推广的领域之一。

10.3.1　抗生素生产工艺流程

抗生素医药产品涉及头孢菌素类、硫酸粘杆菌素、硫酸链霉素、红霉素、林可霉素等，主要通过生物化学和生物发酵生产获得。图 10-16 为抗生素生产的一般工艺流程。

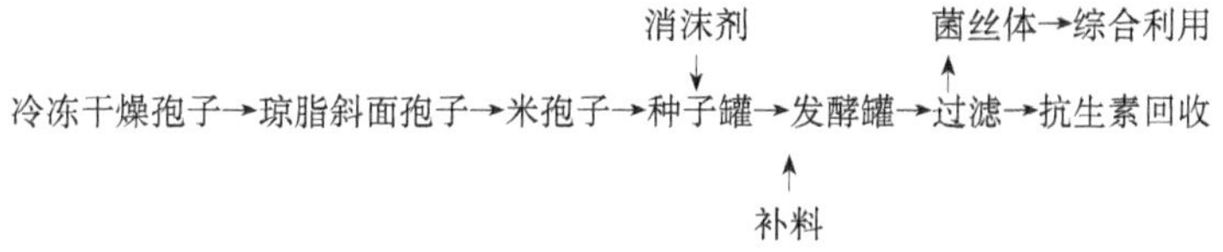

图 10-16　抗生素生产的一般工艺流程图[6]

发酵生产的抗生素原液中含 4% 生物残渣，不定的盐分及 0.1%～0.2% 的抗生素。多数抗生素的相对分子质量在 300～1200 范围内，存在于液体中。这些杂质在发酵液中的浓度超过抗生素，其中代谢产物的物化性能和抗生素又非常接近，增加了分离难度。这些物质的存在轻则影响产品的纯度，重则产生污染导致产品报废。因此要从发酵液中去掉这些杂质，以制取高纯度的合乎药典规定的抗生素产品。用于抗生素提炼中的膜分离技术主要涉及超滤、纳滤和反渗透。

10.3.1.1　超滤膜工艺

目前，大多数发酵液的除菌过滤仍采用板框、真空转鼓、离心机、硅藻土机等传统固液分离设备,或采用絮凝沉降、加热及等电点沉淀等方法。这些方法无法将发酵液中大量存在的可溶性蛋白、胶体、杂质多糖、亚微米微粒等分离,导致滤过液透光率不高,还存在着提取步骤繁多、产品收率不高、后续操作水洗量较大、劳动强度大、废水排放量大且浓度较高等缺点。而采用超滤膜工艺,不仅操作工艺简单,成本低,还高效节能地解决了分离纯化问题。

结晶苄青霉素钠的生产长期以来都采用溶剂萃取法,在此基础上又可细分为间接法和直接法,两种方法的工艺流程都很繁杂[10]。而苄青霉素酸中含有大量的生物高分子物质,如蛋白质、多糖、淀粉等,导致后续的钠盐过程的产率很低。研究结果表明,对苄青霉素酸进行萃取之前,先用超滤过程对其进行纯化,处理后的滤液按现行工艺所得的苄青霉素酸就能满足结晶钠盐的纯度要求,且不需加入破乳剂,工艺流程由以前的四步萃取简化为两步萃取,萃取收率和产品质量都有明显的提高。图 10-17 为苄青霉素超滤膜工艺过程。

$$\text{发酵滤液} \xrightarrow{\text{PVDF 膜超滤}} \text{超滤液} \xrightarrow[\text{pH 2.0,不加破乳剂}]{\text{乙酸丁酯(BA)萃取}} \text{1BA}$$

$$\xrightarrow{20\%(\text{体积分数})\text{水洗}} \text{水洗 1BA} \xrightarrow{\text{活性炭脱色}} \text{2FBA} \xrightarrow[\text{丁醇共沸结晶}]{\text{Na}_2\text{CO}_3\text{ 反萃}} \text{苄青霉素}$$

图 10-17　苄青霉素超滤膜新工艺

青霉素发酵液传统的提炼工艺是利用青霉素及其盐(钠、钾盐)在不同的溶剂中溶解性不同的特性,采用乙酸丁酯多级逆流萃取的方法,以达到提纯和浓缩的目的。BFM(bent flat membrane)膜工艺,既有平板膜系统对进料要求低、湍流效率高的特点,又有卷式膜系统密封性能好、膜寿命长等优点。某公司开发的 BFM 卷式平板膜分离系统如图 10-18 所示。BFM 技术是针对膜分离工程出现投资高、运行效率低,或者出现膜组件堵塞、膜分离系统瘫痪的现象而设计的,分离精度覆盖了微滤和超滤。

图 10-18　BFM 卷式平板膜分离系统照片

发酵法生产抗生素同样也存在除菌过滤问题，陶瓷膜分离技术也是取代传统工艺的适宜选择。与传统的离心法相比，陶瓷膜过滤过程具有耗能少、回收率高、需要的洗脱剂少等优点。Adikane 等[11] 采用陶瓷膜从发酵液中回收青霉素 G。当错流速度提高 2.9 倍时，膜通量提高 2 倍，当错流速度提高 2.7 倍时，膜通量提高 1.8 倍，这就使得处理同样多的料液可节省 41% 的时间。同时采用 pH 值为 6 的磷酸盐缓冲溶液作为洗脱剂。当进料为 600mL 时，先浓缩至 200mL 料液后，开始加洗脱剂，每次 100mL，12 次循环后，得率为 98%。Alves 等[12] 在制备抗生素克拉维酸时采用截留分子量为 15kDa 的陶瓷膜处理发酵液，获得的膜的通量高，同时也获得了高产量的抗生素。

目前国内一些企业已将陶瓷膜分离技术应用于抗生素生产中，如某企业在糖肽类抗生素生产中，采用陶瓷膜微滤技术替代原工艺中的板框过滤进行发酵液的除菌净化，澄清效果优于板框过滤，澄清后的发酵液放置时间延长，同时还降低了劳动强度。工业化装置的膜面积为 120m²，日处理发酵液 15m³，洗水量为 15m³·d⁻¹，浓缩比例小于 65%。采用热水、2% 氢氧化钠、2% 硝酸、次氯酸钠溶液清洗可以进行膜的再生。

10.3.1.2 纳滤膜工艺

纳滤可以用以下两种方式对原有抗生素提取工艺进行改进[13~15]：一是用溶剂萃取抗生素后，萃取液用纳滤处理，浓缩抗生素，可改善操作环境；二是对未经萃取的抗生素发酵滤液进行纳滤浓缩，除去水和无机盐，再用萃取剂萃取，可减少萃取剂的用量，流程如图 10-19 所示。

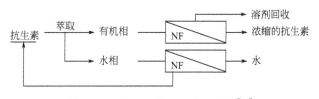

图 10-19　纳滤浓缩抗生素发酵液[15]

10.3.1.3 反渗透膜工艺

反渗透膜可以截留抗生素、氨基酸、无机盐等小分子物质，只允许溶剂分子通过，用于直接提取抗生素可得到纯度较高的产品。张治国等[16] 把 NFB38-2 型反渗透装置（蓬莱反渗透设备厂）用于济宁抗生素厂链霉素的生产工艺中浓缩链霉素，与升膜式减压蒸发器浓缩相比，链霉素质量和收率都有提高，且节约大量能耗。李十中等[17] 用反渗透法处理土霉素结晶母液，对 COD$_{Cr}$ 和 BOD$_5$ 的去除率均大于 99%，土霉素全部被反渗透膜截留，在透过液中的含量为零。透过液可作为发酵过滤工段顶洗水而得到重复利用，浓缩液中的土霉素在经过超滤处理后可以通过结晶的方法回收，所得土霉素纯度为 82.9%，效价 771U·mg^{-1}，回收率为 62%。结晶土霉素后的二次母液，经与车间冲洗水等低污染负荷水混合后，可较容易地进行生物降解。Nabais 等[18]用聚酰胺反渗透膜处理经超滤处理过的苄青霉素发酵液，对 NaCl 的截留率达到 99%，苄青霉素基本上没有损失。

10.3.1.4 超滤-纳滤集成工艺

将膜分离技术高效集成化，可提高产品质量，降低成本，缩短处理时间。以卡那霉素的生产为例，卡那霉素为氨基糖苷类抗生素，是丁胺霉素的原料药，其原工艺生产流程见图 10-20。原工艺中，由于薄膜蒸发法浓缩耗能大，且加热时间较长，使热敏性的卡那霉素产品部分遭破坏，降低了收率，影响了产品质量。采用超滤-纳滤集成膜分离技术代替传统的薄膜蒸发法提纯浓缩卡那霉素树脂解吸液，可实现低能耗、低损失、高浓缩倍数、无污染。中试实验通过测定浓缩倍数、浓缩收率、损失率、膜通量以考察技术可行性及筛选纳滤膜，并结合超滤去除卡那霉素树脂解吸液中的蛋白质和悬浮微粒，减少纳滤膜的污染，提高膜通量。

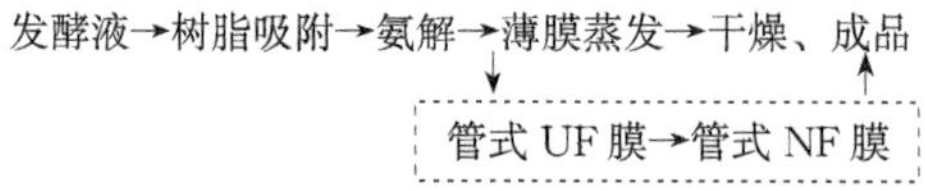

发酵液→树脂吸附→氨解→薄膜蒸发→干燥、成品

管式 UF 膜→管式 NF 膜

图 10-20　卡那霉素传统生产工艺及膜法新工艺[23]

10.3.2　纳滤膜新工艺运行结果

目前，纳滤膜技术已成功地应用于红霉素、金霉素、万古霉素等多种抗生素的浓缩和纯化过程中[19]。张伟等[20]采用 NP-1 型卷式纳滤膜组件进行抗生素的浓缩试验研究，膜组件的外形尺寸为直径 50mm×500mm，膜面积为 15m^2，操作压力为 0.15MPa，操作温度为 25～30℃。试验处理的抗生素相对分子质量范围为 800～1000，浓度为 12000μg·mL^{-1}，浓缩后，溶液体积减少到原料液的 1/10，浓度达 110000μg·mL^{-1} 以上，整个浓缩过程中，膜对抗生素的截留率在 99% 以上，抗生素损失不大于 1%。这证明 NP 型复合纳滤膜可用于多种抗生素的浓缩与纯化，满足节能、低污染的新型提取工艺的要求。孙玫等[21]报道了纳滤技术在泰乐星提炼过程中的应用实例。泰乐星是由弗氏链霉素产生的一种大环内酯类抗生素。原有工艺脱色液用薄膜真空浓缩，现用耐溶剂纳滤膜替代，不仅解决了溶解度不合格的问题，使产品 90% 以上顺利出口，而且每年还可节约 40 万～45 万元浓缩动力费用，社会效益、经济效益可观，目前此品种已扩大到年产 130 吨的生产规模。叶榕、李春艳[22]报道了将卡那霉素解吸液先经超滤膜提纯后再用纳滤膜浓缩，测定浓缩倍数、浓缩收率和损失率并考察浓缩过程的膜

通量及其变化。用于浓缩 pH 值为 12 左右的卡那霉素树脂解吸液的纳滤膜必须具备下列几个条件：①基本上能完全截留卡那霉素；②耐强碱；③有较大的膜通量。根据上述要求，用适用 pH 值在 2～13 的纳滤膜进行浓缩实验，投液体积为 50L，运行时间为 2h，结果见表 10-13。从表 10-13 可见，12# 纳滤膜最符合条件，因此选用该膜进行浓缩效果实验，结果见表 10-14。表 10-14 显示，除了膜通量偏小外，纳滤浓缩效果还是令人满意的。为了提高纳滤膜的通量，首先采用超滤膜对卡那霉素树脂解吸液进行纯化，以除去对纳滤膜面产生严重污染的蛋白质和悬浮颗粒[23,24]，再用纳滤膜浓缩。超滤提纯前后的纳滤膜通量及其变化见图 10-21。经超滤膜提纯后的卡那霉素树脂解吸液再用 12# 纳滤膜浓缩，膜通量比未经超滤提纯的提高了一倍，平均膜通量达到 $23.5L \cdot m^{-2} \cdot h^{-1}$，这表明了超滤-纳滤集成技术在提纯浓缩卡那霉素树脂解吸液中的优势。

表 10-13　纳滤膜选择实验结果[23]

膜编号	浓缩液波美度/°Bé	透过液波美度/°Bé	水通量/$L \cdot m^{-2} \cdot h^{-1}$	平均膜通量/$L \cdot m^{-2} \cdot h^{-1}$
7#	17.5	3.7	25	20
12#	17.0	0	27	12
19#	16.8	0	26	8

表 10-14　纳滤浓缩实验结果[23]

批次	料液		透过液		浓缩液		顶洗液	
	体积/L	浓度/$\mu g \cdot mL^{-1}$	体积/L	浓度/$\mu g \cdot mL^{-1}$	体积/L	浓度/$\mu g \cdot mL^{-1}$	体积/L	浓度/$\mu g \cdot mL^{-1}$
1	50	131034	37.5	518	12.8	431795	11.4	80000
2	51	125800	36.0	727	13.5	407576	10.7	82258
3	52	120209	38.2	230	13.8	406881	11.2	46550
平均	—	—	—	—	—	—	—	—

批次	浓缩收率/%	浓缩倍数	损失率/%	平均膜通量/$L \cdot m^{-2} \cdot h^{-1}$
1	98.28	3.91	0.30	11.2
2	99.48	3.64	0.41	11.7
3	98.17	3.77	0.51	12.5
平均	98.64	3.77	0.41	11.8

薄膜蒸发法浓缩需较长时间加热，一方面导致部分产品遭破坏，使结晶后的干粉发黄，影响产品质量和收率，另一方面导致严重的挂壁损失，使浓缩收率仅为 93%。而本研究采用纳滤浓缩的收率高达 98% 以上。卡那霉素树脂解吸液经纳滤浓缩后结晶得到的晶体色淡粒大，改善了产品质量。膜分离技术另一重大意义是环保

价值。薄膜蒸发法浓缩需耗用燃煤锅炉产生的蒸汽，而膜分离技术仅靠压力差驱动，纳滤浓缩过程滤出的水，既可回收，亦可直接排放，从而实现清洁生产。

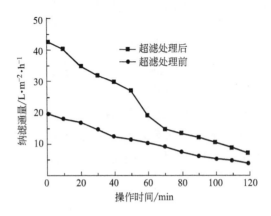

图 10-21　超滤提纯前后纳滤膜通量变化曲线[23]

10.3.3　抗生素生产成本分析

抗生素的相对分子质量大都在 300～1200，多采用发酵法生产。通常是从发酵液中通过澄清和溶剂萃取分离，再对萃取液减压蒸馏得到抗生素。但是溶剂用量大，能量消耗高，产品收率低，还需进行溶剂回收和废水、母液的排放处理。膜分离技术可以克服上述缺点，获得较大的经济效益。以螺旋霉素为例，全国有 10 余家企业在生产，年总产量持续超过 1000t，现行生产工艺是先经过收率约为 97% 的板框过滤后，滤液再经多道萃取和精馏分离工艺，最终收率仅 80% 左右，甚至低到 70%。如果采用膜技术，产品收率可以提高到 90%，不计节能所产生的效益，仅因提高收率所增效益，至少每年有数千万元（按每吨售价 40 万元计）。再如，如果在一个年产 300t 丁胺卡那霉素的药厂，采用膜技术代替加热蒸发浓缩工艺，每年可节约煤、电、水、劳务费等达 150 万元以上；提高产品收率按 1%～2% 计，每年新增效益 100 万元以上（按每吨 32 万元计）。

10.4　医药工业溶剂异丙醇回收技术

有机溶剂广泛应用于医药工业生产过程中，有机溶剂回收是制药过程中的重要工序。有机溶剂循环使用过程中，需要将水和微量药物成分除去。工业上，通常先通过蒸馏除去废溶剂中的固体杂质，再通过精馏、片碱脱水等技术除去所含水分，其分离能耗高、回收率低，并且引入新杂质而污染环境[25~27]。将渗透汽化分离技术用于有机溶剂脱水回收，对我国医药行业竞争力的提升具有十分重要的意义，也符合我国节能减排的战略目标。有关渗透汽化技术的技术特点和进展在第4章已做详细介绍，不再赘述。本节以某医药公司的头孢抗生素生产过程中废异丙醇溶剂脱水回收技术为案例，具体说明渗透汽化膜技术在医药工业溶剂回收中的应用。

10.4.1 渗透汽化膜在异丙醇溶剂中的稳定性

在医药生产过程中，有机溶剂体系通常含有酸碱组分、杂质离子等，影响分子筛膜材料的稳定性。一般而言，分子筛膜材料受环境体系的 pH 影响较为显著，酸性环境易造成骨架脱铝，强碱性环境又可能带来骨架硅溶解。另外，鉴于分子筛膜材料的离子交换性质，一些含盐的溶液体系亦可能对分子筛膜材料的结构产生影响。如何采用合适的调控方法延长分子筛膜的使用寿命，是 NaA 分子筛膜在医药溶剂脱水回收应用中首先需要解决的重要问题。

10.4.1.1 pH 值对 NaA 分子筛膜稳定性的影响

将 NaA 分子筛膜常温浸泡在 pH 值分别为 6、7、8、9 的异丙醇溶液中 [含水量为 17%（质量分数）]，经过一段时间后表征其渗透汽化分离性能，然后继续浸泡。采用 90：10（质量比）乙醇/水溶液对膜性能进行表征，操作温度为 70℃（图 10-22）。当异丙醇溶液为弱酸性（pH=6）时，经过 100 天的浸泡后，渗透液含水量从 97.8%（质量分数）下降至 82.3%（质量分数），表明 NaA 分子筛膜分离性能有一定的下降。在 pH 值为 7～9 的异丙醇溶液中，经过同样时间浸泡的膜的分离性能与新膜相差不大，表明 NaA 分子筛膜在弱碱性溶液中能保持较为稳定的分离性能。浸泡在 pH 值为 6 的异丙醇溶液中的 NaA 分子筛膜，表面出现了一些缺陷及少量无定形组分。pH 值为 7～9 的溶液浸泡过的 NaA 分

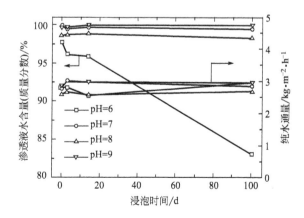

图 10-22　NaA 分子筛膜在不同 pH 值异丙醇溶液中浸泡不同天数后的分离性能[33]

子筛膜表面仍完整致密，分子筛晶型清晰可见（图 10-23）。因此，为提高膜渗透汽化运行稳定性，必须将有机溶剂控制在中性或者弱碱性条件下，即 pH 值为 7～9。

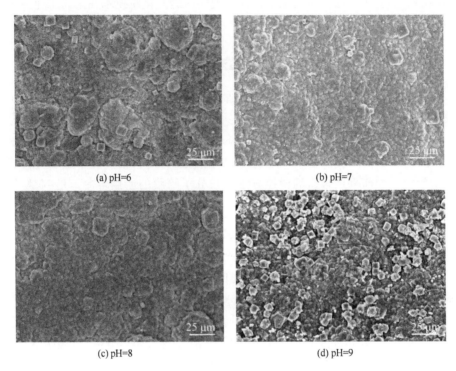

图 10-23　NaA 分子筛膜在不同 pH 值异丙醇溶液中浸泡 100 天后表面 SEM 照片[28]

10.4.1.2　盐类对 NaA 分子筛膜稳定性的影响

以工业上头孢抗生素生产过程中使用过的废异丙醇为原料，其组成主要包括异丙醇、水、乙酸乙酯和盐等物质。采用 NaA 分子筛膜进行渗透汽化间歇式脱水，同时采用配制的异丙醇溶液进行对比实验。溶液初始总质量约为 1.7kg，操作温度为 100℃，总运行时间约为 30h，将该异丙醇溶液从含水量约为 17%（质量分数）脱水至 3%（质量分数）以下，渗透汽化运行结果如图 10-24 所示。当原料含水量为 17.3%（质量分数）时，渗透通量高达 7.3kg·m^{-2}·h^{-1}，渗透液含水量为 91.6%（质量分数）。随着时间的延长，原料含水量逐渐降低，渗透通量也随之降低。与此同时，渗透液含水量保持在较高的水平（约 94%，质量分数）。将该结果与实验室配制的异丙醇模拟体系渗透汽化脱水结果进行比较，发现经过较长时间运行后，原料含水量较低时对废异丙醇溶液脱水所得到的渗透通量要低一些。考虑到渗透液含水量并没有明显的降低，这可能是由于膜表面污染堵塞了膜孔道。

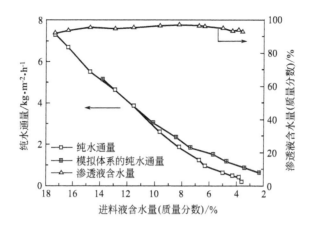

图 10-24　NaA 分子筛膜对异丙醇溶剂间歇脱水的结果[28]

图 10-25 给出了膜分离前后 NaA 分子筛膜的 SEM 照片，与新膜 ［图 10-25（a）］ 相比，对废异丙醇溶液脱水过的膜 ［图 10-25（c）］ 表面覆盖了一层污染物，而在模拟体系中使用过的膜 ［图 10-25（b）］ 并没有污染物。对污染膜表面

(a) 新膜

(b) 模拟体系用膜

(c) 工业废溶剂体系用膜

图 10-25　采用 NaA 分子筛膜对异丙醇进行脱水前后的表面 SEM 照片[28]

进行了 EDS 表征，并与新膜进行了比较，结果如表 10-15 所示。在被污染的膜表面发现了一些钙元素和硫元素，而在新膜及支撑体内并不存在这些元素，因此，这些新元素应该是来自废异丙醇溶液中的硫酸盐。此外，与新膜相比，被污染的膜中的钠离子含量大幅上升，表明异丙醇溶液中含有较多的钠盐。这是由于在渗透汽化过程中，随着原料含水量逐渐减小，原料中的无机盐沉积在膜表面，堵塞了膜孔道导致水通量下降。此外，一些阳离子能够与分子筛中的钠离子发生离子交换从而改变 NaA 分子筛的孔道直径甚至导致分子筛结构的变化。如 3A 分子筛（孔径 0.3nm）和 5A 分子筛（孔径 0.5nm）分别可通过 NaA 分子筛与钾离子和钙离子进行离子交换得到。这些结果表明，溶液中的无机盐对 NaA 分子筛膜的渗透汽化运行稳定性具有很大的影响，NaA 分子筛膜用于有机溶剂脱水之前必须移除溶剂中的各类盐分，提高其运行稳定性。

表 10-15　新膜及被污染后的膜表面 EDS 表征结果[28]

元素	新膜原子分数/%	污染膜原子分数/%
Na	28.97	37.21
Al	34.55	29.75
Si	36.48	28.59
S	0	2.99
Ca	0	1.46
总计	100.00	100.00

10.4.2　渗透汽化分离工艺

异丙醇溶剂的预处理、膜脱水回收工艺流程如图 10-26 所示。对来自头孢抗生素生产过程中的溶剂废液（1）首先在蒸发罐（B1）中进行了简单蒸馏以去除主要的无机盐类、色素及其他高沸点物质，得到蒸馏液（2），废液（6）去废水处理。蒸馏液（2）仍含有各种有机杂质及少量盐类，进入精馏塔（B2）进行分离，在塔顶得到主要组成为乙酸乙酯的馏出液（7）并回收处理；靠近塔釜处主要组成为异丙醇、水的料液（3）以气相进入精馏塔（B3）进一步去除料液中的其他杂质，如微量夹带盐分、重组分等，以提高异丙醇的纯度。在精馏塔（B3）塔顶得到无色澄清料液（4），料液（4）进入渗透汽化膜分离装置（B4）进行脱水。精馏塔（B2）塔釜料液组成主要为大量水分、杂质及少量异丙醇等，定期间歇排放、清洗。精馏塔（B3）塔釜得到的回流液（9）重新进入精馏塔（B2）塔釜一同定期排放。

10.4.2.1　预处理工艺

工业废异丙醇溶剂组成复杂，除含有异丙醇约 70%（质量分数）、水约 17%

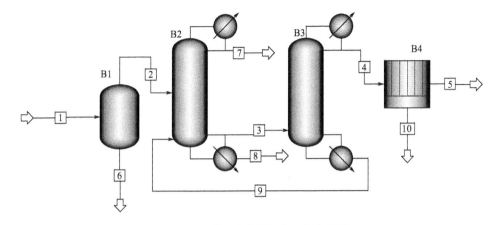

图 10-26　异丙醇溶剂回收工艺流程图

B1—蒸发罐；B2—精馏塔 1；B3—精馏塔 2；B4—膜分离装置

（质量分数），还含有乙酸乙酯约 11%（质量分数）、少量乙醇以及大量盐类及其他杂质，且工况的波动导致 pH 值不稳定。基于生产过程对溶剂纯度的要求，异丙醇含水量需要脱水至 2%（质量分数）以下，同时去除并回收其他有机物组分。pH 值及无机盐等对 NaA 分子筛膜的性能产生重要影响，在异丙醇溶剂进入NaA 分子筛膜分离装置前，需对原料进行预处理，确保 pH 值和离子浓度在合适的范围内，同时完成乙酸乙酯等有机溶剂的回收。图 10-26 中，B1、B2、B3 等工段为预处理工序。

10.4.2.2　膜分离工艺

NaA 分子筛膜分离工业装置主要由热交换器、输液泵、真空泵和膜组件组成。图 10-27（a）是膜面积为 $7m^2$ 的膜组件，由 226 根管式膜 ［图 10-27（b）］组成，其长度约为 80cm，外径为 12.8mm，内径为 7.8mm。为了提高组件的分离效率，在组件内添加了 5 块折流板。该工艺可采用渗透汽化和蒸汽渗透两种操作方式。

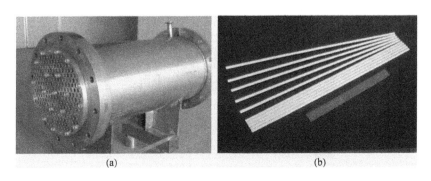

(a)　　　　　　　　　　　　　(b)

图 10-27　$7m^2$ 膜组件示意图（a）和工业规格管式 NaA 分子筛膜照片（b）

（1）渗透汽化工业装置

图 10-28 为年产 2500t 异丙醇溶剂的渗透汽化脱水工业装置流程图，其运行装置如图 10-29 所示。该装置由 8 个膜组件串联构成，包括 $5m^2$ 和 $7m^2$ 两种膜

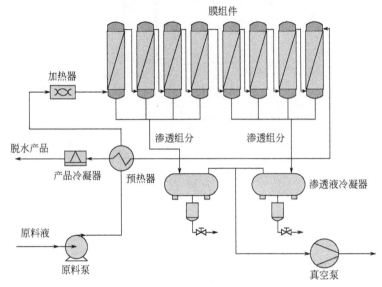

图 10-28 异丙醇溶剂渗透汽化脱水工业装置流程图

图 10-29 异丙醇溶剂渗透汽化脱水工业装置

组件，总膜面积为52m^2。分离原料以350～550L·h^{-1}的流量经预热后进入膜组件，在85～105℃下由17%（质量分数）的含水量脱水至2%（质量分数）左右。原料液经过前四级膜组件脱水后含水量降至6%（质量分数），对应的渗透液进入前级冷凝器；经过后四级膜组件脱水后水含量达到2%（质量分数）以下，对应渗透液进入后级冷凝器。经各级膜组件脱水后的原料经预热器与初始原料进行换热，获得达标脱水产品，同时也提高了能量利用率。每级膜组件后安装换热器对原料进行补热。原料侧压力控制在0.15MPa（表压）以上，并保持液相进料，渗透侧在真空泵抽吸下，保持压力为2000～3000Pa（绝压）。渗透组分在冷凝器中经－10～0℃载冷剂冷凝后进入收集罐。

（2）蒸汽渗透工业装置

图10-30为年产5000t异丙醇溶剂的蒸汽渗透脱水工业装置流程图，其运行装置如图10-31所示。该装置由10个装填面积为7m^{2}的折流板式膜组件串联构成，总装填膜面积为70m^2。异丙醇原料以500～1000L·h^{-1}的流量经预热器预热后进入蒸发器，所形成的蒸气进入过热器过热至95～110℃后进入膜组件。原料含水量由约17%（质量分数）脱水至2%（质量分数）以下。原料液经过前四级膜组件脱水后，含水量降至6%（质量分数），其渗透液进入前级冷凝器；经过后四级膜组件进一步脱水后达到2%（质量分数）以下，对应的渗透液进入后级冷凝器。原料侧压力为0～0.2MPa（表压），保持原料为气相；渗透侧通过真空泵保持压力为2000～3000Pa（绝压）。渗透组分在冷凝器中经－10～0℃载冷剂冷却后进入收集罐。

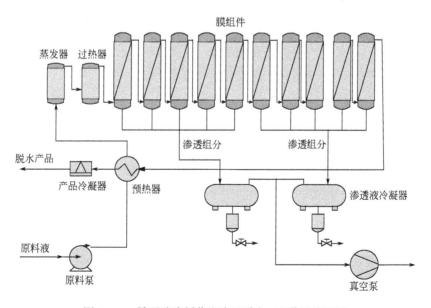

图10-30 异丙醇溶剂蒸汽渗透脱水工业装置流程图

图 10-31　异丙醇溶剂蒸汽渗透脱水工业装置

10.4.3　膜分离运行结果

10.4.3.1　预处理工序

表 10-16 为预处理工序（图 10-26）各主要物料组成及性质。废溶剂（1）经过初蒸后，电导率明显下降，表明去除了主要的盐分，但蒸馏液（2）电导率仍在 $100 \sim 200 \mu \mathrm{S \cdot cm^{-1}}$，说明溶液中仍还有少量盐分及其他可离解物质；料液主要组成及 pH 值没有明显的变化。蒸馏液经过精馏塔（B2）分离后在塔顶得到主要组成为乙酸乙酯的混合物，pH 值为 $10 \sim 11$。这是由于废溶剂中含有少量三乙胺，其水溶液呈弱碱性，在精馏过程中作为轻组分主要在塔顶收集得到。在靠近塔釜处得到异丙醇/水近沸混合物，经精馏塔（B3）进一步提纯后得到料液（4），其 pH 值为 $7 \sim 9$，与原料液相比略有提升，表明仍有少量三乙胺馏出；电导率降为 $2 \sim 10 \mu \mathrm{S \cdot cm^{-1}}$。料液中仍含有少量夹带的无机离子（如表 10-17 所示），但由于浓度极低，可忽略不计。结果表明，通过对废溶剂的蒸馏、精馏处理，可实现乙酸乙酯的分离及异丙醇溶液的提纯，满足 NaA 分子筛膜渗透汽化脱水的要求。

表 10-16　原料预处理阶段各主要物料组成及性质

项目	物料（1）	物料（2）	物料（4）	物料（7）
pH 值	$6 \sim 8$	$6 \sim 8$	$7 \sim 9$	$11 \sim 12$
电导率/$\mu \mathrm{S \cdot cm^{-1}}$	＞1000	$100 \sim 200$	$2 \sim 10$	—
主要组成(质量分数)/%	IPA(约 70)	—	IPA(约 83)	IPA(约 6)
	H_2O(约 17)	—	H_2O(约 17)	EAC(约 81)
	EAC(约 11)			EtOH(约 3)
				H_2O(约 8)

表 10-17　预处理后异丙醇原料中无机离子组成及浓度

阳离子	含量/10^{-6}	阴离子	含量/10^{-6}
Na$^+$	0.378	Cl$^-$	0.489
NH$_4{}^+$	0.194	NO$_3^-$	0.142
K$^+$	0.566	SO$_4^{2-}$	1.051
Mg^{2+}	0.026		
Ca^{2+}	0.558		

10.4.3.2　膜分离工序

渗透汽化和蒸汽渗透两套装置的运行参数如表 10-18 所示。图 10-32 为 NaA 分子筛膜渗透汽化工业装置对经过预处理后的异丙醇溶剂进行渗透汽化脱水的长时间运行稳定性结果。在初始运行的 600h 内，原料 pH 值稳定在 9 以下，渗透液含水量也稳定在 80%（质量分数）左右。装置运行 600h 后，由于工况发生变化，经过预处理的原料 pH 值开始上升至 10 左右。强碱性、高温溶液中 NaA 分子筛膜中无定形组分容易水解，使得膜材料结构发生变化，从而导致膜分离性能下降[28]。在运行 1000h 后，渗透液含水量下降至 40%（质量分数）以下，NaA 分子筛膜分离性能显著下降。图 10-33 为 NaA 分子筛膜蒸汽渗透工业装置运行半年的结果。在装置运行期间，异丙醇产品含水量基本稳定在 2%（质量分数）以下，达到了产品质量指标；渗透液含水量在 80%（质量分数）左右波动，分离性能较为稳定。

表 10-18　渗透汽化和蒸汽渗透工业装置运行参数

项　　目	参数值	
	渗透汽化	蒸汽渗透
原料含水量(质量分数)/%	15～20	15～20
原料流量/L·h^{-1}	350～550	600～1200
产品含水量(质量分数)/%	0.20～2.39	0.20～2.00
产品流量/L·h^{-1}	300～470	500～1000
渗透液含水量(质量分数)/%	65～93.9	70～98
渗透液流量/L·h^{-1}	50～90	100～200
膜进口温度/℃	85～105	95～110
前四级膜组件渗透侧压力/Pa	1800～2500	3000～4000
后四级膜组件渗透侧压力/Pa	1800～2500	2000～3000
载冷剂进口温度/℃	−10～0	−10～0
载冷剂流量/m³·h^{-1}	8～10	16～20
电耗/kW·h	25～35	50～70
蒸汽耗量/kg·h^{-1}	100～140	300～550

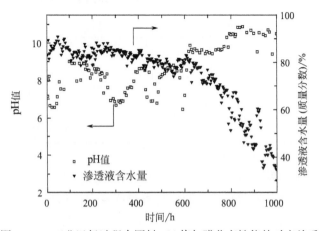

图 10-32　工业运行过程中原料 pH 值与膜分离性能的对应关系

[原料流量：400～500L·h⁻¹；含水量：约 17％（质量分数）；操作温度：95～105℃]

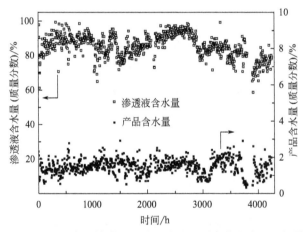

图 10-33　NaA 分子筛膜用于异丙醇溶剂脱水蒸汽渗透运行结果

[原料流量：600～1200L·h⁻¹；含水量：约 17％（质量分数）；操作温度：95～105℃]

10.4.4　分离工艺成本分析

近年来，人们对渗透汽化技术与恒沸精馏技术进行了不少系统的比较[29~31]，揭示出了渗透汽化分离技术的优势。目前，工业上异丙醇脱水的传统技术是采用加片碱（氢氧化钠）萃取精馏的方式，即先将废异丙醇溶剂经片碱吸水后，片碱与异丙醇溶液分层，对上层异丙醇再进行蒸馏除去固体杂质。本书以异丙醇溶剂脱水回收为例对渗透汽化和片碱法脱水的运行成本进行对比分析（表 10-19）。片碱法可将异丙醇溶液的含水量由约 17％（质量分数）降低至 3％（质量分数）以下，每吨异丙醇需消耗片碱 170～180kg；对脱水后的异丙醇需再次蒸馏，需消耗大量蒸汽；吸水后的废碱难以回收，导致大量废碱堆积无法处理；此外片碱对设备腐蚀较为严重，操作复杂，人工费用相应较高。

表 10-19　异丙醇溶剂脱水技术运行成本分析

项目	片碱法脱水	NaA 分子筛膜渗透脱水	NaA 分子筛膜渗透脱水
片碱消耗/元·t^{-1} 产品	520	0	0
膜更换费用/元·t^{-1} 产品	0	156	70
蒸汽消耗/t·t^{-1} 产品	0.75～0.8	0.2～0.3	
电耗/kW·h·t^{-1} 产品	5	95	90
总操作费用/元·t^{-1} 产品	650	299	278
废弃物排放	产生废碱液	无	无
操作难易程度	操作工序复杂、需多人操作	设备紧凑、过程连续、仅需 1 人现场维护	设备紧凑、过程连续、仅需 1 人现场维护

可以看出，与传统片碱法脱水工艺相比，NaA 分子筛膜脱水过程节省约60％的运行成本，且过程无废弃物排放。该装置可减排碱性废水 1000t·a^{-1}，节约蒸汽 2500t·a^{-1}、片碱 1500t·a^{-1}，大大降低环保压力，同时操作简单，操作人员工作强度显著降低。

综上所述，该案例不仅解决了医药企业溶剂脱水回收的问题，而且实现了节能减排，促进了传统工艺的技术升级，创造了良好的经济和社会效益。该技术可以用于甲醇、乙醇、异丙醇、乙腈、四氢呋喃等大部分溶剂的脱水，其脱水产品的含水量能够达到 0.005％以下，在生物医药、石油化工、能源环保等领域的溶剂脱水生产与回用中具有广阔的应用前景。

10.5　陶瓷膜法苯二酚生产新工艺

苯二酚包括邻苯二酚和对苯二酚，是重要的有机化工产品。其中，邻苯二酚是重要的精细化工原料，广泛用于农药、医药、香料、染料、感光材料及橡胶等行业；对苯二酚主要用于制取黑白显影剂、蒽醌染料和偶氮染料、合成气脱硫工艺的催化剂、橡胶和塑料的防老剂单体阻聚剂、食品及涂料清漆的稳定剂和抗氧化剂、石油抗凝剂等。近几年，全球对苯二酚和邻苯二酚的需求呈现快速增长的局面。由于工艺技术的限制，我国苯二酚供需缺口较大，每年需大量进口，其产量不足导致国内苯二酚许多应用领域尚为空白。

10.5.1 苯二酚传统生产工艺

邻苯二酚和对苯二酚的制备方法有很多，传统的生产方法基本上是生产单一邻苯二酚或对苯二酚产品[32]。苯酚氯化水解法生产邻苯二酚，该法以苯酚为原料，在有机溶剂中，高温及催化剂存在下，经氯化、水解、酸化获得成品，是最早实现工业化的一种合成方法。此法原料便宜易得，工艺流程短，设备少，水解率较高；但氯化反应需要高压设备，操作要求苛刻，且副产大量的对氯苯酚，目前工业上已不采用此法。其主要反应过程可用下式表示：

$$\text{(邻氯苯酚)} + NaOH \xrightarrow{\text{铜盐}} \text{(邻苯二酚钠盐)}$$

$$\text{(邻苯二酚钠盐)} + H^+ \longrightarrow \text{(邻苯二酚)}$$

苯胺氧化法生产对苯二酚，是对苯二酚最早的生产方法。该法反应过程为：在硫酸中（<10℃）将苯胺用 MnO_2（软锰矿）或重铬酸钠氧化成苯醌，然后在水中用 Fe 粉将其还原为对苯二酚，经过滤、脱色、结晶、干燥得对苯二酚成品。此法工艺成熟、反应容易控制、收率及产品纯度高。以苯胺计，对苯二酚的总收率约为 88%；但原料消耗高，副产大量的硫酸锰、硫铵废液和铁泥，污染环境。由于料液中的稀硫酸对设备的腐蚀，设备费用高。此外，锰资源回收利用率低，国外基本上已淘汰此法。其反应过程如下：

$$\text{(苯胺)} \xrightarrow{H_2SO_4,\ MnO_2} \text{(对苯醌)} \xrightarrow{H_2O} \text{(对苯二酚)}$$

对二异丙苯氧化法生产对苯二酚，由美国 Signal 公司开发，并于 20 世纪 70 年代工业化。此法在酸性催化剂磷酸硅藻土或 $AlCl_3$ 作用下，由苯与丙烯进行 Friedel-Crafts 烷基化反应合成二异丙苯，分离出对位异构体，使间位异构体转化为对位异构体，把分出的对二异丙苯过氧化生成二异丙基过氧化物，然后在酸性催化剂下裂化为对苯二酚与丙酮，所得产物进行中和、萃取、分离、提纯、真空干燥后得成品。此法工艺成熟，与苯胺氧化法相比具有总成本低（比苯胺法约低 30%）、污染小等优点。以对二异丙苯计，对苯二酚收率约为 80%；但副产物多，且成分复杂，使得产物分离较困难。其反应过程如下：

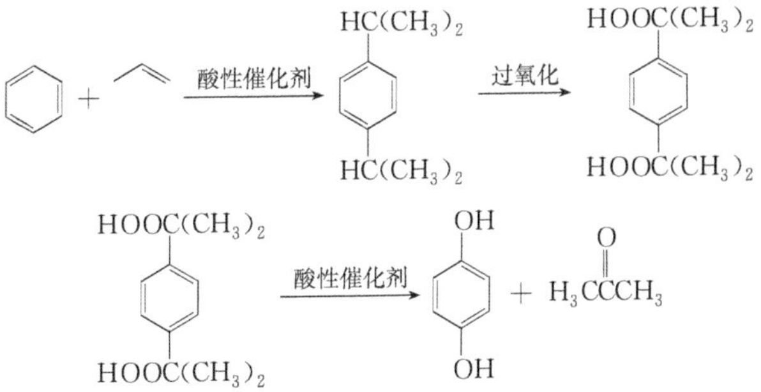

苯酚和丙酮法生产对苯二酚，苯酚和丙酮用盐酸催化反应生成双酚 A，然后在碱性催化剂作用下催化分解为对异丙基苯酚和苯酚，对异丙基苯酚氧化生成对苯二酚和丙酮。该法没有副产物，副产物苯酚和丙酮返回制取双酚 A。该工艺路线比较合理和理想，比经典的苯胺二氧化锰氧化法优越，没有三废，反应生成的中间体都可以循环使用，收率高，但是对异丙基苯酚易于聚合，缺乏竞争力。反应式如下：

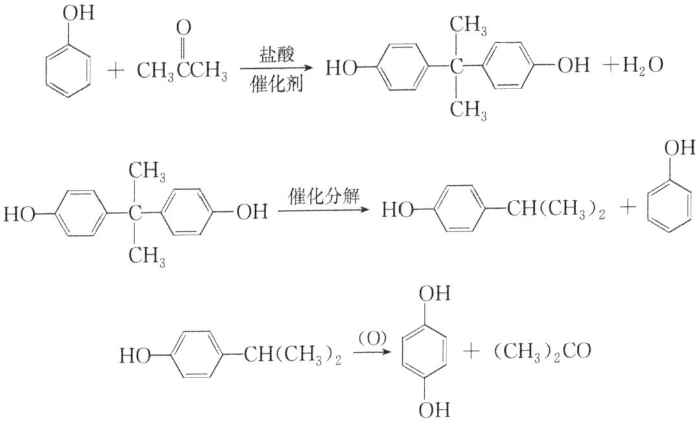

以上传统方法中邻、对苯二酚的收率低，生产规模小，环境污染严重，在国外已经被淘汰。近年来，国内外出现了新的邻、对苯二酚合成方法，其中具有代表性的是环己二醇脱氢法和苯酚羟基化法，这两种方法的共同特点是清洁性，符合绿色化工环保要求。

10.5.2 苯二酚清洁生产工艺

环己二醇脱氢法，是莫斯科勃金石油化学和煤气工业研究所于 20 世纪 70 年代开发成功的。首先苯部分催化加氢得到环己烯，再将环己烯用双氧水氧化制得 1,2-环己二醇或者将环己烯先氧化成 1,2-环氧环己烷，再水解成 1,2-环己二醇，最后将 1,2-环己二醇催化脱氢制得邻苯二酚。环己二醇脱氢制邻苯二酚工艺操作简单，适宜连续生产，产品纯度高，三废较少，但是原料难得。工艺路线如下：

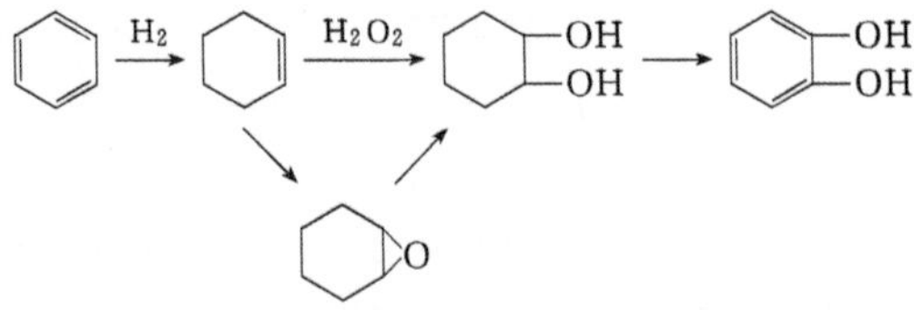

苯酚羟基化法，在常压下以苯酚为原料，经过氧化物氧化，生成邻、对苯二酚，其反应温度根据不同催化剂来确定。该法原料便宜易得，与传统方法相比，克服了规模小、反应过程三废多等缺点。20 世纪 70 年代后期，苯酚过氧化氢羟基化法在法国、意大利和美国等国家实现了工业化生产，主要的生产工艺路线有 Rhone Poulenc 法、Ube 法、Brichima 法和 Enichem 法。

目前世界上绝大部分邻苯二酚和 1/3 以上的对苯二酚是由这四种方法生产的。当然，由于所用催化剂和双氧水浓度的不同，上述四种方法也各有优劣，各种方法的反应结果见表 10-20。

表 10-20　苯酚过氧化氢羟基化工业化生产结果[38]

催化剂	苯酚转化率/%	苯二酚选择性/%	邻/对比
$H_3PO_4/HClO_4$(Rhone-Poulenc)	5	90	1.5:1
Ketone/acid(Ube)	≤5	90	1.5:1
Fe(Ⅱ)/Co(Ⅱ)(Brichima)	10	80	2:3
TS-1(Enichem)	25	90	1:1

其反应过程如下：

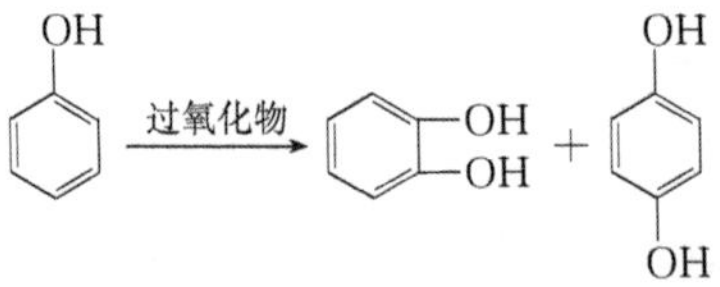

根据反应用到的氧化剂不同，苯酚羟基化法又可以细分为：苯酚过氧酸（或过氧酮）氧化法和苯酚过氧化氢羟基化法。过氧酸法首先需制备过氧酸，然后再与苯酚反应生成邻苯二酚和对苯二酚的混合物，分离后即得所需产品。此法由于催化剂用量小，不存在腐蚀问题，并且无需除去催化剂即可对反应产物进行蒸馏，且加入的酮可以在蒸馏中回收循环使用。除硫酸外，还可使用 CF_3SO_3H 及焦磷酸等。成功应用此法的是日本的 Ube 公司，虽然实现了连续生产，但具有均相反应本身难以克服的缺点，现已停产。具体过程如下：

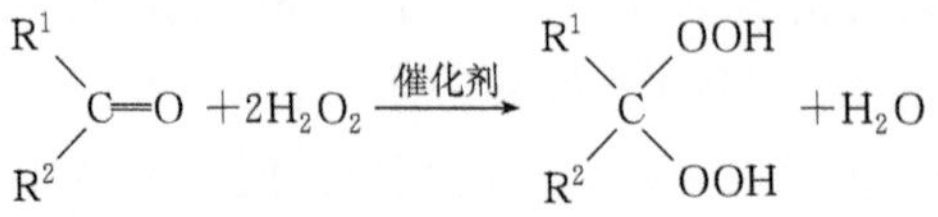

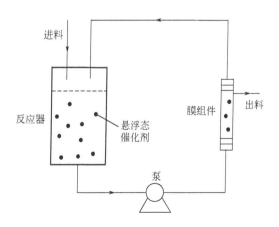

20 世纪 70 年代相继开发出苯酚过氧化氢羟基化合成对苯二酚的方法，并已实现工业化生产。该法是以苯酚为原料，在钛硅分子筛催化剂作用下，与过氧化氢反应，生成对苯二酚和邻苯二酚。经脱出水、高沸物、苯酚并分离出邻苯二酚后，得到粗对苯二酚，再经溶解、脱色、重结晶制得对苯二酚产品。该工艺路线联产邻苯二酚，工艺简单、三废极少，被公认为 21 世纪最有前途的苯二酚生产的工艺路线[33]。由于 TS-1 分子筛的合成工艺复杂，通常需经高温高压，晶化周期长，加之合成过程中所需的模板剂价格昂贵，使得催化剂的成本较高，如何保证催化剂在反应釜中的连续运行，减少催化剂的流失是该工艺能否实现的关键。此过程的主反应如下：

建立在材料基础上的陶瓷膜分离技术有望解决超细催化反应过程中的瓶颈问题，即催化剂的分离回收，从而发展出非均相陶瓷膜反应器技术[34~38]，装置示意图如图 10-34 所示。其特点是催化反应和膜分离在同一流程中进行，利用膜的选择性分离与渗透功能，既实现催化剂的优良催化性能，又实现催化剂或者产品的原位分离，提高催化剂使用效率，简化工艺流程，实现过程的连续化，继而提高反应效率。该技术应用于苯二酚生产中可使得钛硅分子筛与产品完全分离，整个过程连续稳定运行。

图 10-34　陶瓷膜反应器装置示意图

10.5.3　苯酚羟基化反应-膜分离耦合系统的设计及过程研究

根据 TS-1 催化苯酚羟基化的反应特性，设计并构建了苯酚羟基化反应-陶瓷膜分离耦合系统，在物料分析方法建立的基础上，对 TS-1 催化苯酚羟基化的膜反应过程进行了详细研究[36]，获得了反应过程与膜分离过程的相互影响规律，在此基础上对耦合系统的稳定性运行进行了研究，为万吨级苯酚羟基化-膜分离耦合制备苯二酚示范装置的建立奠定了基础。

10.5.3.1　催化反应-膜分离耦合系统的设计

设计并搭建了 TS-1 催化苯酚羟基化-陶瓷膜分离耦合连续制备苯二酚的成套装备，其示意图如图 10-35 所示。该耦合系统可实现 TS-1 催化剂与产品苯二酚的原位分离，使生产过程连续化。连续反应时，由图中的蠕动泵 3、4 控制反应原料的输入，进料分为两路，分别为苯酚溶液和 30%（质量分数）过氧化氢；出料流量由图中渗透侧出料阀 11 控制，实验操作中控制出料流量维持恒定实现恒通量操作。由于反应温度较高（约 80℃），故反应装置设置球形冷凝管对尾气进行冷凝回流，冷凝管后接纯水尾气吸收罐。采用超级恒温水浴槽对反应系统进行加热及恒温控制。在膜分离系统的进口处、出口处及渗透侧设置压力表，实时检测压力变化。膜出口处设置温度传感器，检测反应体系温度变化。

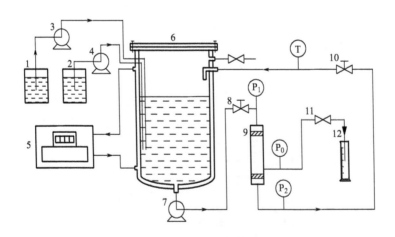

图 10-35　催化反应-膜分离耦合系统示意图

1—苯酚储罐；2—双氧水储罐；3—苯酚进料蠕动泵；

4—双氧水进料蠕动泵；5—恒温水槽；6—反应釜；7—离心泵；

8—膜进口阀；9—陶瓷膜组件；10—膜出口阀；

11—渗透侧出料阀；12—产物收集罐

10.5.3.2 苯酚羟基化-膜分离耦合过程规律研究

对于苯酚羟基化反应与膜分离耦合过程，任何影响羟基化反应的参数均会影响膜的性能，反之亦然，所以本部分工作对各种操作参数（包括膜孔径、反应停留时间、反应温度、催化剂浓度以及苯酚双氧水摩尔比）对苯酚转化率、苯二酚选择性以及过滤阻力的影响进行了研究，以耦合系统的综合性能为指标优化过程参数。

(1) 膜孔径的选择

使用孔径 2000nm 多孔支撑体进行实验时，反应 2h 后由于污染严重出料流速达不到要求，此时只选择 2h 内的时间点取样分析。由图 10-36 可以看出，膜孔径对反应的转化率基本没有影响，但对选择性、过滤阻力及催化剂截留率影响较大。使用不同孔径膜管进行实验时选择性由高到低的顺序是 200nm＞50nm＞2000nm，过滤阻力高低顺序正好相反。采用孔径为 50nm 的膜管时，由于孔径较小，为达到同样的膜通量，需要的跨膜压差较大，增加催化剂在膜表面上的吸附概率，导致反应釜中的有效催化剂浓度降低，使选择性降低。对于孔径为 2000nm 的多孔支撑体，由于膜孔径远大于催化剂粒径，故催化剂颗粒会进入并透过支撑体，导致跨膜压差偏高和釜中催化剂浓度偏低，使选择性降低。由图 10-36 催化剂浓度对反应结果的影响可知，催化剂浓度对转化率影响不大而对选择性有很大的影响，因此膜孔径对转化率没有明显影响，而显著影响选择性。按照达西定律，过滤阻力正比于跨膜压差，因此采用孔径为 50nm 的膜管和孔径为 2000nm 的多孔支撑体时，过滤阻力较高 [见图 10-36（c）]。相较于孔径为 50nm 的膜管，TS-1 分子筛渗透进多孔支撑体所造成的催化剂损失更多，使选择性更低，产生更多的副产物，导致过滤阻力更高。由图 10-36（d）可以看出，在整个操作时间内，孔径为 50nm 和 200nm 的膜管对催化剂的截留率均接近 100%；在 2h 的反应时间内多孔支撑体对催化剂的截留率从 54.6% 增加到 89.3%，这是由于催化剂堵塞膜孔造成孔隙率降低所造成的。考虑到膜孔径对反应结果的影响，孔径为 200nm 的膜管适宜作为苯酚羟基化反应-膜分离耦合系统的过滤介质。

(2) 停留时间的影响

停留时间可以认为是反应物停留在反应器中的平均时间。实验中我们保持反应液总体积不变，通过调节进出料流速实现不同的停留时间。由图 10-37 可知，停留时间对苯酚转化率影响不大。本反应体系主要通过调节苯酚双氧水摩尔比来控制苯酚的转化率。苯二酚的选择性先升高并在停留时间为 8h 时达到最大值然后有所下降，这是由于苯二酚与双氧水发生进一步氧化生成苯醌焦油类副产物所造成的。图中还可看到，停留时间从 4.8h 增加到 9.6h，过滤阻力一直降低。当进料速度降低时，出料速度（即膜通量）也必须降低以维持反应器中反应液体积不变。因此进料速度的减小不仅带来反应停留时间加长，使膜通量降低，还使所

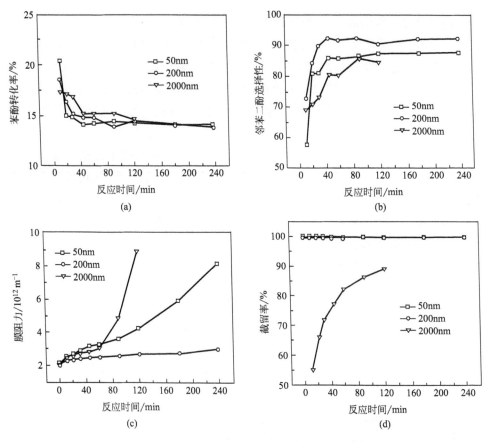

图 10-36　膜孔径对苯酚羟基化反应的转化率（a）、选择性（b）、
过滤阻力（c）及催化剂截留率（d）的影响

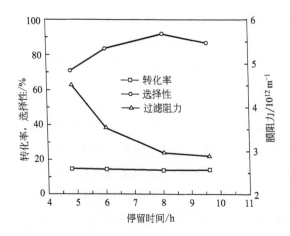

图 10-37　停留时间对苯酚羟基化反应的转化率、选择性及过滤阻力的影响

需的跨膜压差降低，减小了催化剂在膜面吸附沉积的概率，导致滤饼层厚度减小，过滤阻力也随之减小。考虑到产物选择性及过滤阻力随反应停留时间的变化，反应停留时间以 8h 为宜。

（3）反应温度的影响

反应温度从 60℃到 90℃的变化对苯酚羟基化反应的转化率、选择性及过滤阻力的影响结果如图 10-38 所示。随温度的升高，转化率变化不大，选择性呈现一定范围内的波动。这是因为温度升高同时加快了主反应速率和副反应速率，当主反应速率占主导地位时，苯二酚选择性升高，反之则降低。温度从 60℃升高到 90℃的过程中过滤阻力一直增加，这可能是由于高温使得分子布朗运动和催化剂颗粒运动更加剧烈，副产物大分子和催化剂颗粒吸附在膜表面的机会更多，导致滤饼层变厚、过滤阻力增加。考虑到苯二酚选择性和过滤阻力随反应温度的变化，反应温度以 80℃为宜。

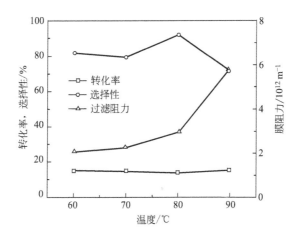

图 10-38　反应温度对苯酚羟基化反应的转化率、选择性及过滤阻力的影响

（4）催化剂浓度的影响

催化剂浓度对苯酚羟基化反应的转化率、选择性及过滤阻力的影响结果如图 10-39 所示。随催化剂浓度的升高，苯酚转化率先略有升高后趋于稳定：当催化剂浓度低于 $7kg \cdot m^{-3}$ 时，由于催化剂的量过低，反应不能充分进行；随着浓度的升高苯酚转化率增加；当催化剂浓度大于 $7kg \cdot m^{-3}$ 时继续增加催化剂的量对转化率影响很小。据报道，在一定的浓度范围内催化剂浓度对反应速率会有显著的影响。因此，随着催化剂浓度的增加，苯酚转化率不断增加直到达到足够的催化剂浓度。由图 10-39 还可以看到，随着催化剂浓度从 $4.7kg \cdot m^{-3}$ 增加到 $14.1kg \cdot m^{-3}$，苯二酚选择性逐渐升高，继续增加催化剂的量选择性则有所降低，过滤阻力随催化剂浓度的变化趋势正好相反。影响滤饼层阻力的主要因素是滤饼层厚度和滤饼

比阻。由于催化剂浓度的增加，吸附在膜表面形成的滤饼层加厚，但此催化剂形成的滤饼层疏松多孔，过滤阻力并没有随之增加，因此影响过滤阻力的主导因素是滤饼比阻。选择性较低时，形成的副产物更多，有机物大分子包裹着催化剂颗粒在膜表面形成致密的滤饼层增加了过滤阻力，反之选择性较高时过滤阻力较低。考虑到转化率、选择性和过滤阻力随催化剂浓度的变化关系，实验中适宜的催化剂浓度为 $14.1kg \cdot m^{-3}$。

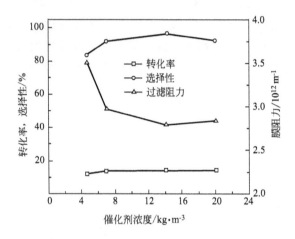

图 10-39　催化剂浓度对苯酚羟基化反应的转化率、选择性及过滤阻力的影响

（5）苯酚双氧水摩尔比的影响

进料中苯酚双氧水摩尔比对苯酚羟基化反应的转化率、选择性及过滤阻力的影响如图 10-40 所示。随着苯酚双氧水摩尔比的增加，苯酚转化率不断降低，苯

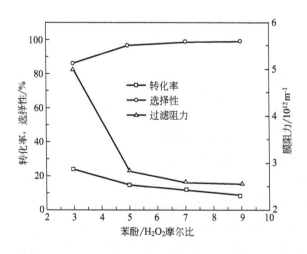

图 10-40　苯酚双氧水摩尔比对苯酚羟基化反应的转化率、选择性及过滤阻力的影响

二酚选择性不断升高。对于该实验，停留时间为 8h 时，总的进料量（包括苯酚溶液和双氧水溶液）保持在 6mL•min⁻¹，所以当苯酚进料量增加时，双氧水的进料量必然减少，苯酚双氧水摩尔比即会增加。由于实验中使用的苯酚本就过量，苯酚双氧水摩尔比的增加使得更多的苯酚未参与反应，导致了较低的苯酚转化率。反应体系中双氧水的减少，减少了苯二酚被进一步氧化的机会，导致选择性增大。从图 10-40 可以看到，过滤阻力随苯酚双氧水摩尔比的变化趋势正好与选择性的变化趋势相反，这进一步证实了副产物对过滤阻力的影响。对于此反应系统适宜的苯酚双氧水摩尔比为 7。

从上面的分析讨论可知，对于此耦合体系适宜的操作条件为：膜孔径 200nm，停留时间 8h，反应温度 80℃，催化剂浓度 14.1kg•m⁻³，苯酚双氧水摩尔比 7。

10.5.3.3　苯酚羟基化-陶瓷膜分离耦合系统的稳定性研究

基于以上分析得到的最佳条件，对 TS-1 分子筛催化苯酚羟基化-膜分离耦合连续反应操作进行了稳定性考察。由图 10-41 可以看到，耦合过程中 TS-1 分子筛催化苯酚羟基化反应可连续运行 20h 以上，苯酚转化率先下降后基本保持不变（在 11％左右），苯二酚选择性稳定在 95％左右。反应过程中过滤阻力不断升高，最初阻力增加是由催化剂在膜表面吸附形成的滤饼层所引起的，后期阻力增加是由于随着反应时间的延长反应形成的副产物在膜表面不断累积所造成的。

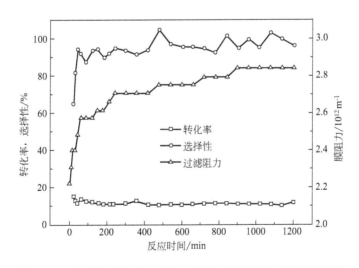

图 10-41　苯酚羟基化反应-膜分离耦合过程长期连续稳定性考察

在连续苯酚羟基化反应过程中，陶瓷膜的稳定性是衡量整个操作系统稳定性的重要因素之一，可以通过场发射扫描电镜表征新鲜的和使用后的膜来初步评估膜结构的稳定性。这里分别将新鲜陶瓷膜和使用 20h 后的陶瓷膜表面冲刷洗净晾干后进行 FESEM 扫描分析，结果如图 10-42、图 10-43 所示。经过 20h 使用后多孔陶瓷膜表面几乎没有什么变化，膜层与支撑层连接良好。上述结果表明在此实验中使用的多孔陶瓷膜具有优良的结构稳定性。

(a) 新鲜膜   (b) 使用后的膜

图 10-42   膜表面的场发射电镜照片

(a) 新鲜膜   (b) 使用后的膜

图 10-43   膜断面的场发射电镜照片

10.5.4   基于陶瓷膜反应器的苯二酚连续生产工艺工程案例

陶瓷膜反应器技术已成功应用于万吨级的苯二酚生产过程中，以连云港某厂家 $10000t \cdot a^{-1}$ 的苯二酚生产装置为例介绍工程运行情况。

10.5.4.1   工艺条件

物料中主要含有机溶剂和催化剂等物质。工艺条件如表 10-21 所示。

表 10-21 苯二酚体系料液性质及处理要求

项目	料液性质	指标
处理前	催化剂浓度	$<5\%$
	黏度	$1.5\sim2.0$cP(1cP$=10^{-3}$Pa·s^{-1})
	催化剂粒径	$>0.2\mu$m
	料液温度	$70\sim80$℃
处理要求	每套陶瓷膜设备的处理进料量	50m^3·h^{-1}
	浓缩倍数	>2
	渗透液中催化剂含量	$<0.005\%$

10.5.4.2　陶瓷膜系统

采用苯酚羟基化制得的苯二酚生产料液经过陶瓷膜系统,溶液中的催化剂被截留并进行浓缩后回反应罐继续反应,渗透液则直接去产品罐。

陶瓷膜系统主要包括主体分离系统、反冲系统、排渣系统以及清洗系统四个部分。主体分离系统主要包括陶瓷膜及组件、循环泵等,物料进入主体分离系统后,循环泵提供膜面流速及压力,通过陶瓷膜达到分离的目的。反冲系统主要包括反冲罐、反冲阀门等,物料在进行分离的过程中,膜表面会不断被污染,若不及时处理,污染会不断累计而导致膜的通量逐渐下降,而反冲系统的自动运行可以使膜在运行的过程中实现在线瞬时反向冲洗,将膜表面的污染降低,从而可以保证膜的通量基本维持在恒定的水平。排渣系统包括各种排渣阀、管道等,当物料分离结束后,物料必须及时从系统中排出;在清洗过程中,排渣系统自动运行。清洗系统主要是为了避免循环过程中膜污染的累积加剧迫使系统停工而设置的,物料在分离的过程中,膜表面虽然在反冲系统的保护下污染不会很严重,但还是有一定的污染,必须适时用清洗液进行清洗。陶瓷膜系统工艺流程见图 10-44。

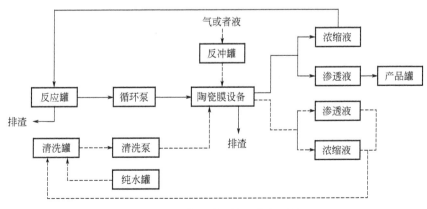

图 10-44　陶瓷膜系统工艺流程图

耦合系统中共 4 套膜设备，每套膜设备可以单独运行、单独清洗，也可同时运行、同时清洗，正常情况按 3 开 1 备的方式进行运行，且每套设备的进料口、出料口、渗透液出口采用双阀控制，以防清洗时阀门泄漏出现料液被污染的问题。每套设备上有温度传感器，温度显示表放置于控制室的控制柜上。陶瓷膜的进出口设压力表，可就地显示。每套设备循环泵进口配进料调节阀、进料流量计，使每套设备的进料量一致。每套设备配渗透侧电磁流量计、渗透侧调节阀、循环侧电磁流量计、循环侧调节阀，可对每套设备进行调节，使每套设备的负荷一致。每只膜组件设取样口，每套设备的渗透侧设总取样口，在渗透侧安装催化剂含量在线检测仪，当渗透液中催化剂含量超过设定值时，系统自动报警并停机进行处理。

4 套膜设备共用 1 套反冲系统，采用泵补液反冲方式，反冲罐上设双上液位控制，防止出现上液位开关失灵的问题，并且反冲罐上设磁翻柱液位计，可观察反冲罐的液位；反应釜的液位进入本系统中，防止出现物料打空膜管堵塞的问题，排空管道增加排渣泵及氮气吹扫管道，可以快速将管道中的液体排空，并可将设备中大部分料液进行回收。当料液排空时，排渣泵自动停机，防止出现泵空转现象。所有管道中加氮气置换接口，检修时可以通过氮气将设备中的料液置换出来，为检修提供方便。

系统配备 DCS 系统，可实现过滤过程、清洗过程一键式操作，所有过程全自动控制，无需人为干预。

陶瓷膜由支撑体、过渡层、膜层组成，膜层采用改性 ZrO_2 材料涂于过渡层表面通过高温烧结而成。膜组件采用法兰连接结构的组件，组件按照压力容器来进行设计及制造，容器类别为 II 类压力容器。膜管的密封采用聚四氟乙烯平垫；所有膜管均采用法兰连接；组件加防冲刷部件，防止膜管端头被料液冲刷。膜组件及设备支架的材质均为 1Cr18Ni9Ti 不锈钢。膜元件与膜组件参数见表 10-22。

表 10-22　膜元件与膜组件参数

参数	形式或数量
膜构型	19 通道管式膜
过滤方向	从内侧到外侧
膜直径	外径 30mm，通道直径 4mm
膜长度	1016mm
膜孔径	200nm
每套膜设备有效过滤面积	$54m^2$
每套膜设备中膜组件数量	6 只
单只膜组件有效过滤面积	$9m^2$
每只膜组件中膜元件数量	37 支

10.5.4.3 运行结果

该 1 万吨/年的苯二酚生产装置一次性投产成功，生产线的装置照片如图 10-45 所示。

图 10-45　万吨级陶瓷膜反应器生产苯二酚装置照片

主要运行结果见图 10-46～图 10-48。在运行周期内，苯酚转化率约为 15%，苯二酚选择性大于 96%，苯酚单耗约为 1.1t•t^{-1} 产品，双氧水单耗约为 1.8t•t^{-1} 产品，膜通量约为 240L•m^{-2}•h^{-1}，另外渗透液中催化剂含量小于 0.0001%，说明建成的用于苯二酚生产的膜反应成套装置运行稳定。

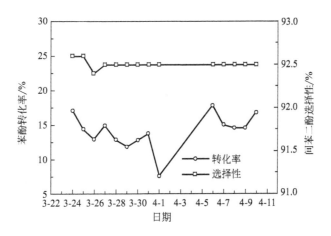

图 10-46　苯酚转化率、苯二酚选择性随时间的变化

10.5.4.4 工艺对比

与间歇工艺相比，陶瓷膜反应器连续化生产苯二酚新工艺使生产能力提高了

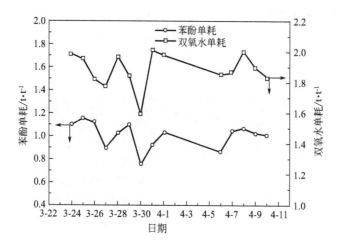

图 10-47　苯酚单耗、双氧水单耗随时间的变化

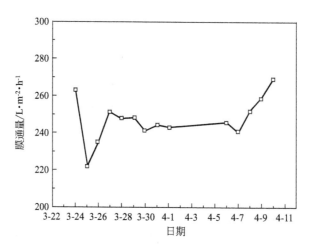

图 10-48　膜通量随时间的变化

4 倍（见表 10-23），同时新技术的引入使废水排放、能耗分别由 23t·t^{-1} 产品降到 8t·t^{-1} 产品、28t 标煤·t^{-1} 产品降到 17t 标煤·t^{-1} 产品，有力提升了产品的市场竞争力。

表 10-23　苯二酚生产的间歇生产工艺与连续生产工艺比较

工艺	产品质量（TS-1）/10^{-6}	生产能力/t·a^{-1}	废水排放/t·t^{-1} 产品	能耗/t 标煤·t^{-1} 产品
间歇操作	10000～20000	2000	23	28
连续操作	＜1	10000	8	17

邻、对苯二酚是重要的有机化工原料，用途广泛。在未来几年邻、对苯二酚的需求量将会继续增大。以 TS-1 分子筛为催化剂，在陶瓷膜反应器中用苯酚直接进行羟基化合成苯二酚这一工艺具有反应过程及分离操作简单、能耗较低、"三废"污染少等特点，具有很大的发展空间。在膜反应器新型工艺的推广应用过程中，对陶瓷膜制备技术、反应与分离耦合规律以及膜污染机理的深入探讨，陶瓷膜反应器技术必将朝着成套化、大型化和标准化方向发展，我国面临的资源、能源与环境的瓶颈压力也能得到显著缓解。

10.6 陶瓷膜法盐水精制新工艺

氯碱工业是将饱和盐水电解生产 $NaOH$、Cl_2、H_2 并以它们为原料生产一系列化工产品的基本化工原料工业，在国民经济中起着重要的作用。我国氯碱工业年产能达到 3000 万吨规模，离子膜电解是其主要生产工艺。饱和盐水的质量是影响离子膜电解效率的主要因素。

氯碱工业主要用盐矿卤水或原盐溶液得到的饱和粗盐水制取电解所需的饱和氯化钠溶液，饱和粗盐水含有许多化学杂质，这些杂质主要可分为阳离子型杂质、阴离子型杂质和非离子型杂质[39]。阳离子型杂质主要是 Ca^{2+}、Mg^{2+}、Fe^{3+}、Sr^{2+}、Ba^{2+} 等金属阳离子。在电解过程中，杂质阳离子会在阴极侧与氢氧根离子生成难溶解的氢氧化物沉淀，堵塞隔膜或离子膜的孔隙，破坏膜的物理性能，限制离子和水的渗透通量，导致传质阻力增大，引起电解槽电压升高、电流效率下降，从而破坏电解槽的正常运行，缩短膜的使用寿命[40~42]。Ogata[43] 发现盐水中二价阳离子的浓度影响显著离子膜的寿命，随着离子浓度增大，离子膜失效时间显著缩短，且 Ca^{2+} 和 Mg^{2+} 对离子膜的影响最为显著。阴离子型杂质主要是 SO_4^{2-} 和 Br^-、I^- 等卤素阴离子，其中尤其以 SO_4^{2-} 的影响最为显著。盐水中 SO_4^{2-} 含量较高时，会以 $Na_2SO_4 \cdot xNaOH$ 或 $Na_2SO_4 \cdot xNaOH \cdot yNaCl$ 的形式在膜内沉积，引起电流效率下降、槽电压上升，同时会促使 OH^- 在阳极放电而产生氧气，影响氯气的纯度[39]。Shiroki[44] 发现盐水中 SO_4^{2-} 浓度为 $2 \sim 3 g \cdot L^{-1}$ 时电解槽电流效率最优；SO_4^{2-} 浓度超过 $10 g \cdot L^{-1}$ 时，离子膜内出现硫酸盐沉积，电流效率显著下降。非离子型杂质主要是 Al 和 Si 元素。Al 和 Si 主要来自于盐水中未除尽的黏土和沙粒，溶解在盐水中的 Al、Si 元素会在离子膜表面形成硅酸盐和硅铝酸盐沉淀，破坏膜的物理结构，导致电解槽电流效率下降。

10.6.1 盐水精制的原理

盐水精制是氯碱生产的第一道工序，其主要任务是溶解固体盐，并除去其中

的 Ca^{2+}、Mg^{2+}、SO_4^{2-}、有机物、水不溶物及其他悬浮物等杂质，制成饱和精盐水，供离子膜电解工序使用。盐水中的 Ca^{2+} 和 Mg^{2+} 通常分别引入 CO_3^{2-} 和 OH^- 以形成 $CaCO_3$ 和 $Mg(OH)_2$ 沉淀，SO_4^{2-} 则可通过添加 Ca^{2+} 或 Ba^{2+} 形成 $CaSO_4$ 或 $BaSO_4$ 沉淀，生成的沉淀颗粒再通过絮凝、沉降、离心分离、过滤等方式从盐水中除去以制备饱和精盐水[45]。离子膜法对盐水精制要求极高，一次精制盐水的 Ca^{2+} 和 Mg^{2+} 含量均须低于 $1mg\cdot L^{-1}$，SO_4^{2-} 含量低于 $5g\cdot L^{-1}$；二次精制盐水的碱土金属含量必须降低到 $\mu g\cdot L^{-1}$ 的水平。

用于离子膜法的盐水精制工艺研究呈现多元化发展的趋势，但工业应用及研究开发的主流依然是"化学沉淀-物理分离"路线的一次盐水精制和"精密过滤-离子交换"路线的二次盐水精制工艺。

10.6.2　盐水精制工艺

10.6.2.1　传统盐水精制工艺

氯碱工业长期采用"化学沉淀-絮凝沉降-砂滤-碳素管过滤-离子交换"的盐水精制工艺路线，如图 10-49 所示。饱和粗盐水在反应桶中进行化学沉淀处理后进入道尔澄清桶以沉降固体颗粒，澄清桶中溢流出的盐水清液进入砂滤器和碳素烧结管过滤器进行精滤，精滤后的盐水硬度一般为 $2\sim10mg\cdot L^{-1}$，经离子交换螯合树脂塔处理将硬度降到 $20\mu g\cdot L^{-1}$ 以下，才能送入离子膜电解槽，在整个盐水精制中产生的盐泥一般采用板框压滤机处理，形成滤饼进行填埋。

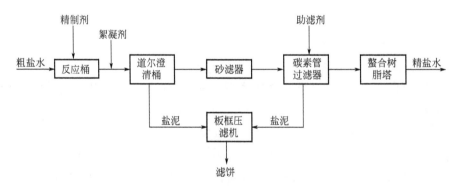

图 10-49　传统盐水精制工艺流程图[46]

传统盐水精制工艺在应用过程中主要存在以下问题：道尔澄清桶会出现返混现象；砂滤器过滤精度低，存在硅元素的溶出现象；碳素烧结管过滤器运行不稳定。陆续有研究者对传统盐水精制工艺进行了改进，但都没有从根本上改变传统工艺受原盐质量影响大、精盐水质量不稳定、精盐水中的固体悬浮物超标等缺点。随着氯碱工业的发展，传统盐水精制工艺与离子膜电解工艺的不匹配问题越来越凸显，导致生产工艺能耗居高不下。

10.6.2.2　有机聚合物膜的盐水精制工艺

20 世纪 90 年代以来，有机聚合物膜材料逐渐在氯碱工业的盐水精制工艺中得到应用，最为广泛的是戈尔膜工艺、凯膜工艺和颇尔膜工艺，这三个工艺的核心均是采用有机聚合物膜（PP、PE、PTFE 等为主），且以国外公司名称命名的工艺。图 10-50 是有机聚合物膜法盐水精制工艺的流程图。有机聚合物膜法盐水精制工艺采用分步反应去除钙镁等杂质离子，饱和粗盐水在反应桶 1 中与 NaOH 发生反应形成 $Mg(OH)_2$ 沉淀，进入预处理器通过浮上澄清法去除大部分的 $Mg(OH)_2$ 沉淀，从预处理器流出的饱和盐水清液在反应桶 2 中与 Na_2CO_3 发生反应形成 $CaCO_3$ 沉淀，再采用膜过滤器去除盐水中的沉淀颗粒，得到的饱和盐水清液经过离子交换螯合树脂塔处理后进入离子膜电解槽。

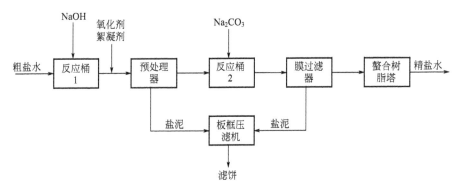

图 10-50　有机聚合物膜法盐水精制工艺流程图[46]

有机聚合物膜法盐水精制工艺出现以来，迅速替代传统盐水精制工艺成为主流工艺，极大地改善了国内氯碱行业盐水质量不达标的状况，但是在实际运行中也存在一些问题：工艺路线长，操作复杂，有机聚合物膜对于粒径细小的 $Mg(OH)_2$ 沉淀过滤性能极差。必须采取浮上澄清法进行预处理，先去除 $Mg(OH)_2$ 沉淀以满足盐水中 Ca/Mg 含量比大于 10 的指标，才能保证有机膜过滤器正常运行，因此使得工艺流程长，投资大，控制点多，操作复杂。另外有机聚合物膜为柔性材料，机械强度较低，在长期运行过程中，容易出现膜层脱落、穿孔、破损等现象。另外由于盐水中存在的钡盐会与 SO_4^{2-} 形成 $BaSO_4$ 沉淀，在有机膜内的沉积会造成膜物理结构破坏，力学性能降低，影响膜的渗透性，最终造成膜永久性失效。

10.6.2.3　陶瓷膜法盐水精制工艺

由于传统工艺和有机聚合物膜法工艺均存在难以克服的缺点，迫切需要开发新的盐水精制工艺，以满足氯碱工业的需求。2006 年我国开发了有自主知识产权的陶瓷膜法盐水精制工艺[47,48]，如图 10-51 所示。其核心是将沉淀反应过程与陶瓷膜分离过程相耦合，构成了膜反应器，使钙镁杂质离子的脱除一步完成；陶瓷膜采用错流浓缩，根据杂质离子的含量自动调整浓缩倍数；自动反向脉冲可以有效控制滤饼层污染，保持陶瓷膜的长周期稳定运行；沉淀反应与膜分离条件的匹配抑制了氢氧化镁胶体形成的孔内堵塞。

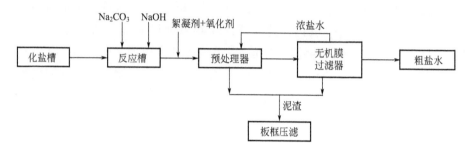

图 10-51　沉淀反应与陶瓷膜分离集成工艺

10.6.3　陶瓷膜法盐水精制工程案例

陶瓷膜法盐水精制工艺已成功应用于近千万吨规模的氯碱生产过程，以 10 万吨/年的盐水精制为例介绍工程运行情况。该工程的流程图如图 10-52 所示。

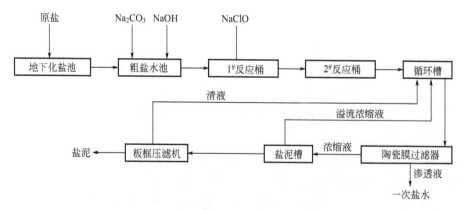

图 10-52　陶瓷膜盐水精制工艺流程图[49]

用地下化盐池化盐，化盐温度为 50～65℃。粗盐水从化盐池自流至地下粗盐水池，加入 Na_2CO_3 和 NaOH，过碱量为 NaOH 0.1～0.3g·L^{-1}、Na_2CO_3 0.2～0.5g·L^{-1}。粗盐水用泵送入 1# 反应桶再自流到 2# 反应桶，反应时间为 0.5～1.0h，加搅拌。经充分反应的粗盐水自流至循环槽，由供料泵送至陶瓷膜过滤器，控制过滤器进口压力为 0.35～0.45MPa，陶瓷膜渗透液流至一次盐水缓冲槽，经螯合树脂工艺后即成为合格的精制盐水。陶瓷膜浓缩液流至盐泥槽，根据固液比，盐泥槽中的部分浓缩液经泵送至板框压滤机，部分浓缩液溢流至循环槽。压滤机滤液自流回循环槽，滤饼送出界区。

10.6.3.1　陶瓷膜过滤工段

陶瓷膜过滤工段采用江苏久吾高科技股份有限公司提供的两台陶瓷膜过滤器，每台由 12 个膜组件组成，采用三级过滤形式，其中一、二、三级各为 6 个、4 个、2 个组件，每个组件装有 37 根陶瓷膜管。每台设备的过滤面积为 $100m^2$，配有反冲和清洗程序。采用恒通量操作模式，设计产精盐水能力为 $2 \times 80m^3 \cdot h^{-1}$，钙镁含量、悬浮物含量均 $\leqslant 1.0mol \cdot L^{-1}$。三级过滤是指沉淀反应后盐水用泵打入第一级陶瓷膜组件，产出部分精盐水，被浓缩后的盐水进入第二级陶瓷膜组件，再次产盐水进行固体浓缩，盐泥从第三级陶瓷膜组件出口排出。三级产水的总和即为设备总产水量，一、二、三级组件的膜面积依次减少，以保证粗盐水在陶瓷膜表面有基本相同的切向流速（即膜面流速）。

10.6.3.2　反冲工段

在陶瓷膜过滤过程中，随着过滤时间的延长，盐水中钙镁悬浮物、胶体粒子或大分子溶质等与膜存在物理化学相互作用或机械作用而引起膜表面及膜孔内的吸附、沉积，从而造成膜孔径变小或堵塞，使膜操作压差不断增大，最终导致膜通量不能维持，降低了膜的处理量。由于陶瓷膜的高机械强度，使得高压反冲技术成为控制膜污染、提高膜通量最常用的方法。反冲过程是指在过滤的过程中，在膜的渗透侧加以瞬间高压，冲击膜孔及膜表面，使膜孔及膜表面上的一些引起污染的物质被冲入粗盐水浓缩液中，破坏了膜面的凝胶层及浓差极化，消除污染物质在膜表面的吸附，从而提高膜的通量。

10.6.3.3　膜清洗工段

陶瓷膜过滤器工作一定时间后，由于无机盐的结晶和有机物的污染，导致通量变化、过滤能力下降，需对膜表面进行化学清洗使其再生，使膜通量得到恢复、过滤能力达到起始状态。在过滤厂房一楼平面设置盐酸洗罐和水洗罐，清洗时停止膜过滤的供料泵，过滤器排空，再用小流量的清洗泵向膜过滤器注入 1.5%（质量分数）盐酸清洗半小时，以消除结垢类的污染物，一般 10～15 天用盐酸清洗一次。图 10-53 是陶瓷膜过滤器运行两年后运行过程中操作压差的变化，此时盐酸清洗效果变差，需要采用 $1.0 \times 10^{-3}mol \cdot L^{-1}$ 的 DTPA 溶液强化膜清洗过程以消除硫酸钡沉淀积累导致的污染。图 10-54 为温度对 DTPA 溶液强化膜清洗过程的影响。一般工业中控制清洗温度大于 50℃，清洗 1h。

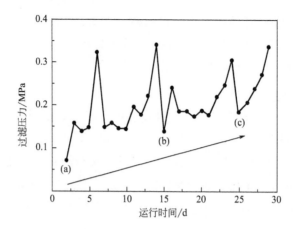

图 10-53　运行两年后 CMSBP 系统一个月内的过滤操作压力曲线

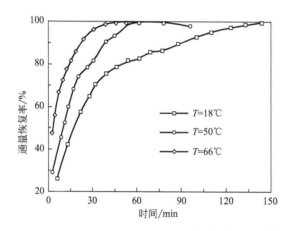

图 10-54　温度对 DTPA 溶液强化膜清洗过程的影响

10.6.3.4　运行结果

（1）精制盐水的质量分析

陶瓷膜精制盐水的质量一直较稳定，常规滴定方法分析 Ca^{2+} 加 Mg^{2+} 的结果为 0。表 10-24 给出了 2008 年和 2009 年工业运行过程中的 ICP 分析和重量法 SS 测定数据。经陶瓷膜过滤后的精盐水质量稳定，钙镁离子的含量 < 0.5 mg·L^{-1}，SS ≤ 0.1 mg·L^{-1}。盐水经陶瓷膜过滤后硅的含量减少，铝的含量在 μg·L^{-1} 级或未检出，说明陶瓷膜在运行中基本没有铝的析出，不会污染盐水。两次取样分析 SS 均小于 0.1 mg·L^{-1}。

表 10-24　精盐水取样分析数据　　　　　　　　单位：$\mu g \cdot L^{-1}$

时间	分析项目							
	Ca^{2+}	Mg^{2+}	Fe^{3+}	Sr^{2+}	SiO_2	Ni^{2+}	Ba^{2+}	Al^{3+}
2008.10.10	292.7	11.06	24.1	326	831	6.6	34.65	77
2009.06.04	472	4.7	39.04	364.4	3942	未检出	53.89	未检出

注：粗盐水中 SiO_2 为 $12mg \cdot L^{-1}$ 左右，膜过滤后精盐水中 SiO_2 含量是粗盐水中 SiO_2 含量的 1/4 左右，即九思膜过滤器可将以硅酸钠胶体状态的部分 SiO_2 分离。

（2）操作参数对膜渗透通量的影响

陶瓷膜过滤器固液比（质量比）控制指标为 5%～10%，固液比过低时，需要增加板框压滤机的面积，过高时影响过滤精盐水流量。在粗盐水温度为 65℃，过滤压力为 0.36MPa，反冲周期为 20min 的条件下，固液比控制在 5%～10% 区间时，过滤器反冲前精盐水流量为 750～800L·m^{-2}·h^{-1}，反冲后精盐水流量为 800～850L·m^{-2}·h^{-1}。

固液比、过滤压力及其他运行条件一定时，陶瓷膜过滤精盐水通量随着粗盐水的温度升高而增加，粗盐水温度由 60℃ 提高到 70℃，单台过滤器精盐水流量相应增加 6%～8%。

随着陶瓷膜运行时间的延长，碳酸钙、氢氧化镁胶体等杂质吸附或沉积在膜孔内，精盐水通量减少，过滤压力逐步上升。为了保证膜过滤通量，需要调整浓缩液回流量即调整过滤压力。陶瓷膜酸洗后，过滤压力约为 0.30MPa，精盐水流量就可以达到设计指标，到下一次酸洗前过滤压力需要提高到 0.42MPa 左右才能保持精盐水的设计流量。

10.6.3.5　成本分析

以建设 10 万吨/年离子膜烧碱为例（不包括施工费、工艺管线费、土建费及工艺中相同的设备），三种盐水精制工艺投资对比情况见表 10-25。

表 10-25　各种工艺投资对比情况

聚合物膜工艺			传统工艺			陶瓷膜工艺		
设备名称	数量	价格/万元	设备名称	数量	价格/万元	设备名称	数量	价格/万元
膜过滤器	3	267.3	道尔澄清桶	2	120	膜过滤器	2	300
加压泵	2	4.5	虹吸砂滤器	2	24	过滤给液泵	3	6
预处理器	1	220	烧结管过滤器	2	400			
加压溶气泵	1	3.4						
过滤给液泵	3	4.5						
合计		499.7	合计		544	合计		306

由表 10-25 可见，陶瓷膜精制盐水设备投资费用下降 40% 左右，加上配套工程投资费用为传统盐水精制技术 900 万元左右，聚合物膜过滤技术 800 万元左右，陶瓷膜过滤技术 550 万元左右。

三种工艺药剂费用的比较见表 10-26。

表 10-26　三种工艺药剂消耗的对比

工艺		消耗/kg·t⁻¹	单价/元·kg⁻¹	吨碱耗/元·t⁻¹	合计/元·t⁻¹
传统工艺	聚丙烯酸钠	0.04	30	1.2	6.47
	α-纤维素	0.31	17	5.27	
聚合物膜	$FeCl_3$	0.45	2.5	1.13	4.46
	NaClO	2	0.35	0.7	
	膜损耗折旧费			2.63	
陶瓷膜	膜损耗折旧费			2.55	2.55

聚合物膜质保期为 3 年，按每 3 年 1 次性更换全部滤袋计算，聚合物膜损耗摊入吨碱费用为 2.63 元·t⁻¹。陶瓷膜质保期为 5 年，按每 5 年 1 次性更换全部元件计算，元件损耗摊入吨碱费用为 2.55 元·t⁻¹。三种工艺中，由于陶瓷膜工艺取消了絮凝及预涂工序，药剂费用也随之降低。

10.6.3.6　陶瓷膜盐水精制工程典型案例

图 10-55 给出了 8 万～30 万吨陶瓷膜盐水精制的膜组件和工业化案例现场照片。

(a) 陶瓷膜产品与膜组件　　　　　　　　(b) 12万吨/年陶瓷膜盐水精制装置

(c) 30万吨/年陶瓷膜盐水精制装置　　　　　(d) 24万吨/年陶瓷膜盐水精制装置

图 10-55　典型工业化陶瓷膜盐水精制装置照片

　　氯碱工业是我国传统工业，膜技术的发展给这一传统产业节能减排带来了新机遇，一方面陶瓷膜盐水精制技术的发展不仅降低了投资运行成本，而且也减少了预涂等工艺造成的环境污染；另一方面离子膜电解技术的发展，替代隔膜电解，使氯碱工业的能耗下降了 50％以上，但离子膜主要还是国外公司产品，我国东岳集团尽管已开发出离子膜产品，但性能与国际先进水平相比仍有差距；再有纳滤膜脱硝技术的发展，有效分离了氯化钠和硫酸钠，解决了氯碱工业淡盐水的循环利用寿命问题，但纳滤膜也主要依赖进口。随着新膜材料的进一步发展，膜技术将为我国氯碱工业的技术升级做出新贡献。

参考文献

[1]　李付林，张兴文，李理. 反渗透技术在市政污水回用于热电厂的工艺应用 [J]. 工业水处理，2009，29（3）：90-92.
[2]　李付林. 市政废水回用于电厂中反渗透技术的应用研究 [D]. 大连：大连理工大学，2008.
[3]　Li W, Zhou L, Xing W, et al. Coagulation-microfiltration for lake water purification using ceramic membranes [J]. Desalin Water Treat, 2010, 18: 239-244.
[4]　Zhang H, Zhong Z, Li W, et al. River water purification via a coagulation-porous ceramic membrane hybrid process [J]. Chinese J Chem Eng, 2014, 22 (1): 113-119.
[5]　笪跃武，金一，胡侃. 中桥水厂超滤膜深度处理应用研究与启示 [A]//第六届中国城镇水务发展国际研讨会论文集 [C]，2011.
[6]　吴麟华. 分离膜中的新成员——纳滤膜及其在制药工业中的应用 [J]. 膜科学技术，1997，5（17）：13-14.
[7]　张川，褚良银. 膜分离技术在抗生素提取中的应用 [J]. 过滤与分离，2014，24（3）：20-24.
[8]　徐南平. 面向应用过程的陶瓷膜材料设计、制备与应用 [M]. 北京：科学出版社，2005.
[9]　高从堦. 膜科学——可持续发展技术的基础 [J]. 水处理技术，1998，（1）：14-19.
[10]　Nisbet L J. Current strategies in the search for bioactive microbial metabolites [J]. J Chem Technol Biot, 1982, 32 (1): 251-270.

[11] Adikane H V, Singh R K, Nene S. Recovery of penicillin G from fermentation broth by microfiltration [J]. J Membr Sci, 1999, 162 (1-2): 119-123.

[12] Alves A M B, Morao A, Cardoso J P. Isolation of antibiotics from industrial fermentation broths using membrane technology [J]. Desalination, 2002, 148 (1-3): 181-186.

[13] 高从堦, 俞三传, 张建飞, 等. 纳滤 [J]. 膜科学与技术, 1999, 19 (2): 1-5.

[14] Eriksson P K. Nanofiltration-what it is and its application, technical publication [M]. Minneapolis M N: FilmTec Corp, 1991.

[15] Wozniak M J, Prochaska K. Fumaric acid separation from fermentation broth using nanofiltration (NF) and bipolar electrodialysis (EDBM) [J]. Sep Purif Technol, 2014, 125: 179-186.

[16] 张治国, 王世展, 姜作禹, 等. 板式反渗透装置在链霉素生产工艺中的应用 [J]. 水处理技术, 1994, 20 (6): 349-351.

[17] 李十中, 王淀佐, 胡永平. 膜分离法回收土霉素结晶母液中的土霉素 [J]. 中国抗生素志, 2002, 27 (1): 25-27.

[18] Nabais A M A, Cardoso J P. Concentration of ultrafiltered benzylpenicillin broths by reverse osmosis [J]. Bioprocess Eng, 2000, 22 (1): 41-44.

[19] 张玉忠, 郑领英, 高从堦. 液体分离膜技术及应用 [M]. 北京: 化学工业出版社, 2003.

[20] 张伟, 林巍, 费敏玲, 等. NP 型复合纳滤膜在抗生素浓缩过程中的应用 [J]. 中国抗生素志, 1999, 24 (2): 99-101.

[21] 孙玫, 甘士家喜, 尹德芳, 等. 纳滤膜技术在泰乐星提炼过程中的应用 [J]. 中国抗生素志, 2000, 25 (3): 172-174.

[22] 叶榕, 李春艳. 超滤-纳滤集成技术提纯浓缩卡那霉素 [J]. 福建福建医科大学学报, 2002, 36 (3): 306-308.

[23] 李春艳, 方富林, 夏海平, 等. 膜分离法提纯 2-酮基-L-古龙酸的研究 [J]. 厦门大学学报, 2001, 40 (4): 903-907.

[24] 李春艳, 方富林, 夏海平, 等. 超滤法提纯头孢菌素 C 的应用研究 [J]. 福建医科大学学报, 2001, 35 (1): 53-56.

[25] 徐仁萍. 溶媒回收新技术 [J]. 医药工程设计, 2010, 31 (4): 8-13.

[26] 邢卫红, 顾学红, 陈纲领, 等. 一种制药工业溶媒回收的工艺. CN, 102120093A [P]. 2011.

[27] Yu C, Liu Y, Chen G, et al. Pretreatment of isopropanol solution from pharmaceutical industry and pervaporation dehydration by NaA zeolite membranes [J]. Chin J Chem Eng, 2011, 19 (6): 904-910.

[28] Sommer S, Klinkhammer B. Performance efficiency of tubular inorganic membrane modules for pervaporation [J]. Am Inst Chem Eng, 2005, 51: 162-177.

[29] Vane L M. Separation technologies for the recovery and dehydration of alcohols from fermentation broths [J]. Biofuel Bioprod Bior, 2008, 2: 553-588.

[30] Van Hoof V, Van den Abeele L, Buekenhoudt A, et al. Economic comparison between azeotropic distillation and different hybrid systems combining distillation with pervaporation for the dehydration of isopropanol [J]. Sep Purif Technol, 2004, 37: 33-49.

[31] Lipnizki F, Field R W, Ten P K. Pervaporation-based hybrid process: A review of process design, applications and economics [J]. J Membr Sci, 1999, 153: 183-210.

[32] 姜红, 卢长娟, 陈日志, 等. 邻苯二酚和对苯二酚合成技术进展 [J]. 现代化工, 2009, 29: 31-36.

[33] Yube K, Furuta M, Mae K. Selective oxidation of phenol with hydrogen peroxide using two types of catalytic microreactor [J]. Catal Today, 2007, 125: 56-63.

[34] 徐南平, 陈日志, 邢卫红. 非均相悬浮态纳米催化反应的催化剂膜分离方法: ZL, 02137865. 7 [P]. 2002.

[35] 徐南平, 张利雄, 邢卫红, 等. 一体式悬浮床无机膜反应器: ZL, 02138439. 8 [P]. 2003.

[36] Jiang X L, She F, Jiang H, et al. Continuous phenol hydroxylation over ultrafine TS-1 in a sidestream ceramic membrane reactor [J]. Korean J Chem Eng, 2013, 30: 852-859.

[37] Lu C J, Chen R Z, Xing W H, et al. A submerged membrane reactor for continuous phenol hydroxylation over TS-1 [J]. AIChE J, 2008, 54: 1842-1849.

[38] Jiang H, Jiang X L, She F, et al. Insights into membrane fouling of a side-stream ceramic membrane reactor for phenol hydroxylation over ultrafine TS-1 [J]. Chem Eng J, 2014, 239: 373-380.

[39] Schmittinger P. Chlorine: Principles and industrial practice [M]. Weineheim: Wiley-VCH, 2000.

[40]   Obrien T F, Bommaraju T V, Hine F. Fundamentals. Handbook of Chlor-Alkali Technology: Vol. 1 [M]. New York: Springer US, 2005.

[41]   IPPC. Reference document on best available techniques in the chlor-alkali manufacturing industry [R]. Seville: European Commission, Joint Research Centre, Institute For Prospective Technological Studies, 2001.

[42]   李军. 中国氯碱工业的调整与变革——"十一五"发展回顾与"十二五"展望 [J]. 中国氯碱, 2011, (1): 1-4.

[43]   Ogata Y, Uchiyama S, Hayashi M, et al. Studies of the pH of the membrane surface in a laboratory chlor-alkalicell [J]. J Appl Electrochem, 1990, 20 (4): 555-558.

[44]   Shiroki H, Hiyoshi T, Ohta T. Recent development and operation dynamics of new ion exchange membrane series Aciplex-F from Asahi Chemical [J]. Modern Chlor-Alkali Technology, 1992, 5: 117-129.

[45]   殷厚义. 盐水精制膜过滤器的应用 [J]. 中国氯碱, 2008, (4): 20-22.

[46]   罗圣红. 浅谈氯碱行业盐水精制工艺中膜分离技术的应用与发展 [J]. 贵州化工, 2006, (2): 33-34.

[47]   徐南平, 邢卫红. 一种膜过滤精制盐水的方法: CN, 1868878 [P], 2006.

[48]   邢卫红, 顾俊杰, 仲兆祥, 等. 一种膜法盐水精制工艺的膜污染清洗方法: ZL, 200910264218 [P]. 2009.

[49]   李继周, 李乐舜, 马英峰, 等. 陶瓷膜盐水精制装置运行总结 [J]. 中国氯碱, 2009, (10): 10-13.